“十二五”上海重点图书
高等院校应用型化工人才培养丛书
卓越工程师培养计划规划教材

化工实践

徐瑞云　陈桂娥　主编

華東理工大學出版社
EAST CHINA UNIVERSITY OF SCIENCE AND TECHNOLOGY PRESS
·上海·

图书在版编目(CIP)数据

化工实践 / 徐瑞云,陈桂娥主编. —上海:华东理工大学出版社,2012.11
(2025.1 重印)
(高等院校应用型化工人才培养丛书)
ISBN 978-7-5628-3382-6

Ⅰ.①化… Ⅱ.①徐… ②陈… Ⅲ.①化学工程-高等学校-教材 Ⅳ.①TQ02

中国版本图书馆 CIP 数据核字(2012)第 235315 号

"十二五"上海重点图书
高等院校应用型化工人才培养丛书
卓越工程师培养计划规划教材

化工实践

……………………………………………………………………………………

主　　编 / 徐瑞云　陈桂娥
责任编辑 / 赵子艳
责任校对 / 金慧娟
封面设计 / 陆丽君　裘幼华
出版发行 / 华东理工大学出版社有限公司
地　　址:上海市梅陇路 130 号,200237
电　　话:(021)64250306(营销部)
(021)34202391(编辑室)
传　　真:(021)64252707
网　　址:www.ecustpress.cn
印　　刷 / 江苏凤凰数码印务有限公司
开　　本 / 787 mm×1092 mm　1/16
印　　张 / 19
字　　数 / 459 千字
版　　次 / 2012 年 11 月第 1 版
印　　次 / 2025 年 1 月第 4 次
书　　号 / ISBN 978-7-5628-3382-6
定　　价 / 45.00 元

联系我们:电子邮箱 zongbianban@ecustpress.cn
官方微博 e.weibo.com/ecustpress

前　言

主动适应国家战略和地方经济社会发展需求，加强专业内涵建设，创新人才培养模式，大力提升人才培养水平，近几年来我们坚持以实践教学为驱动，强调“两个强化”和“三个四年不断线”，即“强化工程实践教学、强化工程设计能力培养”和“工程教育不断线、创新实践不断线、校企合作培养不断线”的人才培养模式，构建“重实践、强工艺、懂设计、精应用”的化学化工专业人才培养体系，着力提升学生的工程素养，着力培养学生的工程实践能力、工程设计能力和工程创新能力，强化实践与工程应用教学体系，提高学生的工程实践能力和工程创新意识培养，为企业培养具有较强工程实践能力和创新精神的企业“用得上、留得住”的工程技术应用人才。我校的化学工程与工艺专业被列为教育部“卓越工程师教育培养计划”试点专业，以及应用化学专业被列为教育部“专业综合改革试点”试点专业。我校教师多年来的教学改革实践，特别是强化工程实践教学、工程教育四年不断线、校企合作培养四年不断线等教学改革实践，凝聚成本教材。

本书的内容包含化工实习安全教育、认识实习、化工单元操作、化工仿真实习、化学工艺测绘、生产实习、化学工艺查定与优化、化工仿真工厂实习、化工过程开发、毕业实践环节等。本书的内容记录了我校工程实践教育四年不断线、校企合作培养四年不断线的全过程。具体时间安排如下：认识实习 2 周，化工单元操作 2 周，化工仿真实习 2 周，化学工艺测绘 2 周，生产实习 3 周，化学工艺查定与优化 3 周，化工仿真工厂实习 3 周，化工过程开发 3 周，毕业实习 2 周，毕业设计(论文)18 周，共计 40 周。

本书由徐瑞云和陈桂娥主编，高峰、何慧红、姚跃良和顾静芳担任副主编。其中陈桂娥担任第 3 章和第 8 章的编写，何慧红担任第 5 章和第 7 章的编写，高峰和姚跃良担任第 1 章、第 2 章、第 6 章和第 9 章的编写，顾静芳担任第 4 章的编写，徐瑞云担任绪论和第 10 章的编写，郭国才参与部分内容的编写，全书由徐瑞云统稿。本书的编写还得到了许多教师和企业专家的大力支持，特别是得到了“国家级工程实践教育中心”——“上海应用技术学院-上海医药集团股份有限公司工程实践教育中心”和“上海高校示范性校外实习基地”——“上海应用技术学院-中国石化上海石油化工股份有限公司示范性校外实习基地”的企业专家的大力支持和热情帮助，他们在工程实践教育中心和校外实习基地的建设，以及本书的编写中都给予了大量的帮助，在此对他们表示衷心感谢。

本书的出版得到了“上海高校示范性校外实习基地建设项目”的资助，同时还得到了“上海高等教育内涵建设工程”(即“085 工程”)的资助。这些项目资金的投入，加快了工程实践教育中心和校内外实习基地的建设，学生接受工程实践教育有了更优良的场所。在此我们一并表示衷心感谢。

由于编者水平有限，书中不当之处，敬请读者批评指正。

编者

2012 年 8 月

上海应用技术学院

目　录

绪 论

我国是世界工程教育第一大国，工程能力是工程师最重要、最基本的素质之一。如何培养既能综合应用现代科学理论和技术手段，又具备现代工程能力的工程技术人才，是高等院校特别是高等工科院校急需研究解决的现实问题。而近些年来，高等工程教育与工业界脱节，工程教育学术化倾向严重，直接导致了培养出来的学生实践能力低、创新能力差、工程素质弱等弊端凸显。主要原因是我国工科教育存在重理论轻实践，重个人学术能力轻团队协作精神及重既有科技轻创新进取的问题，即缺乏学生现代工程能力的培养，因此我们正面临巨大的挑战。21 世纪的国际竞争更加激烈，但无论是综合国力的竞争，还是科学技术的竞争，归根结底是人才的竞争，人才问题是关系党和国家事业发展的关键问题。

在这样的环境下，我们在工科教学中，如何培养学生的现代工程能力，培养学生的创新意识和探索精神；如何提高学生在今后的工作岗位上的工作能力，都是值得我们深入研究和探索的教学课题。事实证明，工程技术人才对于一个国家的科技水平及国际地位有着决定性的影响，重视学生工程能力的培养已经成为世界各国高等工程教育的共识和新的趋势。企业学习与实习是学生工程能力培养不可替代的重要环节，加强实习基地建设，拓展校企合作空间是高校工程教育改革与建设的必然趋势。

树立"面向工业界、面向未来、面向世界"的工程教育理念，以适应现代化工行业的发展和需求为导向，以实际工程为背景，以产品开发、技术消化、生产管理及质量监控为主线，重视知识、能力与工程实践的融合，理论联系实际，着力提高学生的工程意识、工程素质和工程实践能力。采用"**工程教育不断线、创新实践不断线、校企合作培养不断线**"的特色培养方式，着力提高学生的工程意识、工程素质和工程实践能力，为我国化工行业输送有理想、有道德、有文化、有纪律的高水平一线工程技术应用人才。

"以学生为本"和追求卓越是工程教育的转型和改革创新。要从"学科为本"转变为"人才为本"，从"知识为本"转变为"素质为本"，从"以教为本"转变为"以学为本"。结合工程教育的特点和人才培养的目标，以 HSE(**健康、安全、环保**)的理念，实现工程教学与工业生产结合，使学生在生产设备、化学工艺、过程控制、仪表、化工设计等实践过程的训练，实现化学化工类专业工程教育的跨越式进步，达到国内一流水平。

学校以校外实习基地和工程训练中心重点建设为契机，以"卓越计划"试点工作为切入点，注重内涵建设，以服务于学校办学特色为宗旨，以培养工程实践与创新能力强的高素质应用型人才为目标，以转变教育思想、更新教育观念为先导，以创新实习基地管理与实习模式为核心，以改善条件、强化管理为保障，借鉴其他学校校外实习基地和工程训练中心的成功经验，结合我校实际情况，推进校企产学研合作，建设符合工程实践与创新能力强的高素质应用型人才的培养目标要求，适应"卓越计划"新培养模式的可持续发展的校外示范实习基地。

1. 深化改革创新企业培养和实习的新模式

(1) 重构工程实践教育体系。树立“大工程”意识，改变传统的教学模式，从以教师为中心转向以学生为中心，增加综合性、开放性的工程训练项目的比例，发挥校外实习基地的作用。改变传统的讲课、实验、课程设计、实习、毕业设计相分离的做法，逐步形成学前认知、学时实验、学后综合三位一体的工程训练模式，建设一个涵盖完整的具有现代工业体系内容的工程实践教育基地。打破传统的专业划分界限，按工业系统认知、传统制造技术、现代制造技术、工业系统控制技术等四个层面建立统一、完整、综合的工程实践教育体系。

(2) 创新企业培养和实习教学模式。将企业学习、实习与校内学习有机结合、相互交融，充分利用校外实习基地进行企业认识实习、基于工程实训的生产实习项目、基于岗位和项目的课程学习、结合企业工程实际的毕业设计等，由浅入深、由单一到综合地进行工程能力的培养。如化学工程与工艺等化工类专业针对化工行业的特殊性和复杂性，重在培养学生对化工企业的车间布置、设备运转、生产工艺以及产品销售等的系统性的全面认识，通过轮岗的操作与训练，使学生知晓每一个化工单元操作与整个生产线和生产过程的关系；通过重点解剖一个典型化工产品的生产全过程、收集在线生产具体的工艺技术数据、生产设备信息、产能与质量、成品率、生产率、经济效益等，使学生能够举一反三地掌握理论课所讲授的各种化工产品的生产工艺。使学生在校期间就建立起牢固的工程概念或工程意识。通过现场参观、企业教师讲解、观看录像、小组讨论等方式，培养学生对整个工程学科及其各个方向和领域的感性认识，并培养学生对本专业的兴趣，为学生的后续学习打下基础。通过在企业的现场教学、专题报告和某项专题活动的参与等方式，使学生对一些重要的内容进行专门的学习和探讨，如企业文化与企业精神、工程师的社会责任、生产工艺装备的改造、新产品的研发设计等。轮岗学习是学生在企业的生产部门和管理部门中的各主要岗位依次进行体验式的学习，使学生熟悉企业内部的组织结构，了解企业各部门的职能和运行机制。定岗学习是在轮岗学习的基础上，选择个别岗位进行专门深入的学习，这些岗位可以是生产加工、装备维护、生产组织、产品设计或技术开发等。通过安排学生参与企业实际工程项目的设计、生产、运行与维护的全过程，使学生接受全面而综合的训练。学生的毕业设计可以安排在项目学习阶段，结合企业的实际工程问题进行。

(3) 改革企业学校与实习考核内容和方式。探索建立面向工程专业人才培养的质量评价体系和考核方法，使企业学习与实习教学环节的考核转向注重“学习成效”的考核。实施企业应与学校一道，按照企业培养方案的培养标准和考核要求，共同对学生在企业学习阶段的各项培养内容进行考核，对学生的培养质量进行评价。

(4) 探索校企联合培养合作机制。企业学习的根本目的是完成校内学习所无法完成的培养任务，与校内学习形成优势互补，是卓越工程师培养不可或缺的关键部分。企业学习的核心在于发挥企业在工程实践条件先进性和真实工程环境的优势，从而弥补高校在这些方面的严重不足。企业学习的目的包括四个方面：学习企业的先进技术和先进企业文化；深入开展工程实践活动；参与企业技术创新和工程研究与开发；培养学生的职业精神和职业道德。根据“卓越计划”试点专业特点和基地条件，探索建立相应的校企联合培养机制，学校在培养方案、企业培养目标与培养标准制定上，充分听取基地依托单位的意见，并使企业学习课程、实习、毕业设计等教学环节与企业的生产、项目开发、培训等相结合，努力形成具有基地特色的紧密型联合培养合作机制。

2. 强化管理构建实习质量保障体系

(1) 健全基地组织管理体系。构建符合基地实际和学校企业学习和实习需求的基地组织管理体系,健全基地组织管理机构,配备专、兼职管理干部和师资力量,探索形成高效的基地建设与管理机制。

(2) 建立与完善校外实习基地管理制度。校企共同建立与完善适应于卓越工程实践教育的一整套校外实习基地管理制度,使之符合深化改革的新形势、新机制,通过严格有效的管理,确保企业学习和实习落到实处,不流于形式,确保基地管理与实习教学有章可循,有规可依。

(3) 建立"双导师"制度。探索"卓越计划"联合培养模式下的"双导师"运行机制,确保"卓越计划"企业学习阶段的学习效果和毕业设计(论文)紧密结合企业生产实际。

(4) 构建实习质量保障体系。建立企业学习与实习各环节质量标准,加强实践教学过程动态监控,从教学计划、教学大纲、教材、毕业环节规范、实践课程考核细则等方面体现加强各主要环节的管理与监控,通过建立基地的教学督导、听课、教学检查等制度,实现实习质量的有效监控,促使基地教学达到最佳效果,形成一套完整的、闭环可控的实习质量监控体系。

3. 改善条件,提高基地建设与教学水平

(1) 加强基地实践条件建设。学校加强实习基地的投入,针对实际需求,加强基地实践条件建设,改善基地教学条件,为"卓越计划"培养模式与实习改革提供支持。

(2) 加强基地专、兼职教师队伍建设。制定企业兼职教师聘任实施办法和学校教师聘任、培养、考核等相关制度与办法及激励政策,吸引专、兼职教师积极参与基地建设与教学工作,造就一支综合素质较高的基地专、兼职教师队伍。

(3) 建设特色鲜明的实习项目、教材建设。根据"卓越计划"试点专业企业实施方案以及各专业实践教学改革和发展需求,校企共同改进和开发实习项目、实习方案,共建实习课程,编写实习课程的课件,完善实习课程资源与工程案例的设计,努力体现科学性、行业性、独创性和可操作性,从而形成一个完整的教学实习平台和专业特色鲜明的实践教材体系。

4. 深化校企合作推进实习基地可持续发展

校企联合组织产学研战略联盟,深化合作,互惠互利、相互渗透、优势互补,形成密切的校企"人员、信息、技术"联动机制,以推进实习基地可持续发展。

建立校企联合信息平台-校外实习基地网站,人才培养计划、实习教学大纲、实习教学多媒体课件、学期实习安排等信息全线上网,企业学习课程安排等有关信息也及时上网,真正成为校企沟通的信息桥梁。

校外实习基地网站的建立,满足了学生个性化教育的需要,实现了全方位开放的企业学习教学模式。在校外实习项目和企业学习教学内容逐渐丰富的基础上,学生根据兴趣和需要,在老师的指导下,在网上选课或网上选毕业设计课题,满足个性化教育,激发了学生主动学习的热情,提高了工程实践教学水平。

学生也可以利用校外实习基地网站对工程实践教学内容进行预习和复习,使教学内容在时间和空间上得到延伸,学生能够充分地学习和掌握工程实践教学内容。校外实习基地网站上含有丰富的教学资源,可以开拓学生的眼界,满足不同层次学生的学习需求和给学生提供自学的环境,培养学生的自学能力和创新能力。

第 1 章　化工生产及企业概况

化工实践是化工类卓越工程人才培养的重要环节，它包括实验、实习、实训等学习内容。化工企业是化工实习、实训的主要场所。学生在企业中学习的对象主要是各种化工生产知识、操作技能及相关的管理知识。并通过各个阶段的不同要求和目的的实践环节，增加对工厂的感性认识，丰富工程知识，培养学生处理和解决工程问题的能力；同时激发学生的学习热情，加深对理论知识的综合应用和理解。对化工生产和企业的了解除了课堂教学以外更重要的是让学生到企业的生产现场去实地感受。

1.1　化工生产过程及特点

化工生产过程是经过化学反应及物理加工将煤、天然气、石油、生物质等物质转变成产品的工艺过程。而利用化学反应改变物质结构、成分、形态来生产化学产品的工业部门又称化学工业，包括基本化学工业和塑料、合成纤维、石油、橡胶、医药、染料工业等。

化学工业是属于知识和资金密集型的行业。随着科学技术的发展，它由最初只生产纯碱、硫酸等少数几种无机产品和主要从植物中提取茜素制成染料的有机产品，逐步发展为一个多行业、多品种的生产部门，出现了一大批综合利用资源和规模大型化的化工企业。这些企业就其生产过程来说，同其他工业企业有许多共性，但从生产工艺技术、对资源的综合利用和生产过程的严格比例性、连续性等方面来看，又有它自己的特点。

(1) 生产技术具有多样性、复杂性和综合性。化工产品品种繁多，每一种产品的生产不仅需要一种至几种特定的技术，而且原料来源多种多样，工艺流程也各不相同；就是生产同一种化工产品，也有多种原料来源和多种工艺流程。由于化工生产技术的多样性和复杂性，任何一个大型化工企业的生产过程要能正常进行，就需要有多种技术的综合运用。

(2) 具有综合利用原料的特性。化学工业的生产是化学反应，在大量生产一种产品的同时，往往会生产出许多联产品和副产品，而这些联产品和副产品大部分又是化学工业的重要原料，可以再加工和深加工。因此，化工部门是最能开辟原料来源、综合利用物质资源的一个部门。

(3) 生产过程要求有严格的比例性和连续性。一般化工产品的生产，对各种物料都有一定的比例要求，在生产过程中，上下工序之间，各车间、各工段之间，往往需要有严格的比例，否则，不仅会影响产量，造成浪费，甚至可能中断生产。化工生产主要是装置性生产，从原材料到产品加工的各环节，一般都是通过管道输送，采取自动控制进行调节，形成一个首尾连贯、各环节紧密衔接的生产系统。这样的生产装置，客观上要求生产长周期运转，连续进行。任何一个环节发生故障，都有可能使生产过程中断。

（4）化工生产还具有耗能高的特性。因为，第一，煤炭、石油、天然气既是化工生产的燃料动力，又是重要的原料；第二，有些化工产品的生产，需要在高温或低温条件下进行，无论高温还是低温都需要消耗大量能源。

（5）危险性大。因为在生产中大量使用易燃、易爆、剧毒、腐蚀性强的原料，并产生具有类似性质的中间体、成品和"三废"物质，且在生产过程中伴随着高温、高压，从而使火灾、爆炸、中毒事故多且后果严重，生产活动时事故多，设备缺陷以及腐蚀原因较多，事故集中且多发。

1.2　化工企业类别

化工行业在国民经济中占有相当重要的位置，它属于重工业。化学工业是类别和品种最多、应用范围最广的工业。化学工业一般可以分为有机化工和无机化工两大类。而企业一般是按产品生产的大类加以划分的。

无机化工分为以下六大类：

（1）酸类包括了盐酸、硝酸、硫酸和发烟硫酸等。

（2）碱类包括纯碱（碳酸钠）和烧碱（氢氧化钠）。

（3）无机盐及化合物类，此类产品有 530 余种。

（4）化肥类，主要是氮肥、磷肥和复合肥。

（5）气体产品，主要有二氧化碳、氢气、氮气、氧气和各种惰性气体等。

（6）其他无机产品，主要有氧化物、过氧化物、氢氧化物、稀土元素化合物和单质等（约有 100 多种）。

有机化工也有以下六大类：

（1）基本有机原料，这是有机化工产品的一个主要部分，品种较多（约有 1 500 种），产量也比较大，主要包括：①脂肪族化合物；②芳香族化合物；③杂环化合物，如呋喃、咪唑、吡啶等；④元素有机化合物、部分助剂及其他。

（2）合成树脂及塑料，目前国内生产的有 18 大类约 200 个品种。

（3）合成纤维，随着民用和各行各业需求的不断提高，化纤的品种和产量也在迅速增加，目前我国合成纤维的产量可达 1 000 万吨以上。

（4）化学医药，医药是品种较多、更新换代较快的一大类产品。

（5）合成橡胶，又称人造橡胶，是人工合成的高弹性聚合物，也称合成弹性体。

（6）炸药、油脂、香精、香料和其他，在有机化工类别中，不完全是有机产品，也有一些无机化工产品，例如在医药中就有不少是无机产品，炸药中也有无机产品。

生产精细化学品的工业称为精细化学工业，简称精细化工。我国的精细化学品包括下列各类：

（1）化学农药。

（2）颜、染料，包括油漆、油墨、染料、涂料和颜料。

(3) 化学试剂，它是科学研究和分析测试必备的物质条件，也是新兴技术不可缺少的功能物料，特点是品种多、纯度高、产量小。

(4) 助剂，包括表面活性剂、催化剂、添加剂和各种助剂等。

(5) 胶黏剂，此类产品虽然产量不大，但是功用不小，且无可替代。

(6) 信息用化学品和功能高分子材料，包括感光材料、磁性记录材料等能接受电磁波的化学品、功能膜和偏光材料等。

(7) 日用化学品及其他。

1.3 企业组织概况

现代化工企业是指以市场为导向，以社会化大生产方式，独立从事化学品生产(或劳务)的生产经营活动，实行自主经营，独立核算，自负盈亏，以取得盈利为目的，并具有法人地位的经济组织。

企业组织结构随着企业发展及领导体制的演变，经历了一个相应发展变化的过程。迄今，企业组织结构的主要形式有：直线制、职能制、直线—职能制、事业部制和模拟分权制等。

1. 直线制

直线制是一种最早期也是最简单的组织形式。其特点是：企业各级行政单位从上到下实行垂直领导，各级主管对所属单位的一切问题负责。厂部下不设职能机构，一切管理职能基本都由行政主管自己执行。

直线制组织结构的优点是：结构比较简单，责任分明，命令统一；缺点是：要求行政负责人通晓多种知识和技能，亲自处理各种业务。直线制组织由厂长、车间主任和班组长组成。

适用范围：直线制适合于生产技术比较简单、规模较小的企业。在业务比较复杂、企业规模比较大的情况下，把所有的管理职能都集中到最高主管一人身上，显然是难以胜任的。

2. 职能制

职能制组织结构，是各级行政单位除设主管负责人外，还设立相应的职能机构。其特点是：要求行政主管把相应的管理职责和权力交给相关的职能机构，各职能部门就可以在自己的业务范围内向下级行政单位发出命令，下级行政负责人就要接受上级行政主管和上级职能部门的双向领导。职能制组织由厂长、职能科室、车间主任、职能班组和班组长组成。

职能制的优点是：能适应现代化工业企业生产比较复杂、管理工作分工比较精细的特点，能够充分发挥职能机构的专业管理作用，减轻了直线领导人员的工作负担；缺点是：产生了多头领导，妨碍了必要的集中领导和统一指挥，不利于建立和健全各级责任制。

由于这种组织结构形式的明显缺陷，现代企业一般不采用职能制。

3. 直线—职能制

直线—职能制也称直线参谋制，是在直线制和职能制的基础上，取长补短而建立起来的。目前绝大多数企业采用这种组织结构形式。其特点是：把企业管理机构和人员分为两类，一类是直线领导机构和人员，按命令统一原则，对组织各级行使指挥权；另一类是职能机构和人员，按专业化原则，从事组织的职能管理工作。直线领导机构和人员在自己的职责范围内，有决定权和属下指挥权，并对部门工作负全部责任；而职能机构和人员，则是直线指挥人员的参谋，不能对部门直接发号施令，只能进行业务指导。直线—职能制组织由厂长、职能科室、车间主任、职能班组和班组长组成。

直线—职能制的优点是：既保证了企业管理体系的集中统一，又可以在各级行政负责人的领导下，充分发挥各专业管理机构的作用；缺点是：职能部门之间协作和配合较差，职能部门的许多工作要直接向上层领导报告请示才能处理，这一方面加重了上层领导的工作负担，另一方面也造成办事效率低。事业部制最早是由美国通用汽车公司总裁斯隆(A. p. Jr. Sloan)于1924年提出的。

4. 事业部制

事业部制是实行分级管理、分级核算、自负盈亏的一种形式，即总公司按照产品类别或地区分成若干个事业部，各事业部从产品的设计、原材料采购、成本核算、产品制造到产品销售等，均由事业部负责，实行单独核算，独立经营，公司总部只负责人事决策、预算控制和监督等，并通过利润等指标对事业部进行考核。事业部制是一种高度(层)集权下的分权管理体制，适合于规模庞大、品种繁多、技术复杂的大型企业，是国外较大的联合公司所采用的组织形式，近几年我国一些大型企业集团或公司也采用这种组织结构形式。

事业部必须具备三个基本要素：相对独立的市场、相对独立的利益和相对独立的自主权。

事业部制分为产品事业部和区域事业部。

(1) 产品事业部

产品事业部是以产品和产品系列等业务活动为基础，将某一类产品的有关活动，完全整合到一个事业部。

优点：有利于采用专业化设备；有利于员工个人的技术和专业知识得到最大限度的发挥；有利于协调；由于每一个产品都是一个利润中心，因而有利于总经理评价各部门的政绩；有利于总公司实施企业扩展和业务多元化。

产品事业部由总经理、市场部、采购部、人事部、财务部、甲产品部、乙产品部、工程技术、生产和会计等部门组成。

缺点：需要更多具有全面管理才能的人才，往往不易得到；每一个产品分部都具有一定的独立权力，高层管理有时会难以控制；由于产品事业部的相对独立性，往往使总部的一些服务职能未能充分利用。

(2) 区域事业部

区域事业部是对于地理分散企业(集团)，通常按地区划分部门，其原则是把某个地区或区域内的业务工作集中起来，委派一位经理来主管；同时在设计上往往设有中央服务部门，如采购、人事、财务、广告等，向各区域提供专业性的服务。区域事业部特别适用于大规模公司，特别是跨国公司。

区域事业部由总经理、市场部、采购部、人事部、财务部、澳洲、美洲、欧洲、亚洲、非洲、工程技术、生产、会计和销售部门组成。

优点：责任到区域，有利于提高了每个区域部门主管的责任意识；放权到区域，有利于根据不同区域特殊的市场需求和问题，妥善处理有利于地区内部资源与事务的协调；对区域内顾客比较了解，有利于服务与沟通；由于区域主管担负一切管理职能，有利于培养通才管理人员。

缺点:需要更多具有全面管理能力的人员,而这类人员往往不易得到;每个区域都是一个相对独立的单位,加上时间、空间上的限制,往往是"天高皇帝远",总部难以控制。

5. 模拟分权制

模拟分权制介于直线职能制和事业部制之间的结构形式。

模拟分权制产生的现实背景:有许多大型企业,如连续生产的化工企业,由于产品品种或生产工艺所限,难以组成几个独立的事业部,但企业规模又很庞大,集中管理效果差。基于现实需要产生了模拟分权制的企业组织结构。其基本概念就是模拟事业部制的独立经营、独立核算,将庞大的企业划分为若干"生产单位",在这些生产单位内部有自己的职能机构,享有尽可能大的自主权,负有"模拟性"的盈亏责任,目的是要调动他们的生产经营积极性,达到改善企业生产经营管理的目的。模拟分权制组织由总经理、市场部、采购部、人事部、财务部、生产单位、职能科室和车间组成。

优点:除调动各生产单位的积极性外,解决了企业规模过大不易管理的问题;高层管理人员将部分权力分给生产单位,减少了自己的行政事务,从而把精力集中到战略问题上来。

缺点:不易为模拟的生产单位明确任务,造成考核上的困难;各生产单位领导人不易了解企业的全貌,在信息沟通和决策权方面也存在着明显的缺陷。

企业组织结构无论采用何种形式,化工类的学生实习对象主要是生产部门。生产部门一般根据不同的产品可分为不同的生产车间,在每个生产车间中又按工艺流程设置原料工段、生产工段、成品工段、回收工段等。化学工程与工艺专业的学生在主要实习生产工艺的同时,还要了解辅助部门的工作情况,为将来的工厂设计打好基础。辅助部门由原料及产品罐区或仓库、锅炉房、压缩空气站、冷冻站、循环水站、真空泵房、变电配电室、三废处理车间、机修车间、消防站等组成。

1.4 校外实习企业简介

1.4.1 中国石化上海石油化工股份有限公司

中国石化上海石油化工股份有限公司(以下简称上海石化)是中国石油化工股份有限公司的控股子公司,位于上海市金山区,是中国最大的炼油化工一体化综合性石油化工企业之一,也是中国重要的成品油、中间石化产品、合成树脂和合成纤维生产企业。

上海石化的前身是创建于1972年的上海石油化工总厂。1993年,经过国有企业股份制规范化改制,上海石化成为中国第一家股票同时在上海、香港和纽约三地上市的股份有限公司(600688. SH,00338. HK,SHI. NY)。

上海石化一向重视树立良好的公司形象,积极履行社会责任,为振兴中国石化工业而不懈努力;一贯坚持规范化运作,致力于用良好的经营业绩回报股东;一直以为顾客提供优质的石化产品和良好服务为己任,多次获得社会各界的嘉奖。在《财富》杂志2009年度"中国上市公司500强"排名中,上海石化名列第40位。2010年,公司被中华环保联合会授予"中华环境友好企业”称号。

上海石化生产经营系统包括炼油事业部、烯烃事业部、芳烃事业部、化工事业部、腈纶事业部、涤纶事业部、塑料事业部、化工研究所等，可为化学化工类、电气自动化类、机械类相关专业提供实习教学。

上海石化不仅为我国石油化工产业发展做出了一定的贡献，同时公司也非常重视化工领域人才培养，借助上海石化培训中心的优势，每年接待上海应用技术学院等学校的化工专业毕业班学生到其子公司进行化工岗位职业培训和岗位的现场实习。上海石化指定一批具有丰富实践经验的一线高级专业技术人员担任学生的实习指导老师，以培养学生的化工操作技能。上海石化已积累了丰富的学生实习管理和现场指导带教经验，愿为打造一支优秀的化工工程师队伍尽企业的责任和义务，为进一步建设“卓越工程师教育培养计划的校外实习基地”打下了坚实基础。

作为上海市校外示范实习基地，上海应用技术学院与上海石化建立了长期保持友好合作关系，中国石化上海石油化工股份有限公司与上海应用技术学院签订了校企全面合作暨产学研基地合作协议，在人才培养方面，每年都有500余人次在上海石化所属炼油事业部、烯烃事业部、芳烃事业部、化工事业部、腈纶事业部、涤纶事业部、塑料事业部、热电事业部等参加生产实习、课程设计、毕业设计以及职业资格培训与认证培训等，较好地满足了化学工程与工艺等多个专业的实习教学需求；在科研项目合作开发等方面也开展了多项合作，取得了较多成果。上海应用技术学院已有许多毕业生就业于上海石化，并有相当一批毕业生已成为上海石化的技术骨干。2011年7月，在长期合作的基础上，为推动校企联合，探索学校与企业在石油化工技术人才培养、科研开发等多方位的共赢合作模式，推动学生校外实习和社会实践工作的开展，实施“3＋1”模式的卓越工程师教育培养计划，以上海石化培训中心为依托，以上海石化所属相关事业部等生产经营单位为校外实习基地，上海应用技术学院又与上海石化签署校外实习基地暨产学研基地进一步的合作协议，为“十二五”期间共同建设校外实习基地翻开了新的一页。

1.4.2 上海医药集团股份有限公司

上海医药集团股份有限公司（简称：上海医药，股票代码：601607）是一家总部设在上海的覆盖医药研发与制造、分销与零售全产业链的国内A股市场大型医药类上市公司。2009年营业收入310亿元，净利润13亿元，是上海发展生物医药产业的龙头企业，为上证180指数和沪深300指数样本股，荣列上海企业100强、中国企业500强。

上海医药目前在职员工25 106位，其中专业技术人员5 870位，具有教授级高级工程师8位，高级工程师234位，97％专业技术人员分别从事产品研发、技术和质量等管理岗位，支撑着制药企业产品技术发展。

上海医药拥有以国家级研究院为核心的三级研发体系，拥有包括实验室研制、技术平台开发、新药产业化、工艺开发、工艺验证改进、中试放大研究在内的完整研发生产能力，自主研发新品数量位居国内医药行业领先水平，已成功研发国家级新药277个，成功申报“上药集团创新药物研发体系建设”、“研发体系产学研技术联盟建设”等十余项国家“重大新药创制”科技重大专项。与中科院药物所、中国药科大学、沈阳药科大学、上海交通大学、浙江大学、吉林大学、复旦大学、第二军医大学等著名科研院所建立长期战略合作关系。上海医药致力于成为中国领先的原创药和品牌新药、仿制药和基本药物主要供应商，产品已逐步聚焦到抗感染类、心脑血管类、消化系统和免疫代谢类、抗肿瘤类及神经精神等五大治疗领域药物。

目前上海医药工业业务覆盖中药、化学药、生物及生化药三大板块，拥有信谊、广东天普、第一生化、新亚药厂、常州药厂、青岛国风、雷允上药业、胡庆余堂、正大青春宝等一批核心生产制造企业，有 3 000 余个药品生产批文，其中列入国家基本药物目录 198 个，独家品种 156 个，中药保密品种 8 个，中药保护品种 31 个，共计 18 个产品已通过美国 FDA、澳大利亚 TGA 等认证，可直接在美国或者澳洲市场销售。拥有包括胡庆余堂、青春宝、信谊、雷氏、龙虎等中国驰名商标在内的 20 余个知名品牌，拥有注射用头孢曲松钠、培菲康、青春宝抗衰老片等销售过亿产品 20 个。上海医药正在上海地区建设浦东生物医药制剂产业基地、奉贤中药产业基地、星火原料药产业基地，通过产业布局调整集中集聚生产资源，发展聚焦产品，做大产业规模。

作为国家级工程训练中心，上海医药集团股份有限公司与上海应用技术学院签订产学研基地合作协议，长期保持友好合作关系，每年都有学生在上海医药下属各家企业（上海禾丰制药有限公司、上海新亚药业有限公司等）参加各种实习。

1.4.3 上海华谊(集团)公司

上海华谊（集团）公司是由上海市政府国有资产管理委员会授权，通过资产重组建立的大型企业集团公司。公司所属全资和控股企业有上海天原（集团）有限公司、上海轮胎橡胶（集团）股份有限公司、上海焦化有限公司、上海吴泾化工有限公司等 20 多个子公司，公司拥有 11 家设计、研究院所及 2 家国家级企业技术中心和 8 家市级企业技术中心，并设有博士后科研工作站。公司生产的产品涉及基础化工原料、橡胶制品、化学制剂、生物化学品、化工设备等十几大类，约万种。

上海华谊（集团）公司注重吸引外资和加强对外合作，目前已与杜邦、巴斯夫、拜尔、罗门哈斯、比欧西等国际著名化工公司共同投资建立了几十家中外合资合作企业。公司在香港、北美、非洲、东南亚等地区设有多家独资和合资公司。上海华谊（集团）公司的产品出口至 60 多个国家和地区。

上海华谊（集团）公司作为国家级工程训练中心也与上海应用技术学院签订了产学研基地合作协议，长期保持友好合作关系。几十年来，上海应用技术学院有大量毕业生在上海华谊（集团）公司下属各家企业担任各种技术骨干，主要的企业有上海三爱富股份有限公司、上海氯碱化工股份有限公司以及上海焦化有限公司等。

思考题

1. 化工生产过程有哪些特点？
2. 简单描述化学工业的发展前景。
3. 通过实习你认为哪种企业组织结构更适合于该企业的管理？

第 2 章　化工实习安全教育

鉴于化工生产的安全特点，我们必须充分重视化工实践中的安全教育，以防各种安全事故的发生。

2.1　化工生产事故的特点

安全事故是指生产经营单位在生产经营活动（包括与生产经营有关的活动）中突然发生的，伤害人身安全和健康，或者损坏设备设施，或者造成经济损失的，导致原生产经营活动（包括与生产经营活动有关的活动）暂时中止或永远终止的意外事件。学生在工厂实习中一方面由于所处的环境普遍危险程度高，另一方面对生产环境比较陌生容易引发事故，因此，在所有的化工实践环节里都必须严防安全事故的发生，并借此把“安全第一，预防为主，综合治理”的安全生产方针牢固地根植于学生的脑海中。

2.1.1　火灾爆炸及中毒事故多且后果严重

根据我国 30 余年的统计资料说明，化工厂的火灾爆炸事故死亡人数占因工死亡总人数的 13.8%，居第一位；中毒窒息事故致死人数为总人数的 12%，居第二位；其他为高空坠落和触电，分别居三、四位。很多化工原料的易燃性、反应性和毒性本身确定了上述事故的频繁发生。反应器、压力容器的爆炸以及燃烧传播速度超过音速时的爆轰，都会造成破坏力极强的冲击波，冲击波超压达 0.02 MPa 时会使砖木结构建筑物部分倒塌、墙壁崩裂，被压住的人员死亡率将会达到 30%。如果是在室内爆炸，一般要增加 7 倍的压力，任何坚固的建筑物都承受不了这样大的压力。由于管线破裂或设备损坏，大量易燃气体或液体瞬间泄放，便会迅速蒸发形成蒸气云团，并且与空气混合达到爆炸下限，随风飘移，如果飞到居民区遇明火爆炸，其后果是难以想象的。据估计 50 t 的易燃气体泄漏，将会造成直径为 700 m 的蒸气云团，在其覆盖下的居民，将会被爆炸火球或扩散的火焰灼伤，其辐射强度将达 14 W/cm^2，而人能承受的安全辐射强度仅为 0.5 W/cm^2，同时还会因缺乏氧气窒息致死。多数化学物品对人体有害，生产中由于设备密封不严，特别是在间歇操作中泄漏的情况很多，容易造成操作人员的急性和慢性中毒。据化工部门统计，因一氧化碳、硫化氢、氮气、氮氧化物、氨、苯、二氧化碳、二氧化硫、光气、氯化钡、氯气、甲烷、氯乙烯、磷、苯酚、砷化物等 16 种物质造成中毒、窒息的死亡人数占中毒死亡总人数的 87.9%。而这些物质在一般化工厂中都是常见的。化工装置的大型化使大量化学物质处于工艺过程中或储存状态，一些比空气重的液化气体如氨、氯等，在设备或管道破口处以 15°～30°呈锥形扩散，在扩散宽度为 100 m 左右时，人还容易察觉迅速逃离，但在距离较远而毒气浓度尚未稀释到安全值时，毒气影响宽度可达 1 km 或更多，人则很难逃离并导致中毒，1984 年印度博帕尔事故造成约两千人死亡就是一个典型案例。

2.1.2 正常生产时事故发生多

正常生产活动时发生事故造成死亡的占因工死亡总数的 66.7%，而非正常生产活动时仅占 2%。这是因为：①化工生产中有许多副反应发生，有些机理尚不完全清楚，有些则是在危险边缘如爆炸极限附近进行生产的，如乙烯制环氧乙烷、甲醇氧化制甲醛等，生产条件稍一波动就会发生严重事故。间歇生产更是如此。②化工工艺中影响各种参数的干扰因素很多，设定的参数很容易发生偏移，而参数的偏移是事故的根源之一，即使在自动调节的过程中也会产生失调或失控现象，人工调节更易发生事故。③由于人的素质或人机工程设计欠佳，往往会造成误操作，如看错仪表、开错阀门等。特别是现代化的生产中，人是通过控制台进行操作的，发生误操作的概率更大。

2.1.3 材质和加工缺陷以及腐蚀严重

化工厂的工艺设备一般都是在严酷的生产条件下运行的。腐蚀介质的作用、振动、压力波动造成的疲劳、高低温度影响材质的性质等都是在安全方面应该引起重视的问题。化工设备的破损与应力腐蚀裂纹有很大关系。设备材质受到制造时的残余应力、运转时拉伸应力的作用，在腐蚀的环境中就会产生裂纹并发展扩大，在特殊的条件下，如压力波动、严寒天气就会引起脆性破裂，造成巨大的灾难性事故。制造化工设备时除了选择正确的材料外，还要求采用正确的加工方法，以焊接为例，如果焊缝不良或未经过热处理则会使焊缝附近的材料性能劣化，容易产生裂纹使设备破损。

2.1.4 事故的集中和多发

化工生产常遇到事故多发的情况，给生产带来被动，化工装置中的许多关键设备，特别是高负荷的塔、槽、压力容器、反应釜、经常开闭的阀门等，运转一定时间后，常会出现多发故障或集中发生故障的情况，这是由于设备进入寿命周期的故障频发阶段。日本在 20 世纪 70 年代初期，石油化工、合成氨等工厂事故频繁发生，火灾爆炸恶性事故连续不断，经过三年努力采取安全措施才稳定下来。通过分析认为是 20 世纪 50～60 年代进口的设备已达到了故障多发期，由此得出教训，即对待多发事故必须采取预防对策，加强设备检验、充实备品备件，及时更换使用到期的设备。

2.2 化工防火防爆技术

2.2.1 燃烧与爆炸

2.2.1.1 燃烧

1. 燃烧及燃烧条件

燃烧是可燃物质与助燃物质(氧或其他助燃物质)发生的一种发光发热的氧化反应。燃烧的三个特征是:发光、发热、生成新物质。

燃烧必须同时具备下述三个条件:可燃性物质、助燃性物质和点火源。每一个条件要有一定的量,相互作用,燃烧方可产生。对已发生的燃烧,若消除了三个要素中的任何一个,燃烧便会中止,这也是灭火的原理。

在生产中,常见的引起火灾爆炸的点火源有以下8种:①明火,②高热物与高温表面,③电火花,④静电、雷电,⑤摩擦与撞击,⑥易燃物自行发热,⑦绝热压缩,⑧化学反应热及光线和射线。学生在实习中必须杜绝产生这些点火源。

2. 闪燃和闪点

可燃液体表面的蒸气与空气形成的混合气体与火源接近时会发生瞬间燃烧,出现瞬间火苗或闪光的现象称为闪燃。发生闪燃的最低温度称为闪点。闪点是液体可以引起火灾危险的最低温度。液体的闪点越低,它的火灾危险性越大。

2.2.1.2 爆炸

物质由一种状态迅速地转变为另一种状态,并瞬间以机械功的形式放出大量能量的现象,称为爆炸。爆炸现象一般具有如下特征:①爆炸过程进行得很快,②爆炸点附近瞬间压力急剧上升,③发出声响,④周围介质发生震动或邻近物质遭到破坏。爆炸分为物理爆炸、化学爆炸和粉尘爆炸。物理爆炸指物质物理状态发生急剧变化而引起的爆炸,例如蒸汽锅炉、压缩气体、液化气体过压等引起的爆炸。化学爆炸指物质发生急剧化学反应,产生高温高压而引起的爆炸,如乙炔铜、碘化氮、氯化氮等的爆炸。粉尘爆炸是指悬浮于空气中的可燃粉尘触及明火或电火花等火源时发生的爆炸现象。粉尘爆炸的特点是:①多次爆炸是粉尘爆炸的最大特点,②粉尘爆炸所需的最小点火能量较高,一般在几十毫焦耳以上,③与可燃性气体爆炸相比,粉尘爆炸压力上升较缓慢,较高压力持续时间长,释放的能量大,破坏力强,④粉尘爆炸多为不完全燃烧,产生的一氧化碳等有毒物质更多。

2.2.2 防火防爆的基本技术措施

1. 明火的控制

明火主要是指生产过程中的加热用火、维修用火及其他火源。学生在实习中严禁携带打火机等火源进入工厂。

2. 预防摩擦与撞击产生的火花

搬运盛装易燃液体或气体的金属容器时，不要抛掷、拖拉、振动，防止互相撞击，以免产生火花。学生进入厂区严禁穿带钉子的鞋。

3. 电气火花的控制

在火灾和爆炸事故中，由电气火花引发的火灾事故占有很大比例。所以都需选用防爆电器设备。学生在实习中应注意认识防爆电器设备的标识。

4. 有火灾爆炸危险物质的处理

为了防火防爆安全，对火灾爆炸危险性比较大的物料，应该采取安全措施。首先应考虑通过工艺改进，用危险性小的物料代替火灾爆炸危险性比较大的物料。如果不具备上述条件，则应该根据物料的燃烧爆炸性能采取相应的措施，如密闭或通风、惰性介质保护、降低物料蒸气浓度、减压操作以及其他能提高安全性的措施。学生在实习中应注意这些安全性措施与有火灾爆炸危险物质处理的关系。

5. 工艺参数的安全控制

在化学工业生产中，工艺参数主要是指温度、压力、流量、物料配比等。严格控制工艺参数在安全限度以内，是实现安全生产的基本保证。学生在实习中应严格防止操作中的超温、超压和物料跑损。

2.2.3 消防设施及器材

学生在实习中应首先了解和熟悉实习场地的消防设施及器材，因为一旦发生火灾，正确地使用周围的消防设施及器材是迅速灭火的必要条件。

根据其盛装的灭火剂种类有泡沫灭火器、干粉灭火器、二氧化碳灭火器等多种类型。根据其移动方式则有手提式灭火器、背负式灭火器、推车式灭火器等几种类型。常用的灭火剂的种类如下。

1. 水和蒸汽

经水泵加压由直流水枪喷出的柱状水流称作直流水；由开花水枪喷出的滴状水流称作开花水；由喷雾水枪喷出，水滴直径小于 100 μm 的水流称作雾状水。直流水、开花水可用于扑救一般固体如煤炭、橡胶等的火灾，也可用于扑救闪点高于 120℃，常温下呈半凝固态的重油火灾。

雾状水大大提高了水与燃烧物的接触面积，降温快效率高，常用于扑灭可燃粉尘等固体物质的火灾，也可用于扑灭电气设备的火灾。与直流水相比，开花水和雾状水射程均较近，不适于远距离使用。在使用时应注意：禁水性物质如碱金属和一些轻金属，以及电石、熔融状金属的火灾不能用水扑救。非水溶性，特别是密度比水小的可燃、易燃液体的火灾，原则上也不能用水扑救。直流水不能用于扑救电气设备的火灾、浓硫酸、浓硝酸场所的火灾以及可燃粉尘的火灾。原油、重油的火灾，浓硫酸、浓硝酸场所的火灾，必要时可用雾状水扑救。

蒸汽灭火装置一般由蒸汽源、蒸汽分配箱、输汽干管、蒸汽支管、配汽管等组成。把蒸汽施放到燃烧区，使氧气浓度降至一定程度，从而终止燃烧。试验得知，对于汽油、煤油、柴油、原油的灭火，燃烧区空间内水蒸气的量应不少于 0.284 kg/m^3。经验表明，饱和蒸汽的灭火效果优于过热蒸汽。

2. 泡沫灭火剂

泡沫灭火剂是重要的灭火物质。多数泡沫灭火装置都是小型手提式的，对于小面积火焰覆盖极为有效。也有少数装置配置固定的管线，在紧急火灾中提供大面积的泡沫覆盖。对于密度比水小的液体火灾，泡沫灭火剂优点明显。

3. 二氧化碳灭火装置

二氧化碳灭火装置一般由储气钢瓶组、配管和喷头组成。按设备形式分为固定和移动两种类型；按灭火用途分为全淹没系统和局部应用系统。二氧化碳灭火剂用量与可燃物料的物性、防火场所的容积和密闭性等有关。它的灭火原理是窒息加冷却。

4. 干粉灭火剂

干粉灭火剂主要成分为碳酸氢钠和少量的防潮剂硬脂酸钠及滑石粉等。用干燥的二氧化碳或氮气作动力，将干粉从容器中喷出形成粉雾，喷射到燃烧区灭火。它的灭火原理是冷却加稀释、夺取自由基。

2.2.4 火灾扑救一般原则及几种常见初起火灾扑救方法

火灾通常都有一个从小到大、逐步发展、直至熄灭的过程。一般可分为初起、发展、猛烈、下降和熄灭五个阶段。

火灾扑救的一般原则：先控制后消灭，救人第一，先重点后一般。

2.2.4.1 生产装置初期火灾扑救方法

(1) 迅速查清着火部位，燃烧物质及物料的来源，在灭火的同时，及时关闭阀门，切断物料；

(2) 采取多种方法，消除爆炸危险；

(3) 准确使用灭火剂；

(4) 生产装置发生火灾时，当班负责人除立即组织岗位人员积极扑救外，同时指派专人打火警电话报警，以便消防队及时赶赴火场扑救；

(5) 消灭外围火焰，控制火势发展；

(6) 利用生产装置设置的固定灭火装置冷却、灭火。

学生在实习中，由于不熟悉现场环境和缺乏必要的灭火技能，当火灾发生时，一般不要求参与灭火，而是以保护生命、首先撤离现场为主。但了解和掌握以上这些火灾扑救常识，对保护自己的生命和适当参与还是十分必要的。

2.2.4.2 人身起火的扑救

在化工生产环境中，由于工作场所作业客观条件限制，人身着火事故往往因火灾爆炸事故或在火灾扑救过程中引起；也有的因违章操作或意外事故所造成。人身起火燃烧，轻者留有伤残，重者直至危及生命。因此，及时正确地扑救人身着火，可大大降低伤害程度。

(1) 人身着火的自救。因外界因素发生人身着火时，一般应采取就地打滚的方法，用身体将着火部分压灭。此时，受害人应保持清醒头脑，切不可跑动，否则风助火势，会造成更严重的后果；衣服局部着火，可采取脱衣，局部裹压的方法灭火。明火扑灭后，应进一步采取措施清理棉毛织品的阴火，防止死灰复燃。

(2) 化纤织品比棉布织品有更大的火灾危险性，这类织品燃烧速度快，容易粘在皮肤上。扑救化纤织品人身火灾,应注意扑救中或扑灭后,不能轻易撕扯受害人的烧残衣物。否则容易造成皮肤大面积创伤,使裸露的创伤表面加重感染。

(3) 易燃、可燃液体大面积泄漏引起人身着火,这种情况一般发生突然,燃烧面积大,受害人不能进行自救。此时,在场人员应迅速采取措施灭火。如将受害人搬离现场,用湿衣服、毛毡等物品压盖灭火;或使用灭火器压制火势,转移受害人后,再采取人身灭火方法。使用灭火器灭人身火灾,应特别注意不能将干粉、CO_2 等灭火剂直接对受害人面部喷射,防止造成窒息。也不能用二氧化碳灭火器对人身进行灭火,以免造成冻伤。

(4) 火灾扑灭后,应特别注意烧伤患者的保护,对烧伤部位应用绷带或干净的床单进行简单地包扎后,尽快送医院治疗。

2.3 工业毒物的危害及防护技术

2.3.1 毒物及中毒

当某些物质进入人体后,它与人体发生物理或化学作用,能破坏人体的正常生理机能,甚至影响生命,这种物质叫做毒物。毒物引起人体的病变叫中毒。在生产过程中由于接触毒物而引起的中毒称为职业中毒。

2.3.2 工业毒物的分类及毒性评价

2.3.2.1 工业毒物的分类

在一般条件下工业毒物,常以一定的物理形态(固体、液体或气体)存在。但在生产环境中,随着反应或加工过程的不同,则有下列五种状态。

(1) 粉尘,为飘浮于空气中的固体颗粒。直径大于 0.1 μm 者,大都在固体物质机械粉碎、研磨时形成。如制造铅丹颜料的铅尘、制造氰氨化钙的电石尘等。根据粉尘的性质可分为无机性粉尘、有机性粉尘和混合性粉尘。

(2) 烟尘,又称烟雾或烟气,为悬浮在空气中的烟雾状固体微粒。直径小于 0.1 μm 的,多为某些金属熔化时产生的蒸气在空气中氧化凝聚而成。如熔锌时放出的锌蒸气所产生的氧化锌烟尘、熔铬时产生的氧化铬烟尘等。

(3) 雾,为悬浮于空气中的微小液滴。多系蒸气冷凝或液体喷散而成。如铬电镀时的铬酸雾、喷漆中的含苯漆雾等。烟尘和雾统称为气溶胶。

(4) 蒸气,为液体蒸发或固体物料升华而形成。前者如苯蒸气,后者如熔磷时的磷蒸气等。

(5) 气体,在生产场所温度、气压条件下散发于空气中的气态物质。如常温常压下的氯、一氧化碳、二氧化碳等。

从预防生产中毒的角度出发,毒物按其性质的作用一般分为以下几种。

(1) 刺激性毒物。酸的蒸气、氯、氨、二氧化硫等均属此类毒物。刺激性气体和蒸气尽管其物理和化学性质有所不同，但它们直接作用到组织上时都能引起组织发炎。

(2) 窒息性毒物。窒息性毒物可分为窒息及化学窒息性毒物两种。前者如氮、氢、氦等，后者如一氧化碳、氰化氢等。

(3) 麻醉性毒物。芳香族化合物、醇类、脂肪族硫化物、苯胺、硝基苯及其他化合物均属此类毒物。该类毒物主要对神经系统有麻醉作用。

(4) 无机化合物及金属有机化合物，凡对人体有毒理作用而不能归于上述三类的气体和挥发性毒物均属此类，如金属蒸气、砷与锑的有机化合物等。

2.3.2.2 工业毒物的毒性评价

毒性是用来表示毒性物质的剂量与毒害作用之间关系的一个概念。在实验毒性学中，经常用到剂量-作用关系和剂量-响应关系两个概念。

剂量-作用关系是指毒性物质在生物个体内所起作用与毒性物质剂量之间的关系。例如考察职业性接触铅的剂量-作用关系，可以测定厂房空气中铅的浓度与各个工人尿液中 δ-氨基乙酰丙酸不同含量之间的关系。这种考察有利于确定对敏感个体的危害。

剂量-响应关系是制定毒性物质卫生标准的依据。剂量-响应关系是指毒性物质在一组生物体中产生一定标准作用的个体数，即产生作用的百分数，与毒性物质剂量之间的关系。

以职业性接触铅为例，考察剂量-响应关系，可以测定厂房空气中铅的浓度与一组工人尿液中 δ-氨基乙酰丙酸含量超过 5 mg/dm^3 的个体的百分数之间的关系。

常用于评价毒性物质急性、慢性毒性的指标有以下几种。

(1) 绝对致死剂量或浓度(LD_{100} 或 LC_{100})，是指引起全组染毒动物全部(100%)死亡的毒性物质的最小剂量或浓度。

(2) 半数致死剂量或浓度(LD_{50} 或 LC_{50})，是指引起全组染毒动物半数(50%)死亡的毒性物质的最小剂量或浓度。

(3) 最小致死剂量或浓度(MLD 或 MLC)，是指全组染毒动物中只引起个别动物死亡的毒性物质的最小剂量或浓度。

(4) 最大耐受剂量或浓度(LD_0 或 LC_0)，是指全组染毒动物全部存活的毒性物质的最大剂量或浓度。

(5) 急性阈剂量或浓度(LMT_{ac})，是指一次染毒后，引起试验动物某种有害作用的毒性物质的最小剂量或浓度。

(6) 慢性阈剂量或浓度(LMT_{cb})，是指长期多次染毒后，引起试验动物某种有害作用的毒性物质的最小剂量或浓度。

(7) 慢性无作用剂量或浓度，是指在慢性染毒后，试验动物未出现任何有害作用的毒性物质的最大剂量或浓度。

致死浓度和急性阈浓度之间的浓度差距，能够反映出急性中毒的危险性，差距越大，急性中毒的危险性就越小。而急性阈浓度和慢性阈浓度之间的浓度差距，则反映出慢性中毒的危险性，差距越大，慢性中毒的危险性就越大。而根据嗅觉阈或刺激阈，可估计工人能否及时发现生产环境中毒性物质的存在。

2.3.3 工业毒物侵入人体的途径和危害

工业毒物侵入人体的途径有呼吸道、消化道及皮肤接触进入人体三种。在职业中毒中，毒性物质主要是通过呼吸道和皮肤侵入人体的;职业中毒时经消化道进入人体是很少的,往往是用被毒物沾染过的手取食物或吸烟,或发生意外事故毒物冲入口腔造成的。

2.3.3.1 经呼吸道侵入

呼吸道是生产性毒物侵入人体的最重要的途径。在生产环境中,即使空气中毒物含量较低,每天也会有一定量的毒物经呼吸道侵入人体。每人每天约吸入空气 12 m^3。

从鼻腔至肺泡的整个呼吸道的各部分结构不同,对毒物的吸收情况也不相同。越是进入深部,表面积越大,停留时间越长,吸收量越大。固体毒物吸收量的大小,与颗粒溶解度的大小有关。而气体毒物吸收量的大小,与肺泡组织壁两侧分压大小、呼吸深度、速度以及循环速度有关。另外,劳动强度、环境温度、环境湿度以及接触毒物的条件,对吸收量也都有一定的影响。肺泡内的二氧化碳可能会增加某些毒物的溶解度,促进毒物的吸收。

2.3.3.2 经皮肤侵入

有些毒物可透过无损皮肤或经毛囊的皮脂腺而被吸收。经表皮进入体内的毒物需要越过三道屏障。第一道屏障是皮肤的角质层,一般相对分子质量大于 300 的物质不易透过无损皮肤。第二道屏障是位于表皮角质层下面的连接角质层,它能阻止水溶性物质的通过,而不能阻止脂溶性物质的通过。第三道屏障是表皮与真皮连接处的基膜。脂溶性毒物经表皮吸收后,还要有水溶性,才能进一步扩散和吸收。

所以水、脂均溶的毒物(如苯胺)易被皮肤吸收。只是脂溶而水溶极微的苯,经皮肤吸收的量较少。与脂溶性毒物共存的溶剂对毒物的吸收影响不大。

毒物经皮肤进入毛囊后,可以绕过表皮的屏障直接透过皮脂腺细胞和毛囊壁进入真皮,再从下面向表皮扩散。但这个途径不如经表皮吸收严重。电解质和某些重金属,特别是汞在紧密接触后可经过此途径被吸收。操作中如果皮肤沾染上溶剂,可促使毒物贴附于表皮并经毛囊被吸收。

如果表皮屏障的完整性遭破坏,如外伤、灼伤等,可促进毒物的吸收。潮湿也有利于皮肤吸收,特别是对于气体物质更是如此。皮肤经常沾染有机溶剂,使皮肤表面的类脂质溶解,也可促进毒物的吸收。黏膜吸收毒物的能力远比皮肤强,部分粉尘也可通过黏膜吸收进入体内。

2.3.3.3 经消化道侵入

许多毒物可通过口腔进入消化道而被吸收。胃肠道的酸碱度是影响毒物吸收的重要因素。胃液是酸性,对于弱碱性物质可增加其电离,从而减少其吸收;对于弱酸性物质则有阻止其电离的作用,因而增加其吸收。脂溶性的非电解物质,能渗透过胃的上皮细胞。胃内的食物、蛋白质和黏液蛋白等,可以减少毒物的吸收。

肠道吸收最重要的影响因素是肠内的碱性环境和较大的吸收面积。弱碱性物质在胃内不易被吸收,到达小肠后即转化为非电离物质可被吸收。小肠内分布着酶系统,可使已与毒物结合的蛋白质或脂肪分解,从而释放出游离毒物促进其吸收。在小肠内物质可经过细胞壁直接渗入细胞,这种吸收方式对毒物的吸收,特别是对大分子的吸收起重要作用。制约结肠吸收的条件与小肠相同,但结肠面积小,所以其吸收比较次要。

2.3.3.4 工业毒物对人体的危害

工业毒物对人体全身会产生危害,当毒性物质进入机体后,通过各种屏障,转运到一定的系统、器官或细胞中,经代谢转化或无代谢转化,在靶器官与一定的受体或细胞成分结合,产生毒理作用。受害系统主要有呼吸、神经、血液、泌尿、循环和消化系统。受害器官主要是眼部和肺部。另外对皮肤会造成危害及诱发肌体癌变。

2.3.4 急性中毒的现场抢救原则

由于化工企业在生产工艺及有关安全保护方面已采取了各项防毒措施，所以学生在短期的实习中一般不会出现中毒。主要还是要预防在突发事故中出现的急性中毒。一旦出现急性中毒，要从以下几个方面做好现场急救：

(1) 救护者要做好个人防护；

(2) 切断毒物源；

(3) 采取有效措施防止毒物继续侵入人体；

(4) 促进生命器官功能恢复。

① 心脏复苏术。患者心跳骤停，应实施心前区叩击术或胸外心脏挤压术进行抢救。令患者仰卧在硬床板或地板上，四肢舒展。在心跳停止 90 s 内，心脏应激性增强，叩击心前区往往可使心脏复跳。术者用拳以中等力叩击心前区，一般连续叩击 3～5 次，立即观察心音和脉搏。若恢复则复苏成功；反之放弃，改行胸外心脏挤压术。

② 呼吸复苏术。呼吸复苏术与心脏复苏术应同时进行。不进行呼吸复苏术，人体组织缺氧，心脏复苏也无法成功。口对口的人口呼吸是最简便有效的方法，其潮气量较大，适于现场急救。可以听到肺泡呼吸音为复苏成功标志。若有苏生器，采用苏生器自动进行人工呼吸更佳。

2.4 灼伤、触电和机械伤害防护技术

2.4.1 化学灼伤的预防与急救

由于热力或化学物质作用于身体，引起局部组织损伤，并通过受损的皮肤、黏膜组织导致全身病理生理改变；有些化学物质还可以被创面吸收，引起全身中毒的病理过程，称为灼伤。

按发生原因不同可分为化学灼伤、热力灼伤和复合性灼伤。热力灼伤是由于接触炙热物体、火焰、高温表面、过热蒸汽等所造成的损伤。在化工生产中还会发生由于液化气体、干冰接触皮肤后迅速蒸发，大量吸收热量，以致引起皮肤表面冻伤。复合性灼伤是由化学灼伤和热力灼伤同时造成的伤害。下面重点介绍在化工厂易发生的化学灼伤的预防与急救。

化学灼伤是由强酸、强碱、磷和氢氟酸等化学物质所引起的灼伤。在搬运、倾倒、调制酸碱、修理或清洗化学装置时，装酸碱的容器、管道发生故障或破裂时，均可引起化学灼伤。灼伤最常发生的部位是裸露的皮肤和眼结膜、眼角膜。所以，在工作中必须按劳防要求，穿戴好必要的劳防用品。如安全帽、防腐面具、橡胶手套和工作服等。

一旦发生化学灼伤，必须及时开展急救。对化学灼伤的急救要分秒必争。尤其对头面

部的灼伤，不仅要注意到皮肤，更重要的是眼睛。具体步骤如下。

(1) 皮肤灼伤的处理步骤。立即离开现场，迅速脱除被化学物质沾污的衣物；立即用大量水冲洗创面 15～30 min，冬季要注意保暖；酸性化学灼伤用 2%～5%碳酸氢钠(小苏打)溶液冲洗和湿敷；碱性化学灼伤用 2%～3%硼酸溶液冲洗和湿敷；最后仍需用清水冲洗创面。黄磷灼伤时应用水冲洗、浸泡或用湿布覆盖创面，以隔绝空气，防止燃烧。

(2) 化学物质溅入眼内时，更要迅速处理。其处理步骤为：应当首先在现场迅速用水冲洗，千万不要急于送医院；电石、生石灰等遇水燃烧类物质颗粒溅入眼内时，应先用植物油或石蜡油棉签蘸去颗粒，才能用水冲洗，否则会因燃烧发热反而加重灼伤。

(3) 对口腔的化学灼伤应迅速用蒸馏水或自来水漱口，然后酌情处理：如属碱类灼伤，用 2%的硼酸溶液反复漱口；如属酸类灼伤，则用 3%的碳酸氢钠溶液反复漱口。最后，都应用洁净水多次漱洗。

化学灼伤往往是伴随着生产事故或设备、管道等腐蚀、断裂同时发生，它与生产管理、操作、工艺和设备等因素有密切关系。因此必须采取综合性安全技术措施才能有效地预防化学灼伤事故。主要包括以下几方面。

(1) 采取有效防腐措施。在化工生产中，由于强腐蚀介质作用及生产过程中高温、高压、高流速等条件会对机器设备造成腐蚀，因而需加强防腐。

(2) 改革工艺和设备结构。在使用具有化学灼伤危险物质的生产场所，设计时应预先考虑在有物料外喷或飞溅的工艺流程中，合理布置设备，选择必要的控制方案和防护装置。

(3) 加强个人防护。特别是实习学生更应在实习中严格遵守安全操作规程，穿戴好必要的防护用品，如安全帽、防护面具、橡胶手套和工作服等。时刻注意防止自我污染。

2.4.2 触电伤害防护技术

2.4.2.1 触电伤害

触电是人身直接接触电源。人体组织中有 60%以上是由含有导电物质的水分组成的，因此，人体是个导体，当人体接触设备的带电部分并形成电流通路的时候，就会有电流流过人体，从而造成触电。触电时电流对人身造成的伤害程度与电流流过人体的电流强度、持续的时间、电流频率、电压大小及流经人体的途径等多种因素有关。

触电伤害的主要形式可分为电击和电伤两大类。

电流通过人体内部器官，会破坏人的心脏、肺部、神经系统等，使人出现痉挛、呼吸窒息、心室纤维性颤动、心跳骤停甚至死亡。电流通过体表时，会对人体外部造成局部伤害，即电流的热效应、化学效应、机械效应对人体外部组织或器官造成伤害，如电灼伤、金属溅伤、电烙印。

2.4.2.2 触电的防护措施

为了达到安全用电的目的，必须采用可靠的技术措施，防止触电事故发生。防止触电的防护措施分为直接和间接防护两种。防止直接触电的防护措施有绝缘、安全间距、漏电保护、安全电压、遮栏及阻挡物等。最基本的间接触电防护措施有保护接地、保护接零。所谓间接触电防护措施是指防止人体各个部位触及在正常情况下不带电，而在故障情况下才变为带电的电器金属部分的技术措施。非专业电工人员不得从事电气维修和操作有关电气设备，而专业电工人员在全部停电或部分停电的电气设备上工作时，在技术措施上，必须完成停电、验电、装设接地线、悬挂标示牌和装设遮栏后，才能开始工作。在厂实习学生一般不参加电气方面工作，电气专业学生应按实习要求进行有关的实习。下面简单介绍一些与学生实习有关的防止触电的防护措施。

1. 绝缘

绝缘是用绝缘材料把带电体隔离起来，实现带电体之间、带电体与其他物体之间的电气隔离，使设备能长期安全、正常地工作，同时可以防止人体触及带电部分，避免发生触电事故，所以绝缘在电气安全中有着十分重要的作用。良好的绝缘是设备和线路正常运行的必要条件，也是防止触电事故的重要措施。绝缘具有很强的隔电能力，被广泛地应用在许多电器、电气设备、装置及电气工程上，如胶木、塑料、橡胶、云母及矿物油等都是常用的绝缘材料。绝缘材料经过一段时间的使用会发生绝缘破坏。绝缘材料除因在强电场作用下被击穿而破坏外，自然老化、电化学击穿、机械损伤、潮湿、腐蚀、热老化等也会降低其绝缘性能或导致绝缘破坏。绝缘体承受的电压超过一定数值时，电流穿过绝缘体而发生放电现象称为电击穿。气体绝缘在击穿电压消失后，绝缘性能还能恢复；液体绝缘多次击穿后，将严重降低绝缘性能；而固体绝缘击穿后，就不能再恢复绝缘性能。在长时间存在电压的情况下，由于绝缘材料的自然老化、电化学作用、热效应作用，使其绝缘性能逐渐降低，有时电压并不是很高也会造成电击穿。所以绝缘需定期检测，保证电气绝缘的安全可靠。学生在实习中要注意设备的绝缘破坏。

2. 屏护

屏护是指采用遮栏、围栏、护罩、护盖或隔离板等把带电体同外界隔绝开来，以防止人体触及或接近带电体所采取的一种安全技术措施。除防止触电的作用外，有的屏护装置还能起到防止电弧伤人、防止弧光短路或便利检修工作等作用。

使用屏护装置时，还应注意以下内容：①屏护装置应与带电体之间保持足够的安全距离。②被屏护的带电部分应有明显标志，标明规定的符号或涂上规定的颜色。遮栏、栅栏等屏护装置上应有明显的标志，如根据被屏护对象挂上“止步，高压危险！”、“禁止攀登，高压危险！”等标示牌，必要时还应上锁。标示牌只应由担负安全责任的人员进行布置和撤除。③遮栏出入口的门上应根据需要装锁，或采用信号装置、联锁装置。前者一般是用灯光或仪表指示有电；后者是采用专门装置，当人体超过屏护装置而可能接近带电体时，被屏护的带电体将会自动断电。学生在实习时必须充分注意这些屏护装置。

2.4.2.3　触电事故应急处理

如果遇到触电情况，要沉着冷静、迅速果断地采取应急措施。针对不同的伤情，采取相应的急救方法，争分夺秒地抢救，直到医护人员到来。

触电急救的要点是动作迅速，救护得法。发现有人触电，首先要使触电者尽快脱离电源，然后根据具体情况，进行相应的救治。

1. 脱离电源

(1) 如开关箱在附近，可立即拉下闸刀或拔掉插头，断开电源。

(2) 如距离闸刀较远，应迅速用绝缘良好的电工钳或有干燥木柄的利器（刀、斧、锹等）砍断电线，或用干燥的木棒、竹竿、硬塑料管等物迅速将电线拨离触电者。

(3) 若现场无任何合适的绝缘物（如橡胶、尼龙、木头等），救护人员亦可用几层干燥的衣服将手包裹好，站在干燥的木板上，拉触电者的衣服，使其脱离电源。

(4) 对高压触电，应立即通知有关部门停电，或迅速拉下开关，或由有经验的人采取特殊措施切断电源。

2. 对症救治

对于触电者，可按以下三种情况分别处理。

(1) 对触电后神志清醒者，要有专人照顾、观察，情况稳定后，方可正常活动；对轻度昏迷或呼吸微弱者，可针刺或掐人中、十宣、涌泉等穴位，并送医院救治。

(2) 对触电后无呼吸但心脏有跳动者，应立即采用口对口人工呼吸；对有呼吸但心脏停止跳动者，则应立刻进行胸外心脏挤压法进行抢救。

(3) 如触电者心跳和呼吸都已停止，则须同时采取人工呼吸和俯卧压背法、仰卧压胸法、心脏挤压法等措施交替进行抢救。

2.4.3 机械伤害防护技术

2.4.3.1 机械伤害的种类和起因

据事故统计，机械伤害事故的次数和重伤人数都位居化工系统各类事故的第一位。化工机械设备可分为动设备和静止设备。静止设备如釜、器、罐、塔、炉等，一般都没有机械伤害的危险，机械伤害事故往往发生在动设备上。如带有搅拌的釜(如聚合釜、反应釜)，能转动的炉(如加热炉、焦炉)、泵(离心泵、真空泵)、机(球磨机、离心机、压缩机、输送皮带机)等，动设备所造成伤害事故的危险源，常常存在于旋转的机件和作直线运动的部位。

1. 旋转机件的机械伤害

动设备在动力驱动下，旋转机械伤害的发生，常有如下几种情况。

(1) 卷带、绞碾和钩挂。当操作人员在旋转机械(如旋转轴、传动齿轮或传动皮带等部件)旁工作时，稍不注意，就有可能将其衣袖，裤腿，鞋带或长发卷入、带入或钩挂入机器内。

(2) 挤压。许多旋转机械，如橡胶压延机、混炼机等，当操作人员操作失误，就会将手卷入转动滚筒，造成挤压伤害事故。

(3) 物。做旋转运动的部件，在运动中产生离心力，旋转速度愈快，产生的离心力愈大。如果部件有裂纹等缺陷，不能承受巨大的离心力，便会破裂并高速飞出。操作工一旦受高速飞出的碎块打击，伤害是很严重的。

2. 直线运动机件的机械伤害

直线运动机件的机械伤害有往复泵、往复压缩机等运动机械造成的挤压、撞压的伤害。

造成机械伤害的主要原因有三个：一是人为的不安全因素；二是机械设备本身的缺陷；三是操作环境不良。后两个是需要企业重点考虑的问题，但第一条与实习学生息息相关，在此展开叙述，以引起重视。

实习中人为的不安全因素有以下几个方面。

(1) 操作失误。操作失误可能表现为两个方面。一是不熟悉机器的操作规程或操作不熟练；二是精神不集中或疲劳。

(2) 违反操作规程。主要表现在对安全操作规程不以为然，或因长时间操作没有发生过事故，为了图省事，不按安全操作规程要求办事，结果酿成伤亡事故。

(3) 违反劳动纪律。主要表现在:因为操作人员想抢时间,想早完成任务早下班,明知违反操作规程,却凭侥幸心理违章操作,因一念之差铸成大错。

(4) 穿着不规范。主要表现在:不按规定穿戴工作服和帽,或衣扣不整,或鞋带没系,结果常因衣角、袖口、头发或鞋带被机器绞住而发生事故。

(5) 误入危险区。危险区是指动机械设备可能对人产生伤害的区域。如压缩机的主轴联结部位,皮带输送机走廊等,都属于危险区域。

2.4.3.2 防止机械伤害事故的安全措施

防止在实习中出现机械伤害事故的发生,必须从实习安全管理工作入手,防止出现人为的不安全行为。严格实习安全管理,健全实习的安全管理制度,防止人的不安全行为。在实习期间,教育学生严格遵守各项安全操作规程和防止机械伤害的基本行为规范。①正确使用和维护防护设备。②不允许擅自拆卸动机械设备的防护设施。③转动部件未停稳不要在该机械设备上进行任何操作,因为机器在运转时有较大的离心力,这时无论是进行生产中的操作,还是清理保养等,都是很危险的。④不要擅自进入有危险的工作岗位和危险区域。如在皮带运输机以及大型压缩机附近,应注意安全护栏和安全标志。要求所有学生都要在安全区域内行走,不要为了方便随意走动。⑤机器电气安全联锁装置如有失灵现象,必须及时停车检修。⑥机器设备不得超负荷运转。⑦转动部件上不要放置物件,以免开车时物件飞出,发生打击事故。⑧正确使用和穿戴个体劳动保护用品。劳保用品是保护学生安全和健康的必需品,必须正确穿戴衣、帽、鞋、防毒面具和手套等防护品。防护用品要根据实际工况条件选择,如接触酸和碱的岗位要穿防护衣,同时要佩戴防护眼镜,有的还需要佩戴防护手套。

2.5 化工生产实习注意事项

(1) 严格遵守工厂各项规章制度和学校有关实习纪律;

(2) 遵纪守法,团结互助,注意维护校企的良好关系;

(3) 虚心向工人和技术员学习,实习中要做到勤观察、勤思考、勤问、勤记录;

(4) 按实习规定的时间准时到达指定的地点集合,不得迟到早退,严格遵守作息时间;

(5) 实习中严禁乱动电器开关、安全设施、阀门、仪表及有关设备;

(6) 严格按安全操作规程规范操作;

(7) 严禁携带火种进入厂区和生产车间,禁止吸烟;

(8) 熟悉厂区、车间周边环境,防止撞击、物体打击,高温灼伤和低温冻伤等多发安全事故;

(9) 往返工厂路上,注意乘车安全;

(10) 实习期间,不去不相关的车间和岗位;

(11) 进入厂区必须穿戴好有关劳防用品;

(12) 实习期间一般不得请事假,如遇身体不适及时向带教教师和工厂指导人员请假,并在征得同意后离场;

(13) 休息时间需外出必须两人以上,外出须向班长请假;

(14) 如遇突发事故应及时向带教教师和工厂指导人员报告。

思考题

1. 我国的安全生产方针是什么?
2. 什么是中毒?
3. 造成化工生产事故的因素有哪些?
4. 引起火灾爆炸的点火源有哪些?
5. 物理爆炸与化学爆炸有哪些区别?
6. 在实习操作中为什么要严格控制工艺参数?
7. 常用的灭火剂有哪些?
8. 火灾扑救的一般原则是什么?
9. “剂量-作用关系”与“剂量-响应关系”有什么区别?
10. 工业毒物侵入人体的途径有哪些?
11. 工业毒物对人体的危害有哪些?
12. 救护者为什么在急性中毒的现场急救中首先要做好个人防护?
13. 化学灼伤一般是由哪些化学物质所引起的?
14. 化工厂的劳防用品有哪些?
15. 防止触电的防护措施有哪些?
16. 哪些化工机械设备容易造成机械伤害事故?
17. 结合你所实习工厂的实际情况,简叙实习注意事项。

第3章 企业实习

3.1 概述

高等工科院校是培养工程师的“摇篮”，而工程的最大特点就是具有很强的实践性。工科大学生工程实践能力的培养主要是通过实践教学这一环节来实现的。为提高大学生实践能力，必须大力加强实验、实习、实训和毕业设计(论文)等实践教学环节，针对学生不同学习阶段，实施不同层次的实习，既可以使学生对书本知识的理解更透彻，也可以使学生在实践中遇到难题后去思考，使学生学会分析问题和处理问题，培养其独立分析和解决问题的能力，从而可以提高学生的实践能力、创新能力和综合素质。通过企业实习，还可以达到让学生尽早接触社会、了解社会、为社会培养“应用型”人才的效果，使学生毕业后能尽快熟悉自己的本职工作。所以特别要加强认识实习、生产实习和毕业实习等重要环节。近年来，我国高校日益重视实习环节，通过企业实习既有利于理论与实践相结合，还可以发现教学中存在的不足之处，及时调整教学方案，改进教学方法，提高教学效果。实习是培养工科大学生实践能力、创新能力和综合素质的一个重要的实践性教学环节。为了适应市场经济条件下企业对高素质复合型的工程技术人才的需求，保质保量将在校的大学生培养成复合型的卓越工程技术人才，加强实习环节的教学已势在必行。

3.2 企业实习分类及内容

根据人才培养计划的要求，企业实习一般包括如下几类。

(1) 认识实习。通常本实践环节可安排在大学一年级的第二学期期末，通过近一年的大学学习，学生已学习并掌握了与本专业相关的基础理论知识，对相关的专业有了初步的了解，并且开始关心今后的就业方向，有强烈的愿望想去了解企业真实生产经营状况。去企业认识实习，可使学生对化工生产企业有初步的认识。

鉴于目前生产企业现代化的生产特点，在2周的认识实习中，可采用去企业实习参观和在校内实习工厂实习或计算机仿真操作相结合的方式。

(2) 生产实习。通常本实践环节可安排在大学二年级的第二学期期末，通过近两年的大学学习，学生已学习并掌握了与生产过程有关的化学与化工基础知识、化工制图知识、化工分析知识、化工设备、化工自动控制以及安全环保知识等。参加生产实习可使学生熟练掌握化工控制系统的操作及单元操作等。

在两周的生产实习中，其中一周去企业，实地了解现代化的工业生产设备、装置、控制及安全环保等；一周在校内实习工厂进行仿真、半实物仿真和真实的操作训练。

(3) 毕业实习。通常本实践环节安排在大学四年级的第二学期，此阶段，学生基本完成了大学的课程学习，通过本阶段的实习，进一步培养和锻炼学生的实际操作能力，将专业知识与实际实践充分地结合，使学生不仅具有专业知识，而且还具有较强的实践能力以及分析问题和解决问题的能力。通过毕业实习，为学生走向社会、接触社会、认识社会拓宽知识面，增强感性认识，学会与人相处，培养团结协作精神以及独立分析和解决实际问题的能力，为社会输送高素质人才。

3.3 企业实习要求

在企业实习，除了要了解真实的企业生产运营情况外，最重要的是安全知识的掌握和防范事故的发生，避免受到伤害。所以，学生要遵守以下几条：

(1) 实习期间应听从指导教师及工厂车间有关人员的指导，并遵守工厂及学校各项规章制度。

(2) 实习期间学生必须按实习大纲及指导教师之要求按时完成规定的实习任务。

(3) 认真做好实习记录。

(4) 实习完成后，认真完成实习报告。

3.4 认识实习

认识实习是高等院校化工类专业教学计划中一次非常重要的实践教学环节，也是帮助学生熟悉和了解实际化工生产过程、接触化工生产实践，为学生由学校到工厂、由理论到实践之间架起的一座“桥梁”。

化学工程与工艺专业认识实习是本专业学生在学习了高等数学、普通物理、有机化学、无机化学、机械制图等基础的化学知识及部分的化工理论知识后的第一个重要的实践性教学环节。通过认识实习(工厂参观学习、计算机模拟仿真操作、仿真工厂的实地动手操作)使学生在掌握基本原理的基础上，进一步了解化工基础知识与化工生产过程的实际联系，加深对理论知识的理解和掌握，培养学生理论联系实际以及解决实际问题的能力和意识，为以后专业知识的学习打下基础。

认识实习的重要性具体体现在以下几个方面：①通过认识实习可拓展学生的专业理论知识，为后续专业课的学习及生产实习打下基础；②通过认识实习可增强学生感性认识，培养学生实践知识、实践能力和创新能力；③通过仿真模式实习，使学生能够亲自动手操作生产装置，不但可以激发学生实习的兴趣，而且可以促进学生对化工生产中所遇到问题的思考。

3.4.1 认识实习目的

通过认识实习，使学生将在课堂上学到的化工单元理论知识与装置上的设备结构、运行的实际情况结合起来，从而扩大学生对化工专业的感性认识，同时了解所学专业在化工生产中所占的地位与作用，并进一步培养学生学习化工专业知识的兴趣和热情。

3.4.2 认识实习方式、内容及安排

3.4.2.1 认识实习方式

认识实习主要由到企业实习和在计算机上仿真操作两部分组成。

(1) 到企业参观学习，了解企业实际生产和经营情况；

(2) 计算机仿真，选取几个单元仿真在计算机上进行操作。

3.4.2.2 认识实习内容

(1) 企业的三级安全教育：了解安全生产的基本知识和原则、消防安全的基本常识和防范知识等；

(2) 企业生产概况：企业的原料、产品、生产工艺、设备装置的结构特点等；

(3) 了解工艺流程部分：在实习车间(或工段)的工艺流程的基础上，熟悉实习场所的主要设备和名称、主要工艺管线的走向、各控制点的位置及生产控制指标等；

(4) 了解生产设备部分：通过观察设备、看图纸和有关技术资料，了解设备内部的结构，有条件时教师应带领学生观察旧设备，重点了解各种流体输送设备、换热设备、分离设备以及反应器等设备的结构特点；

(5) 控制方法与手段：通过仿真操作实习，掌握温度、压力、液位、组成等各种操作参数的检测、显示和控制方法。

3.4.2.3 认识实习安排

认识实习的时间一般为 2 周，具体安排如下。

(1) 实习动员：介绍认识实习的目的、意义，实习单位的概况，下厂注意事项；

(2) 查阅实习企业的生产原料、产品、生产工艺流程、主要装置及设备；

(3) 在企业进行安全教育，企业指导教师介绍厂况厂史、生产工艺、主要的设备及特点；

(4) 企业实习的总结；

(5) 仿真阶段的动员；

(6) 学生上机仿真操作(见第 5 章单元仿真)；

(7) 认识实习考核；

(8) 完成实习总结。

3.4.3 认识实习的基本要求

认识实习的基本要求包括如下几个方面：

(1) 了解化工厂安全生产的意义,掌握安全防护知识;

(2) 了解 1～2 个化工生产工段的主要工艺流程、生产原理、工艺组织原则及控制方法;

(3) 了解 1～2 个主要化工设备的工艺原理、结构特点和操作条件;

(4) 了解化工生产中的检测知识和质量保证体系;

(5) 了解化工生产的组织方式及技术管理方法;

(6) 掌握 3～4 个化工单元仿真操作,包括仿真操作中工艺参数的调节、控制和事故处理等。

3.4.4 认识实习总结

两周的实习结束后,要认真地对实习进行总结,并根据实习内容,按要求书写实习报告(分为企业实习报告和校内仿真实习报告两部分),实习报告内容如下。

1. 企业实习报告

(1) 实习的目的和意义;

(2) 实习企业的生产概况,包括企业主要生产的原材料和主、副产品的物化性质及产品的用途、产品规模;

(3) 实习企业主要产品的生产方法和生产原理,主要设备的结构、作用及特点;

(4) 生产工艺流程及主要操作条件,画出带控制点的生产工艺流程图;

(5) 企业生产中的三废处理及治理情况;

(6) 对企业生产工艺、节能、安全等方面的建议;

(7) 实习心得与体会。

2. 校内仿真实习报告

(1) 仿真实习的目的和意义;

(2) 各单元操作的原理、工艺流程、操作规程和事故处理方法等;

(3) 实习的体会。

3.4.5 考核内容

实践类学习环节考核可采用“五级评分制”,也可采用百分制评分标准。主要从以下几个方面给出综合成绩。

(1) 平时表现(40%):包括实习态度、出勤率、学习主动性、实习手册等动态因素;

(2) 实习报告(30%):按实习总结的要求完成;

(3) 考核(30%):书面考试和上机仿真操作考试。

3.4.6 表面精饰专业方向认识实习

自从我国加快了现代化的发展步伐,表面精饰生产的科研、教育和生产管理的技术队伍正在迅速地成长起来,然而各国在高科技领域的发展上,竞争还是非常激烈的。随着家电产品、IT 产品和 PC 机产品的日新月异,对产品的表面精饰提出了更高的要求,因此必须大力加快表面精饰技术的发展。

表面精饰对人才的需求是多方面的，它既要有技术专业人才，又要有懂技术会管理善经营的复合型人才；既要有化学、化学工程和相关应用技术的人才，又要有一批能工巧匠。因此，应用型人才不是普通意义的操作者，而是高规格一专多能的应用型人才，应当是具有通专结合的复合型和开拓精神的创造型人才。具有在专业领域内多方面的技能，具有运用专业知识和专门技能去解决生产中的重大问题的能力，在实验、工艺、开发等方面具有很强的创新能力，要有运用知识的能力。当前加快人才培养，尤其是具有实际动手能力，能把理论知识与生产现场实际境况相结合的应用型人才的培养，是当务之急。

3.4.6.1 认识实习目的

通过认识实习，使学生认识到表面精饰生产在国民生产中的重要地位，树立起热爱专业的思想，培养本专业学生的敬业精神。使学生将在课堂上学到的理论知识与实际生产装置上的设备结构、运行的实际情况结合起来，从而扩大学生对表面精饰专业的感性认识，同时了解所学专业在国民生产中所占的地位与作用，并进一步培养学生学习专业知识的兴趣和热情。

3.4.6.2 认识实习方式、内容及安排

1. 认识实习方式

包括通过讲课、参观、调研、观看音像资料、到实习基地劳动，使表面精饰方向的学生初步了解电镀工艺、涂装工艺的概念，为专业学习做好思想上、认识上的准备。

2. 认识实习内容

(1) 企业的三级安全教育：工厂安全知识和安全生产的了解；

(2) 企业生产概况：企业的原料、产品、生产工艺、设备装置的结构特点等；

(3) 了解工艺流程部分：了解电镀工艺、涂装工艺，电镀工艺、涂装工艺的分类及特点，初步了解电镀工艺、涂装工艺生产的各个环节及相互间的联系；

(4) 了解生产设备部分：了解电镀车间、涂装车间的基本布局，初步认识电镀、涂装生产的常用设备。

3. 认识实习安排

认识实习的时间为1周，具体安排为如下。

(1) 实习动员：介绍认识实习的目的、意义，实习单位的概况，下厂注意事项；

(2) 查阅电镀、涂装企业的产品、生产工艺流程、主要装置及设备；

(3) 在企业进行安全教育，企业指导教师介绍厂况厂史、生产工艺、主要的设备及特点；

(4) 企业实习的总结；

(5) 认识实习考核；

(6) 完成实习总结。

3.4.6.3 认识实习的基本要求

认识实习的基本要求包括如下几个方面：

(1) 企业安全生产的了解；

(2) 企业生产的产品的性质、用途、生产工艺的情况；

(3) 产品的生产设备和工艺流程等；

(4) 必须做好实习日志。

3.4.6.4 认识实习总结

根据实习内容,按要求书写实习报告,认识实习报告内容如下:

(1) 实习的目的和意义;

(2) 实习企业的生产概况,包括企业主要生产的原材料和主、副产品的物化性质及产品的用途、产品规模;

(3) 实习企业的电镀工艺、涂装工艺的方法和原理、主要设备的结构、作用及特点;

(4) 生产工艺流程及主要操作条件,画出带控制点的生产工艺流程图;

(5) 企业生产中的三废处理及治理情况;

(6) 对企业电镀、涂装工艺、节能、安全等方面的建议。

(7) 实习心得与体会。

3.4.6.5 认识实习总结考核内容

实践类学习环节考核可采用“五级评分制”,也可采用百分制评分标准。从以下几个方面给出综合成绩。

(1) 平时表现(40%):包括实习态度、出勤率、学习主动性、实习手册等动态因素;

(2) 实习报告(30%):按实习总结的要求完成;

(3) 考核(30%):理论知识考试。

3.5 生产实习

生产实习是高等工科院校重要的实践性教学环节之一。通过化工生产实习,培养学生对化工生产所需设备及某一化工机器的制造工艺流程,熟悉每道工序的加工工艺特点、作用及各道工序之间的相互关系。掌握某一化工产品的生产工艺、流程、化工设备、安全知识及化工生产的实际情况,加深对化工工艺和工程的深入了解,培养学生分析问题和解决问题的能力及实践能力。生产实习接近生产工作实际,是培养学生岗位职业能力的重要途径。生产实习作为沟通理论知识与操作技能之间的桥梁,使学生不但在理论上,而且在能力上都能得到发展。通过理论与实践的结合,能加快学生对理论知识的消化、理解和掌握,加快理论教学的进程,增强理论教学的效果。与此同时,这也是现代工业生产和社会进步对高级专门人才素质的客观要求。

3.5.1 生产实习的目的

通过实习使学生了解化工行业中的一些实际生产过程,对现代化工生产企业的生产和管理方式有一个较全面的认识,并巩固和深化所学的理论知识;使学生运用所学的化工专业知识,独立分析和解决化工生产中的一些实际问题,掌握化工生产操作的特点,以达到将理论知识学以致用、融会贯通的目的。

3.5.2 生产实习方式、内容及安排

3.5.2.1 生产实习方式

生产实习主要由到企业实习和在仿真工厂操作两部分组成：

(1) 到企业参观学习，了解企业实际生产情况、安全情况；

(2) 仿真工厂实际操作，根据实际情况选择仿真工厂生产过程，进行实际的操作。

3.5.2.2 生产实习内容

(1) 企业的三级安全教育：了解安全生产的基本知识和原则、消防安全的基本常识等；

(2) 了解实习工厂的基本情况：掌握实习车间主要产品生产中涉及的主要原料和主、副产品的物化性质；

(3) 掌握实习车间主要产品的生产路线，各单元操作过程的基本工作原理；

(4) 掌握生产设备部分：通过观察设备、看图纸和有关技术资料，掌握主要设备的结构、性能、工作原理和特点；

(5) 控制方法与手段：通过仿真工厂的实际操作，了解生产过程的操作参数的检测、显示和控制方法；

(6) 培养应用基础课的知识和技术去解决生产问题的能力；

(7) 建立初步的工程技术观点。

3.5.2.3 生产实习安排

生产实习的时间一般为2周，具体安排如下。

(1) 实习动员：讲授生产实习的目的、意义、要求及注意事项等，查阅实习单位的相关资料；

(2) 工厂相关人员介绍工厂概况，进行入厂教育，安全生产规程的培训；

(3) 工厂技术人员讲解实习车间主要产品的各种情况；

(4) 深入生产第一线直接学习主要产品的生产工艺流程、设备、仪表及控制系统；

(5) 认真阅读生产车间的技术操作规程和相关的技术资料；

(6) 仿真工厂的实际生产的操作；

(7) 生产实习考核；

(8) 撰写生产实习报告。

3.5.2.4 生产实习总结

两周的生产实习结束后，要认真地对实习进行总结，并根据生产实习内容，按要求书写生产实习报告，生产实习报告内容包括：

(1) 实习单位概况；

(2) 主要原材料和主、副产品的物化性质及产品的用途；

(3) 主要产品的工艺流程、生产原理，带控制点的生产工艺流程图；

(4) 主要设备的结构、工作原理和物料流程；

(5) 三废处理及治理情况；

(6) 生产实习心得与体会。

3.5.2.5 考核内容

实践类学习环节考核可采用“五级评分制”，也可采用百分制评分标准。从以下几个方面给出综合成绩。

(1) 平时表现(40%)：包括实习态度、出勤率、学习主动性、实习手册等动态因素；

(2) 实习报告(30%)：按实习总结的要求完成；

(3) 考核(30%)：书面考试和仿真工厂操作。

毕业实习详见第10章。

思考题

1. 企业实习的目的及意义?
2. 化工企业实习应注意哪些事项?
3. 简述化工实习企业的生产特点。
4. 简述所实习的化工企业的全厂概况：原料、产品及生产规模等。
5. 简述实习车间产品的生产方法和工艺流程。
6. 简述实习企业的“三废”处理及环保措施，安全生产要求等。
7. 给出实习车间典型设备的结构示意图并加以说明。
8. 简述实习车间典型设备的材料、防腐及保温措施、安装及检验方法等。
9. 简述全厂或车间原料、燃料、水、电、汽供需情况及经济核算概况。
10. 通过本次认识实习，你从中学到了哪些新知识? 有哪些认识?

第4章　化工单元操作

4.1　化工单元操作基础设备的认识

4.1.1　化工生产常用管

管子是化工生产中不可或缺的一类基础设备，主要用于输送各类物料。化工生产常用管按所用材料可分为金属管和非金属管两类。

4.1.1.1　金属管

金属管是指用各种金属材料制成的管子，可分为铸铁管、碳素钢管、合金钢管和有色金属管四类。

铸铁管，其实质是球墨铸铁管，由铸铁制成。普通铸铁管常埋于地下用作给排水管和煤气管，因普通铸铁管性脆，所以不能用来输送水蒸气和有毒有害易燃易爆的流体。铸铁管铸造时若加入适量的硅、铜、钼、铬和一些稀土元素可进一步提高铸铁管的耐腐蚀性，从而用来输送硫酸、硝酸、甲酸、次氯酸钠溶液等腐蚀性液体。

铸铁管一般用“公称直径”表示其管子的尺寸，公称直径是为了设计制造和维修的方便人为规定的一种标准，也叫公称通径，是管子(或者管件)的规格名称，公称直径采用符号 *DN* 表示，要注意的是管子的公称直径和其内径、外径都不相等。

碳素钢管按生产方法可分为两大类：无缝钢管和焊接钢管。

无缝钢管是用优质碳素钢或合金钢经热轧或冷轧(拔)制成的一种具有中空截面、周边没有接缝的长条管材，按制造工艺的不同可分为热轧(挤压)无缝钢管、冷拔(轧)无缝钢管两种。冷拔(轧)管又分为圆形管和异形管两种，异形管主要有方形管、矩形管、椭圆管、内翅片管。无缝钢管质地均匀、强度高，可用作输送各种流体的管道。

无缝钢管的规格用“管外径×壁厚”来表示，例如 $\phi108\times4$ 表示此管的外径是 108 mm、管壁厚为 4 mm。

焊接钢管是由卷成管形的钢板以对缝或螺旋缝焊接而成，焊接钢管在制造方法上又分为低压流体输送用焊接钢管、螺旋缝电焊钢管、直接卷焊钢管、电焊管等。低压流体输送用焊接钢管也称一般焊管，俗称黑管；低压流体输送用镀锌焊接钢管也称镀锌电焊钢管，俗称白管。焊接钢管可用作输送水、煤气、空气、油和取暖蒸气等一般较低压力流体的管道。

合金钢管是采用优质碳素钢、合金结构钢和不锈耐热钢作材质，经热轧(挤、扩)或冷轧(拔)而成，主要用于高压锅炉、高温过热器和再热器等高压高温的管道及设备上。

有色金属管主要有铜管、黄铜管、铅管和铝管。

铜管又称紫铜管，是压制的和拉制的无缝管，具有质量较轻、导热性好、低温强度高、耐腐蚀等优点，所以常用于制造换热设备（如冷凝器等）和低温管路（用于制氧设备中）。此外，直径小的铜管还常用于输送有压力的液体（如润滑系统、油压系统等）和用作仪表的测压管等。

黄铜管分为普通黄铜管和特殊黄铜管，前者是由铜和锌所组成的合金材料所拉成的无缝管，后者在普通黄铜中添加了铅、锡、锰、镍、铁、硅等元素。黄铜管具有强度高、硬度大、耐化学腐蚀性强等优点，主要用于制造热交换器、低温管路。

铅管是指由有色金属铅制成的、由压机挤压成型的无缝管，铅管具有良好的耐腐蚀性，能耐硫酸和10%以下的盐酸腐蚀。但铅管的最高容许工作温度是140℃，且铅管性软、机械强度差、密度大、热导率低，因而其用途受到一定的限制。铅管广泛应用于硫酸工业和处理酸性物料的有机工业中。

铝管是指用纯铝或铝合金经挤压加工成沿其纵向全长中空的金属管状材料。铝合金管质量轻，对氧化性介质、含硫废气、海水均具有较高的耐蚀性，但不耐碱腐蚀，多用于输送浓硝酸、醋酸等。

4.1.1.2 非金属管

化工生产中有时会输送某些腐蚀性较强的物料，此时用非金属管不仅能提高管路的耐腐蚀性，同时亦可降低管路的制造成本。化工厂常用的非金属管有陶瓷管、塑料管、橡胶管等。

陶瓷管除对氢氟酸、磷酸及碱类耐腐蚀性较差外，对其他物料的耐腐蚀性好，缺点是陶瓷材质性脆，难以制成小口径管子，且制成的管子不能承受高压。陶瓷管主要用来输送0.1 MPa、100℃以下的腐蚀性物料。

塑料管一般是以塑料树脂为原料，加入稳定剂、润滑剂等，以“塑”的方法在制管机内经挤压加工而成。塑料管分为热塑性塑料管和热固性塑料管两大类，前者有聚氯乙烯管、聚乙烯管、聚丙烯管、聚甲醛管等，后者有酚醛树脂管等。塑料管的主要优点是耐腐蚀性能好、质量轻、成型方便、加工容易，缺点是强度较低、耐热性差。

橡胶管具有无毒、耐油、耐酸碱、耐热、耐压、回弹力强等优点，缺点是易老化。在化工生产中常用作临时管路。

4.1.2 化工生产常用管件

在化工生产中，管件的作用是使管路变更方向、延长、分路、汇集、缩小、扩大等。常用的管件有弯头、异径管（大小头）、束接、三通、四通（十字头）、管帽。

弯头用来改变管路的方向，常用的有180°回弯头、90°直角弯头和45°弯头，见图4-1。

图4-1 弯头

异径管用于两种不同管径的管路连接处，又分为同心大小头和偏心大小头，见图4-2。同心异径管连接的两根管子的中心线在一条直线上，主要用于直立管线；偏心异径管较多地用于水平管线上。

图4-2　异径管

束接用于连接延长管路，常用的主要有内丝直通束接（又称缩节、内牙管）、管外丝、活管接，见图4-3。

图4-3　束接

三通用于主管和分支管相互连接的部位，通常有等径三通、异径三通和斜三通，见图4-4。斜三通常代替三通用于输送有固体颗粒或冲刷腐蚀较为严重的管道。

图4-4　三通

四通用来连接四根公称通径相同、并成垂直相交的管子，见图4-5。

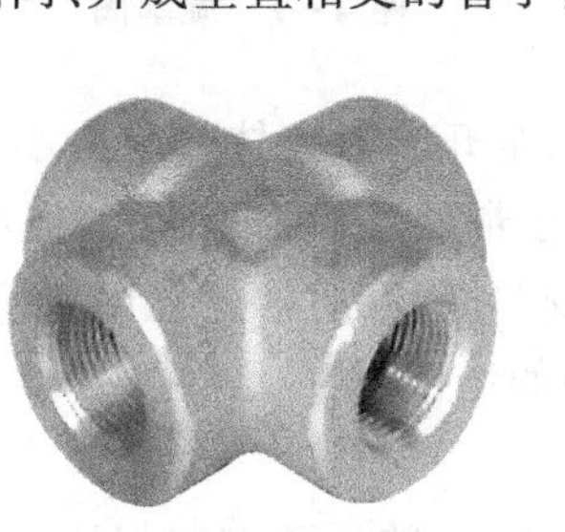

图4-5　四通

管帽，见图4-6，是用于管子端部封闭的管件，有时也常采用盲法兰封闭管子端部，以便于管子的吹扫和清洗。一般根据管道连接尺寸的要求，并考虑经济性或者工程上将来扩建的可能性等要求来确定采用管帽或盲法兰。

图 4-6　管帽

4.1.3　化工生产常用控制阀门

阀门是在流体流动系统中用来控制流体流动或停止，并能控制其流动方向、流量、压力的装置。阀门的公称通径用符号“*DN*”和数字的组合表示，公称压力用符号“*PN*”和数字的组合表示。化工生产中常用的控制阀门有以下几种。

4.1.3.1　旋塞阀

旋塞阀又称考克，见图 4-7，在阀体的中心孔内插入一栓塞，栓塞上有一孔，栓塞在阀体的孔内可以旋转，通过旋转 90°使阀塞上的通道口与阀体上的通道口相通或分开从而实现旋塞阀的开启或关闭管路的作用。旋塞阀阀塞的形状可成圆柱形或圆锥形。在圆柱形阀塞中，通道一般成矩形；而在锥形阀塞中，通道成梯形。

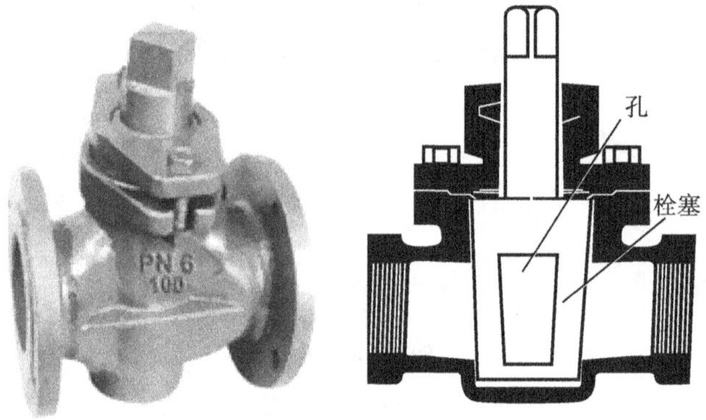

图 4-7　旋塞阀

旋塞阀结构简单，开关迅速，全开时对流体的阻力小，因此最适用于作为切断和接通介质以及分流介质的场合，亦适用于带悬浮颗粒的流体，但不能精确地调节流量。旋塞阀启闭时较费力，容易磨损，密封性也较差，所以通常只能用于低压（不高于 1 MPa）、低温（不超过 120℃）和小口径（小于 100 mm）的场合。

4.1.3.2　闸阀

闸阀（图 4-8）是指启闭件（闸板）的运动方向与流体流动方向相垂直的阀门，常用的闸阀类型是平行式闸阀和契式闸阀。闸阀在管路中主要作切断用，即只能作全开和全关，不能作调节和节流。

闸阀的优点是体形简单、制造工艺性好，适用范围广，流体阻力小，开闭较省力，介质流向不受限制；不足之处是闸阀的外形尺寸和开启高度较大，安装所需空间较大，密封面在开

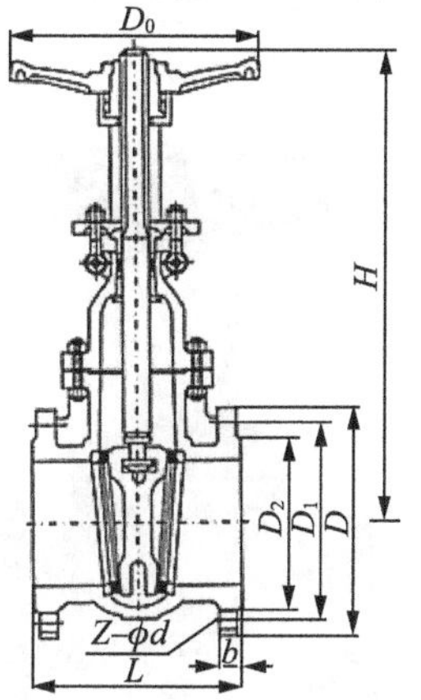

图 4-8 闸阀

闭过程中容易引起冲蚀和擦伤，维修较困难。

4.1.3.3 截止阀

截止阀（图 4-9）是关闭件（阀瓣）沿阀座中心线移动的阀门。根据阀瓣的这种移动形式，阀座通口的变化与阀瓣的行程成正比例关系，因此这种类型的截流截止阀阀门非常适合作切断、调节以及节流之用。

截止阀阀体的结构形式有直通式、直流式和直角式。其中直通式最常见，但其流体的阻力最大；直流式流体阻力较小，多用于含固体颗粒或黏度大的流体；直角式阀体多采用锻造，适用于较小通径、较高压力的截止阀。

截止阀的优点是结构简单、制造工艺好、维修比较方便，工作行程小、启闭时间短，密封性好、密封面间摩擦力小因而耐用。截止阀的缺点是开启和关闭时较费力，流体阻力大。

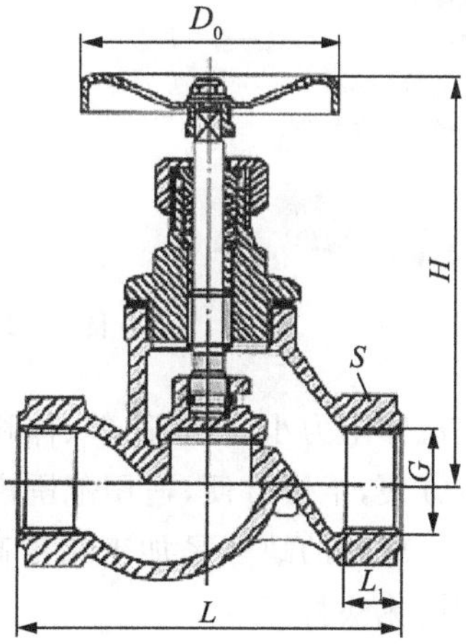

图 4-9 截止阀

4.1.3.4 节流阀

节流阀（图 4-10）的外形结构与截止阀并无区别，只是它们启闭件的形状有所不同。节流阀的启闭件大多为圆锥流线型，通过它改变通道截面积而达到调节流量和压力。节流阀供在压力降极大的情况下作降低介质压力之用。

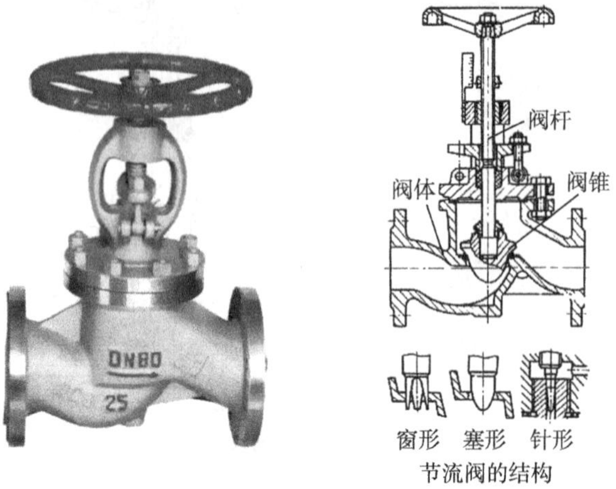

图 4－10　节流阀

节流阀具有以下特点：构造较简单，便于制造和维修，成本低；调节精度不高，不能作调节使用；密封面易冲蚀，不能作切断介质用；密封性较差。

4.1.3.5　球阀

球阀（图 4－11）由旋塞阀演变而来，是指启闭件（球体）由阀杆带动，并绕阀杆的轴线作 90°旋转运动的阀门。球阀主要用于切断、分配和改变介质流动方向，设计成 V 形开口的球阀还具有良好的流量调节功能。

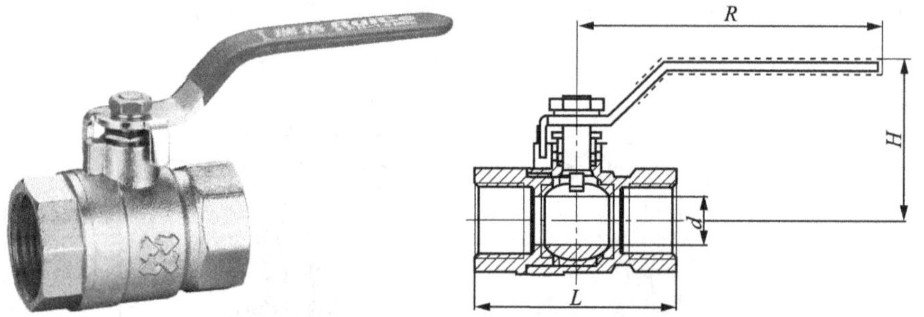

图 4－11　球阀

球阀的优点是流体阻力小，结构简单、体积小、质量轻，密封性好，能实现完全密封，耐侵蚀，开闭迅速、操作方便，维修方便，适用范围广，从高真空至高压力都可应用，可用于带悬浮固体颗粒的介质中。球阀的缺点是加工精度高、造价昂贵，高温中不易使用，如管道内有杂质易被堵塞导致阀门无法打开。

4.1.3.6　止回阀

止回阀（图 4－12）又称单向阀或逆止阀，是指启闭件靠介质流动和能量自行开启或关闭以防止介质倒流的阀门。止回阀属于自动阀类，主要用于介质单向流动的管道上，只允许介质向一个方向流动，以防止管路中的介质倒流，防止泵及驱动电机反转以及容器介质的泄漏。

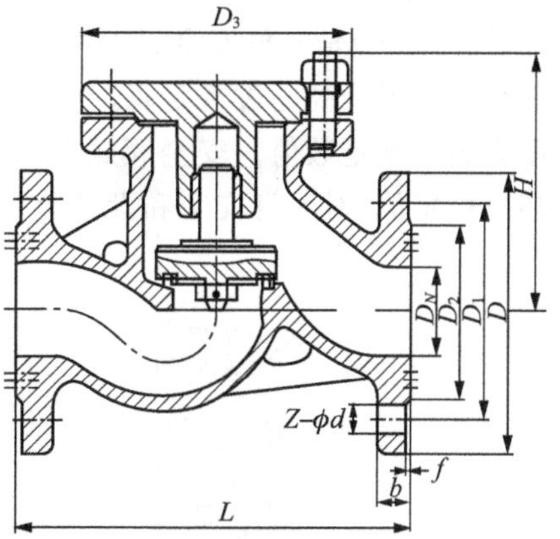

图 4－12　止回阀

4.1.3.7　蝶阀

蝶阀(图 4－13)又叫翻板阀,是指启闭件(阀瓣或蝶板)为圆盘,围绕阀轴旋转来达到开启与关闭的一种阀,在管道上主要起切断和节流作用。蝶阀主要由阀体、阀杆、蝶板和密封圈组成,其工作原理是蝶板由阀杆带动,若转过 90°,便能完成一次启闭,改变蝶板的偏转角度,即可控制介质的流量。蝶阀全开到全关通常小于 90°,蝶阀和蝶杆本身没有自锁能力,通过在阀杆上加装涡轮减速器使蝶板具有自锁能力,使蝶板停止在任意位置上,并能改善阀门的操作性能。蝶阀适用于发生炉、煤气、天然气、液化石油气、城市煤气、冷热空气、化工冶炼和发电环保等工程系统中输送各种腐蚀性、非腐蚀性流体介质的管道上,用于调节和截断介质的流动。

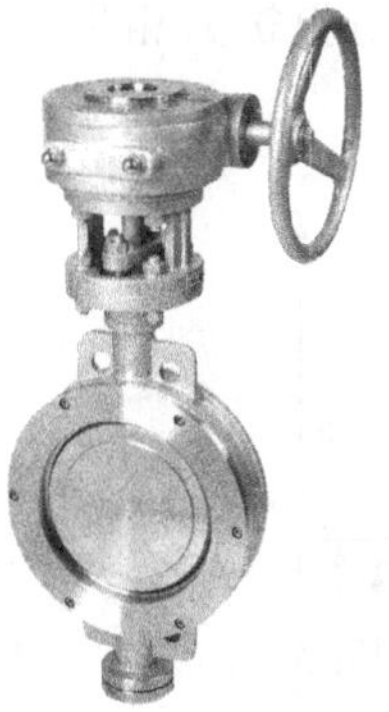

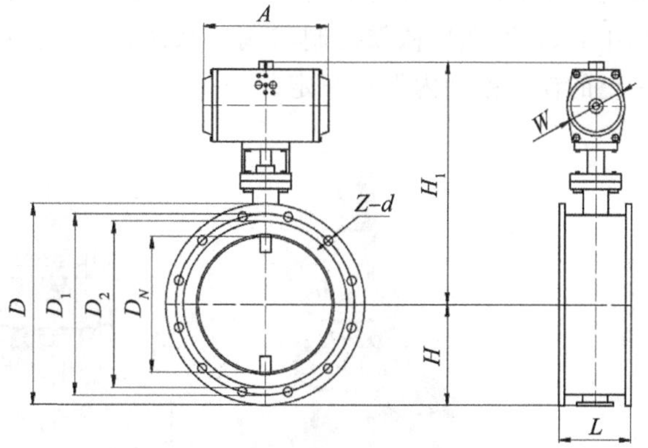

图 4－13　蝶阀

蝶阀具有如下优点:启闭方便迅速、省力,可以经常操作;结构简单,外形尺寸小,结构长度短,体积小,质量轻,适用于大口径的阀门;可以运送泥浆,在管道口积存液体较少;低压下可以实现良好的密封;调节性能好;全开时阀座通道有效流通面积较大,流体阻力较小;密封面材料一般采用橡胶、塑料,故低压密封性能好。蝶阀的缺点是使用压力和工作温度范围小、密封性较差。

4.1.3.8 安全阀

安全阀(图 4－14)是一种安全保护用阀，它的启闭件受外力作用处于常闭状态，当设备或管道内的介质压力升高超过规定值时自动开启，通过向系统外排放介质来防止管道或设备内介质压力超过规定数值。安全阀属于自动阀类，主要用于锅炉、压力容器和管道上，控制压力不超过规定值，对人身安全和设备运行起重要保护作用。

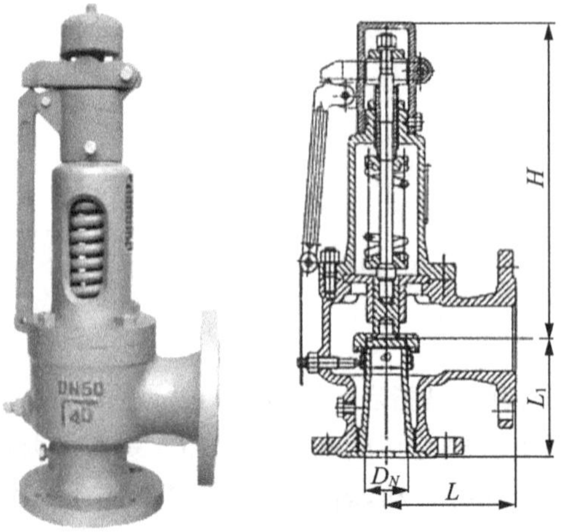

图 4－14 安全阀

4.1.3.9 减压阀

减压阀(图 4－15)是通过调节将进口压力减至某一需要的出口压力，并依靠介质本身的能量，使出口压力自动保持稳定的阀门。从流体力学的观点看，减压阀是一个局部阻力可以变化的节流元件，即通过改变节流面积，使流速及流体的动能改变，造成不同的压力损失，从而达到减压的目的，然后依靠控制与调节系统，使阀后压力的波动与弹簧力相平衡，使阀后压力在一定的误差范围内保持恒定。

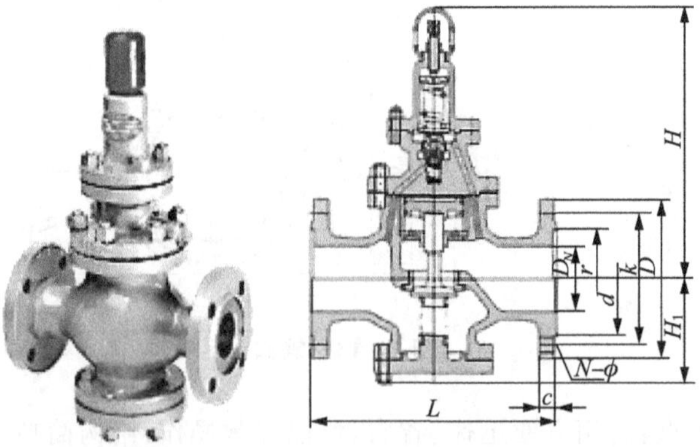

图 4－15 减压阀

减压阀按结构形式可分为薄膜式、弹簧薄膜式、活塞式、杠杆式和波纹管式；按阀座数目可分为单座式和双座式；按阀瓣的位置不同可分为正作用式和反作用式。

4.1.3.10　疏水阀

蒸气疏水阀(图 4－16)的基本作用是将蒸气系统中的凝结水、空气和二氧化碳气体尽快排出；同时最大限度地自动防止蒸气的泄漏。疏水阀在蒸气加热系统中起到阻气排水作用。

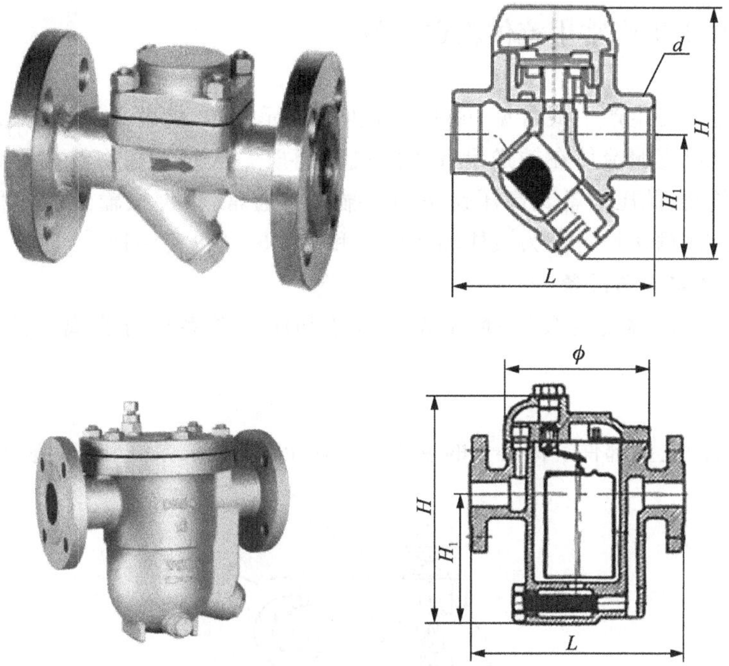

图 4－16　疏水阀

疏水阀的工作原理示意见图 4－17：蒸气疏水阀安装在蒸气加热设备与凝结水回水集管之间。开车时，桶在底部，阀门全开。凝结水进入疏水阀后流到桶底，充满阀体，全部浸没桶体，然后，凝结水通过全开阀门排至回水集管。蒸气也从桶体底部进入疏水阀，占据桶体内的顶部，产生浮力。桶体慢慢升起，逐渐向阀座方向移动杠杆，直到完全关闭阀门。空气和二氧化碳气体通过桶体的排气小孔，聚集在疏水阀的顶部。从排气孔排出的蒸气，都会因疏水阀的散热而凝结。当进来的凝结水开始充满桶体时桶体开始对杠杆产生一个拉力。随着凝结水位不断升高，产生的力不断增加，直到能够克服压差，打开阀门。疏水阀阀门开始打

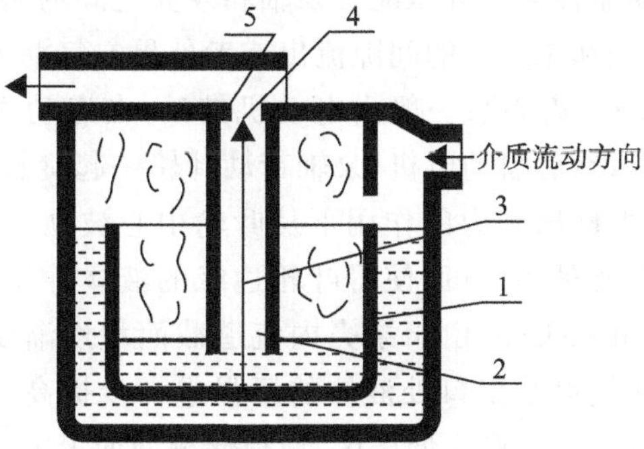

图 4－17　疏水阀工作原理

1—浮子(桶形)；2—虹吸管；3—顶杆；4—启闭件；5—阀座

开，作用在阀瓣上的压差就会减小。桶体将迅速下降，使阀门全开。积聚在疏水阀顶部的不凝性气体先排出，然后凝结水排出。水流从桶体流出时带动污物一起流出疏水阀。凝结水排放的同时，蒸气重新开始进入疏水阀，新的一个周期又开始了。

4.1.4 化工生产常用流体输送设备

流体输送是化工生产中最常见、最不可缺少的单元操作，借助于流体输送设备可以使物料获得足够能量以克服流体在输送沿程中的机械能损失从而实现物料在等高设备间、低处设备到高处设备间、低压设备到高压设备间的输送。通常，根据被输送流体种类的不同，化工生产常用的流体输送设备分为液体输送设备和气体输送设备两种。

4.1.4.1 液体输送设备

输送液体的机械称之为泵，一般根据其流量和压头关系可分为离心式和正位移式两大类。

1. 离心泵

(1) 离心泵的主要部件　离心泵的主要结构有叶轮、泵轴、泵壳和轴封装置，见图 4-18。

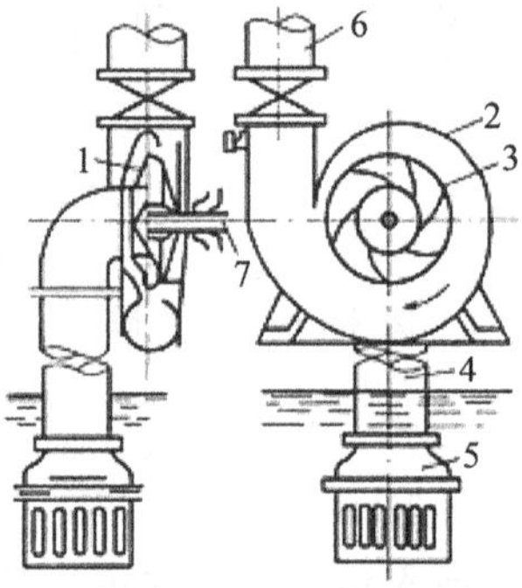

图 4-18　离心泵的构造

1—叶轮；2—泵体；3—叶片；4—吸入导管；5—底阀；6—压出导管；7—泵轴

叶轮的作用是将原动机的机械能传给液体，使液体的静压能和动能都有所提高，叶轮安装在泵轴上。泵壳又称蜗壳，泵壳内的流体流通截面积逐渐扩大，泵壳的作用主要是汇集液体，同时将液体的一部分动能转换为静压能。泵轴和泵壳之间的密封称为轴封，轴封的作用是防止泵内高压液体沿泵轴和泵壳间的间隙流出或者外界空气漏入泵壳内。

(2) 离心泵的工作原理　离心泵一般由电动机带动，在启动之前需向泵壳内灌满被输送的液体，此步骤称为灌泵，然后启动电机，泵轴带动叶轮一起旋转，迫使泵壳内充满叶片间的液体随之旋转。液体在惯性离心力的作用下从叶轮中心被抛向叶轮边缘，因惯性离心力对液体做功，所以液体获得能量，一方面使得叶轮边缘的液体静压强增高，同时液体的流速增大。液体离开叶轮之后进入泵壳，由于泵壳内流道截面积逐渐变大，因此液体减速，一部分动能转化为静压能，从而使得泵出口处液体的压强进一步提高。当液体从叶轮中心被抛向叶轮边缘的同时，在叶轮中心处形成低压区，使得储槽液面上方的压强大于泵吸入口的压强，致使液体被吸进叶轮中心。因此，只要叶轮不断地旋转，液体就能不断地被吸入和排出。

(3) 离心泵的使用操作　离心泵在使用时需注意以下几点。

① 离心泵的安装高度必须小于允许吸上高度0.5～1 m,离心泵的流量调节阀需安装在出口管路上,以防止使用过程中发生气蚀现象。

② 离心泵吸入管的管径不得小于泵体入口直径,如果采用大口径的吸入管,要注意变径处不可以有引起气体积存的气囊。

③ 为防止气缚,开动离心泵前要进行灌泵操作,同时在泵前安装单向阀。

④ 启动时要关闭出口阀,以避免电动机通电时负荷过大而烧坏,同时注意离心泵在出口阀门关闭的情况下运行不能超过2～3 min,以免引起泵体温度升得过高,造成泵零部件的损坏。

⑤ 停泵时应先关闭出口阀门,再关电动机,以防止排出管内的液体倒流,使叶轮受冲击而被损坏。

⑥ 如果泵停止使用时间长,应排出泵内以及管道中的液体,从而防止生锈和冻结。

⑦ 离心泵在运转中应定时检查和维修,注意泵轴液体泄漏、发热等情况,保持泵的正常操作。

2. 往复泵

(1) 往复泵的主要部件　往复泵的主要部件有泵缸、活塞、活塞杆及吸入阀、排出阀,见图4-19。往复泵由电动机驱动,通过减速箱和曲柄连杆机构与活塞杆连接而使活塞作往复运动。吸入阀和排出阀都是单向阀。泵缸内活塞与阀门间的空间叫做工作室。

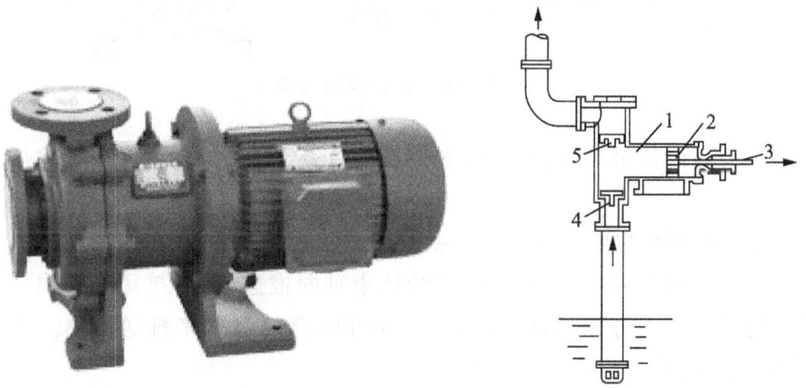

图4-19　往复泵装置图

1—泵缸;2—活塞;3—活塞杆;4—吸入阀;5—排出阀

(2) 往复泵的工作原理　活塞自左向右移动时,泵缸内形成负压,则储槽内液体经吸入阀进入泵缸内。在吸液时排出阀因受排出管内液体压力作用而关闭。当活塞自右向左移动时,缸内液体受挤压而使其压力增大,致使吸入阀关闭而推开排出阀将液体排出。活塞往复一次,各吸入和排出一次液体,称为一个工作循环,这种泵称为单动泵;若活塞往返一次,各吸入和排出两次液体,称为双动泵。活塞由一端移至另一端,称为一个冲程。

(3) 往复泵的使用操作　往复泵使用时需注意以下几点。

① 往复泵启动时不需灌入液体,因往复泵有自吸能力,但其吸上真空高度亦随泵安装地区的大气压力、液体的性质和温度而变化,故往复泵的安装高度也有一定限制。

② 往复泵的流量不能用排出管路上的阀门来调节，而应采用旁路管或改变活塞的往复次数或活塞的冲程来实现。

③ 往复泵启动前必须将排出管路中的阀门打开。

④ 往复泵适用于高压头、小流量、高黏度液体的输送，但不宜于输送腐蚀性液体。若往复泵由蒸汽机直接带动，则可用于输送易燃易爆的液体。

3. 旋转泵

旋转泵是靠泵内一个以上的转子旋转来吸入和排出液体的，又称转子泵。旋转泵的形式很多，但它们的操作原理都相似，化工厂中较为常用的有齿轮泵和螺杆泵。

(1) 齿轮泵　齿轮泵的结构示意见图 4－20。泵壳内有两个齿轮，一个靠电机带动旋转，称为主动轮，另一个靠与主动轮相啮合而转动，称为从动轮。两齿轮与泵体间形成吸入和排出两个空间。当齿轮转动时，吸入空间内两轮的齿相互拨开，形成了低压而将液体吸入，然后分为两路沿泵内壁被齿轮嵌住，并随齿轮转动而到达排出空间。排出空间内两轮的齿相互合拢，于是形成高压而将液体排出。

图 4－20　齿轮泵的结构

齿轮泵的压头高而流量小，可用于输送黏稠液体甚至膏状物料，但不能输送含有固体颗粒的悬浮液。

(2) 螺杆泵　螺杆泵主要由泵壳和一根或两根以上的螺杆构成(图 4－21)，其工作原理是螺杆在具有内螺旋的泵壳中偏心转动，将液体沿轴向推进，最后挤压至排出口而排出。双螺杆泵实际上与齿轮泵十分相似，它利用两根相互啮合的螺杆来排送液体。当所需的压强较高时，可采用较长的螺杆。

螺杆泵压头高、效率高、噪声低，适于在高压下输送黏稠性液体。

旋转泵也是正位移泵，其操作特性与往复泵相似，在一定旋转速度下，泵的流量固定，且不随泵的压头而变。使用时，因泵有自吸能力，故启动前无需“灌泵”；泵的流量调节也采用旁路调节。旋转泵的压头一般比往复泵的低。

4. 旋涡泵

旋涡泵(图 4－22)，也称涡流泵，是一种特殊类型的离心泵，主要由叶轮和泵壳组成。叶轮是一个圆盘，四周铣有凹槽而构成叶片，呈辐射状均匀排列。泵壳和叶轮间形成引液道，泵内液体随叶轮旋转的同时，又在引道内与叶片间反复运动，因而被叶片拍击多次，获得较多的能量。

旋涡泵适用于要求小流量、高扬程而黏度不大的液体。因液体在叶片与引水道之间的反复迂回靠离心力的作用，故旋涡泵在启动前也要灌满液体。在启动泵时，出口阀和旁路阀

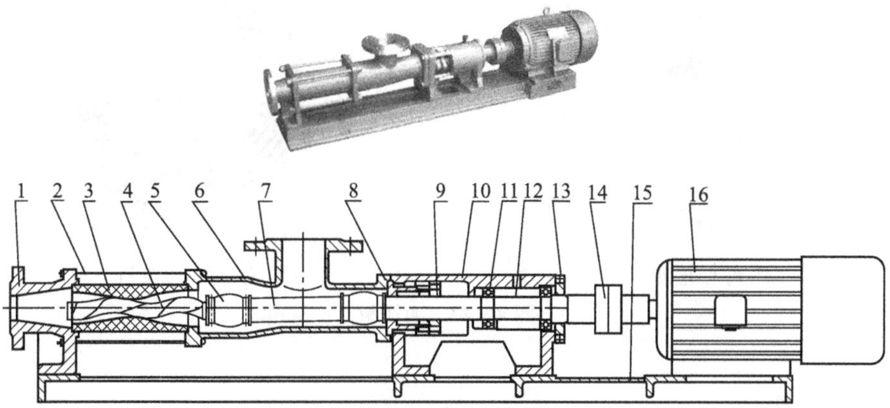

图 4-21　单螺杆泵的结构

1—出料体；2—拉杆；3—定子；4—螺杆轴；5—万向节或销接；6—进料体；
7—连接轴；8—填料座；9—填料压盖；10—轴承座；11—轴承；12—传动轴；
13—轴承盖；14—联轴器；15—底盘；16—电机

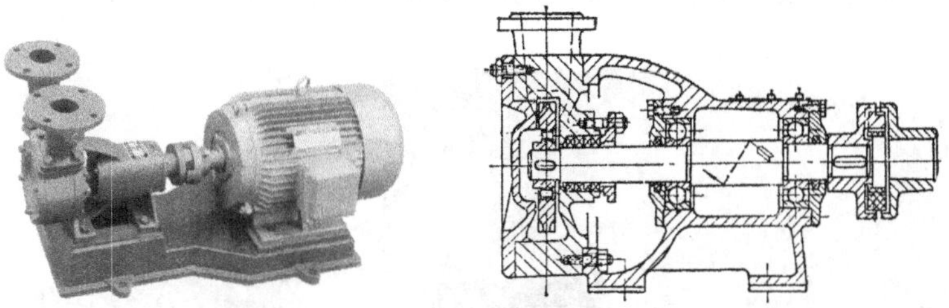

图 4-22　旋涡泵

必须全开，以使启动泵消耗的功率最小。

4.1.4.2　气体输送设备

输送和压缩气体的机械统称为气体压送机械，借助气体压送机械可输送气体、产生高压气体以及产生真空。根据出口气体压强（即终压）或压缩比（即出口与进口气体的绝对压的比值）气体压送机械可分为终压不大于 14.7 kPa（表）的通风机、终压为 14.7～294 kPa（表）压缩比小于 4 的鼓风机、终压在 294 kPa（表）以上压缩比大于 4 的压缩机和终压小于进口压强的真空泵。

1. 通风机

通风机是依靠输入的机械能提高气体压力并排送气体的机械，按气体流动方向的不同，通风机主要有离心式和轴流式两类，见图 4-23。

离心通风机主要由叶轮和机壳组成，小型通风机的叶轮直接装在电动机上，中、大型通风机则通过联轴器或皮带轮与电动机连接。离心通风机一般为单侧进气，用单级叶轮；流量大的可双侧进气，用两个背靠背的叶轮，又称为双吸式离心通风机。

离心通风机工作时，动力机（主要是电动机）驱动叶轮在蜗形机壳内旋转，空气经吸气口从叶轮中心处吸入。由于叶片对气体的动力作用，气体压力和速度得以提高，并在离心力作用下沿着叶道甩向机壳，从排气口排出。因气体在叶轮内的流动主要是在径向平面内，故又

(a) 离心通风机

(b) 轴流式通风机

图 4-23　通风机

称径流通风机。

轴流式通风机由四个机翼式扭曲叶片组成，叶片角度可在一定范围之内进行调节。轴流式通风机工作时，动力机驱动叶轮在圆筒形机壳内旋转，气体从集流器进入，通过叶轮获得能量，提高压力和速度，然后沿轴向排出。

2. 鼓风机

化工生产中常用的鼓风机有离心鼓风机和罗茨鼓风机，见图 4-24。

(a) 离心鼓风机

(b) 罗茨鼓风机

图 4-24　鼓风机

离心鼓风机又称透平鼓风机，工作原理与离心通风机相同，结构类似于多级离心泵。气体由吸气口进入后，经过第一级的叶轮和导轮，然后进入第二级叶轮入口，再依次逐级通过以后的叶轮和导轮，最后由排气口排出。

离心鼓风机的送气量大，但出口压力不太高，压缩比也不高，不需冷却装置，各级叶轮直径也大致相等。

罗茨鼓风机主要由机壳和两个特殊形状的转子所组成，其工作原理和齿轮泵相似，是定容式鼓风机，使用时出口应安装气体稳压罐并配制安全阀，出口阀门不能完全关闭，一般采用回流支路调节流量，操作温度不能大于 85℃，否则会引起转子受热膨胀发生碰撞。

3. 压缩机

压缩机是将低压气体提升为高压气体的一种流体机械，化工生产常用的压缩机主要有离心压缩机和往复式压缩机两种。

离心压缩机由转子、定子和轴承等组成，见图 4-25。叶轮等零件套在主轴上组成转子，转子支承在轴承上，由动力机驱动而高速旋转。定子包括机壳、隔板、密封、进气室和蜗室等部件。隔板之间形成扩压器、弯道和回流器等固定元件。叶轮是离心压缩机的关键部件，有闭式和半开式两种。闭式叶轮由叶片、轮盖和轮盘组成，半开式叶轮没有轮盖。当叶轮高速旋转时，由于叶片与气体之间力的相互作用，主要是离心力的作用，气体从叶轮中心处吸入，沿着叶道(叶片之间通道)流向叶轮外缘。叶轮对气体做功，气体获得能量，压力和速度提高。然后，气体流经扩压器等通道，速度降低，压力进一步提高，即动能转变为压力能。由扩压器流出的气体进入蜗室输送出去，或者经过弯道和回流器进入下一级继续压缩。在整个压缩过程中，气体的比容减小，温度增加。温度增加后，压缩气体需要消耗更多的能量。为了节省功率，多级离心压缩机在压力比大于 3 时常采用中间冷却。被中间冷却隔开的级组称为段。气体由上一段进入中间冷却器，经冷却降低温度以后再进入下一段继续压缩。中间冷却器一般采用水冷。每个机壳所包含的部分称为缸。

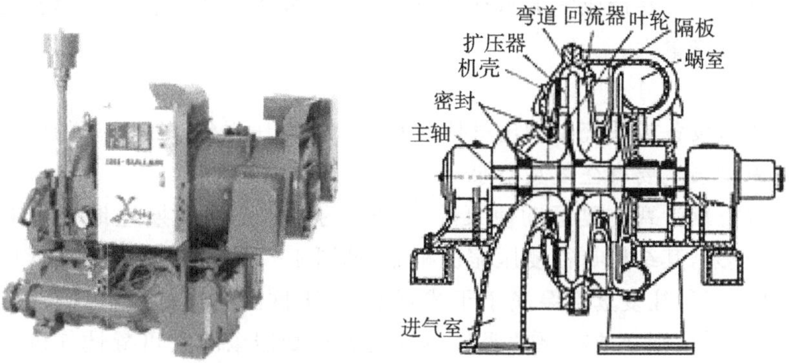

图 4－25　离心压缩机

离心压缩机属于速度型压缩机，常称为透平压缩机，主要的工作原理都与离心鼓风机相似，不同之处是离心压缩机的叶轮级数多(可在 10 级以上)，转速也较高因而能产生更高的压强，由于气体压缩比较高，温度升高显著，因此离心压缩机常分成几段，叶轮直径和宽度逐级缩小，段间设置中间冷却器以免气体温度过高。

离心压缩机流量大，供气均匀，体积小，机体内易损部件少，可连续运转且安全可靠，维修方便，机体内无润滑油污染气体。所以，近年来除压强要求很高外，离心压缩机的应用日趋广泛。离心压缩机的缺点是要求流量偏离设计点时效率降低，制造精度要求高，加工不易。

往复式压缩机(图 4－26)属于容积式压缩机，是使一定容积的气体顺序地吸入和排出封闭空间提高静压力的压缩机。主要部件有气缸、活塞、吸气阀、排气阀。当往复式压缩机的曲轴旋转时，通过连杆的传动带动活塞做往复运动。活塞运动使气缸内的容积发生周期性变化，活塞从气缸盖处开始运动时，气缸内的工作容积逐渐增大，此时进气阀打开，排气阀关闭，空气被吸进来，完成进气过程；当活塞反向运动时，气缸内的工作容积减小，气体压力升高，此时排气阀打开，进气阀关闭，完成压缩过程。曲轴旋转一周，活塞往复一次，气缸内相继实现进气、压缩、排气的过程，即完成一个工作循环。通常活塞上有活塞环来密封气缸和活塞之间的间隙，气缸内有润滑油润滑活塞环。

往复式压缩机使用时出口要连接储气柜，储气柜上要安装安全阀和压强表，压缩机的吸

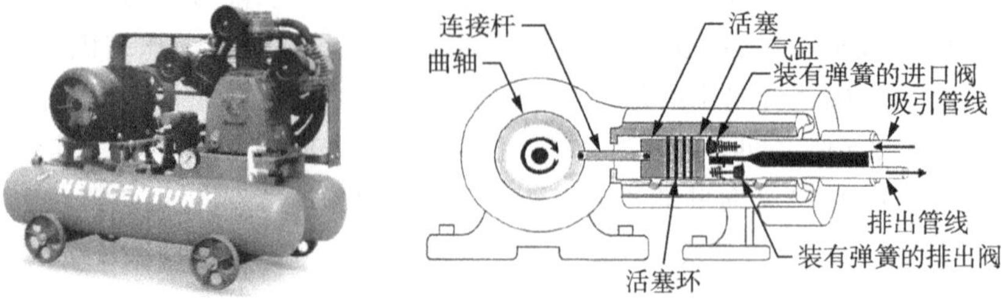

图 4-26　往复式压缩机

入管路要装过滤器，以免吸入灰尘、磨损活塞和气缸等部件。运转过程中必须注意气缸的冷却与润滑。排气量的调节可以通过部分关闭吸气阀，或用支路进行控制。

往复式压缩机的优点是适用压力范围广，对材料要求低，易维修，热效率高，技术上较成熟。缺点是排气不连续易造成气流脉动，转速不高，机器大而重，运转时有较大的震动，结构复杂，易损件多，维修量大。

4. 真空泵

真空泵是指从设备或系统中抽出气体使其中的绝对压强低于大气压的输送机械。化工生产中常用的真空泵主要有往复真空泵、水环真空泵和喷射泵。

往复真空泵是靠活塞往复运动使泵腔(气缸)的工作容积周期性地变化来抽气的真空泵，又称活塞真空泵，其结构与往复压缩机相似，见图 4-27。工作时，吸气管接被抽真空容器，排气管直通大气。往复真空泵属于干式真空泵，所排出的气体应不含有液体，若气体中含有大量可凝性气体，则必须在泵的吸气口处安装冷凝器以除去可凝性气体。往复真空泵也不适用于含有颗粒状灰尘的气体，此时必须安装过滤器以去除灰尘。

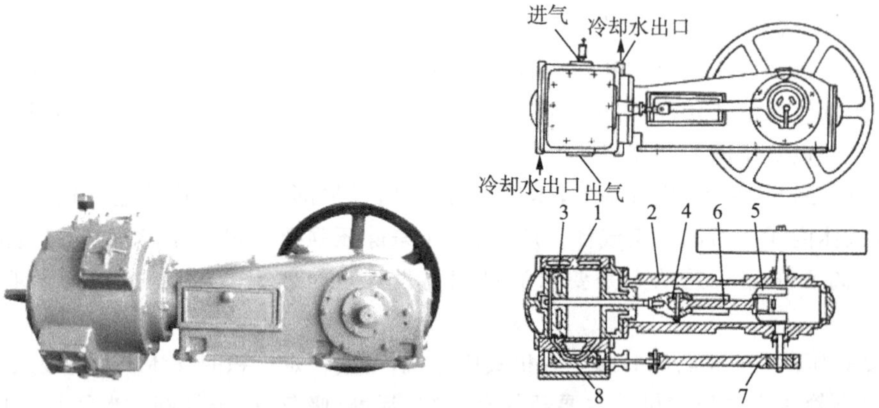

图 4-27　往复真空泵

1—气缸；2—机身；3—活塞；4—十字头；5—曲轴；6—连杆；7—偏心轮；8—气阀

水环真空泵如图 4-28 所示，在泵体中装有适量的水作为工作液。当叶轮按图中顺时针方向旋转时，水被叶轮抛向四周，由于离心力的作用，水形成了一个取决于泵腔形状的近似于等厚度的封闭圆环。水环的下部分内表面恰好与叶轮轮毂相切，水环的上部内表面刚好与叶片顶端接触(实际上叶片在水环内有一定的插入深度)。此时叶轮轮毂与水环之间形成一个月牙形空间，而这一空间又被叶轮分成和叶片数目相等的若干个小腔。如果以叶轮的下部0°为起点，那么叶轮在旋转前180°时小腔的容积由小变大，且与端面上的吸气口相通，此时气体被吸入，当吸气终了时小腔则与吸气口隔绝；当叶轮继续旋转时，小腔由大变小，使气体被压缩；当小腔与排气口相通时，气体便被排出泵外。综上所述，水环泵是靠泵腔容积的变化来实现吸气、压缩和排气的，因此它属于变容式真空泵。

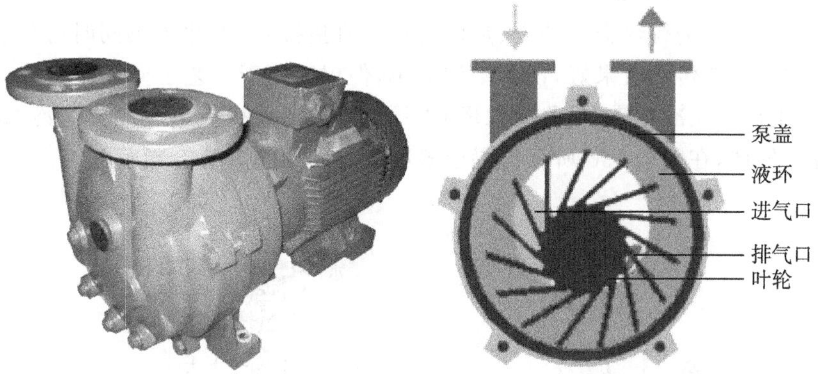

图4-28　水环真空泵

水环真空泵的优点是结构简单、紧凑，易于制造和维修；由于泵腔内没有金属摩擦表面，无需对泵内进行润滑，而且磨损很小，使用寿命长，操作可靠；由于水环泵中气体压缩是等温的，故可以抽除易燃、易爆的气体；由于没有排气阀及摩擦表面，故可以抽除带尘埃的气体、可凝性气体和气水混合物。鉴于这些优点，水环真空泵应用日益增多。水环真空泵的缺点是效率低，一般在30%～50%；因受到结构和工作液体饱和蒸气压的限制，真空度低。

喷射泵，又称射流泵和喷射器，由喷嘴、混合室和扩大管等构成，它是利用流体流动时的静压能与动能相互转换的原理来吸、送流体的，它既可输送液体，也可输送气体。在化工生产中，常将蒸汽作为喷射泵的工作流体，利用它来抽真空，使设备中产生负压，因此常将它称为蒸汽喷射泵。图4-29所示为水蒸气喷射真空泵。

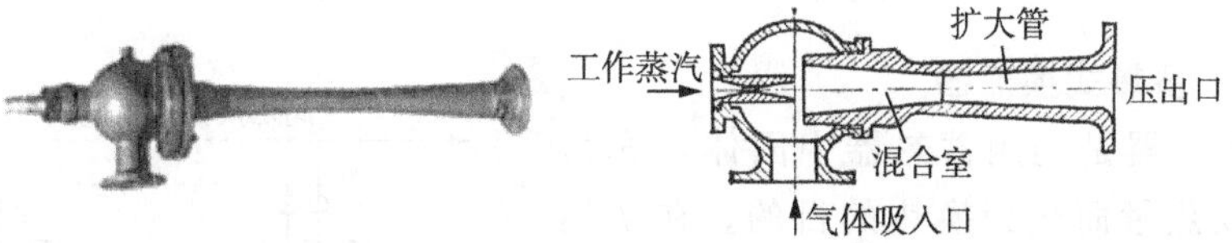

图4-29　水蒸气喷射真空泵

水蒸气喷射泵的工作原理是：水蒸气在高压下以很高的流速从喷嘴中喷出，在喷射过程中蒸汽的静压能转变为动能，因而产生负压吸入气体，吸入的气体与水蒸气混合后进入扩大管，速度逐渐降低，静压强随之升高，最后经压出口排出。

喷射泵构造简单、紧凑，使用方便，但产生压头小，效率低，且被输送的流体因与工作流体相混而被稀释，使其应用范围受到限制。

4.1.5 化工生产常用的换热设备

换热器是工业生产中最重要的化工设备之一，依据传热原理和实现热交换的方法不同，换热器有混合式、蓄热式和间壁式三类。

4.1.5.1 混合式换热器

混合式换热器中进行热交换的冷、热两种流体直接接触，因此传热同时必伴有传质。这种换热方式的优点是传热效果好，设备结构简单，但仅适用于工艺上允许两流体互相混合的情况，如工业生产中在冷却塔(或称冷水塔)中用自然通风或机械通风的方法冷却循环水，在洗涤塔中洗涤气体，在图 4-30 所示的混合式冷凝器中用水直接冷凝蒸气等。

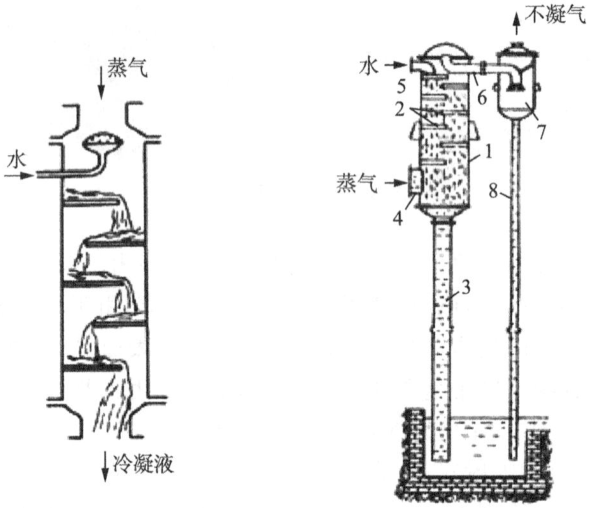

(a) 并流低位冷凝器　　(b) 干式逆流高位冷凝器

图 4-30　混合式冷凝器

1—外壳；2—淋水板；3、8—气压管；4—蒸气进口；
5—进水口；6—不凝气出口；7—分离罐

4.1.5.2 蓄热式换热器

蓄热式换热器是利用蓄热器中固体填充物来积蓄和释放热量而达到换热的目的。在换热过程中，冷、热流体交替地流过蓄热器，这种传热方式一般只适用于气体，因为液体会有一层黏膜粘在固体表面上，从而使冷、热流体部分掺杂。对于气体，若工艺要求不能互相掺混，也不能用这种传热方式。工业上通常用两个蓄热器交替使用，如图 4-31 所示，当热气体进入一器时，冷气体进入另一器。煤气炉中的空气预热器或燃烧室、人造石油厂中的蓄热式裂化炉即是应用实例。

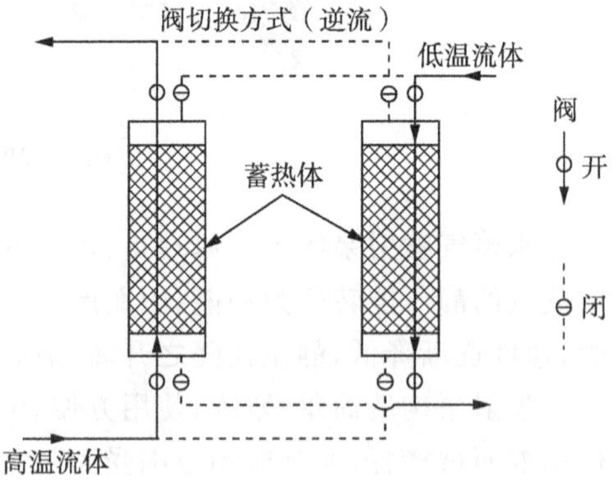

图 4-31　蓄热器

4.1.5.3　间壁式换热器

通常，工业上不允许冷、热流体直接接触，因此应用最多的是间壁式换热器。在这种换热器中，冷、热流体被固体壁面隔开，它们分别在壁面两侧流动，热流体将热量传到壁面的一侧，通过固体壁面的热传导，再由壁面的另一侧将热量传给冷流体。常用的间壁式换热器有夹套式、套管式、列管式、平板式、螺旋板式等换热器。

1. 夹套式换热器

夹套式换热器是在容器外壁安装夹套制成，夹套与容器之间形成通道，使流经通道的流体与容器中的物料通过容器器壁进行换热，见图 4－32。

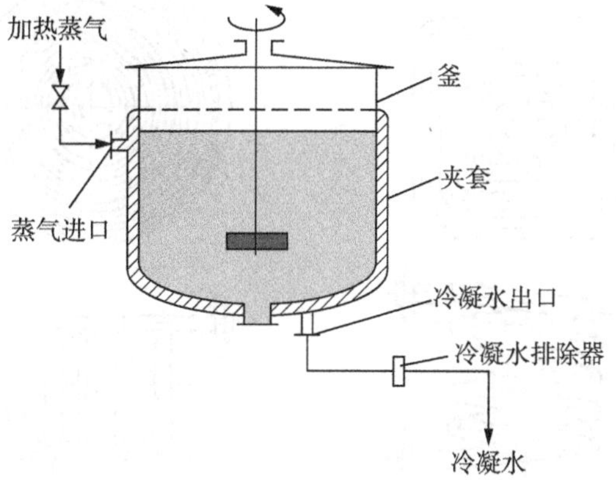

图 4－32　夹套式换热器

夹套式换热器的优点是结构简单，缺点是传热面受容器壁面限制，传热系数小。为提高传热系数且使釜内液体受热均匀，可在釜内安装搅拌器；当夹套中通入冷却水或无相变的加热剂时，也可在夹套中设置螺旋隔板或其他增加湍动的措施以提高夹套一侧的给热系数；为补充传热面的不足，可在釜内部安装蛇管。

夹套式换热器主要用于反应过程的加热和冷却，如聚合釜，此外，亦可利用管路综合布置，使夹套起到加热、冷却等多功能换热。

2. 套管式换热器

套管式换热器是由直径不同的两根直管制成的同心套管，并由 U 形弯头连接而成。换热时，一种流体走管内称为管程，另一种流体走套管的环隙称为壳程，两种流体可在壳程和管程内逆向(或同向)流动以达到换热的效果，见图 4－33。

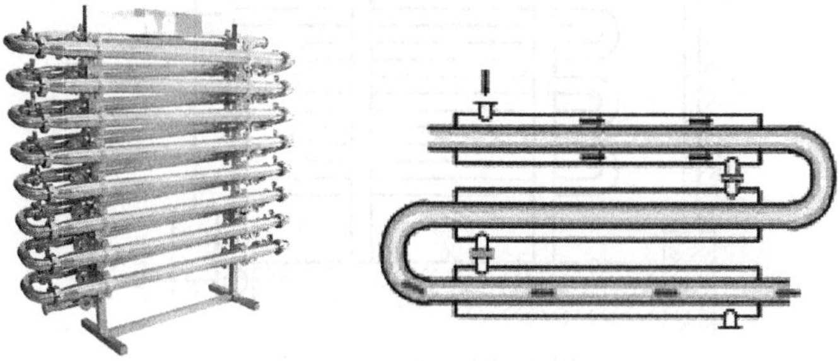

图 4－33　套管式换热器

套管式换热器的优点是结构简单，能承受高压，壳程和管程流体都可得到较高的流速，所以传热系数较大，而且两种流体可作纯逆流流动，对数平均推动力较大；缺点是单位传热面的金属消耗量大，检修、清洗和拆卸都较麻烦，在可拆连接处容易造成泄漏。

3. 沉浸式蛇管换热器

沉浸式蛇管换热器是将金属管弯绕成各种与容器相适应的形状，并沉浸在容器内的液体中，见图 4－34。

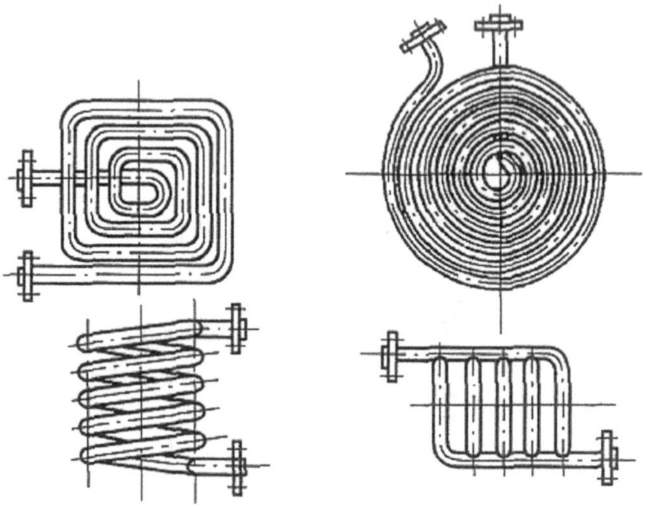

图 4－34　沉浸式蛇管换热器蛇管形状

沉浸式蛇管换热器的优点是结构简单，能承受高压，可用耐腐蚀材料制造；缺点是容器内液体湍动程度低，管外给热系数小。为提高传热系数，容器内可安装搅拌器。

4. 喷淋式换热器

喷淋式换热器(图 4－35)是将换热管成排地固定在钢架上，热流体在管内流动，冷却水从上方喷淋装置均匀淋下，故也称喷淋式冷却器。喷淋式换热器的管外是一层湍动程度较高的液膜，管外给热系数较沉浸式增大很多。另外，这种换热器大多放置在空气流通之处，冷却水的蒸发亦带走一部分热量，可起到降低冷却水温度、增大传热推动力的作用。因此，和沉浸式相比，喷淋式换热器的传热效果大有改善。

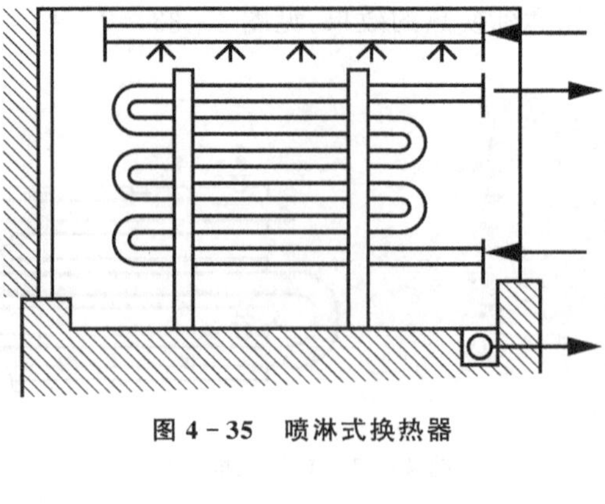

图 4－35　喷淋式换热器

5. 列管式换热器

列管式换热器也称为管壳式换热器，主要由壳体、管束、管板和封头等部分组成，壳体大多为圆筒形，内部装有平行管束，管束两端固定于管板上，一种流体在管外流动，其行程称为壳程，另一种在管内流动，其行程称为管程，管束的壁面为传热面。在列管式换热器中可通过设置挡板与隔板来达到多壳程多管程的目的。图 4-36 为单程列管式换热器简图。

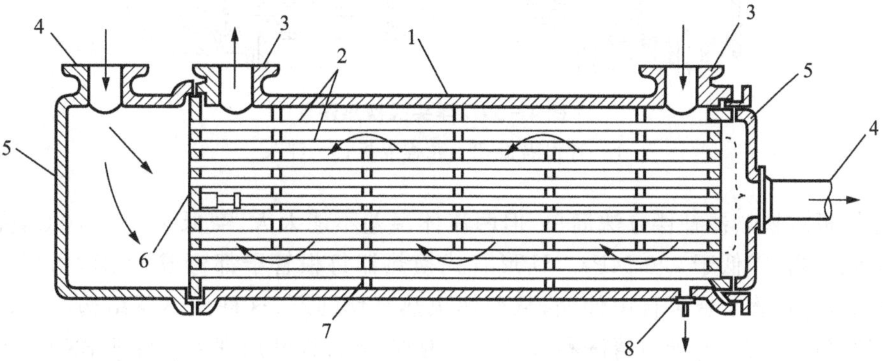

图 4-36　单程列管式换热器

1—外壳；2—管束；3,4—接管；5—封头；6—管板；7—挡板；8—泄水管

列管式换热器在进行换热操作时，由于冷热两流体的温度不同，管束与壳体温度不同导致两者的热膨胀程度不同而产生热应力，因此为了减小热膨胀的影响，从结构上应采取补偿，相应的有三种列管式换热器：固定管板式换热器、U 形管式换热器、浮头式换热器，见图 4-37～图 4-39。

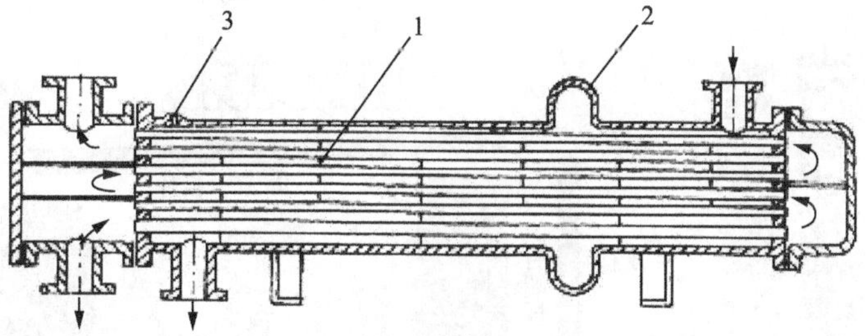

图 4-37　具有补偿圈的固定管板式换热器

1—挡板；2—补偿圈；3—放气嘴

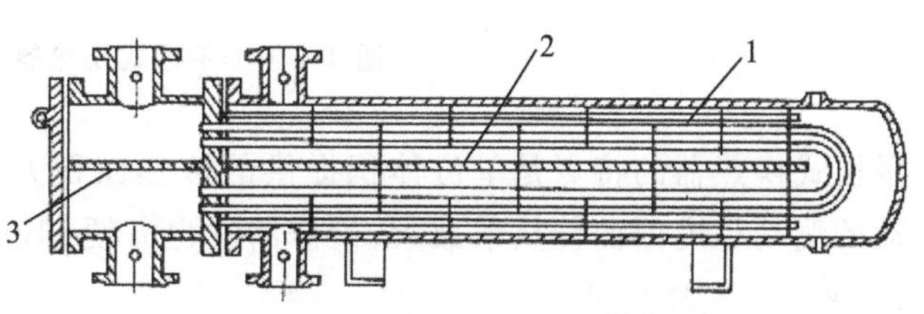

图 4-38　U 形管式换热器

1—U 形管；2—壳程隔板；3—管程隔板

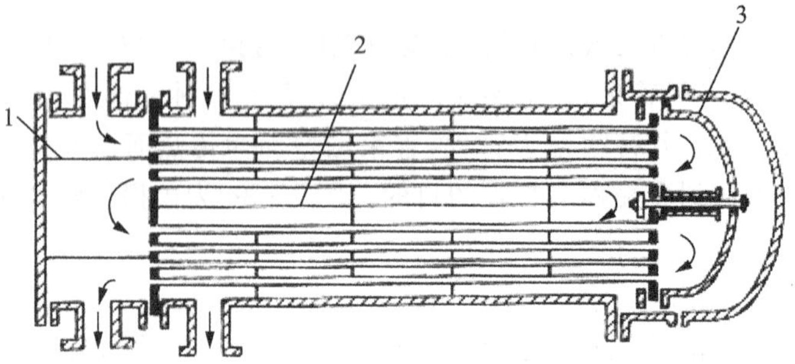

图 4-39　浮头式换热器

1—管程隔板;2—壳程隔板;3—浮头

固定管板式换热器补偿方法简单,但两流体温差不能太大,需低于 60～70℃,壳方流体压强也不能太高,需低于 0.6 MPa。U 形管式换热器每根管子都弯成 U 形,两端固定在同一块管板上,每根管子皆可自由伸缩,从而解决热补偿问题,这种换热器结构简单、质量轻,适用于高温高压场合,但管内清洗和管子更换困难,且管板利用率差。浮头式换热器有一端的管板不与壳体相连,能在壳体内自由移动从而消除热应力的影响,其优点是清洗和检修方便,故应用较普遍,缺点是结构复杂,金属耗量较多,故造价高。

6. 平板式换热器

平板式换热器由一组具有一定波纹形状的金属薄板平行排列、相邻薄板间衬以垫片并用框架夹紧在支架上而构成,每块板四角开有圆孔,形成流体通道,冷热流体交替地在板片两侧流过,通过板片进行换热,见图 4-40。

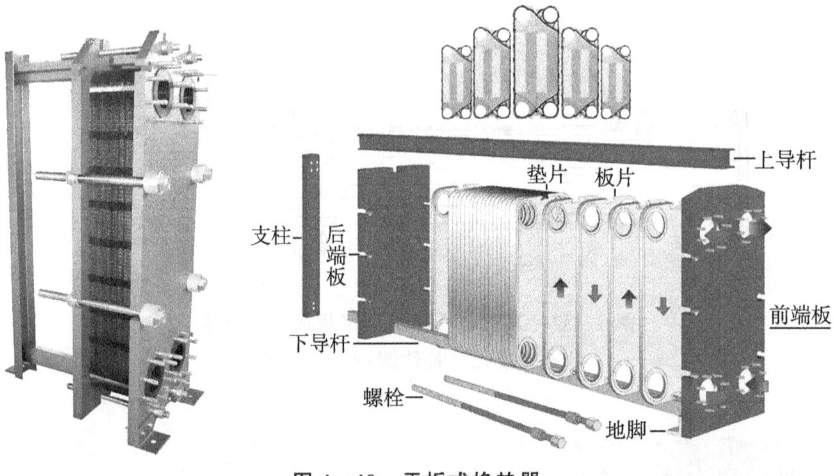

图 4-40　平板式换热器

平板式换热器的特点是单位体积提供的传热面积大,凹凸不平的板面促进流体在板片间流动的湍动程度因而传热系数大,检修清洗也方便,但不能承受高温高压。

7. 螺旋板式换热器

螺旋板式换热器结构示意见图 4-41。螺旋板式换热器由两块薄金属板平行卷制而成,其内部形成一对同心的螺旋形通道。换热时一种流体切向进、中间出,另一种流体中间进、切向出，因此是严格的逆流。螺旋板式换热器的优点是推动力大，可以严格控制出口温度，且流体在较低雷诺数下就可达到湍动，因此设备传热系数大，此外该换热器结构紧凑，单位体积的传热面积大。缺点是检修困难，操作温度、压强不能太高。

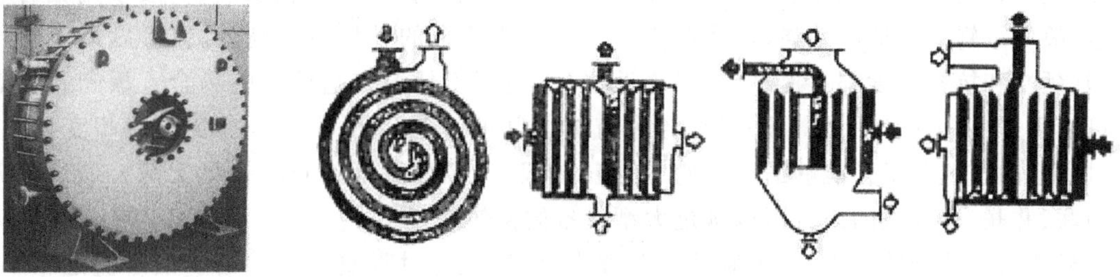

图 4－41　螺旋板式换热器

8. 翅片管换热器

翅片管换热器的构造特点是在管子表面上装有径向或轴向翅片，以扩大传热面积、增加流体的湍动，从而提高换热器的传热效果，见图 4－42。按翅片的高度不同可分为高翅片和低翅片两种，低翅片一般为螺纹管，适用于两流体的对流传热系数相差不太大的场合，如对黏度较大液体的加热或冷却；高翅片适用于管内、外对流传热系数相差较大的场合，如空气冷却器。

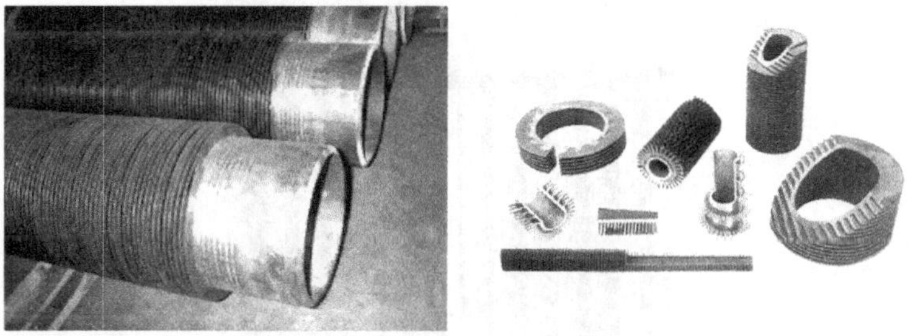

图 4－42　翅片管换热器

9. 板翅式换热器

板翅式换热器是在两块平行的薄金属板间夹入波纹状的金属翅片，两边以侧条密封，组成一个单元体。将各单元体进行不同的叠积和适当的排列，再用钎焊给予固定，即可得到常用的逆流、并流和错流的板翅式换热器的组装件，称为芯部或板束。将带有流体进、出口的集流箱焊到板束上就成为板翅式换热器。目前常用的翅片形式有光直形翅片、锯齿形翅片、多孔形翅片、波纹翅片，见图 4－43。

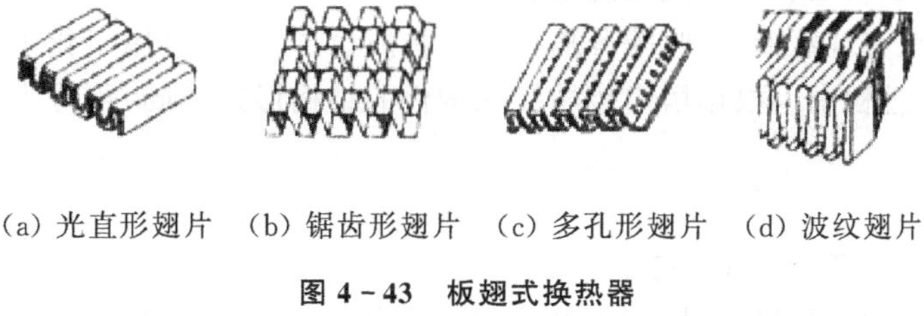

(a) 光直形翅片　(b) 锯齿形翅片　(c) 多孔形翅片　(d) 波纹翅片

图 4－43　板翅式换热器

板翅式换热器的主要优点有:①总传热系数高,传热效果好。由于翅片对流体的扰动使边界层不断破裂,因而具有较大的换热系数;同时由于隔板、翅片很薄,具有高导热性,所以使得板翅式换热器可以达到很高的效率。②结构紧凑。由于板翅式换热器具有扩展的二次表面,使得它的比表面积可达到 1 000 m^2/m^3。③轻巧牢固。因结构紧凑,一般多用铝合金制造,故质量轻。④适应性强,操作范围广。由于铝合金的导热系数高,且在零度以下操作时,其延性和抗拉强度都可提高,故操作范围广,适用于低温和超低温的场合。板翅式换热器可适用于气—气、气—液、液—液、各种流体之间的换热以及发生集态变化的相变换热。通过流道的布置和组合能够适应逆流、错流、多股流、多程流等不同的换热工况。通过单元间串联、并联、串并联的组合可以满足大型设备的换热需要。

板翅式换热器的缺点是:①制造工艺要求严格,工艺过程复杂。②由于设备流道很小,故容易堵塞,而且增大了压强降;不耐腐蚀,换热器一旦结垢,清洗检修很困难,故只能用于换热介质干净、无腐蚀、不易结垢、不易沉积、不易堵塞的场合。

10. 陶瓷换热器

陶瓷换热器是一种新型的列管式高温热能回收装置,见图 4-44,其换热元件材料系一种新型碳化硅工程陶瓷,它具有耐高温和抗热冲击的优异性能,能直接回收各种工业窑炉排放的 850～1 400℃高温烟气余热,以获得高温助燃空气或工艺气体。它的主要优点是导热性能好,高温强度高,抗氧化、抗热震性能好,寿命长,维修量小,性能可靠稳定,操作简便。

图 4-44　陶瓷换热器

4.1.6　化工生产常用的分离设备

4.1.6.1　用于蒸馏和吸收过程的塔设备

塔设备是能够实现蒸馏、吸收等分离操作的传质设备,广泛应用于化工、石油化工、生物化工、制药等生产过程中。根据塔内传质接触构件的结构形式不同,可分为板式塔和填料塔两大类。

1. 板式塔

板式塔的结构示意见图 4-45。

塔内设置一定数量的塔板,塔板上开有很多孔供气体逐板由下而上穿过塔板及板上的

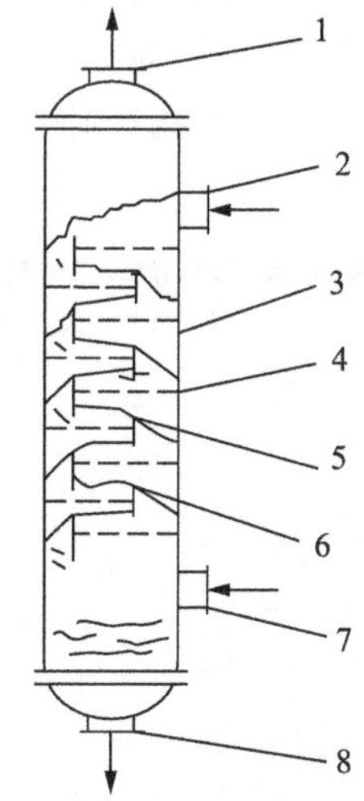

图 4-45　板式塔结构简图

1—气体出口；2—液体入口；3—塔壳；4—塔板；
5—降液管；6—溢流堰；7—气体入口；8—液体出口

液层而流向塔顶，每层塔板设有降液管供液相逐层向下流动至塔底流出，板上溢流堰能维持板面上有一定厚度的流动液层。正常操作时，板式塔内气液两相在每层塔板上成错流流动，在整个塔高上两相基本成逆流流动，气液两相的浓度均呈阶跃变化，属逐级接触逆流操作过程。

板式塔的这种错流塔板根据塔板结构的不同，又可以分为泡罩塔板、筛孔塔板、浮阀塔板、喷射型塔板等几种。

(1) 泡罩塔板　泡罩塔板是工业上最早使用的塔板，其结构示意图见图 4-46。泡罩塔板的主要元件为升气管及泡罩。泡罩安装在升气管的顶部，其下部周边开有许多齿缝，齿缝浸没于液层之中而形成液封。操作时，液体横向流过塔板，靠溢流堰保持塔板上有一定厚度的流动液层，上升气体则通过齿缝进入液层，随即被分散成许多细小的气泡或流股，在板上形成鼓泡层和泡沫层，为气液两相提供大量的传质界面。

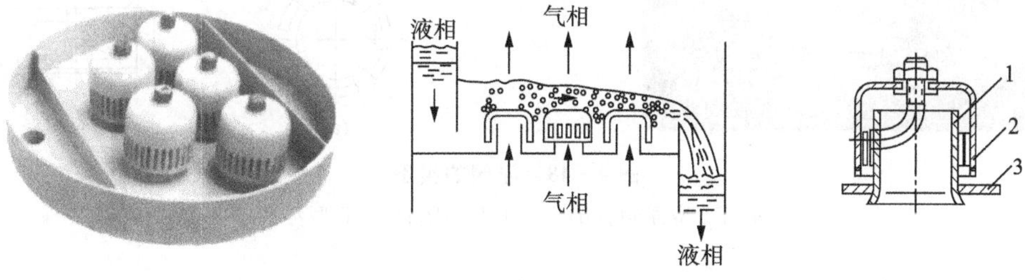

图 4-46　泡罩塔板

1—升气管；2—泡罩；3—塔板

泡罩塔板的主要优点是不易发生漏液现象，操作弹性大且稳定，不易堵塞，适于处理各种物料。其缺点是结构复杂，造价高，由于板上液层厚，故塔板压降大，且液泛气速低，生产能力小。近年来，泡罩塔板已逐渐被其他类型塔板所取代，一般除特殊需要外不宜选用。

(2) 筛孔塔板　筛孔塔板简称筛板,其结构见图 4-47。筛孔塔板上开有许多均匀的小孔。根据孔径的大小,可分为小孔径筛板(孔径为 3~8 mm)和大孔径筛板(孔径为 10~25 mm)两类。工业应用中以小孔径筛板为主,大孔径筛板多用于分离黏度大或易结焦的物系等特殊场合。

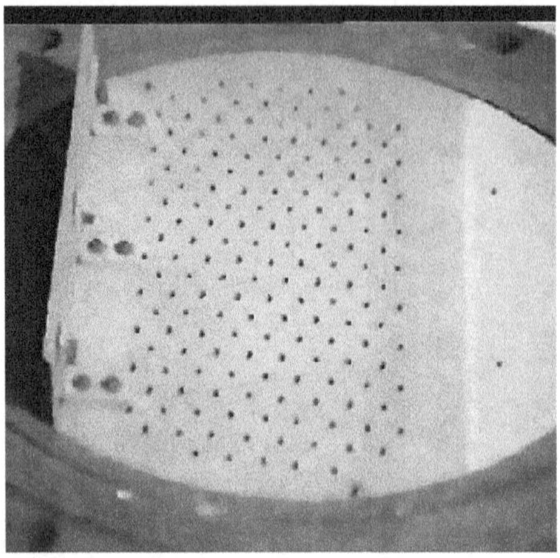

图 4-47　筛孔塔板

筛板的优点是结构简单,造价低,板上液面落差小,传质效率高,气体压降低,生产能力大。其缺点是操作弹性小,筛孔小时易堵塞,不宜处理易结焦、黏度大的物料。

(3) 浮阀塔板　浮阀塔板是在泡罩塔板和筛孔塔板的基础上发展起来的,它兼有两种塔板的优点。其结构特点是在塔板上开有若干个阀孔,每个阀孔装有一个可以上下浮动的阀片,其开度根据气流量的大小自行调节以保证阀孔气速基本不变。浮阀的类型很多,见图 4-48,其中以 F1 型浮阀应用最为普遍。

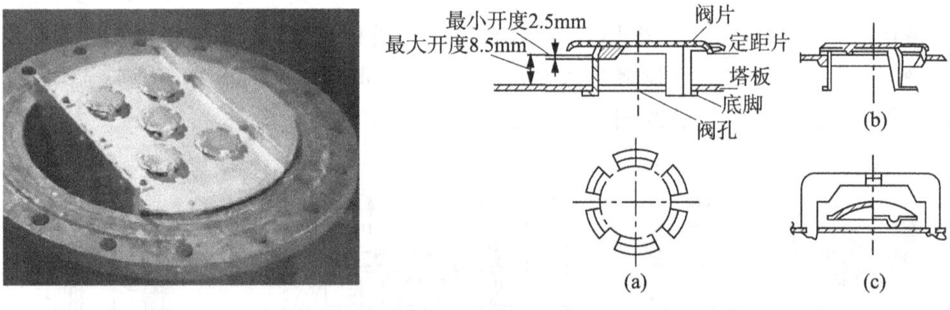

图 4-48　浮阀的类型

(a) F1 型浮阀;(b) V-4 型浮阀;(c) T 型浮阀

浮阀塔板的优点是结构简单、造价低,生产能力、操作弹性大,塔板效率高。其缺点是处理易结焦、高黏度的物料时,阀片易与塔板黏结,在操作过程中有时会发生阀片脱落或卡死等现象,使塔板效率和操作弹性下降。

(4) 喷射型塔板　喷射型塔板克服了泡罩、筛板、浮阀塔板的致命缺点,即为防止严重的雾沫夹带,操作气速不可能很高致使生产能力的进一步提高受到限制。在喷射型塔板上,气体喷出的方向与液体流动的方向一致,从而充分利用气体的动能来促进两相间的接触。

气体不再通过较深的液层而鼓泡，因而塔板压降降低，雾沫夹带量减小，不仅提高了传质效果，而且可采用较大的气速，提高了生产能力。

喷射型塔板主要有舌形塔板和斜孔塔板等形式。

舌形塔板的示意见图4-49。舌形塔板上冲出许多舌形孔，舌片与板面成一定角度，向塔板的溢流出口侧张开，一般为20°左右。

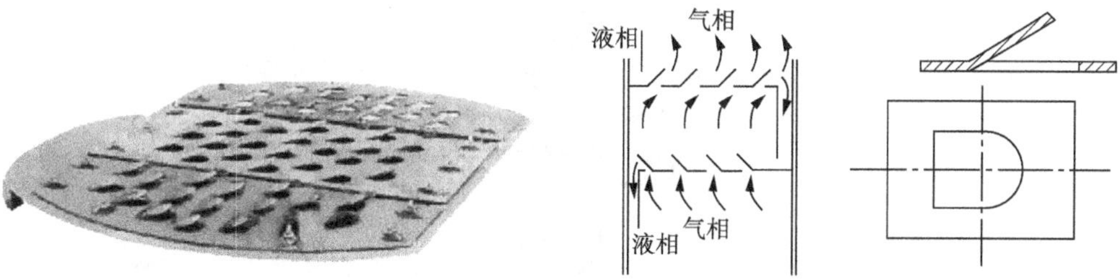

图4-49　舌形塔板示意图

舌形塔板的优点是由于开孔率较大可采用较高的空塔气速，故生产能力大，气体通过舌孔斜向喷出，因而液面落差小，且因雾沫夹带量减小，板上无返混现象，故能获得较高的塔板效率，板上液层较薄，故塔板压降小。舌形塔板的缺点是由于气流截面积是固定的，故对负荷波动的适应能力差，操作弹性小，另外被气体喷射的液流在通过降液管时会夹带气泡到下层塔板致使塔板效率下降。

斜孔塔板示意见图4-50。斜孔塔板上开有斜孔，孔口与板面成一定角度。斜孔的开口方向与液流方向垂直，同一排孔的孔口方向一致，相邻两排开孔方向相反，使相邻两排孔的气体反方向喷出，这样，既可允许较大气速，液体也不会被连续加速，因而阻止了液沫夹带，板面上液层低而均匀，气液接触好，传质效率提高。

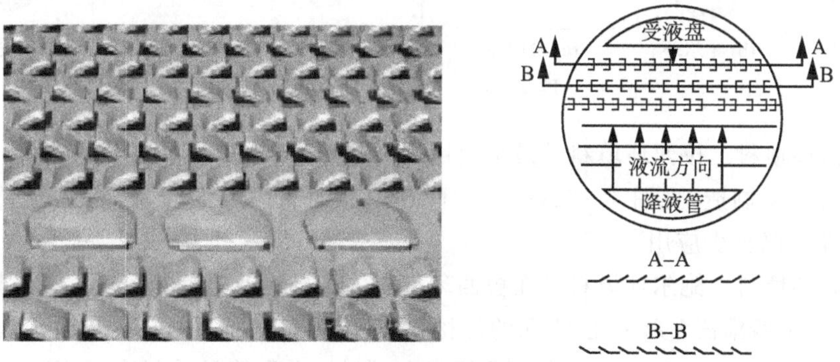

图4-50　斜孔塔板示意图

斜孔塔板的优点是结构简单，加工制造方便，压降较低，塔板效率与浮阀塔相当，生产能力比浮阀塔约大30%，适用于大塔装置及减压操作系统。

2. 填料塔

填料塔结构示意见图4-51。填料塔内装有一定高度的填料，液体自塔顶沿着填料表面往下流，气体则由塔底往上流(有时也可自塔顶往下流)，气液两相在填料表面密切接触进行传质与传热。在正常操作下，填料塔内气液两相浓度均呈连续变化，属微分接触逆流操作过程。

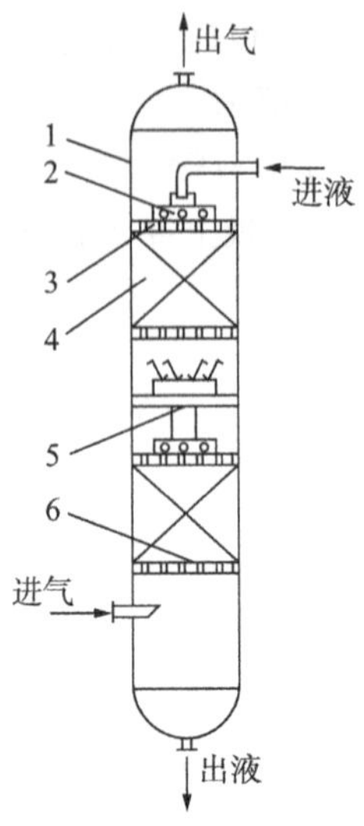

图 4-51　填料塔结构简图

1—塔壳体；2—液体分布器；3—填料压板；4—填料；5—液体再分布器；6—填料支承板

填料是填料塔中气液接触的基本构件，其性能的优劣是决定填料操作性能的主要因素。填料根据其装填方式的不同，可分为散装填料和规整填料两大类。

(1) 散装填料　散装填料是一个个具有一定几何形状和尺寸的颗粒体，一般以随机的方式堆积在塔内，又称为乱堆填料或颗粒填料。工业上常用的典型散装填料有以下几种。

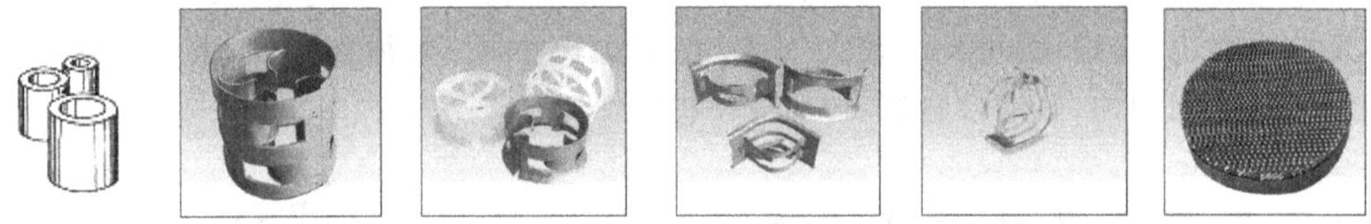

(a) 拉西环　(b) 鲍尔环　(c) 阶梯环　(d) 矩鞍　(e) 金属鞍环　(f) 波纹填料

图 4-52　几种填料的形状

① 拉西环填料。拉西环填料是最早使用的圆环形填料，其高度与外径相等，可用陶瓷、塑料、金属等材质制造，见图 4-52(a)。拉西环填料的流体阻力大，气液分布差，传质效率低，目前工业上已很少应用。

② 鲍尔环填料。鲍尔环填料是在拉西环填料的基础上改进而得到的。其结构为在拉西环的侧壁上开出两排长方形小孔，小孔的母材并不脱离圆环，而是向环内弯曲，形成内伸的舌叶，诸舌叶的侧边在环中心相搭，鲍尔环可用陶瓷、塑料、金属等材质制造，见图 4-52(b)。鲍尔环的优点是气流阻力小，液体分布均匀，传质效率高。鲍尔环是一种性能优良的填料，目前应用较广。

③ 阶梯环填料。阶梯环填料是对鲍尔环填料的改进，见图 4-52(c)。与鲍尔环填料相比，阶梯环高度减少了一半，并把一端制成喇叭口形状。阶梯环填料的这种结构，不但减少了气体通过填料层的阻力、增加了填料间的机械强度，而且使填料之间变成多点接触，床层均匀且空隙率大。阶梯环填料的综合性能优于鲍尔环填料，成为目前所使用的环形填料中最为优良的一种。

④ 矩鞍填料。矩鞍填料结构不对称，填料两面大小不等，堆积时不会重叠，一般采用瓷质材料制成，见图4－52(d)。矩鞍填料的气体流动阻力小，液体分布较均匀，矩鞍填料各方面的性能虽不如鲍尔环，但构造比鲍尔环简单，仍不失为一种性能优良的填料。

⑤ 金属鞍环填料。金属鞍环填料是兼顾环形和鞍形结构特点而设计出的一种新型填料，该填料一般以金属材质制成，见图4－52(e)。环矩鞍填料将环形填料和鞍形填料两者的优点集于一体，其综合性能优于鲍尔环和阶梯环，是工业应用最为普遍的一种金属散装填料。

(2) 规整填料　规整填料是按均匀几何图形排列、整齐堆砌的填料，根据其几何结构不同可分为格栅填料、波纹填料、脉冲填料等，其中波纹填料应用最广，见图4－52(f)。波纹填料按结构分为网波纹填料和板波纹填料两大类，可用陶瓷、塑料、金属等材质制造。

金属丝网波纹填料是网波纹填料的主要形式，是由金属丝网制成的。其特点是压降低、分离效率高，特别适用于高分离要求精馏过程和真空精馏装置，尽管其造价高，但因性能优良其应用日趋广泛。

金属板波纹填料是板波纹填料的主要形式。金属孔板波纹填料的波纹板片上钻有许多ϕ5 mm左右的小孔，这种填料强度高、耐腐蚀性强，特别适用于大直径蒸馏塔。金属压延孔板波纹填料的板片上刺有ϕ0.5 mm左右的孔，这种填料比表面大，分离效率高，但不适于处理黏度大、易聚合、易堵塞的物料。

4.1.6.2　塔式萃取设备

用于萃取的塔设备有填料塔、筛板塔、脉冲筛板萃取塔(脉动塔)、往复振动筛板塔和转盘塔等。塔体都是直立圆筒。轻相自塔底进入，由塔顶溢出；重相自塔顶加入，由塔底导出；两者在塔内作逆向流动。

1. 填料萃取塔

用于萃取的填料塔与用于气—液传质过程的填料塔结构上基本相同，即在塔体内支承板上充填一定高度的填料层。萃取操作时，连续相充满整个塔中，分散相以液滴状通过连续相。为防止液滴在填料入口处聚结和过早出现液泛，轻相入口管应在支承器之上25～50 mm处。当填料层高度较大时，每隔3～5 m高度应设置再分布器以减小轴向返混。填料萃取塔示意如图4－53所示。

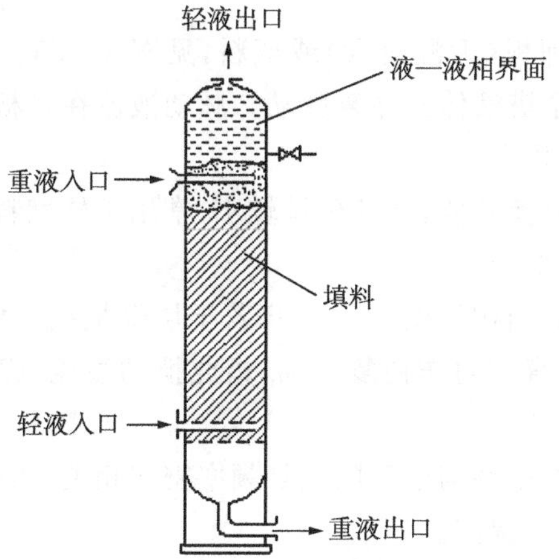

图4－53　填料萃取塔

填料萃取塔结构简单，操作方便，特别适用于处理腐蚀性料液。当工艺要求小于三个萃取理论级时，可选用填料塔。

2. 筛板萃取塔

筛板萃取塔的结构见图 4－54，塔体内装有若干层筛板，筛孔直径比气—液传质的孔径要小。如果选轻相为分散相，则其通过塔板上的筛孔而被分散成细滴，与塔板上的连续相密切接触后便分层凝聚，并聚结于上层筛板的下面，然后借助压强差的推动，再经筛孔而分散。重液相经降液管流至下层塔板，水平横向流到筛板另一端降液管。两相如是依次反复进行接触和分层，便构成逐级接触萃取。如果选择重相为分散相，则应使轻相通过升液管进入上层塔板。

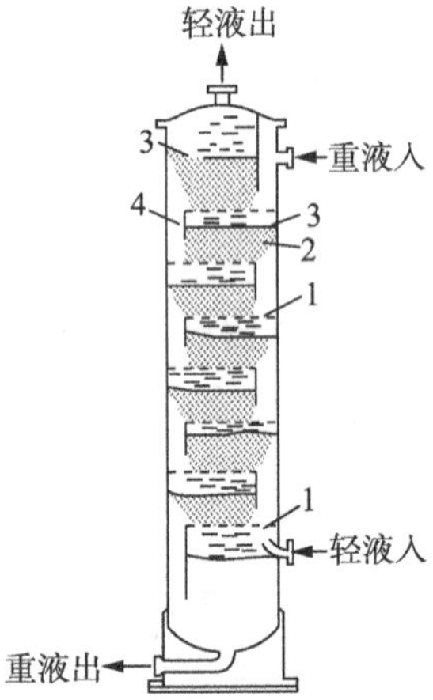

(a) 筛板萃取塔(轻相为分散相)

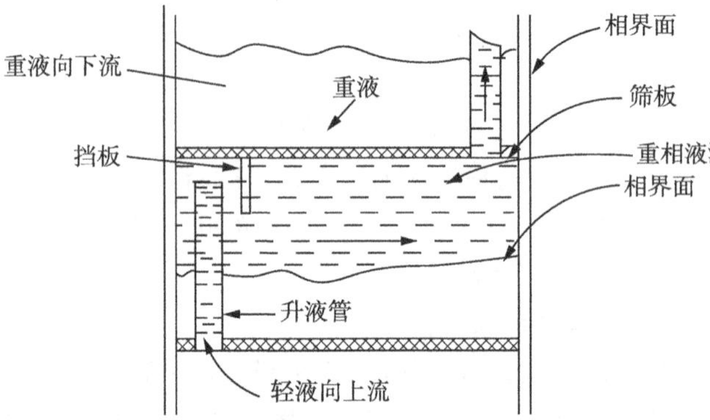

(b) 筛板结构示意图(重相为分散相)

图 4－54　筛板萃取塔

1—筛板；2—混合液；3—轻重液分界面；4—溢流管

筛板萃取塔内由于塔板结构的限制，减小了轴向返混，同时由分散相的多次分散和聚结，液滴表面不断更新，使筛板萃取塔的效率比填料塔有所提高，再加上筛板塔结构简单，价格低廉，可处理腐蚀性料液，因而在许多萃取过程中得到广泛应用。

3. 脉冲筛板萃取塔

在工作段中安装成组筛板（无溢流管）或填料，见图 4－55。由脉动装置产生的脉动液流，通过管道引入塔底，使全塔液体作往复脉动。脉动液流在筛板或填料间作高速相对运动产生涡流，促使液滴细碎和均布。

脉动塔能达到更高的分离效能，但处理量较小，常用于核燃料及稀有元素工厂。

4. 往复振动筛板萃取塔

往复振动筛板萃取塔的结构见图 4－56，将若干层筛板按一定间距固定在中心轴上，由塔顶的传动机构驱动，在垂直方向作往复运动，借此搅动液流，起着类似于脉动塔中的搅拌作用。

往复振动筛板萃取塔的效率与塔板的往复频率密切相关，当振幅一定时，在不发生液泛的前提下，效率随频率加大而提高。

往复振动筛板萃取塔可较大幅度地增加相际接触面积和提高液体的湍动程度，传质效率高，液体阻力小，操作方便，生产能力大，在石油化工、食品、制药和湿法冶金中应用日益广泛。

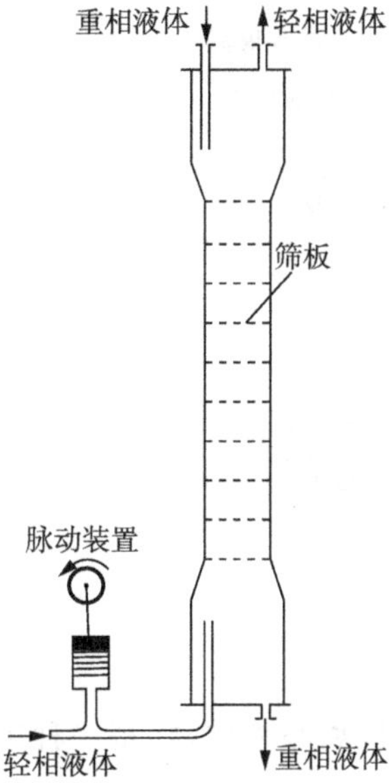

图 4-55 脉动塔

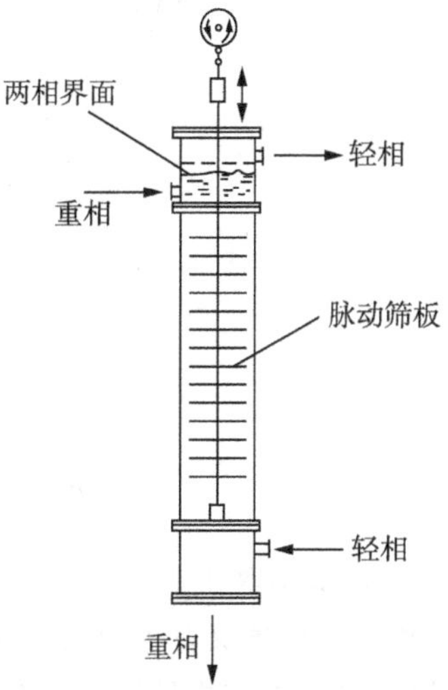

图 4-56 往复振动筛板萃取塔

5. 转盘塔

转盘塔是一种常用的液—液萃取设备，见图 4-57。塔体内壁面上按一定间距安装若干个固定环形挡板（称为固定环），固定环使塔内形成许多分开的空间。中间为一搅拌轴，轴上按同样间距安装若干个转盘，每个转盘都位于相邻两固定环的中间。转盘的直径小于固定环的内径，以便于装卸。转盘随中心轴作高速旋转时，对液体产生强烈的搅拌作用，促进了液滴的分散，增加了相际接触表面积和液体的湍动，有利于改善传质效率。固定环在一定程度上抑制了轴向返混，因而转盘塔的效率较高。

转盘塔结构简单，生产能力大，传质效率高，操作弹性大，广泛应用于石油炼制工业和石油化工中。

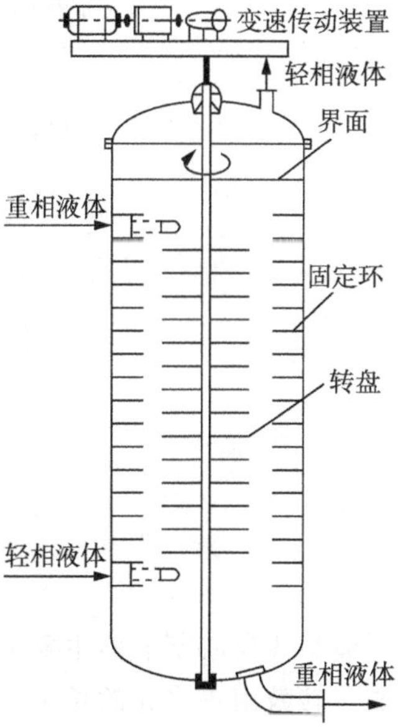

图 4-57 转盘塔

4.1.6.3 离心萃取器

离心萃取器是利用离心力的作用使两相快速充分混合并快速分离的萃取设备，可按两相接触方式分为逐级接触式和微分接触式两类。

1. 转筒式离心萃取器

转筒式离心萃取器是一种单级接触式设备，如图 4-58 所示。重液和轻液由设备底部的三通管同时进入混合室，在搅拌桨的作用下，两相充分混合进行传质，然后一起进入高速旋转的转鼓。转鼓中混合液在离心力的作用下，重相被甩向转鼓外缘，轻相被挤向转鼓的中心部位。两相分别经顶部的轻、重相堰流至相应的收集室，并经各自的排出口排出。转筒式离心萃取器结构简单，效率高，易于控制，运行可靠。

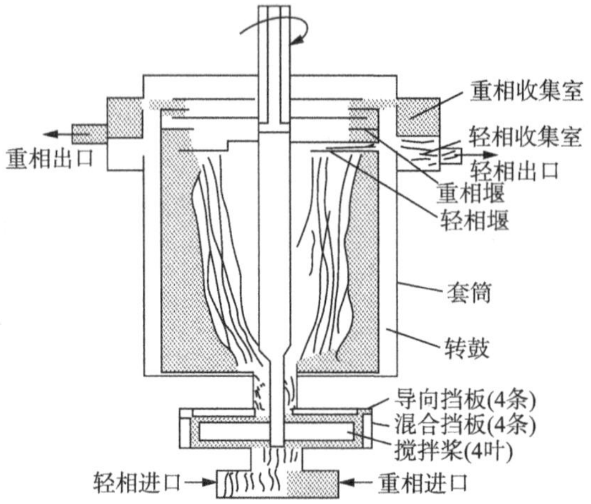

图 4-58　转筒式离心萃取器

2. 波德式离心萃取器

波德式离心萃取器又称为离心薄膜萃取器，简称 POD 离心萃取器，是一种卧式微分接触式萃取设备，其基本结构见图 4-59。

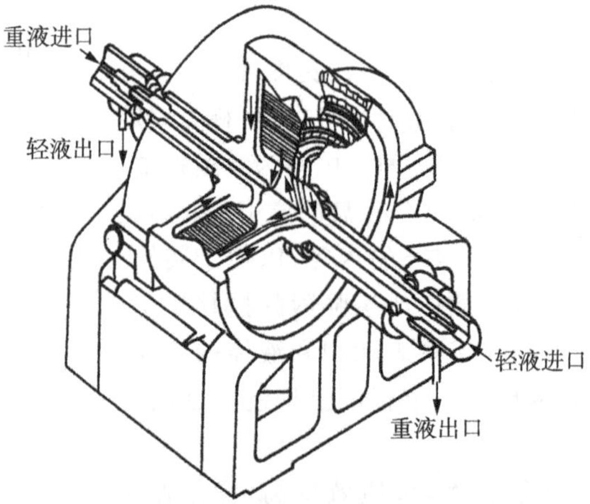

图 4-59　波德式离心萃取器

波德式离心萃取器主要由一水平空心轴和一随轴高速旋转的圆柱形转鼓以及固定外壳组成。转鼓由一多孔的长带卷绕而成，其转速一般为 2 000～5 000 r/min，产生的离心力为重力的几百至几千倍。操作时，在带有机械密封装置的套管式空心转轴的两端分别引入重液和轻液，重液引入转鼓的中心，轻液引到转鼓的外缘，在离心力的作用下，轻液由外向内，重液由内向外，两相沿径向逆流通过螺旋带上的各层筛孔，分散并进行相际传质。传质后的混合物在离心力作用下又分为轻相和重相，并分别引到套管式空心轴的两端流出。

波德式离心萃取器的优点是结构紧凑，物料停留时间短；缺点是结构复杂、制造困难、造价高、维修费和能耗均比较大。其适用于两相密度差小、易乳化、难分离及要求接触时间短、处理量小的场合。

3. 卢威式离心萃取器

卢威式离心萃取器简称 LUWE 离心萃取器，是一种立式逐级接触式离心萃取设备。图 4－60 所示为三级离心萃取器，其主体是固定在外壳上并随之作高速旋转的环形盘，在壳体中央有固定不动的垂直空心轴，轴上装有圆形盘，盘上开有若干个液体喷出孔。

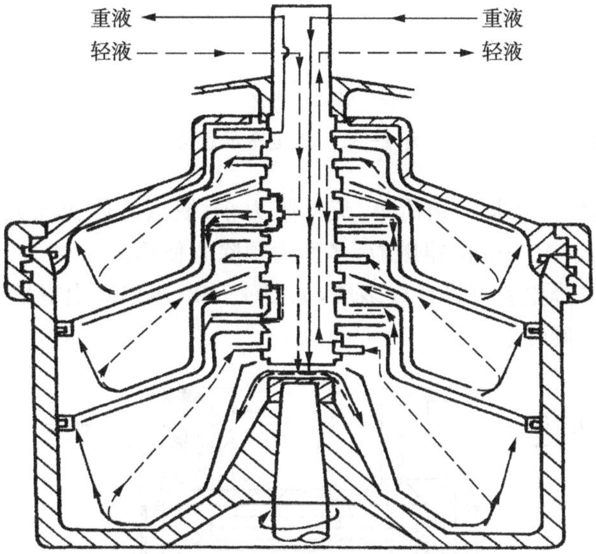

图 4－60 卢威式离心萃取器

萃取操作时，原料液和萃取剂均由空心轴的顶部加入，重液沿空心轴的通道下流至萃取器的底部而进入第 3 级的外壳内，轻液由空心轴的通道流入第 1 级，在空心轴内，轻液与来自下一级的重液混合，进行相际传质，然后混合物经空心轴上的喷嘴沿转盘与上方固定盘之间的通道被甩到外壳的四周，靠离心力的作用使轻、重相分开，重液由外部沿着转盘与下方固定盘之间的通道而进入轴的中心(如图 4－60 中实线所示)，并由顶部排出，其流向为由第 3 级经第 2 级再到第 1 级，然后进入空心轴的排出通道。轻液则沿图 4－60 中虚线所示的方向，由第 1 级经第 2 级再到第 3 级，然后由第 3 级进入空心轴的排出通道。两相均由萃取器的顶部排出。

卢威式离心萃取器的优点是结构紧凑、生产强度高、物料停留时间短、分离效果好，特别适用于轻重两相密度差小、难于分离、易产生乳化及要求停留时间短、处理量小的场合；缺点是结构复杂、制造困难、操作费高，使其应用受到一定限制。

4.1.6.4 非均相物系分离设备

非均相物系是指由具有不同物理性质的分散物质和连续介质所组成的物系，工业上分离非均相混合物的目的或是为了回收有价值的分散物质，或是为了净化分散介质以满足后续工艺的要求，亦或是为了保护环境和安全生产的需要。由于非均相物系中分散相和连续相具有不同物理性质，故工业上一般采用机械方法将两相进行分离，即使两相之间发生相对运动。根据这种相对运动的方式不同，机械分离可分为沉降法和过滤法。气态非均相混合物一般采用重力沉降和离心沉降方法，有时也采用袋滤器；液态非均相混合物的分离可根据工艺要求采用重力增稠器、离心沉降设备、离心分离机或过滤操作达到目的。

1. 降尘室

降尘室是利用重力沉降将尘粒从气流中分离出的设备，其结构示意见图 4－61。

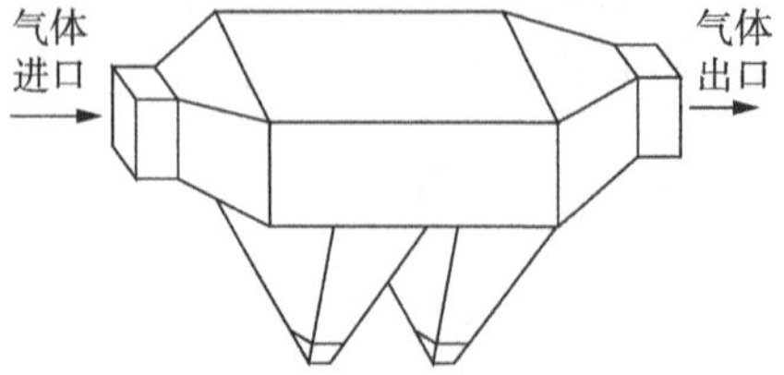

图 4－61　降尘室示意图

此种结构降尘室的优点是结构简单，流动阻力小；缺点是体积庞大，分离效率低。其一般适用于分离粒度大于 50 μm 的粗颗粒，多作为预除尘使用。

为追求生产能力，降尘室可设计成多层，见图 4－62，多层降尘室虽能分离较细的颗粒且占地相对较小，但清灰麻烦。

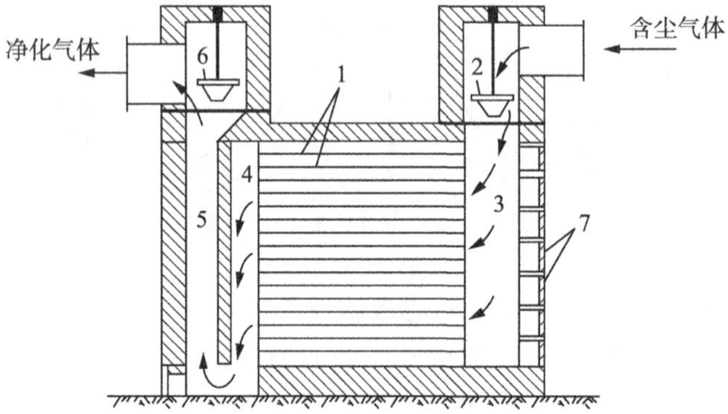

图 4－62　多层降尘室

1—隔板；2、6—调节阀；3—气体分配道；4—气体集聚道；5—气道；7—清灰口

2. 沉降槽

沉降槽是用来提高悬浮液浓度并同时得到澄清液体的重力沉降设备，又称增浓器、澄清器。沉降槽可分为间歇式与连续式两种。

间歇沉降槽通常为带有锥底的圆槽，操作时将要处理的悬浮料浆送入槽内，静置足够长时间，然后由上部抽出清液，由底口排出稠厚的沉渣。

连续沉降槽的结构见图 4－63。

连续沉降槽是一个带锥形底的大直径浅槽，悬浮液于槽中心距液面下 0.3～1.0 m 处连续加入，然后在整个沉降槽的横截面上散开，颗粒下沉而清液上升，沉渣由转耙缓慢地集拢到底部中央的卸渣口排出，清液经由槽壁顶端周圈上的溢流堰连续流出。槽内上部是清液区，下段是增稠区，自上而下颗粒浓度渐增。

连续沉降槽适用于处理量大而浓度不高、颗粒也不甚细微的悬浮料浆。

3. 旋风分离器

旋风分离器是利用惯性离心力的作用从气流中分离出尘粒的设备。标准型旋风分离器示意见图 4－64，其结构大致是：上部呈现为圆筒形，下部呈现为圆锥形，含尘气体从圆筒形

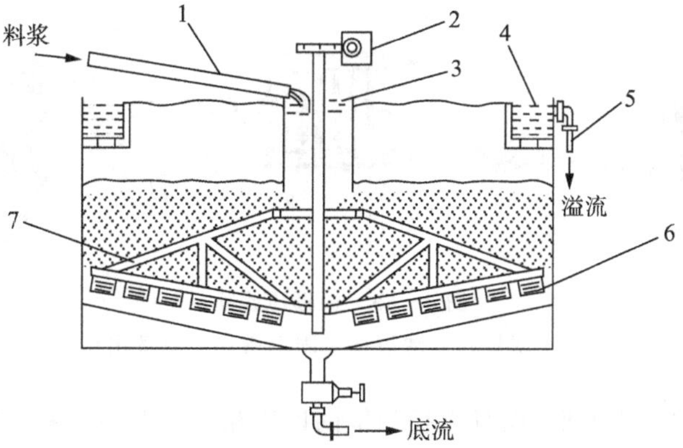

图 4－63　连续沉降槽

1—进料槽道；2—转动机构；3—料井；4—溢流槽；5—溢流管；6—叶片；7—转耙

的上部切向进入旋风分离器，之后受到器壁的影响，气体沿着壁面旋转向下作螺旋形的运动。在这个过程中，由于惯性离心力的作用，颗粒被甩向壁面，再沿着壁面落到锥底的排灰口。而气体到达器底经净化后，又在轴中心的地方从下往上作旋转运动，最后由顶部的排气管排出。一般把往下旋转的螺旋形气流叫做外旋流，往上旋转的螺旋形气流叫做内旋流，内外旋流的旋转方向相同。事实上，气流不可能作严格的双螺旋运动。当气体在作外旋流的时候，可能有一部分气体要跑到内旋流中，内旋流也有可能进入外旋流。因此旋风分离器任何位置上的气流的速度实际上是切向速度、轴向速度与径向速度的合成。

旋风分离器的构造简单，没有运动部件，操作不受温度、压强限制，分离效率较高，一般用来除去气流中直径在 5 μm 以上的尘粒。

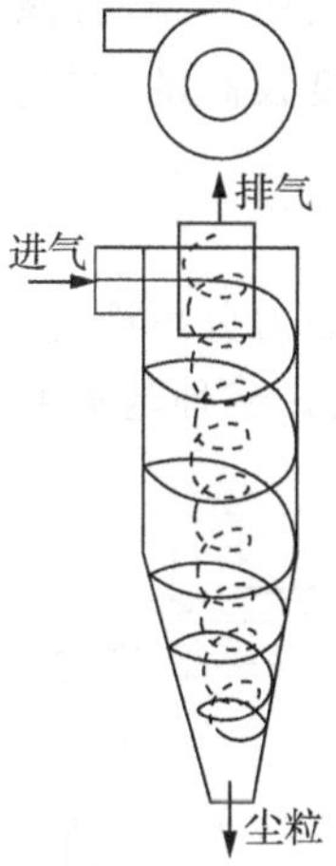

图 4－64　标准旋风分离器

4. 板框压滤机

板框压滤机是分离悬浮液最常用的设备之一，其示意见图 4－65。

板框压滤机是由多块带棱槽面的滤板和滤框以一定的方式排列组合安装于机架所构成的，滤板和滤框的个数可在允许的范围内任意调节，一般为 10～60 块不等，过滤面积约为 2～80 m^2。

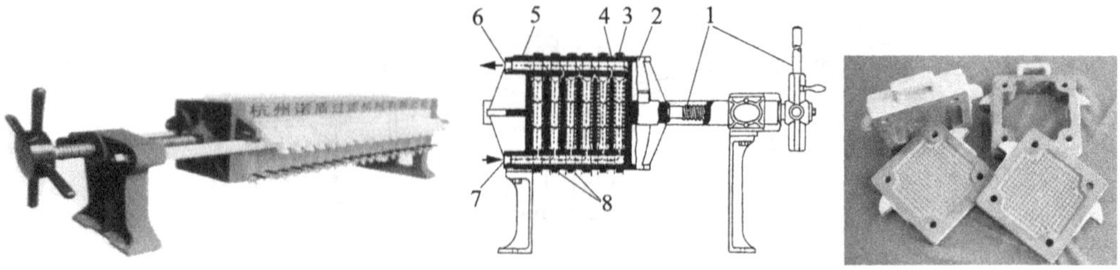

图 4-65　板框压滤机

1—压紧装置;2—可动头;3—滤框;4—滤板;5—固定头;6—滤液出口;7—滤浆进口;8—滤布

滤板和滤框通常为正方形,而且在板和框的四周角落上开有圆孔,作为物料和洗涤液的通道。操作开始前,先将四角开孔的滤布盖于滤框两侧,空框和滤布所围成的空间用来容纳悬浮液和滤饼。而滤板的作用一方面起到了支撑滤布的作用,另一方面又提供了滤液的通道。滤板又可以分为两种:洗涤板和过滤板。为在过滤时能够清楚地识别哪块是滤框哪块是滤板,一般在板和框上作些记号:过滤板为 1 钮,滤框为 2 钮,洗涤板为 3 钮。安装时以 1-2-3-2-1-2-3-2-…的方式排列。

过滤的时候,悬浮液首先由滤浆通道进入滤框,滤液分别穿过两侧滤布,再沿着邻板的板面流到滤液排出口排出,而滤饼被截留在滤框内,等到滤框内充满滤饼之后,停止过滤操作,若需洗涤,则进行洗涤操作。

洗涤时,洗涤液经洗涤通道由洗涤板上的暗孔进入洗涤板面与滤布之间,这时要关闭洗涤板下部的滤液出口,否则会造成洗涤液的短路,然后洗涤液横穿过一层滤布及整个滤饼层,然后再穿过另一层滤布最后由过滤板下部的滤液出口排出,这种洗涤方式称为横穿洗涤法。

板框压滤机的优点是结构紧凑,过滤面积大,主要用于过滤含固量多的悬浮液,也可用于过滤细小颗粒或液体黏度较高的物料。板框压滤机的缺点是装卸、清洗大部分靠手工操作,劳动强度大。

5. 离心机

离心机是利用惯性离心力分离液态非均相混合物的机械,见图 4-66。根据分离方式可分为过滤式、沉降式和分离式三种基本类型。其中过滤式离心机于转鼓壁上开孔,在鼓内壁

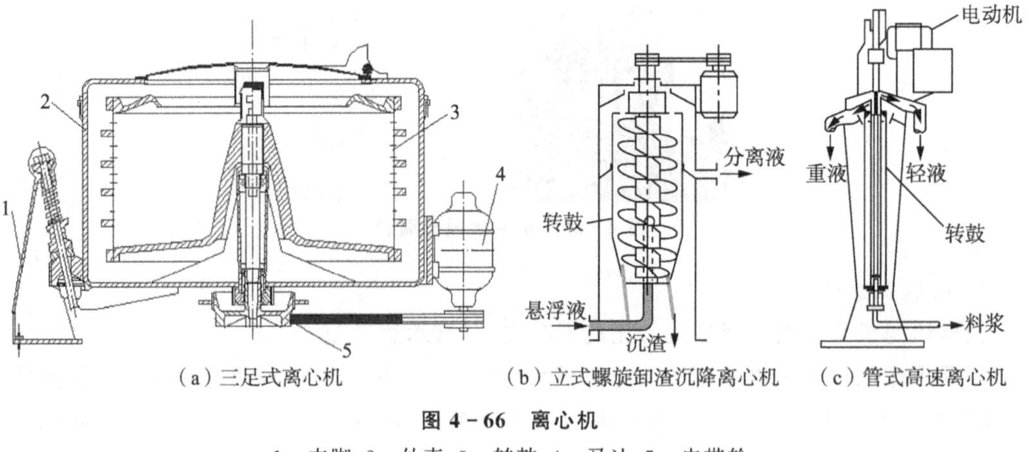

(a) 三足式离心机　(b) 立式螺旋卸渣沉降离心机　(c) 管式高速离心机

图 4-66　离心机

1—支脚;2—外壳;3—转鼓;4—马达;5—皮带轮

上覆以滤布，悬浮液加入鼓内并随之旋转，液体受离心力作用被甩出而颗粒被截留在鼓内。而沉降式或分离式离心机的鼓壁上不开孔，若被处理物料为悬浮液，其中密度较大的颗粒沉积于转鼓内壁而液体集于中央并不断引出，此种操作即为离心沉降；若被处理物料为乳浊液，则两种液体按轻重分层，重者在外，轻者在内，各自从适当的径向位置引出，此种操作即为离心分离。

6. 袋滤器

袋滤器又称袋式过滤器，是捕捉气体中的粉粒的常用设备之一，见图 4-67。操作时，含尘气体从滤袋外侧进入内侧进行过滤，之后从上部箱体出口排出，而灰尘被截留在滤布的外侧，通过压缩空气喷扫由下部出口排出。

当产品是粉粒时，可利用袋滤器滤布的不同规格得到不同尺寸规格的颗粒。

袋滤器的优点是能除去 1 μm 以下的微尘、除尘效率高；缺点是投资费用高、清灰麻烦、用于处理湿度高的气体时应注意气温须高于露点。袋滤器一般用于旋风分离器后作为末级除尘设备。

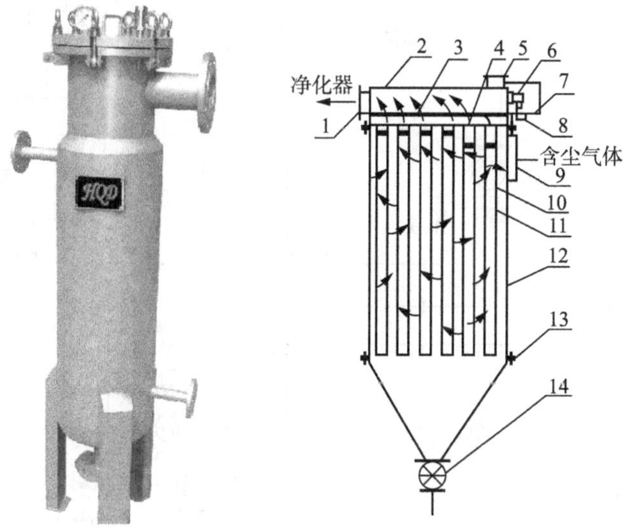

图 4-67 袋滤器

1—排气口；2—上部箱体；3—喷射管；4—文氏管；5—控制器；6—气包；7—控制阀；8—脉冲阀；9—进气口；10—滤袋；11—框架；12—中部箱体；13—灰斗；14—排灰阀

4.2 化工单元操作指导

4.2.1 流体输送单元操作

4.2.1.1 流体输送工艺流程

本单元流程见图 4-68，装置分为流体输送对象、控制柜、上位机、数据监控采集软件及数据处理软件几部分，其中流体输送对象包括离心泵、原料罐、真空机组、电动调节阀、空压机、涡轮流量计、玻璃转子流量计、压力传感器、霍尔开关、螺杆泵、旋涡泵、离心泵、压力表、差压变送器以及现场仪表。

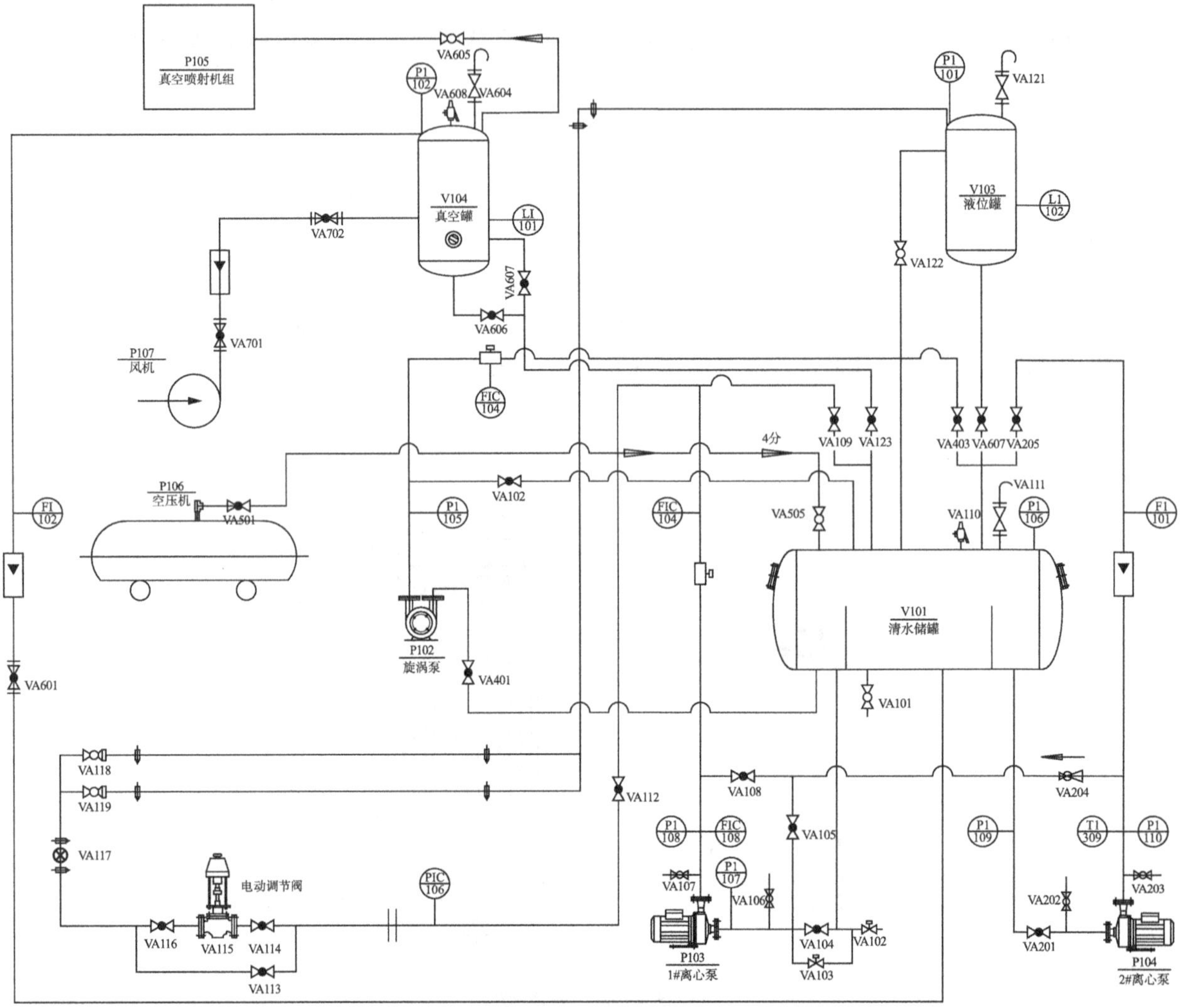

图 4-68 流体输送装置流程图

4.2.1.2 流体输送单元操作步骤

1. 开机前的准备工作

(1) 检查公用工程水电是否处于正常供应状态(水压、水位是否正常,电压、指示灯是否正常);

(2) 检查清水罐及浓浆罐水位是否能够达到 2/3 的位置;

(3) 检查总电源的电压情况是否良好。

2. 正常开机

(1) 开启电源

① 在仪表操作盘台上,开启总电源开关,此时总电源指示灯亮;

② 开启仪表电源开关,此时仪表电源指示灯亮,且仪表上电。

(2) 开启计算机启动监控软件

① 打开计算机电源开关,启动计算机;

② 在桌面上点击“流体输送实训软件”,进入 MCGS 组态环境。

③ 点击菜单“文件\进入运行环境”或按“F5”进入运行环境,输入班级、姓名、学号后,按“确定”,进入实训软件界面,监控软件就启动起来了。

④ 点击“控制设置”打开控制界面,可对控制的 PID 参数进行设置,一般不设置。

(3) 1# 离心泵流量控制实训操作

① 检查各阀门的开关状态,并打开阀 VA104、VA111、VA112、VA114、VA116、VA117、VA118、VA119、VA121、VA122,关闭阀 VA108、VA103、VA109、VA113;

② 在仪表台上打开“电动调节阀电源开关”,开启调节阀电源;

③ 在仪表台上按下“1# 离心泵启动”按钮,启动离心泵;

④ 在仪表台上设定“1# 离心泵流量手自动调节仪”设定值,设定到需要调节的流量,如 8 m^3/h,调节阀会自动调节到设定的流量,若离心泵流量调节不稳,则按“参数整定”按钮,对控制的“P”、“I”、“D”参数进行设置,让控制更快更好,本实训中的 P、I、D 参数一般设定为 100、20、1。

⑤ 改变一个流量设定值,如将流量设定为 6 m^3/h,看看控制效果。

(4) 高位液位罐液位控制实训操作

① 检查各阀门的开关状态,并打开阀 VA104、VA111、VA112、VA114、VA116、VA117、VA118、VA119、VA121、VA122,关闭阀 VA108、VA103、VA109、VA113;

② 在仪表台上打开“电动调节阀电源开关”,开启调节阀电源;

③ 在仪表台上按下“1# 离心泵启动”按钮,启动离心泵;

④ 在仪表台上设定“高位罐液位手自动调节仪”设定值,设定到需要调节的液位,如 30 cm,调节阀会自动调节到设定的液位,若离心泵液位调节不稳,则按“参数整定”按钮,对控制的“P”、“I”、“D”参数进行设置,让控制更快更好,本实验中的 P、I、D 参数一般设定为 200、20、1。

⑤ 改变一个液位设定值,如设定为 50 cm,看看控制效果。

(5) 旋涡泵流量控制实验

① 检查各阀门的开关状态,打开阀 VA401、VA403,关闭阀 VA102;

② 在仪表台上按下“旋涡泵电源启动按钮”,启动旋涡泵电源;

③ 在仪表台上设定“旋涡泵流量手自动调节仪”设定值,设定到需要调节的流量,如 1 m^3/h,调节阀会自动调节到设定的流量,若旋涡泵流量调节不稳,则按“参数整定”按钮,对控制的“P”、“I”、“D”参数进行设置,让控制更快更好,本实验中的 P、I、D 参数一般设定为 100、6、1。

④ 改变一个流量设定值,如设定为 2 m^3/h,看看控制效果。

(6) 离心泵特性控制实训操作

① 检查各阀门的开关状态,打开阀 VA104、VA111、VA112、VA114、VA116、VA117、VA118、VA119、VA121、VA122,关闭阀 VA108、VA103、VA109、VA113;

② 在仪表台上打开“电动调节阀电源开关”,开启调节阀电源;

③ 在桌面上点击“流体输送实训软件之离心泵特性测定实验软件”,进入 MCGS 组态环境;

④ 点击菜单"文件\进入运行环境"或按"F5"进入运行环境，输入班级、姓名、学号后，按"确定"，进入实训软件界面，监控软件就启动起来了。

⑤ 在仪表台上按下"1# 离心泵启动"按钮，启动离心泵；

⑥ 在仪表台上设定"1# 离心泵流量手自动调节仪"设定值，设定到需要调节的流量，流量从大到小调节，先设定 10 m^3/h，待流量稳定后，各数值稳定时，按下监控软件上的"数据采集"按钮，采集该流量下的离心泵的流量、真空度、出口压力、流体温度、转速、功率等；

⑦ 改变一组流量，如设定为 7 m^3/h，待流量稳定后，各数值稳定时，按下监控软件上的"数据采集"按钮，采集该流量下的离心泵的各参数；

⑧ 重复"⑦"步骤，每隔 2 个流量改变一组流量，采集离心泵的参数，直到 0 流量时，采集最后一组参数，此时，数据采集完成；

⑨ 在桌面上打开"离心泵性能曲线测定实验"，进入数据处理软件进行数据处理。

(7) 流体流动阻力曲线测定实训操作

① 检查各阀门的开关状态，打开阀 VA104、VA111、VA112、VA114、VA116、VA117、VA118、VA121、VA122，关闭阀 VA108、VA103、VA109、VA113、VA119；

② 在仪表台上打开"电动调节阀电源开关"，开启调节阀电源；

③ 在桌面上点击"流体输送实训软件之流体流动阻力测定实验软件"，进入 MCGS 组态环境；

④ 点击菜单"文件\进入运行环境"或按"F5"进入运行环境，输入班级、姓名、学号后，按"确定"，进入实训软件界面，监控软件就启动起来了；

⑤ 在仪表台上按下"1# 离心泵启动"按钮，启动离心泵；

⑥ 做光滑管阻力实验：打开阀门，并对压差变送器进行排气，排完气关好排气阀门；

⑦ 在仪表台上设定"1# 离心泵流量手自动调节仪"设定值，设定到需要调节的流量，流量从大到小调节，先设定 6 m^3/h，待流量稳定后，各数值稳定时，按下监控软件上的"数据采集"按钮，采集该流量下的光滑管压差及流体水温等；

⑧ 改变一组流量在 1～6 m^3/h，每隔流量 1 改变一个流量，待流量稳定后，各数值稳定时，按下监控软件上的"数据采集"按钮，采集该流量下的光滑管阻力各参数；

⑨ 采集完光滑管实训数据，关闭阀门 VA118、打开阀门 VA119，做粗糙管实训操作；

⑩ 在仪表台上设定"1# 离心泵流量手自动调节仪"设定值，设定到需要调节的流量，流量从大到小调节，先设定 6 m^3/h，打开阀门，打开压差变送器排气阀门，进行排气，排完气后关闭排气阀门，开始实验；

⑪ 在 1～6 m^3/h 每隔流量 1 调节一个流量，待数据稳定后，按下"数据采集"按钮采集该流量下的粗糙管压差等参数；直到流量为 1 时，完成实训操作；

⑫ 同理，打开阀门做阀门局部阻力实训操作，打开阀门做弯头局部阻力实训操作；

⑬ 实训操作完成，在桌面上打开"流体流动阻力曲线测定实验"，进入数据处理软件，对实训数据进行处理。

(8) 孔板流量计校核实训

① 检查各阀门的开关状态，打开阀 VA104、VA111、VA112、VA114、VA116、VA117、VA118、VA119、VA121、VA122，关闭阀 VA108、VA103、VA109、VA113；

② 在仪表台上打开"电动调节阀电源开关"，开启调节阀电源；

③ 在桌面上点击“流体输送实训软件之流量计校核实验软件”，进入 MCGS 组态环境；

④ 点击菜单“文件\进入运行环境”或按“F5”进入运行环境，输入班级、姓名、学号后，按“确定”，进入实训软件界面，监控软件就启动起来了；

⑤ 在仪表台上按下“1# 离心泵启动”按钮，启动离心泵；

⑥ 在仪表台上设定“1# 离心泵流量手自动调节仪”设定值，设定到需要调节的流量，流量从大到小调节，先设定 8 m^3/h，待流量稳定后，各数值稳定时，按下监控软件上的“数据采集”按钮，采集该流量下的离心泵的流量、孔板压差、流体温度；

⑦ 改变一组流量，如设定为 6 m^3/h，待流量稳定后，各数值稳定时，按下监控软件上的“数据采集”按钮，采集该流量下的离心泵的各参数；

⑧ 在流量 4～8 m^3/h 测 3～4 组数据，然后打开数据处理软件，对实验数据进行处理。

(9) 真空泵输送实训操作

① 检查各阀门的开关状态，打开阀 VA601、VA605，关闭阀 VA604、VA606、VA607；

② 在仪表台上按下“真空泵电源启动按钮”，启动真空泵；

③ 往真空罐里抽真空，随着真空度的增大，液体流量也变大。

(10) 压力输送实训操作

① 检查各阀门的开关状态，打开阀 VA501、VA505、VA604，关闭阀 VA102、VA104、VA105、VA108、VA112、VA109、VA123、VA403、VA205、VA111、VA201、VA607、VA601；

② 在仪表台上按下“空压机电源启动按钮”，启动空压机；

③ 往清水罐里加压，随着压力的增大，打开阀 VA601，随着压力变化，液体流量也变化。

注意：做该实训操作时，需先关闭所有阀门，让空压机的压力进入清水罐一段时间后，压力罐内压力达到 0.4 MPa 时，才开启阀 VA601 做压力实训。

3. 正常关机

(1) 停止离心泵　在仪表操作台上按下“离心泵电源”停止按钮，停止离心泵运行；

(2) 停止旋涡泵　在仪表操作台上按下“旋涡泵电源”停止按钮，停止旋涡泵运行；

(3) 停止螺杆泵　在仪表操作台上按下“螺杆泵电源”停止按钮，停止螺杆泵运行；

(4) 停止真空泵　在仪表操作台上按下“真空泵电源”停止按钮，停止真空泵运行；

(5) 停止空压机　在仪表操作台上按下“空压机电源”停止按钮，停止空压机运行；

(6) 停止电动调节阀　在仪表操作台上关闭“电动调节阀电源”开关，停止电动调节阀电源；

(7) 仪表电源关闭　关闭仪表电源开关；

(8) 控制柜总电源关闭　关闭总电源空气开关，关闭整个设备电源。

4.2.2 恒压过滤单元操作

4.2.2.1 恒压过滤工艺流程

恒压过滤工艺流程见图 4－69，滤浆槽内配有一定浓度的轻质碳酸钙悬浮液（浓度在 2%～4%），用电动搅拌器进行均匀搅拌（浆液不出现旋涡为好），由旋涡泵输送至板框压滤机，滤液在计量桶内计量。

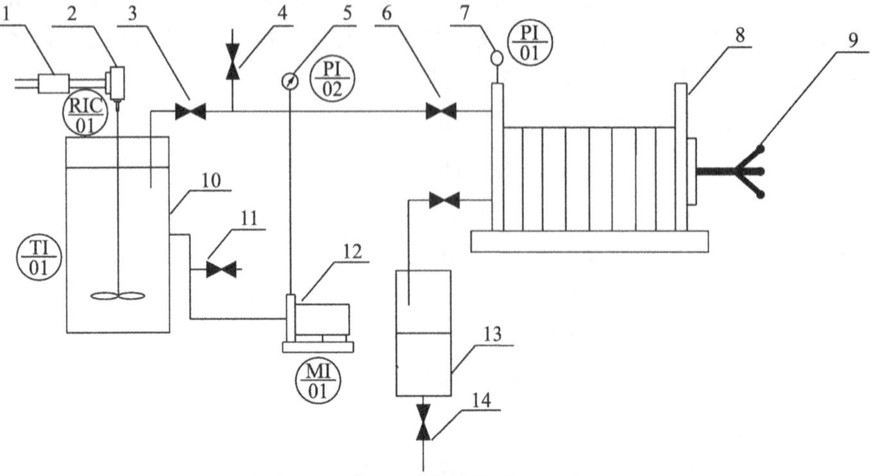

图 4-69　恒压过滤装置流程示意图

1—调速器；2—电动搅拌器；3、4、6、11、14—阀门；5、7—压力表；
8—板框过滤机；9—压紧装置；10—滤浆槽；12—旋涡泵；13—计量桶

4.2.2.2　恒压过滤单元操作步骤

1. 开车前的准备工作

(1) 了解过滤操作基本原理；

(2) 了解过滤装置的基本构造，熟悉工艺流程和主要设备；

(3) 熟悉温度和各压力测量与控制点的位置，熟悉用热电偶测量滤浆温度的方法；

(4) 检查公用工程(电、水)是否处于正常供应状态；

(5) 设备上电，检查流程中各设备、仪表是否处于正常开车状态，动设备要试车；

(6) 检查流程中各阀门是否处于正常开车状态。

2. 板框过滤机中板框的组装

(1) 板框的排列顺序依次为：顶板→过滤板→板框→洗涤板→板框→过滤板→顶板；

(2) 板框暗孔的方向要求为：板框的暗孔在右侧，洗涤板的两个暗孔在左侧，过滤板因为是对称的，没有方向要求；

(3) 板框过滤机的组装　板框的顺序和方向确定好以后，将过滤介质(纱布)分别装在板框的两侧，孔对齐铺平，并在每个板、框之间加好密封垫，最后用顶板压紧即可。

3. 过滤操作的开车

过滤的开车操作步骤依次为：打开总电源开关→打开搅拌器开关→打开涡轮泵的滤浆入口阀→启动涡轮泵→打开板框过滤机的滤液出口阀→打开涡轮泵的滤浆出口阀→打开滤浆压力表的阀门。

4. 过滤操作的停车

过滤的停车操作步骤依次为：关闭滤浆压力表的阀门→关闭涡轮泵的滤浆出口阀→关闭板框过滤机的滤液出口阀→关闭涡轮泵→关闭涡轮泵的滤浆入口阀→关闭搅拌器开关→关闭总电源开关。

5. 洗涤操作的开车

洗涤的开车操作步骤依次为：打开总电源开关→打开涡轮泵的清水入口阀(3 个)→启

动涡轮泵→打开板框过滤机的洗涤水出口阀→打开涡轮泵的清水出口阀(3个)。

6. 洗涤操作的停车

洗涤的停车操作步骤依次为:关闭涡轮泵的清水出口阀(3个)→关闭板框过滤机的洗涤水出口阀→关闭涡轮泵→关闭涡轮泵的清水入口阀→关闭总电源开关。

4.2.3 传热单元操作

4.2.3.1 传热工艺流程

传热单元工艺流程见图4-70,实训装置分为传热实训对象、仪表操作台、上位机监控计算机、监控数据采集软件及数据处理软件几部分。

传热实训对象由两台冷风机、一台综合换热热风机、左列管换热器、右列管换热器、小列管换热器、综合换热装置、蒸气发生器、蒸气调节装置及管路、不凝性气体装置及管路、冷凝水排放系统及管路、冷却水系统、综合传热加热管装置、流量检测传感、压力检测传感、现场显示变送仪表等组成。

4.2.3.2 传热单元操作步骤

1. 开机准备

(1) 检查公用工程水电是否处于正常供应状态(水压、水位是否正常,电压、指示灯是否正常);

(2) 熟悉设备工艺流程图,各个设备组成部件所在位置(如蒸气发生器、空压机、疏水阀、列管换热器、套管换热器、板式换热器等);

(3) 熟悉各取样点及温度、压力、流量、测量与控制点的位置;

(4) 检查总电源的电压情况是否良好。

2. 正常开机

(1) 开启电源

① 在仪表操作盘台上,开启总电源开关,此时总电源指示灯亮;

② 开启仪表电源开关,此时仪表电源指示灯亮,且仪表上电。

(2) 开启计算机启动监控软件

① 打开计算机电源开关,启动计算机;

② 在桌面上点击“传热实训软件”,进入MCGS组态环境;

③ 点击菜单“文件\进入运行环境”或按“F5”进入运行环境,输入班级、姓名、学号后,按“确定”,进入实训项目选择界面,点击“列管换热实训装置实训软件”进入实训软件界面,监控软件就启动起来了。

(3) 开启蒸气发生器

① 检查蒸气发生器液位的高度,液位高度应为玻璃液位计中间的位置;若液位过高则需打开发生器上的排空阀及发生器下的排污阀排放掉部分水;若液位不够,在打开发生器电源时,发生器会进行自动加水。

② 打开发生器后的进水阀门,让自来水进入中间水箱(在发生器内部,有浮球阀进行液位自动控制)。

③ 开启蒸气发生器电源,在发生器前面板上,旋开开关,即开了蒸气发生器电源,此时

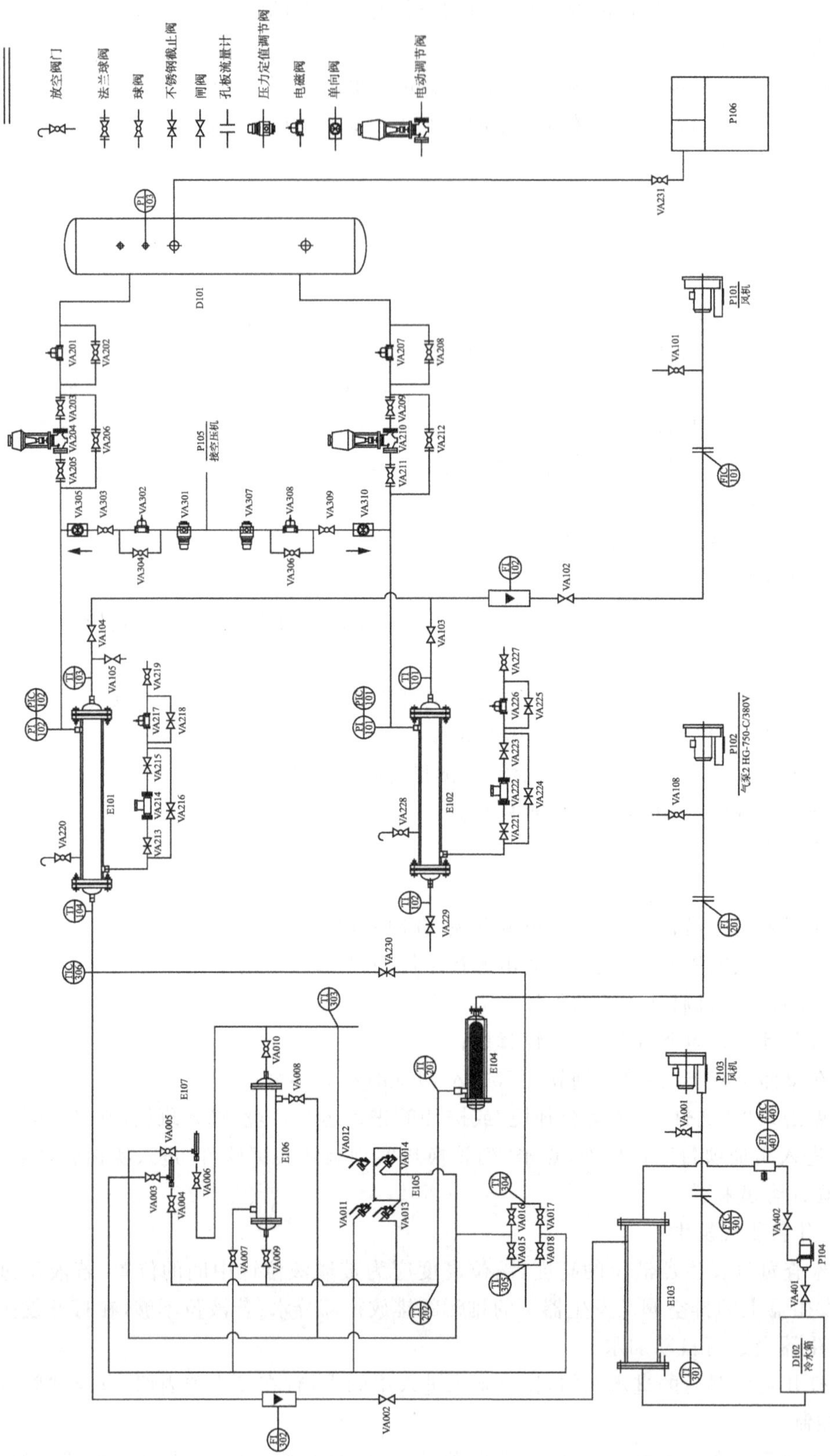

图 4-70　传热单元实训操作装置流程图

蒸气发生器开始加热烧蒸气，蒸气发生器压力烧到0.4 MPa时自动停止加热，蒸气压力下降到0.3 MPa时启动加热。

(4) 开启1#列管换热器冷流体风机

① 检查管路各阀门：打开阀VA102、VA104、VA230、VA015，关闭阀VA103、VA105。

② 在仪表操作台上，按下“1#列管冷流体风机电源”启动按钮，启动风机。

③ 调整冷空气流量：a. 手动，通过调节阀门VA102，调节左换热器冷流体流量；b. 自动，在仪表操作台上的“1#换热器冷流体流量手自动控制仪”上设定冷流体设定值为50 m^3/h，控制仪自动控制设定的流量值。

(5) 检查1#换热器冷凝水管路　检查左换热器冷凝水管路各阀门，打开阀VA213、VA215、VA219，关闭阀VA216、VA218。

(6) 打开1#换热器蒸气管路

① 检查1#换热器蒸气管路各阀门：打开阀VA231、VA203、VA205，关闭阀VA202、VA206，调节左换热器不凝性气体阀VA220的大小；

② 在装置二层平台上调节相应的蒸气调压阀，调节一定的蒸气压力。

(7) 1#换热器数据记录

① 调节不同的冷流体流量，稳定15 min，记录1#换热器冷流体流量、蒸气压力、冷流体进出口温度；

② 调节不同的蒸气压力，稳定15 min，记录1#换热器冷流体流量、蒸气压力、冷流体进出口温度；

(8) 开启2#换热器冷流体风机

① 检查2#换热器管路各阀门：打开阀VA102、VA103、VA229，关闭阀VA104。

② 在仪表操作台上，按下“2#列管冷流体风机电源”启动按钮，启动风机。

③ 调整冷空气流量：a. 手动，通过调节阀门VA102，调节2#换热器冷流体流量；b. 自动，在仪表操作台上的“右换热器冷流体流量手自动控制仪”上设定冷流体设定值为50 m^3/h，控制仪自动控制设定的流量值。

(9) 检查2#换热器冷凝水管路　检查2#换热器冷凝水管路各阀门，打开阀VA221、VA223、VA227，关闭阀VA224、VA225。

(10) 打开2#换热器蒸气管路

① 检查2#换热器蒸气管路各阀门：打开阀VA231、VA209、VA211，关闭阀VA208、VA212，调节右换热器不凝性气体阀门VA228的大小；

② 在装置二层平台上调节相应的蒸气调压阀，调节一定的蒸气压力。

(11) 2#换热器数据记录

① 调节不同的冷流体流量，稳定15 min，记录2#换热器冷流体流量、蒸气压力、冷流体进出口温度；

② 调节不同的蒸气压力，稳定15 min，记录2#换热器冷流体流量、蒸气压力、冷流体进出口温度。

(12) 冷却水系统开启

① 检查冷却水水箱里水的液位高低，液位过低，则打开自来水进水阀门，往水箱里加水；

② 检查冷却水管路各阀门，打开阀门 VA401、VA402；

③ 在仪表操作台上按下“冷凝水泵电源”启动按钮，启动冷却水泵电源。

(13) 综合换热实验

① 检查冷流体流量管路各阀门：打开阀门 VA002、VA230、VA016、VA018、板式换热器实验时的阀门（VA014、VA011）[列管换热器实验时的阀门（VA008、VA007）、套管换热器实验时的阀门（VA005、VA003）]；关闭阀门 VA015、VA017 及其他换热器冷流体进出阀门（VA008、VA007、VA005、VA003）。

② 开启 2# 列管冷流体风机：在仪表操作台上，按下“1# 列管冷流体风机电源”启动按钮，启动风机；冷流体流量控制：a. 手动，通过调节阀门 VA002，调节左换热器冷流体流量为 20 m^3/h；b. 自动，在仪表操作台上的“2# 列管冷流体流量手自动控制仪”上设定冷流体设定值为 30 m^3/h，控制仪自动控制设定的流量值。

③ 检查热流体流量管路各阀门：打开板式换热器实验时的阀门（VA013、VA012）[列管换热器实验时的阀门（VA009、VA010）、套管换热器实验时的阀门（VA004、VA006）]；关闭其他换热器热流体进出阀门（VA009、VA010、VA004、VA006）。

④ 开启热流体流量风机：在仪表操作台上打开“综合换热热流体风机电源”开关，启动综合换热热流体风机。

⑤ 启动加热管电源：在仪表操作台上按下“综合换热加热管电源”启动按钮，启动综合换热加热管，开始加热。

⑥ 综合换热加热管温度控制：在仪表操作台上的“综合换热热流体温度手自动控制仪”上设定热流体温度为 70℃，控制仪自动对热流体温度进行控制。

⑦ 当加热管温度稳定在 70℃左右时，让系统稳定 15 min，记录板式换热器的冷、热流体流量，冷流体进、出口温度，热流体进、出口温度。

⑧ 改变冷流体流量值为 25 m^3/h，稳定 15 min，记录板式换热器的冷、热流体流量，冷流体进、出口温度，热流体进、出口温度；同样改变冷流体流量值，稳定 15 min 后记录相应的实验值。

⑨ 综合换热冷流体并逆流切换：a. 逆流，打开阀 VA016、VA018，关闭阀 VA015、VA017；b. 并流，打开阀 VA015、VA017，关闭阀 VA016、VA018。

3. 正常停机

(1) 关闭蒸气发生器

① 关闭蒸气发生器进水口阀门；

② 关闭蒸气发生器出蒸气口阀门；

③ 关闭发生器上的电源开关。

(2) 关闭综合换热热流体加热电源　在仪表操作台上按下“综合换热加热管电源”停止按钮，停止综合换热加热管电源。

(3) 关闭 1# 换热器蒸气　在 1# 换热器上关闭针型阀，即可关闭 1# 换热器的进口蒸气。

(4) 关闭 2# 换热器蒸气　在 2# 换热器上关闭针型阀，即可关闭 2# 换热器的进口蒸气。

(5) 关闭 1# 换热器冷流体风机　等换热器冷流体出口温度降低到 50℃后，在仪表操作台上关闭“1# 换热器冷流体风机电源”开关，关闭 1# 换热器冷流体风机电源。

(6) 关闭 2# 换热器冷流体风机　等换热器冷流体出口温度降低到 50℃后，在仪表操作台上关闭“2#换热器冷流体风机电源”开关，关闭2#换热器冷流体风机电源。

4.2.4 精馏单元操作

4.2.4.1 精馏单元工艺流程

精馏单元工艺流程见图4-71，原料液经预热器加热到指定温度后，送入精馏塔的进料板，在进料板上与自塔上部下降的回流液体汇合后，逐板溢流，最后流入塔底再沸器中。在每层板上，回流液体与上升蒸气互相接触，进行热和质的传递过程。操作时，连续地从再沸器取出部分液体经冷却器后作为塔底产品（釜残液），部分液体汽化，产生上升蒸气，依次通过各层塔板。塔顶蒸气进入冷凝器中被全部冷凝，并将部分冷凝液用泵送回塔顶作为回流液体，其余部分被送出作为塔顶产品（馏出液）。

4.2.4.2 精馏单元操作步骤

1. 开车准备

(1) 检查公用工程水电是否处于正常供应状态（水压、水位是否正常，电压、指示灯是否正常）。

(2) 熟悉设备工艺流程图，各个设备组成部件所在位置（如加热釜、原料罐）。

(3) 熟悉各取样点、温度测量、压力测量与控制点的位置。

(4) 确认设备所有阀门初始状态为关闭状态。

(5) 在精馏现场电力控制柜上，合上总电源空气开关，在现场电力控制柜上检查总电源电压表电压是否正确，如出现缺相、欠压等问题应及时按序检查电压表接线是否接触不良，打开仪表电源开关。

(6) 启动计算机，点击桌面“筛板精馏塔实训”快捷方式启动监控软件，并将所有现场控制参数设置为初始状态零。

(7) 配料

如果是第一次配料，打开原料罐上阀门VA010、VA011、VA012、VA013，按体积浓度15%在容器中配好料，从原料罐V101的加料漏斗倒入原料罐中，达2/3位置，按体积浓度30%在容器中配好料，从原料罐V102的加料漏斗倒入原料罐中，达2/3位置。

如果不是第一次做实验，打开阀门VA014、VA015、VA016、VA008，放空阀门VA104、VA109、VA214，打开控制柜电源，启动循环泵P104，把再沸器、塔底产品罐、塔顶产品罐中剩余的料打到原料罐V101中混合再使用。

打开低浓阀VA003。

(8) 输送原料到再沸器E102　打开阀门VA005、VA105，在控制柜上开启“进料泵电源”开关，再在上位机上将进料流量SV值设置为30 L/h，让进料泵往再沸器里进料，当再沸器液位达到20 cm（设置范围为10～25 cm）时，在上位机上将进料流量SV值设置为0，同时关闭阀VA105，此时再沸器内进料结束，通过AI01取样检测并记录此时的原料浓度。

(9) 打开进料阀VA007、回流罐V106，放空阀VA201，关闭冷凝器E104的排空阀及VA203。

(10) 打开筛板回流罐下的阀VA207、VA206、VA209、VA204，关闭取样阀VA205、VA208，为全回流实验和部分回流实验做准备。

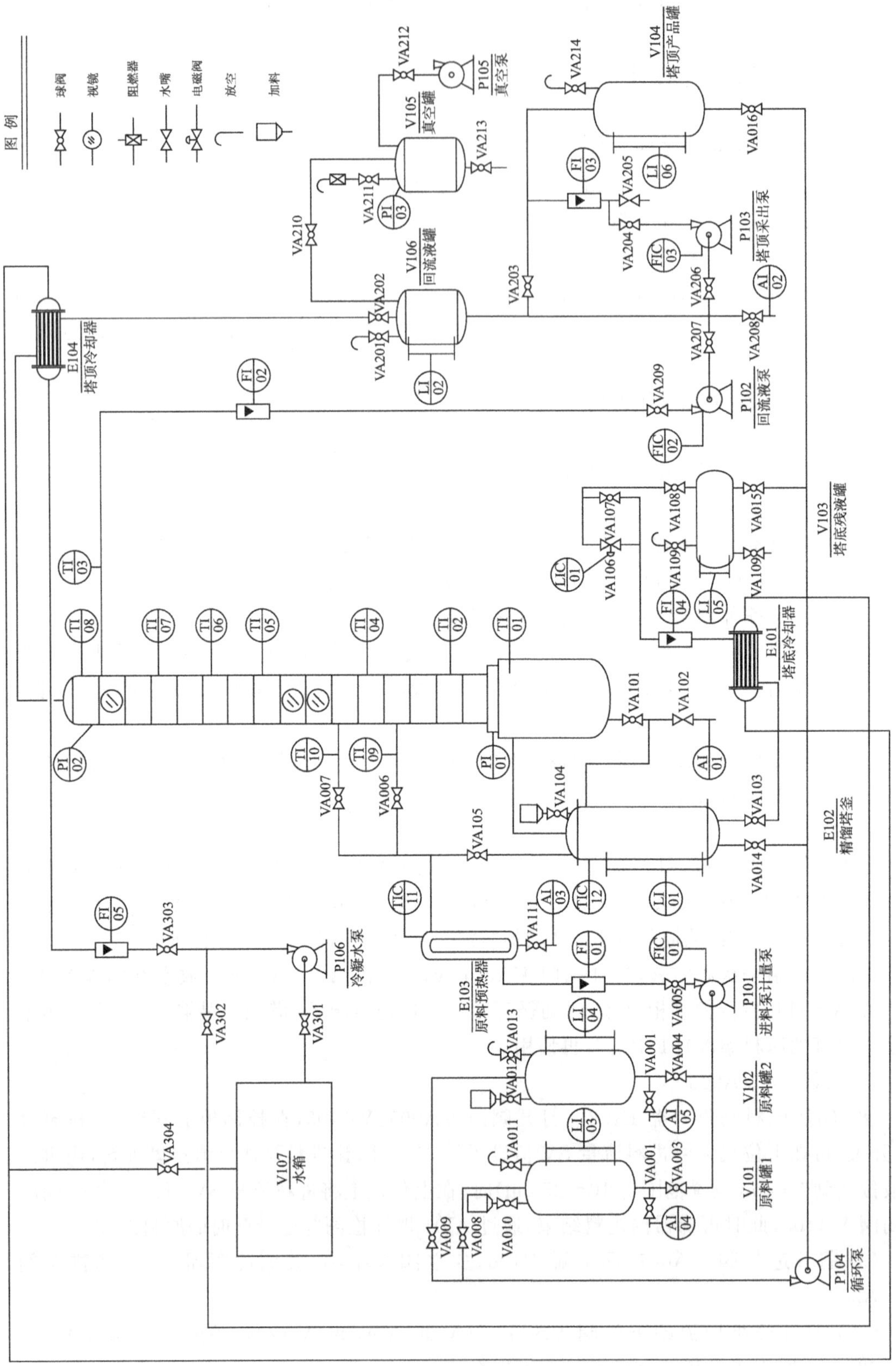

图 4-71　筛板精馏塔工艺流程图

(11) 打开冷却水泵进出口阀门 VA301、VA302、VA303、VA304。

2. 正常开车

(1) 在确定了实训之前应该先检查各个阀门的状态是否正确，是否能达到需要的实训结果的目的；

(2) 在精馏现场电力控制柜上，按下“再沸器加热管电源”启动按钮，在上位机上将控制方式设置为手动，输出 OP 值设置为 100%；

(3) 在精馏现场电力控制柜上，按下“冷凝水泵电源”启动按钮，开启冷凝水。

3. 全回流操作

(1) 随着加热的进行，再沸器温度上升，当再沸器内温度达到混合物的沸点后，蒸气从塔底往上升，经塔顶冷凝器 E104 冷凝后流到回流罐，待回流液罐 V106 积累到 5 cm 之后，在精馏现场电力控制柜上打开“回流泵电源”启动按钮，进行全回流实验操作，在上位机上设置回流流量为 4 L/h(一般为 7 L/h)，并注意观察回流罐液位，如果液位上升，则增大回流流量到 6 L/h，若液位降低，则把回流流量减小到 3 L/h，总之注意保持回流罐液位基本不变，若回流罐液位保持基本不变，则此时的流量为最大回流量；

(2) 全回流稳定 10 min 后，可以在取样口取样并记录。

4. 部分回流操作

(1) 全回流稳定，并达到产品浓度要求后，就可以准备进入部分回流；

(2) 进料操作

① 检查并打开原料罐 1 放空阀 VA011、出料阀 VA003；

② 检查并打开进料泵出口阀 VA005、VA007；

③ 在精馏现场电力控制柜上打开“精馏进料泵电源”启动开关，在上位机上把进料流量 SV 值设定为 4 L/h，等 5 min 后，在控制柜上开启“精馏预热电源”启动按钮，在上位机上把进料温度控制改为“手动”，将输出 OP 设置为 100%，等进料温度达到 60℃时，把进料流量调整为 10 L/h 的原料进料流量，开始进料。

(3) 成品泵操作

① 根据合适的回流比调整进料流量为 8 L/h；

② 检查并打开采出泵进口、出口阀门 VA206、VA204，打开成品罐放空阀门 VA214；

③ 在精馏现场电力控制柜上打开“精馏成品泵电源”启动开关，成品泵工作，在上位机上设置成品流量为 2 L/h；

(4) 打开再沸器出料阀门 VA103、VA108、塔底残液罐放空阀门 VA109，关闭塔底产品罐出口阀门 VA015、VA009；

(5) 按照物料平衡慢慢调整进料流量 10 L/h、回流流量 4 L/h、成品流量 2 L/h、残液流量 8 L/h；

(6) 取样操作 部分回流稳定一段时间后，在取样点 AI01 取出残液、成品样品，检测浓度。

5. 正常停车

(1) 在计算机上依次把再沸器温度 OP 设置为 0，进料温度 OP 设置为 0，进料流量、回流流量、产品流量 SV 值设置为 0；

(2) 在精馏现场电力控制柜上依次关闭预热加热电源、再沸器加热电源、回流泵电源、成品泵电源；

(3) 待塔顶温度降到 60℃以下时，在精馏现场电力控制柜上关闭冷却水泵电源；

(4) 在精馏现场电力控制柜上关闭总电源空气开关；

(5) 关闭原料罐、回流罐、成品罐、残液罐所有阀门；

(6) 清理打扫卫生。

4.2.5 吸收—解吸单元操作

4.2.5.1 吸收—解吸工艺流程

吸收—解吸单元工艺流程见图 4－72，实训装置分为流体输送对象、控制柜、上位机、数据监控采集软件、数据处理软件几部分。

流体输送对象包括吸收塔、解吸塔、风机、水泵、储气罐、水箱、转子流量计、孔板流量计、CO_2 钢瓶、差压变送器、现场变送仪表等。

吸收工艺流程：水箱里的自来水经水泵加压后，经液相转子流量计、涡轮流量计后送入填料塔塔顶经喷头喷淋在填料顶层。由旋涡风机送来的空气进入气体缓冲罐后，经闸阀调节流量、通过转子流量计后，与由二氧化碳钢瓶来的二氧化碳按一定比例(一般 10∶1)混合后，经过孔板流量计，然后再直接进入塔底，与水在塔内填料中进行逆流接触，进行质量和热量的交换，用水吸收空气中的 CO_2，由塔顶出来的尾气放空，塔底出来的吸收液进入中间储罐(供解吸的原料液)。

解吸工艺流程：水箱里的水富含 CO_2，经水泵加压后，经液相转子流量计、涡轮流量计后送入填料塔塔顶经喷头喷淋在填料顶层。由旋涡风机送来的空气进入气体缓冲罐后，经闸阀调节流量、通过转子流量计、经过孔板流量计后，直接进入塔底，与水在塔内填料中进行逆流接触，进行质量和热量的交换，空气解吸出水里的 CO_2，由塔顶出来的气体放空，塔底出来的解吸后的液体进入吸收液储罐(供吸收重复使用)。

本实训为低浓度气体的吸收，所以热量交换可略，整个操作过程看成是等温操作。

4.2.5.2 吸收—解吸单元操作步骤

1. 开车前准备

(1) 检查公用工程水电是否处于正常供应状态(水压、水位是否正常，电压、指示灯是否正常)；

(2) 打开 CO_2 钢瓶阀门，检测 CO_2 钢瓶减压阀压力是否正常；

(3) 熟悉设备工艺流程图、各个设备组成部件所在位置，熟悉各阀门的作用及用途；

(4) 熟悉温度、流量测量点、控制点的位置；

(5) 在向罐体加液前，检查罐体各阀门位置，关闭阀门 VA013、VA011，打开阀门 VA010；

(6) 打开自来水阀门，往吸收剂储液罐 V103 加入自来水，液位到罐体的 2/3 的位置，水箱液位可通过浮球阀控制；

(7) 测量并记录当前轻相液储罐和重相液储罐的液位。

2. 正常开车

(1) 开启电源

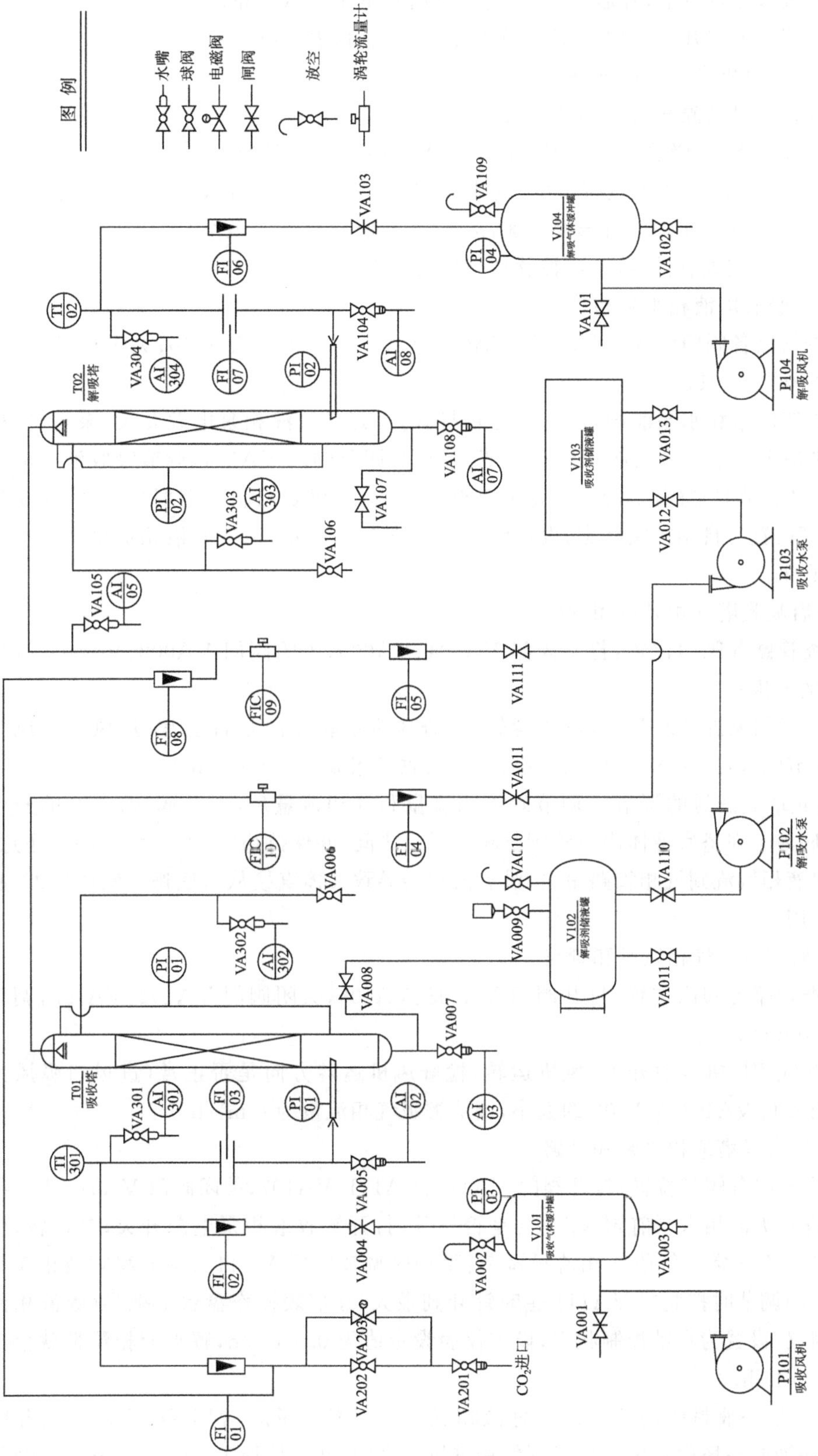

图 4-72　二氧化碳吸收—解吸装置流程图

① 在仪表操作盘台上，开启总电源开关，此时总电源指示灯亮；

② 开启仪表电源开关，此时仪表电源指示灯亮，且仪表上电。

(2) 开启计算机启动监控软件

① 打开计算机电源开关，启动计算机；

② 在桌面上点击“吸收解吸实训软件”，进入 MCGS 组态环境；

③ 点击菜单“文件\进入运行环境”或按“F5”进入运行环境，输入班级、姓名、学号后，按“确定”，进入监控软件实训项目选择界面，点击“填料吸收塔单元操作实训”、“填料解吸塔单元操作实训”进入实训软件界面，监控软件就启动起来了。

(3) 开启吸收塔液相水泵和管路

① 检查管路各阀门位置：打开阀门 VA012、VA014、VA008、VA010；关闭阀门 VA013、VA007、VA009、VA011。

② 检查吸收液相水泵前阀 VA012 是否打开，打开吸收液相泵电源开关，泵运转，检查泵运转方向是否正常。吸收液相流量调节：手动时调节阀门 VA104，调节吸收液相流量为 200 L/h；自动调节时把阀门 VA104 逆时针开到最大，在仪表控制箱上把“吸收液相流量手自动控制仪”设置为自动控制状态，设定仪表设定值为 0.4 m^3/h，吸收液相流量就会自动控制在 0.4 m^3/h。

(4) 开启吸收塔气相风机和管路

① 检查管路各阀门位置：打开阀门 VA004、VA006，关闭阀门 VA002、VA003，调整阀门 VA001 的开度；

② 打开气相风机电源开关，风机运转，检查风机运转方向是否正常(进风口吸风为正确)，配合调节阀 VA001、VA004 的大小，调节吸收气相流量为 4 m^3/h。

(5) 吸收塔底液封的调节　调节好液相流量和气相流量后，调节阀 VA008 的开度大小，调节塔底液封在塔底液体出口管到气相进风口之间，并保持稳定(20～45 cm)。注意：液封过高会使液相倒流到气相管路里去，没有液封会导致液体直接从塔底逃出吸收塔外，起不到吸收的作用。

(6) 开启解吸塔气相风机和管路

① 检查管路各阀门位置：打开阀门 VA103、VA106，关闭阀门 VA102、VA109，调整阀门 VA101 的开度；

② 打开气相风机电源开关，风机运转，检查风机运转方向是否正常(进风口吸风为正确)，配合调节阀 VA101、VA103 的大小，调节解吸气相流量为 4 m^3/h。

(7) 开启解吸塔液相水泵和管路

① 检查管路各阀门位置：打开阀门 VA110、VA111、VA107；关闭阀门 VA011、VA108。

② 检查解吸液相水泵前阀 VA110 是否打开，打开解收液相泵电源开关，泵运转，检查泵运转方向是否正常。解收液相流量调节：手动时调节阀门 VA111，调节解收液相流量为 200 L/h；自动调节时把阀门 VA111 逆时针开到最大，在仪表操作盘台上把“解吸液相流量手自动控制仪”设置为自动控制状态，设定仪表设定值为 0.4 m^3/h，解吸液相流量就会自动控制在 2 000 L/h。

(8) 解吸塔底液封的调节　调节好液相流量和气相流量后，调节阀 VA107 的开度大小，调节塔底液封在塔底液体出口管到气相进风口之间，并保持稳定(20～45 cm)。注意：液封过高会使液相倒流到气相管路里去，没有液封会导致液体直接从塔底逃出解吸塔外，起不到解吸的作用。

(9) 正常操作

① 当操作稳定后（一般稳定 10 min 左右），通过阀 VA301 取吸收气相原料样，通过 VA302 取吸收气相尾气样，通过阀 VA304 取解吸前气相样，通过阀 VA303 取解吸后气相样；

② 调整吸收、解吸液的流量到 0.6 m^3/h，稳定 10 min，再取一组样；

③ 进样到色谱，分析各浓度。

3. 正常停车

(1) CO_2 钢瓶停车 取样结束后，先关闭 CO_2 钢瓶的阀门，再逆时针方向关闭减压阀阀门。

(2) 解吸液相泵停车

① 在仪表操作台上的“解吸液相流量手自动控制仪”上，把解吸液相流量设定值设定为0，让解吸液相泵停止转动；

② 把解吸变频器手自动切换开关打到手动位置，再关闭“解吸水泵电源”开关。

(3) 解吸风机停车 在仪表控制操作台上，关闭“解吸风机电源”开关。

(4) 吸收风机停车 在仪表控制操作台上，关闭“吸收风机电源”开关。

(5) 吸收液相泵停车

① 在仪表操作台上的“吸收液相流量手自动控制仪”上，把吸收液相流量设定值设定为0，让吸收液相泵停止转动；

② 把吸收变频器手自动切换开关打到手动位置，再关闭“吸收水泵电源”开关。

(6) 仪表电源关闭 关闭仪表电源开关。

(7) 控制柜总电源关闭 关闭总电源空气开关，关闭整个设备电源。

4.2.6 萃取单元操作

4.2.6.1 萃取工艺流程

萃取单元工艺流程见图 4-73，以水为萃取剂从煤油中萃取苯甲酸，萃取塔为旋片旋转萃取设备，塔内装有扁环填料以提高萃取效率，塔的上部和下部分别有 200 mm 左右的延伸段形成两个分离段，轻重两相可在分离段分离。

4.2.6.2 萃取单元操作步骤

(1) 操作前，先根据工艺流程检查轻、重相液的管路，确认泵前阀门处于开的状态，且检查各储液罐的放空阀门是否开着。

(2) 配制饱和的煤油苯甲酸溶液，从加料漏斗加入轻相液原料罐内，处于罐体玻璃液位计 2/3 的位置。

(3) 在实训装置的重相液罐内放满水，液位高度为玻璃液位计的 2/3，在实训中不够时随时增加。

(4) 先打开重相泵电源开关，让塔体内充满重相液（水），然后打开轻相泵电源开关，打开压缩空气阀门，调节压缩空气压力大小（不易过大，过大会把液体压出装置外），开始做萃

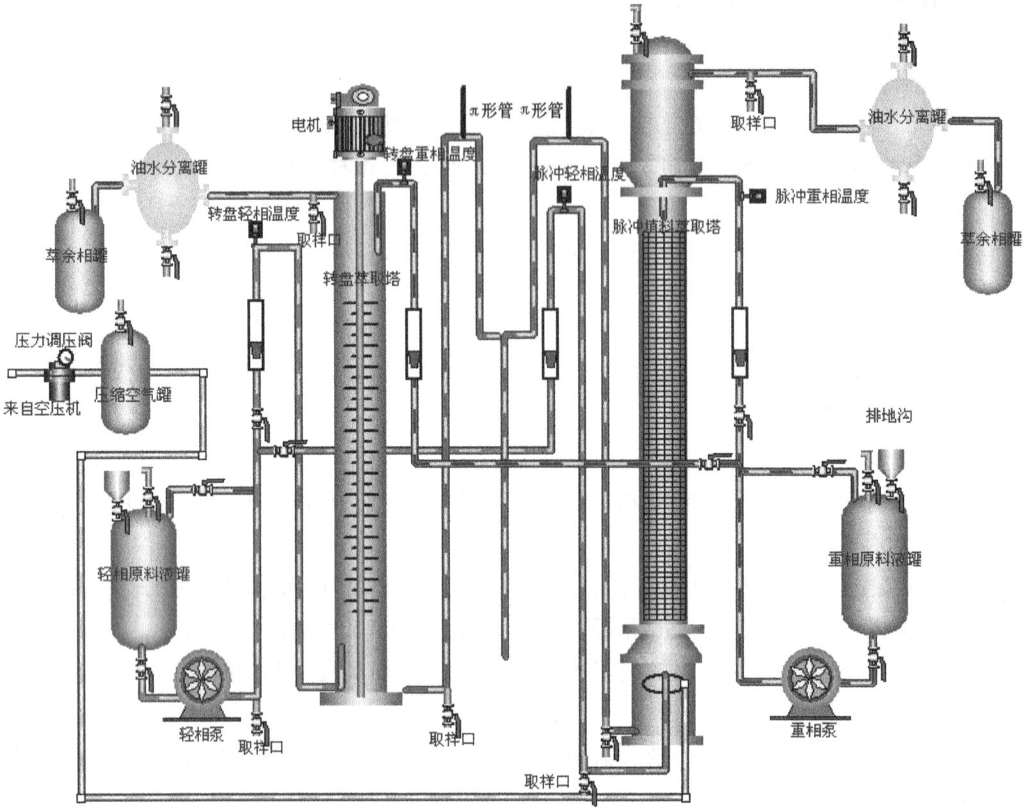

图 4－73　转盘脉冲填料萃取流程示意图

取实验。

(5) 将轻相(分散相)流量调至指定值(10 L/h)，并注意及时调节 π 形管的高度，控制适当的塔顶分离段的高度(油水分解界面)。在操作过程中，始终保持塔顶分离段两相的相界面位于轻相出口以下。

(6) 操作稳定半小时后用锥形瓶收集轻相进、出口的样品各约 40 mL，重相出口样品约 50 mL 以备分析浓度之用。

(7) 取样后，即可改变条件进行另一操作条件下的实训。保持油相和水相流量不变，将旋转转速或脉冲频率或空气的流量调到另一定数值，进行另一条件下的测试。

(8) 用容量分析法测定各样品的浓度。用移液管分别取煤油相 10 mL，水相 25 mL 样品，以酚酞作指示剂，用 0.02 mol/L 左右 NaOH 标准液滴定样品中的苯甲酸。在滴定煤油相时应在样品中加数滴非离子型表面活性剂醚磺化 AES(脂肪醇聚乙烯醚硫酸钠)，也可加入其他类型的非离子型表面活性剂，并剧烈地摇动滴定至终点。

(9) 实训完毕后，关闭两相流量计。将调速器调至零位，使桨叶停止转动，切断电源。滴定分析过的煤油应集中存放回收。洗净分析仪器，一切复原，保持实验台面整洁。

4.2.7 干燥单元操作

4.2.7.1 干燥单元工艺流程

干燥单元工艺流程见图4-74，装置分为流化床干燥实训对象、仪表操作台、上位机监控计算机、监控数据采集软件、数据处理软件几部分。

流化床干燥实训对象包括鼓风机、负压引风机、加热油炉(含电加热装置)、导热油换热器、导热油事故罐、导热油泵、流化床、旋风分离器、旋风收尘罐、取样器、产品收集布袋、布袋除尘器、喂料机、差压变送器、现场显示变送仪表等。

空气由风机经孔板流量计和空气预热器后分三路进入流化床干燥器。热空气由干燥器底部鼓入，经分布板均布后，进入床层将固体颗粒流化并进行干燥，并经扩大段沉降。湿空气由干燥器经一级除尘器(旋风分离器)和二级除尘器(布袋除尘器)后经引风机抽出、放空。

空气的流量由旁路调节碟阀调节，并由“孔板流量计”计量流量，现场显示，并在“仪表操作台”上“风量手自动控制仪”显示控制。

导热油温度由“导热油温度手自动控制仪”控制加热管加热导热油炉里的导热油来控制。

床层温度由“床层温度手自动控制仪”通过控制导热油泵输送导热油的快慢多少进行控制。流化床干燥器的床层压降由压差传感器检测。

固体物料采用间歇和连续两种操作方式，由干燥器顶部加入，试验完毕，在流化状态下由下部卸料口流出。分析用试样由采样器定时采集。

4.2.7.2 干燥单元操作步骤

1. 开车前准备

(1) 检查公用工程水电是否处于正常供应状态(水压、水位是否正常，电压、指示灯是否正常)；

(2) 检查床层内及流化床加料器里变色硅胶的多少，若不够，则另取适量变色硅胶加适量的水(硅胶颗粒既不能为蓝色，也不能有水滴出现为宜)，搅拌均匀后，倒入“流化床干燥器”加料漏斗里，开启喂料机，往干燥器里进行加料，若堆积在干燥器左边，则可开启送料电磁阀把堆积的料送到右边；

(3) 检查总电源的电压情况是否良好。

2. 正常开车

(1) 开启电源

① 在仪表操作盘台上，开启总电源开关，此时总电源指示灯亮；

② 开启仪表电源开关，此时仪表电源指示灯亮，且仪表上电。

(2) 开启计算机启动监控软件

① 打开计算机电源开关，启动计算机；

② 在桌面上点击“流化床干燥实训软件”，进入MCGS组态环境；

③ 点击菜单“文件\进入运行环境”或按“F5”进入运行环境，输入班级、姓名、学号后，按“确定”，进入监控软件实训项目选择界面，点击“流化床干燥单元操作实训”进入实训软件界面，监控软件就启动起来了。

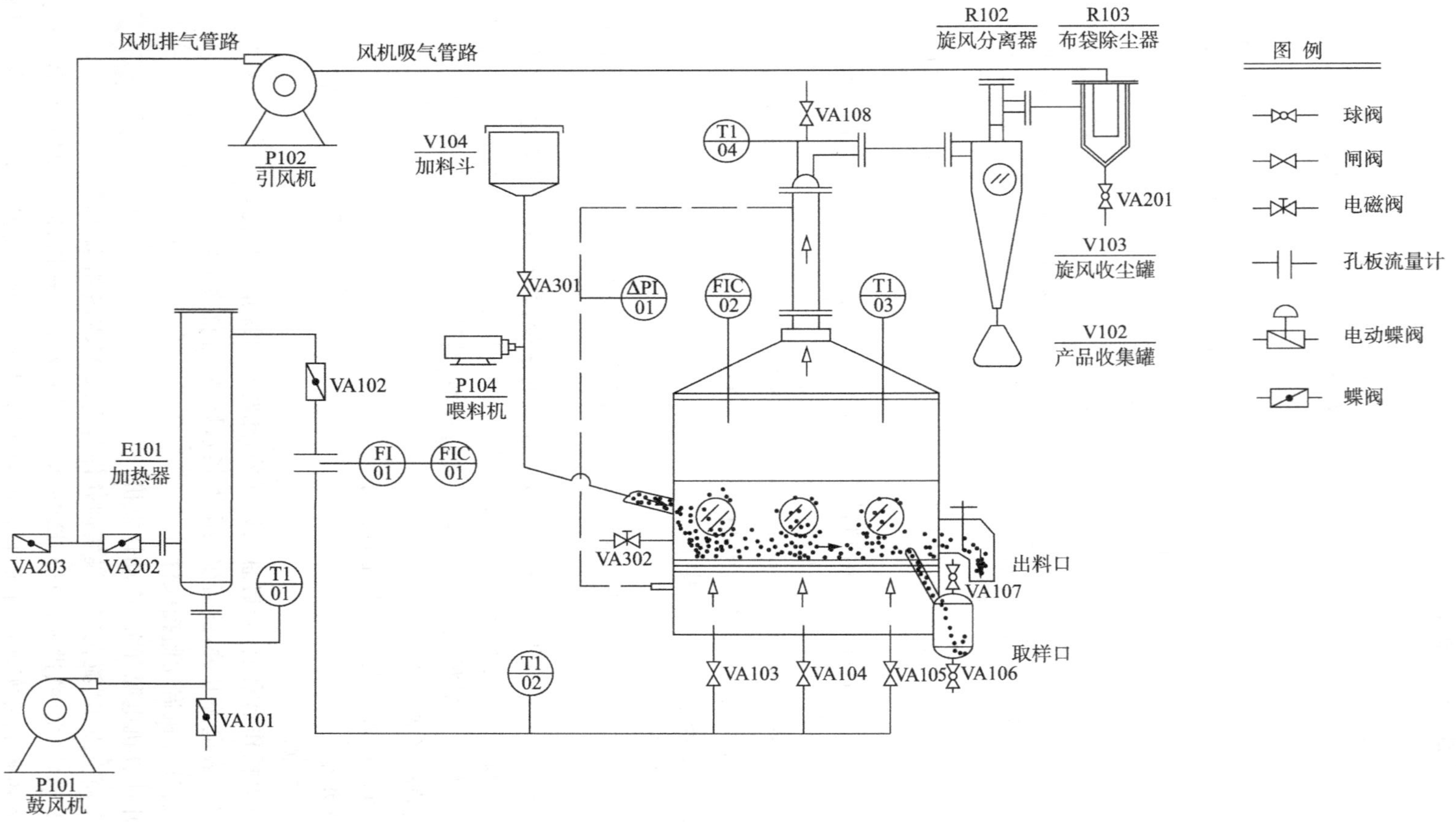

图 4-74 流化床干燥实训流程图

(3) 干燥器里加热物料　检查床层内及流化床加料器里变色硅胶的多少,若不够,开启喂料机,往干燥器里进行加料,若堆积在干燥器左边,则可开启送料电磁阀把堆积的料送到右边。

(4) 开启鼓风机及引风机

① 检查各阀门状态:打开阀门 VA102、VA103、VA104、VA105、VA202(引风机前的阀门),调整阀门 VA101 开度为一半,关闭阀门 VA108、VA203;

② 开启风机电源:在仪表操作台上打开"风机电源"开关和"引风机电源"开关,启动鼓风机和引风机。

(5) 调节床层温度

① 检测风量　不得低于 40 m^3/h;

② 启动加热管电源　在仪表操作台上按下"加热管电源"启动按钮,启动加热管加热;

③ 床层温度调节　在仪表操作台上的"床层温度手自动控制仪"上设置床层温度设定值为 70℃,"床层温度手自动控制仪"会自动控制导热油泵的快慢来控制床层温度。

(6) 调节风量

① 观察流化床干燥器里硅胶硫化的程度,设置合适的流体风量。

② 风量控制设置　在仪表操作台上的"风量手自动控制仪"上设置风量设定值为 90 m^3/h,控制仪会自动控制风量大小。

(7) 取样

① 保持打开阀门 VA107,关闭阀门 VA106;

② 准备好取样容器,隔 5 min 打开阀 VA106 进行取样,取样后用水分分析仪分析水分,并记录结果。

(8) 干燥过程

① 床层温度达到 50～60℃后,启动秒表,每隔 5 min,打开阀门 VA106 取样放到干燥器皿中,对干燥器皿编号,用水分分析仪分析水分,并记录结果;

② 当干燥塔内变色硅胶变为蓝色,且取样后水分连续 3 次不变化时,干燥完成。

(9) 卸料　打开干燥器右端的卸料阀,同时开启送料电池阀电源,让压缩空气把床层上的产品(蓝色硅胶)从卸料阀卸到产品布袋里,完成实训操作。

3. 正常停车

(1) 停止电加热管加热

① 在仪表操作台上的"床层温度手自动控制仪"上设置床层温度设定值为 0℃;

② 在仪表操作台上按下"加热管电源"停止按钮,停止加热管加热。

(2) 停止风机及引风机

① 在仪表操作台上关闭"风机电源"开关,停止风机运行;

② 在仪表操作台上关闭"引风机电源"开关,停止引风机运行。

(3) 仪表电源关闭　关闭仪表电源开关。

(4) 控制柜总电源关闭　关闭总电源空气开关,关闭整个设备电源。

4.2.8 旋风分离单元操作

4.2.8.1 旋风分离单元工艺流程

旋风分离单元工艺流程见图4－75，空气从进风口被抽风机抽进实训装置，因空气高速从进风口吸进分离器，加料漏斗中的粉尘等物被气流带入实训系统与气流混合成为含尘气体。含尘气体通过旋风分离器时因离心力的作用甩向器壁，并沿锥形部分落入下部的透明收尘杯中，此时由分离器出风口排出的是不含粉尘的干净空气。

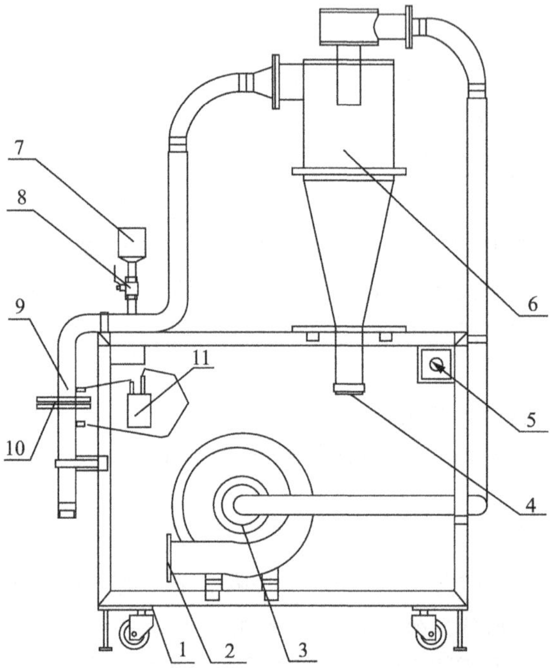

图4－75 旋风分离演示实验装置流程图

1—可移动框架；2—出风口；3—抽风机；4—布袋；5—风机电源开关；6—旋风分离器；7—加料漏斗；8—加料阀门；9—进风口；10—孔板；11—压差变送器

4.2.8.2 旋风分离单元操作步骤

(1) 打开仪表控制柜总电源开关，给控制柜上电。

(2) 打开仪表电源开关，打开风机电源开关。

(3) 风量的控制

① 手动控制　将“风量控制手自动切换”打到手动位置，通过旋转手动调节旋钮调节风量；

② 自动调节　将“风量控制手自动切换”打到自动位置，通过风量控制仪调节风量。

(4) 往加料漏斗里加入分离物料，缓缓打开加料阀门，让物料加入旋风分离器里，并观察分离现象。

(5) 改变一个风量，继续加分离物料，再观察相应的分离现象及效果。

思考题

1. 化工生产有哪些常用管件?
2. 化工生产常用的控制阀门有哪些?
3. 液体输送设备有哪些?
4. 气体输送机械有哪些?
5. 依据传热原理和实现热交换的方法不同,换热器有哪些类型?
6. 化工生产常用的间壁式换热器有哪些? 其大致结构如何?
7. 根据塔内传质接触构件的结构形式不同,塔设备可分为哪两大类?
8. 板式塔内气液两相流动的特点是什么?
9. 根据塔板结构的不同,板式塔有哪些结构类型? 各有什么优缺点?
10. 工业上常用的填料有哪些?
11. 分离非均相混合物的方法有哪些? 各有些什么设备?

第 5 章　化工仿真实习

化工仿真教学是以现有的计算机软硬件技术为基础，在深入了解化工各种过程、设备、控制系统及其各种生产操作的条件下，在充分了解化工教学内容的基础上，开发出化工过程的动态数学模型，然后设计出计算机易于实现而传统教学与实践中无法实现的各种功能，用于培训学生对实际化工生产过程原理的理解，掌握化工生产上的操作，从而提高学生的实际动手能力，为学校教学提供辅助生产实习的高科技工具，代替传统实习培训。

5.1　离心泵单元仿真

5.1.1　工作原理

离心泵的结构简图见图 5-1，叶轮安装在泵壳内，并紧固在泵轴上，泵轴由电机直接带动。泵壳中央有一液体吸入口与吸入管连接。液体经底阀和吸入管进入泵内。泵壳上的液体排出口与排出管连接。启动灌满液体的离心泵后，泵轴带动叶轮一起旋转，在离心力的作用下，液体被甩向叶轮边缘并获得动能，靠流道的扩大将动能转化为静压能，从而达到输送液体的目的。

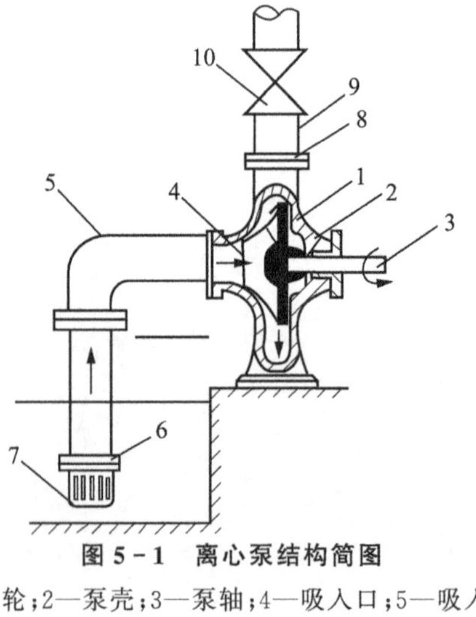

图 5-1　离心泵结构简图

1—叶轮；2—泵壳；3—泵轴；4—吸入口；5—吸入管；
6—底阀；7—滤网；8—排出口；9—排出管；10—调节阀

5.1.2 离心泵单元工艺流程说明

5.1.2.1 工艺流程简介

来自某一设备约40℃的带压液体经调节阀LV101进入带压罐V101,罐液位由液位控制器LIC101通过调节V101的进料量来控制,罐内压力由PIC101分程控制,PV101A、PV101B分别调节进V101和出V101的氮气量,从而保持罐压恒定在0.5 MPa(表)。罐内液体由泵P101A/B抽出,泵出口流量在流量调节器FIC101的控制下输送到其他设备(工艺流程见图5-2)。

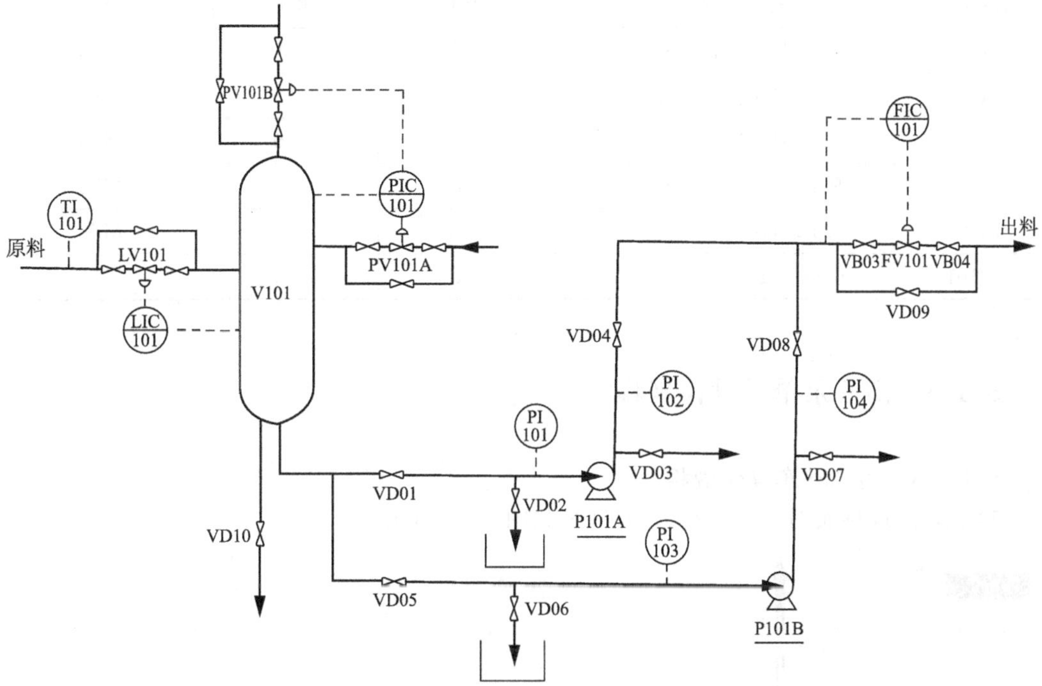

图5-2 离心泵单元工艺流程图

5.1.2.2 控制方案说明

V101的压力由调节器PIC101分程控制,调节阀PV101的分程动作示意图如图5-3所示。

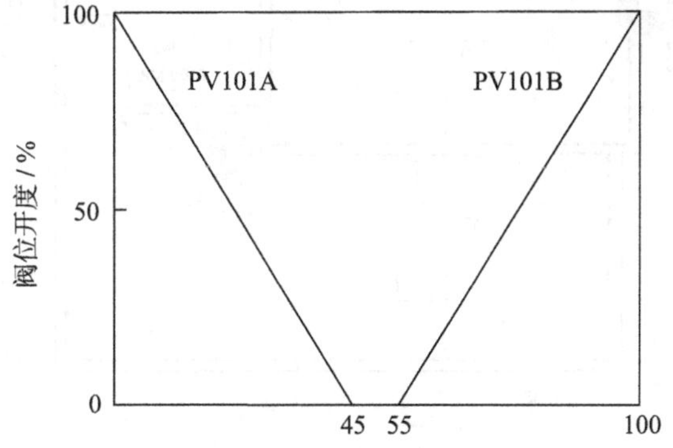

图5-3 调节阀PV101分程控制操作示意图

5.1.2.3 设备一览

V101:离心泵前罐

P101A:离心泵 A

P101B:离心泵 B(备用泵)

5.1.2.4 仪表一览表

表 5-1 离心泵单元仪表一览表

位号	说明	类型	正常值	工程单位
FIC101	离心泵出口流量	PID	20 000.0	kg/h
LIC101	V101 液位控制系统	PID	50.0	%
PIC101	V101 压力控制系统	PID	5.0	MPa
PI101	泵 P101A 入口压力	AI	4.0	MPa
PI102	泵 P101A 出口压力	AI	12.0	MPa
PI103	泵 P101B 入口压力	AI		MPa
PI104	泵 P101B 出口压力	AI		MPa
TI101	进料温度	AI	50.0	℃

5.1.3 离心泵单元操作规程

5.1.3.1 冷态开车操作规程

离心泵仿现场如图 5-4 所示,仿 DCS 如图 5-5 所示。

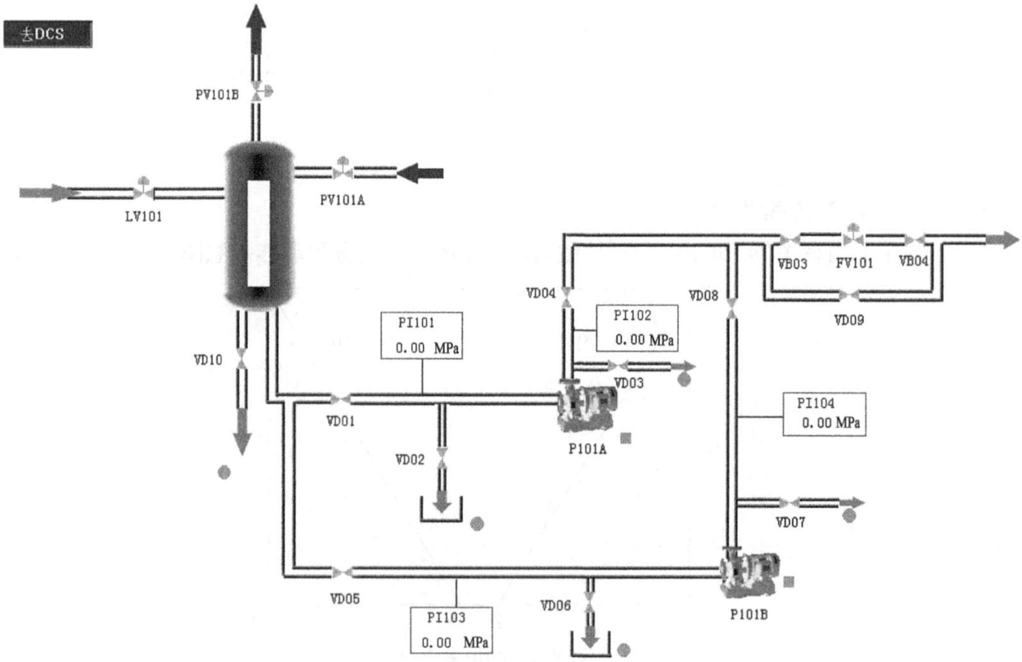

图 5-4 离心泵仿现场图

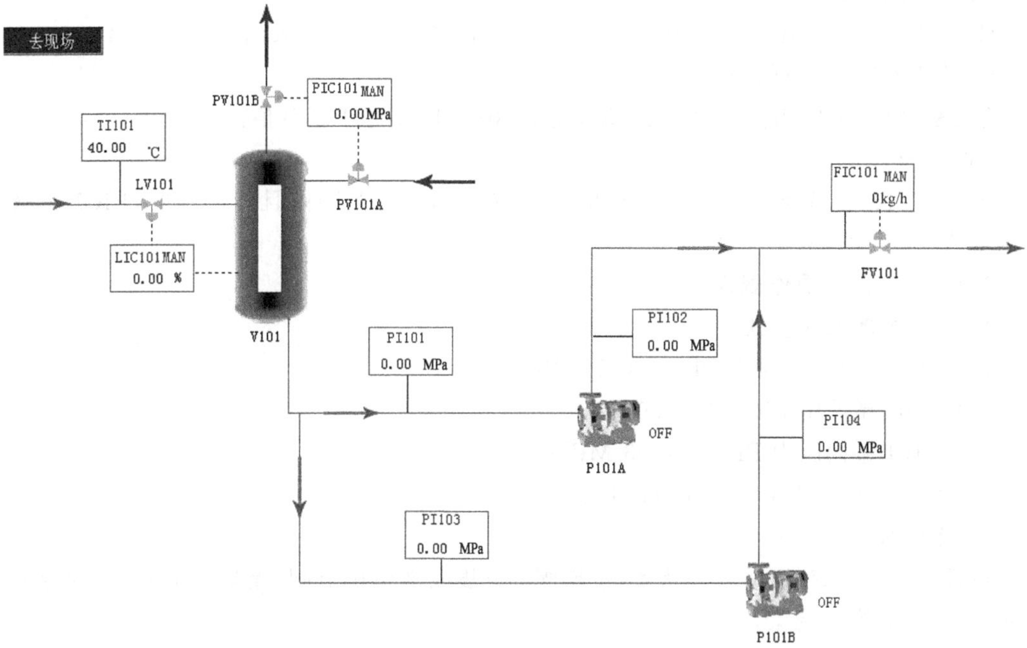

图 5-5 离心泵仿 DCS 图

1. 准备工作

(1) 盘车；

(2) 核对吸入条件；

(3) 调整填料或机械密封装置。

2. 罐 V101 充液、充压

(1) 罐 V101 充液

① 打开 LIC101 调节阀，开度约为 30%，向 V101 罐充液；

② 当 LIC101 达到 50%时，LIC101 设定 50%，投自动。

(2) 罐 V101 充压

① 待 V101 罐液位大于 5%后，缓慢打开分程压力调节阀 PV101A 向 V101 罐充压；

② 当压力升高到 0.5 MPa 时，PIC101 设定 0.5 MPa，投自动。

3. 启动泵前准备工作

(1) 灌泵

待 V101 罐充压充到正常值 0.5 MPa 后，打开 P101A 泵入口阀 VD01，向离心泵充液。观察 VD01 出口标志变为绿色后，说明灌泵完毕。

(2) 排气

① 打开 P101A 泵后排气阀 VD03 排放泵内不凝性气体；

② 观察 P101A 泵后排空阀 VD03 的出口，当有液体溢出时，显示标志变为绿色，标志着 P101A 泵已无不凝气体，关闭 P101A 泵后排空阀 VD03，启动离心泵的准备工作已就绪。

4. 启动离心泵

(1) 启动离心泵

(2) 流体输送

① 待 PI102 指示比入口压力大 1.5～2.0 倍后，打开 P101A 泵出口阀(VD04)；

② 将 FIC101 调节阀的前阀、后阀打开；

③ 逐渐开大调节阀 FIC101 的开度，使 PI101、PI102 趋于正常值。

(3) 调整操作参数

微调 FV101 调节阀，在测量值与给定值相对误差 5%范围内且较稳定时，FIC101 设定到正常值，投自动。

5.1.3.2 正常操作规程

1. 正常工况操作参数

(1) P101A 泵出口压力 PI102：1.2 MPa；

(2) V101 罐液位 LIC101：50.0%；

(3) V101 罐内压力 PIC101：0.5 MPa；

(4) 泵出口流量 FIC101：20 000 kg/h。

2. 负荷调整

可任意改变泵、按键的开关状态，手操阀的开度及液位调节阀、流量调节阀、分程压力调节阀的开度，观察其现象。

P101A 泵功率正常值：15 kW；

FIC101 量程正常值：20 000 kg/h。

5.1.3.3 正常停车操作规程

1. V101 罐停进料

LIC101 置手动，并手动关闭调节阀 LV101，停 V101 罐进料。

2. 停泵

(1) 待罐 V101 液位小于 10%时，关闭 P101A(或 B)泵的出口阀(VD04)；

(2) 停 P101A 泵；

(3) 关闭 P101A 泵前阀 VD01；

(4) FIC101 置手动并关闭调节阀 FV101 及其前、后阀(VB03、VB04)。

3. P101A 泵泄液

打开 P101A 泵泄液阀 VD02，观察 P101A 泵泄液阀 VD02 的出口，当不再有液体泄出时，显示标志变为红色，关闭 P101A 泵泄液阀 VD02。

4. V101 罐泄压、泄液

(1) 待罐 V101 液位小于 10%时，打开 V101 罐泄液阀 VD10；

(2) 待罐 V101 液位小于 5%时，打开 PIC101 泄压阀；

(3) 观察 V101 罐泄液阀 VD10 的出口，当不再有液体泄出时，显示标志变为红色，待罐 V101 液体排净后，关闭泄液阀 VD10。

5.1.3.4 事故现象及处理

1. P101A 泵坏

(1) 主要现象

P101A 泵出口压力急骤下降；FIC101 流量急骤减小到零。

(2) 处理步骤

关闭 P101A 泵后阀 VD04，关闭 P101A 泵，关闭 P101A 泵前阀 VD01。

打开 P101B 泵前阀 VD05，打开排气阀 VD07，待不凝气排完后关闭 VD07，启动 P101B 泵，待 P101B 泵后压大于泵前压的 2.0 倍时，打开 P101B 泵后阀 VD08。

2. FIC101 阀卡

(1) 主要现象

FIC101 流量减小；P101A 泵出口压力升高。

(2) 处理步骤

打开 FIC101 的旁路阀 VD09，调节 FIC101 阀使其流量达到正常值。

3. P101A 泵入口管线堵

(1) 主要现象

P101A 泵入口、出口压力急骤下降；FIC101 流量急骤减小到零。

(2) 处理步骤

关闭 P101A 泵后阀 VD04，关闭泵 P101A，关闭泵 P101A 前阀 VD01，打开 P101B 泵前阀 VD05，打开排气阀 VD07，待不凝气排完后关闭 VD07，启动 P101B 泵，待 P101B 泵后压大于泵前压的 2.0 倍时，打开 P101B 泵后阀 VD08。

4. P101A 泵气蚀

(1) 主要现象

P101A 泵入口压力、出口压力上下波动；P101A 泵出口流量波动(大部分时间达不到正常值)。

(2) 处理步骤

同 P101A 泵入口管线堵的处理步骤。

5. P101A 泵气缚

(1) 主要现象

P101A 泵出口压力急骤下降；FIC101 流量急骤下降。

(2) 处理步骤

同 P101A 泵入口管线堵的处理步骤。

5.2 换热器单元仿真

5.2.1 工作原理

在工业生产中，要实现热量的交换，须采用一定的设备，此种交换的设备统称为换热器。化工生产中所指的换热器，常指间壁式换热器，它利用金属壁将冷、热两种流体间隔开，热流体将热传到壁面的一侧(对流传热)，通过间壁内的热传导，再由间壁的另一侧将热传递给冷流体，从而使热物流被冷却，冷物流被加热，满足化工生产中对冷物流或热物流温度的控制要求。

5.2.2 换热器单元工艺流程说明

5.2.2.1 工艺流程简介

本单元设计采用管壳式换热器。来自外界的92℃冷物流(沸点198.25℃)由泵P101A/B送至换热器E101的壳程被经管程的热物流加热至145℃,并有20%被汽化。冷物流流量由流量控制器FIC101控制,正常流量为12 000 kg/h。来自另一设备的225℃热物流经泵P102A/B送至换热器E101的管程与经壳程的冷热流进行热交换,热物流出口温度由TIC101控制(177℃)(工艺流程见图5-6)。

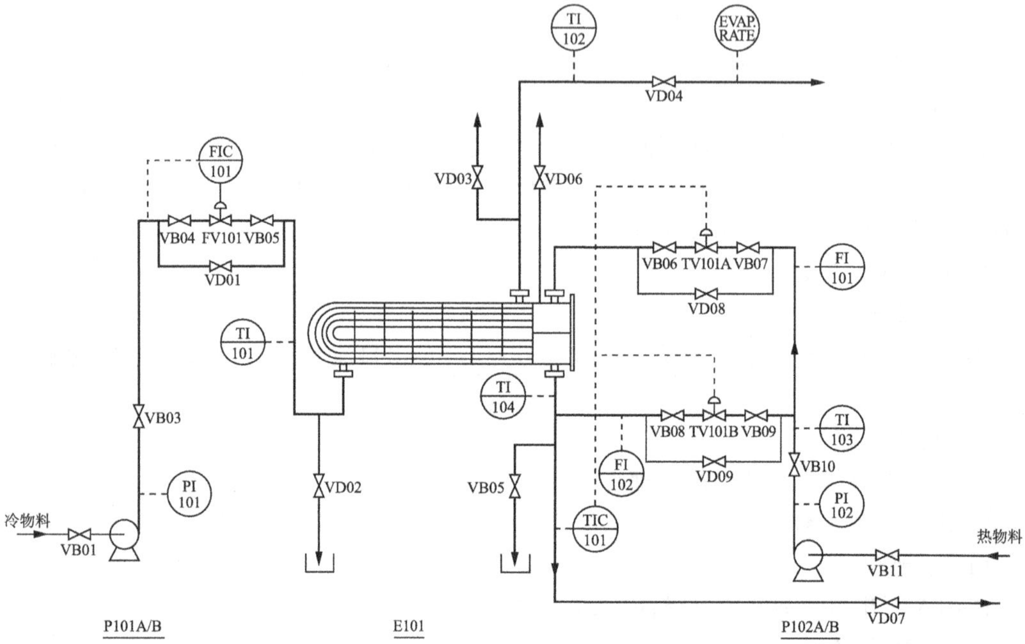

图5-6 换热器单元工艺流程图

5.2.2.2 控制方案说明

为保证热物流的流量稳定,TIC101采用分程控制,TV101A和TV101B分别调节流经E101和副线的流量,TIC101输出0%、100%分别对应TV101A开度0%、100%和TV101B开度100%、0%(图5-7)。

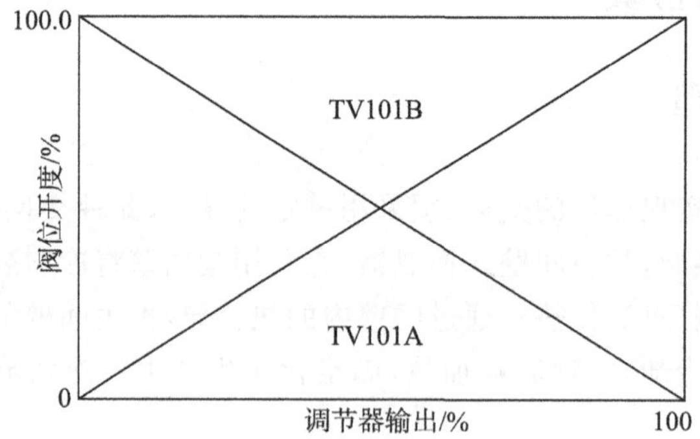

图5-7 TIC101的分程控制线

5.2.2.3　设备一览

P101A/B：冷物流进料泵

P102A/B：热物流进料泵

E101：列管式换热器

5.2.2.4　仪表一览表

表 5－2　换热器单元仪表一览表

位号	说明	类型	正常值	工程单位
FIC101	冷流入口流量控制	PID	12 000	kg/h
TIC101	热流入口温度控制	PID	177	℃
PI101	冷流入口压力显示	AI	0.9	MPa
TI101	冷流入口温度显示	AI	92	℃
PI102	热流入口压力显示	AI	1.0	MPa
TI102	冷流出口温度显示	AI	145.0	℃
TI103	热流入口温度显示	AI	225	℃
TI104	热流出口温度显示	AI	129	℃
FI101	流经换热器流量	AI	10 000	kg/h
FI102	未流经换热器流量	AI	10 000	kg/h

5.2.3　换热器单元操作规程

5.2.3.1　冷态开车操作规程

换热器仿现场如图 5－8 所示，仿 DCS 如图 5－9 所示。

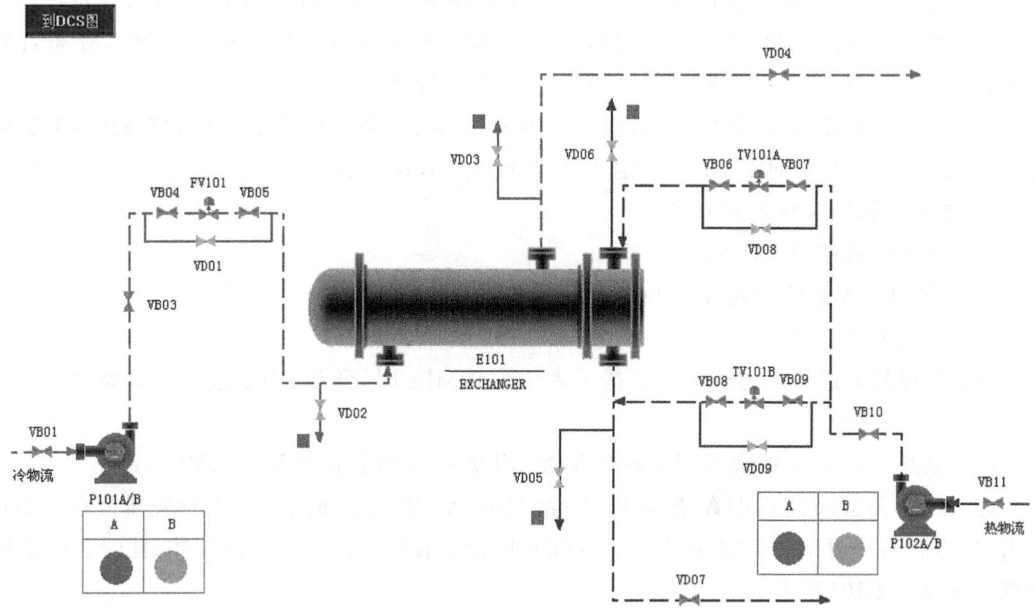

图 5－8　换热器仿现场图

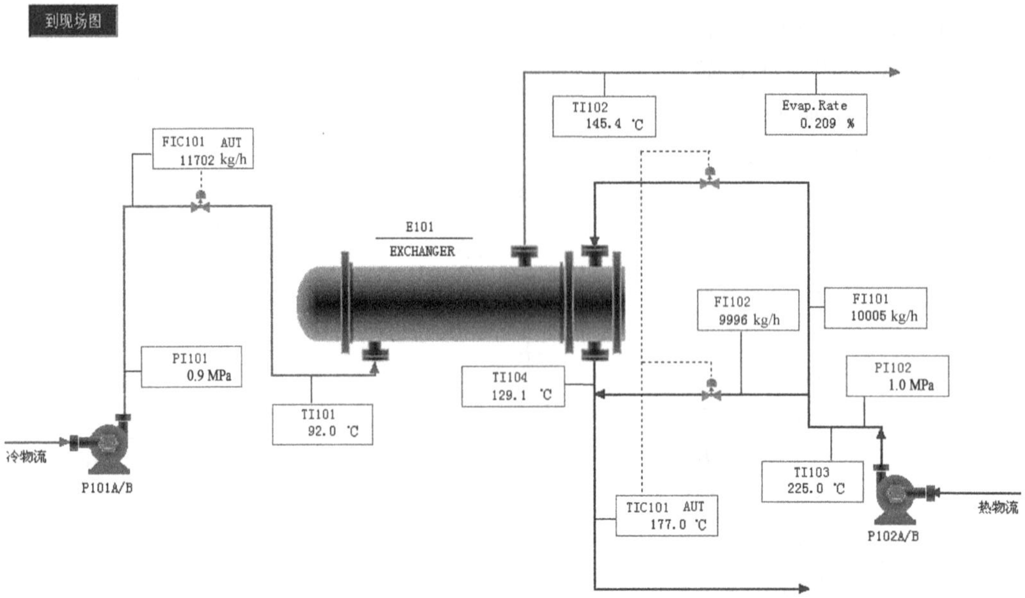

图 5-9 换热器仿 DCS 图

1. *启动冷物流进料泵 P101A*

(1) 开换热器壳程排气阀 VD03;

(2) 开 P101A 泵的前阀 VB01;

(3) 启动泵 P101A;

(4) 当进料压力指示表 PI101 指示达 0.9MPa 以上,打开 P101A 泵的出口阀 VB03。

2. *冷物流 E101 进料*

(1) 打开 FIC101 的前后阀 VB04、VB05,手动逐渐开大调节阀 FV101(FIC101);

(2) 观察壳程排气阀 VD03 的出口,当有液体溢出时(VD03 旁边标志变绿),标志着壳程已无不凝性气体,关闭壳程排气阀 VD03,壳程排气完毕;

(3) 打开冷物流出口阀(VD04),将其开度置为 50%,手动调节 FV101,使 FIC101 达到 12 000 kg/h,且较稳定时 FIC101 设定为 12 000 kg/h,投自动。

3. *启动热物流入口泵 P102A*

(1) 开管程放空阀 VD06;

(2) 开 P102A 泵的前阀 VB11;

(3) 启动 P102A 泵;

(4) 当热物流进料压力表 PI102 指示大于 1.0 MPa 时,全开 P102 泵的出口阀 VB10。

4. *热物流进料*

(1) 全开 TV101A 的前后阀 VB06、VB07,TV101B 的前后阀 VB08、VB09;

(2) 打开调节阀 TV101A(默认即开)给 E101 管程注液,观察 E101 管程排气阀 VD06 的出口,当有液体溢出(VD06 旁边标志变绿)时,标志着管程已无不凝性气体,此时关闭管程排气阀 VD06,E101 管程排气完毕;

(3) 打开 E101 热物流出口阀(VD07),将其开度置为 50%,手动调节管程温度控制阀

TIC101,使其出口温度在(177±2)℃,且较稳定,TIC101设定在177℃,投自动。

5.2.3.2 正常操作规程

1. 正常工况操作参数

(1) 冷物流流量为12 000 kg/h,出口温度为145℃,汽化率为20%;

(2) 热物流流量为10 000 kg/h,出口温度为177℃。

2. 备用泵的切换

(1) P101A与P101B之间可任意切换;

(2) P102A与P102B之间可任意切换。

5.2.3.3 正常停车操作规程

1. 停热物流进料泵P102A

(1) 关闭P102泵的出口阀VB10;

(2) 停P102A泵;

(3) 待PI102指示小于0.01 MPa时,关闭P102泵入口阀VB11。

2. 停热物流进料

(1) TIC101置手动;

(2) 关闭TV101A的前、后阀VB06、VB07;

(3) 关闭TV101B的前、后阀VB08、VB09;

(4) 关闭E101热物流出口阀VD07。

3. 停冷物流进料泵P101A

(1) 关闭P101泵的出口阀VB03;

(2) 停P101A泵;

(3) 待PI101指示小于0.01 MPa时,关闭P101泵入口阀VB01。

4. 停冷物流进料

(1) FIC101置手动;

(2) 关闭FIC101的前、后阀VB04、VB05;

(3) 关闭E101冷物流出口阀VD04。

5. E101管程泄液

打开管程泄液阀VD05,观察管程泄液阀VD05的出口,当不再有液体泄出时,关闭泄液阀VD05。

6. E101壳程泄液

打开壳程泄液阀VD02,观察壳程泄液阀VD02的出口,当不再有液体泄出时,关闭泄液阀VD02。

5.2.3.4 事故现象及处理

1. FIC101阀卡

(1) 主要现象

FIC101流量减小;P101泵出口压力升高;冷物流出口温度升高。

(2) 处理步骤

关闭FIC101前后阀,打开FIC101的旁路阀(VD01),调节流量使其达到正常值。

2. P101A 泵坏

(1) 主要现象

P101 泵出口压力急骤下降;FIC101 流量急骤减小;冷物流出口温度升高,汽化率增大。

(2) 处理步骤

关闭 P101A 泵,开启 P101B 泵。

3. P102A 泵坏

(1) 主要现象

P102 泵出口压力急骤下降;冷物流出口温度下降,汽化率降低。

(2) 处理步骤

关闭 P102A 泵,开启 P102B 泵。

4. TV101A 阀卡

(1) 主要现象

热物流经换热器换热后的温度降低;冷物流出口温度降低。

(2) 处理步骤

关闭 TV101A 前后阀,打开 TV101A 的旁路阀 VD08,调节流量使其达到正常值。关闭 TV101B 前后阀,调节旁路阀 VD09。

5. 换热器 E101 部分管堵

(1) 主要现象

热物流流量减小;冷物流出口温度降低,汽化率降低;热物流 P102 泵出口压力略升高。

(2) 处理步骤

停车拆换热器清洗。

6. 换热器结垢严重

(1) 主要现象

热物流出口温度高。

(2) 处理步骤

停车拆换热器清洗。

5.3 液位控制单元仿真

5.3.1 工作原理

液位控制是化工生产中经常碰到的问题。将设备中液位控制于某水平是保证化工生产按质按量、平稳进行的前提条件,其控制基本原理是:当设备中物料的进料量总和大于出料量的总和时,液位将上升;反之进料量总和小于出料量总和时,液位则下降;当设备中物料的进料量总和等于出料量总和时,液位将保持恒定。生产过程中,要做到液位的平稳、准确控制,除了按流程中主物料流向逐渐建立液位外,还应准确分析过程特点,选择合理的自动控制方案,并进行正确的控制操作。根据需要,生产中设备内的液位自动控制方法一般有简单控制回路、分程控制回路、串级控制回路、比值控制回路等方法。

5.3.2 液位控制工艺流程说明

5.3.2.1 工艺流程简介

缓冲罐 V101 仅一股来料，0.8 MPa 压力的液体通过调节产供阀 FIC101 向罐 V101 充液，此罐压力由调节阀 PIC101 分程控制，缓冲罐压力高于分程点(0.5 MPa)时，PV101B 自动打开泄压，压力低于分程点时，PV101B 自动关闭，PV101A 自动打开给罐充压，使 V101 压力控制在 0.5 MPa。缓冲罐 V101 液位调节器 LIC101 和流量调节阀 FIC102 串级调节，一般液位正常控制在 50%左右，自 V101 底抽出液体通过泵 P101A 或 P101B(备用泵)打入罐 V102，该泵出口压力一般控制在 0.9 MPa，FIC102 流量正常控制在 20 000 kg/h。

罐 V102 有两股来料，一股为 V101 通过 FIC102 与 LIC101 串级调节后来的流量；另一股为 0.8 MPa 压力的液体通过调节阀 LIC102 进入罐 V102，一般 V102 液位控制在 50%左右，V102 底液抽出通过调节阀 FIC103 进入 V103，正常工况时 FIC103 的流量控制在 30 000 kg/h。

罐 V103 也有两股进料，一股来自于 V102 的底抽出量，另一股为 0.8 MPa 压力的液体通过 FIC103 与 FI103 比值调节进入 V103，比值系数为 2∶1，V103 底液体通过 LIC103 调节阀输出，正常时罐 V103 液位控制在 50%左右(工艺流程见图 5-10)。

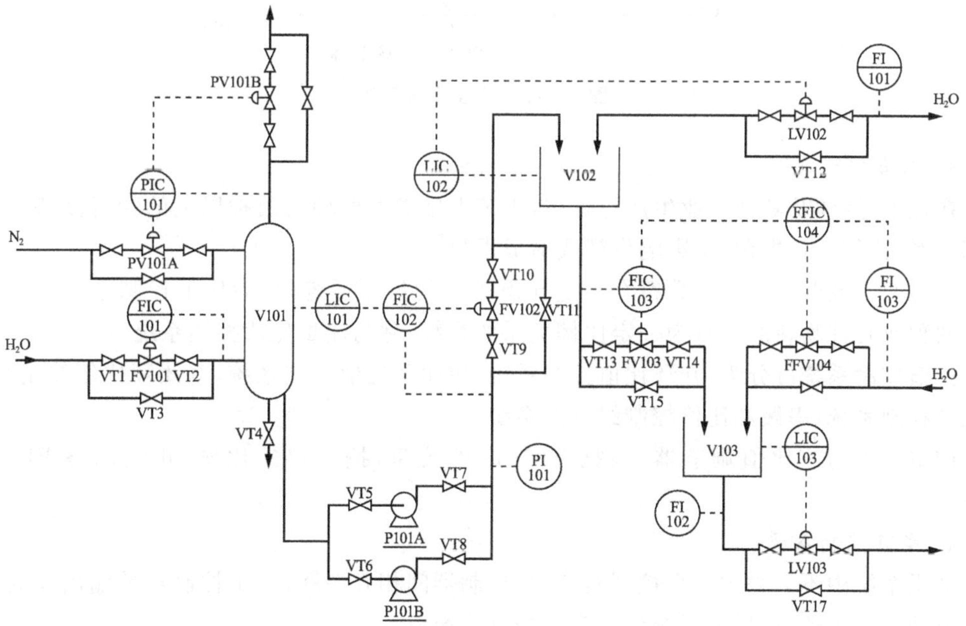

图 5-10 液位控制单元工艺流程图

5.3.2.2 控制方案说明

本单元主要包括：单回路控制系统、分程控制系统、比值控制系统、串级控制系统。

1. 单回路控制回路

单回路控制回路又称单回路反馈控制。由于在所有反馈控制中，单回路反馈控制是最基本、结构最简单的一种，因此，它又被称为简单控制。

单回路反馈控制由四个基本环节组成，即被控对象（简称对象）或被控过程（简称过程）、测量变送装置、控制器和控制阀。

所谓控制系统的整定，就是对于一个已经设计并安装就绪的控制系统，通过控制器参数的调整，使得系统的过渡过程达到最为满意的质量指标要求。

本单元的单回路控制有：FIC101，LIC102，LIC103。

2．分程控制回路

通常情况下，一台控制器的输出只控制一只控制阀，然而分程控制系统却不然，在这种控制回路中，一台控制器的输出可以同时控制两只甚至两只以上的控制阀，控制器的输出信号被分割成若干个信号的范围段，而由每一段信号去控制一只控制阀。

本单元的分程控制回路有：PIC101 分程控制冲压阀 PV101A 和泄压阀 PV101B，如图 5－11 所示。

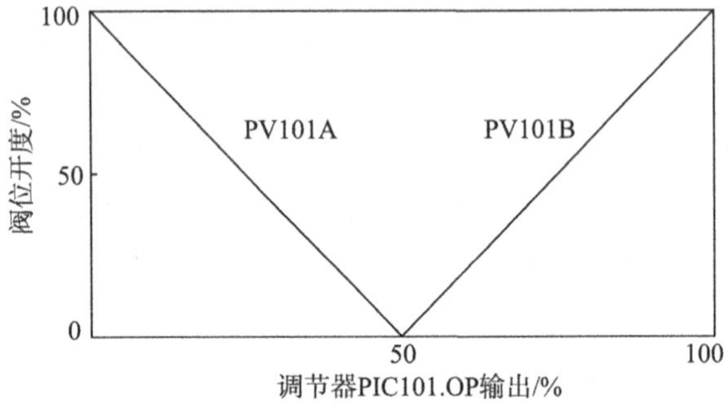

图 5－11　分程控制回路

3．比值控制系统

在化工、炼油及其他工业生产过程中，工艺上常需要两种或两种以上的物料保持一定的比例关系，比例一旦失调，将影响生产或造成事故。

实现两个或两个以上参数符合一定比例关系的控制系统，称为比值控制系统。通常以保持两种或几种物料的流量为一定比例关系的系统，称为流量比值控制系统。

比值控制系统可分为：开环比值控制系统，单闭环比值控制系统，双闭环比值控制系统，变比值控制系统，串级和比值控制组合的系统等。

FFIC104 为一比值调节器，根据 FIC103 的流量，按一定的比例，相应调整 FI103 的流量。

4．串级控制系统

如果系统中不只采用一个控制器，而且控制器间相互串联，一个控制器的输出作为另一个控制器的给定值，这样的系统称为串级控制系统。

串级控制系统的特点：

（1）能迅速地克服进入副回路的扰动；

（2）改善主控制器的被控对象特征；

（3）有利于克服副回路内执行机构等的非线性。

在本单元中罐 V101 的液位是由液位调节器 LIC101 和流量调节器 FIC102 串级控

制的。

5.3.2.3 液位控制设备一览

V101：缓冲罐

V102：恒压中间罐

V103：恒压产品罐

P101A：缓冲罐 V101 底抽出泵

P101B：缓冲罐 V101 底抽出备用泵

5.3.2.4 仪表一览表

表 5-3 液位控制单元仪表一览表

位号	说明	类型	正常值	单位
FIC101	V101 进料流量	PID	20 000.0	kg/h
FIC102	V101 出料流量	PID	20 000.0	kg/h
FIC103	V102 出料流量	PID	30 000.0	kg/h
FIC104	V103 进料流量	PID	15 000.0	kg/h
LIC101	V101 液位	PID	50.0	%
LIC102	V102 液位	PID	50.0	%
LIC103	V103 液位	PID	50.0	%
PIC101	V101 压力	PID	0.5	MPa
FI101	V102 进料液量	AI	10 000.0	kg/h
FI102	V103 出料流量	AI	45 000.0	kg/h
FI103	V103 进料流量	AI	15 000.0	kg/h
PI101	P101A/B 出口压	AI	0.9	MPa
FI01	V102 进料流量	AI	20 000.0	kg/h
FI02	V103 出料流量	AI	45 000.0	kg/h
FY03	V102 出料流量	AI	30 000.0	kg/h
FI03	V103 进料流量	AI	15 000.0	kg/h
LI01	V101 液位	AI	50.0	%
LI02	V102 液位	AI	50.0	%
LI03	V103 液位	AI	50.0	%
PY01	V101 压力	AI	0.5	MPa
PI01	P101A/B 出口压力	AI	0.9	MPa
FY01	V101 进料流量	AI	20 000.0	kg/h
LY01	V101 液位	AI	50.0	%
LY02	V102 液位	AI	50.0	%
LY03	V103 液位	AI	50.0	%
FY02	V102 进料流量	AI	20 000.0	kg/h

续表

位号	说明	类型	正常值	单位
FFY04	比值控制器	AI	2.0	
PT01	V101 的压力控制	AO	50.0	%
LT01	V101 的液位调节器的输出	AO	50.0	%
LT02	V102 的液位调节器的输出	AO	50.0	%
LT03	V103 的液位调节器的输出	AO	50.0	%

5.3.3 液位控制单元操作规程

5.3.3.1 冷态开车操作规程

液位控制单元仿现场如图 5－12 所示，仿 DCS 如图 5－13 所示。

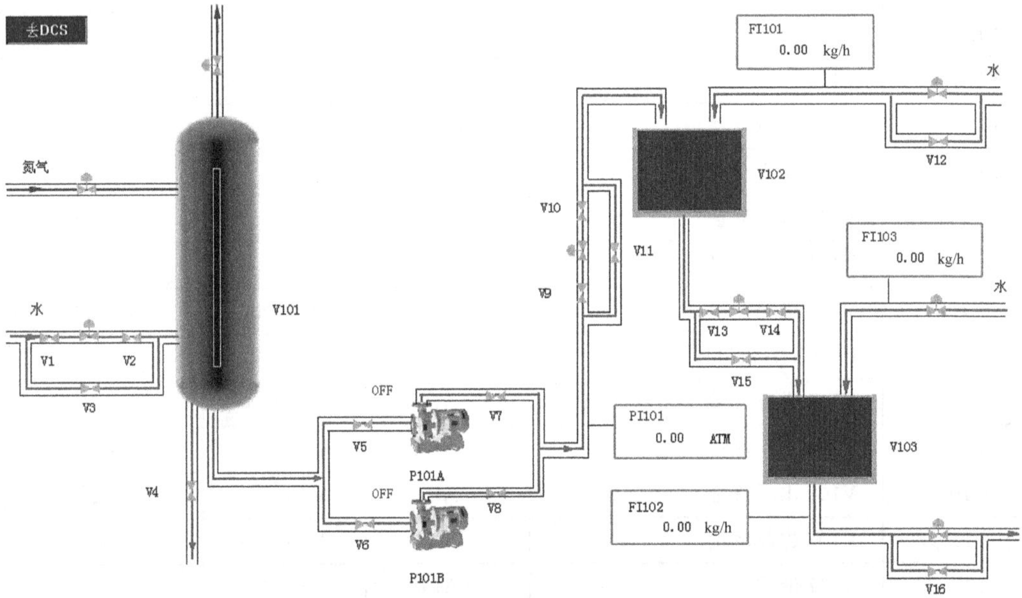

图 5－12 液位控制单元仿现场图

1. 缓冲罐 V101 充压及液位建立

(1) 确认事项

V101 压力为常压。

(2) V101 充压及建立液位

① 在现场图上，打开 V101 进料调节器 FIC101 的前后手阀 V1 和 V2，开度在 100%；

② 在 DCS 图上，打开调节器 FIC101，阀位一般在 30%左右开度，给缓冲罐 V101 充液；

③ V101 充液后再启动压力调节器 PIC101，阀位先开至 20%充压；

④ 待压力达 0.5 MPa 左右时，PIC101 投自动。

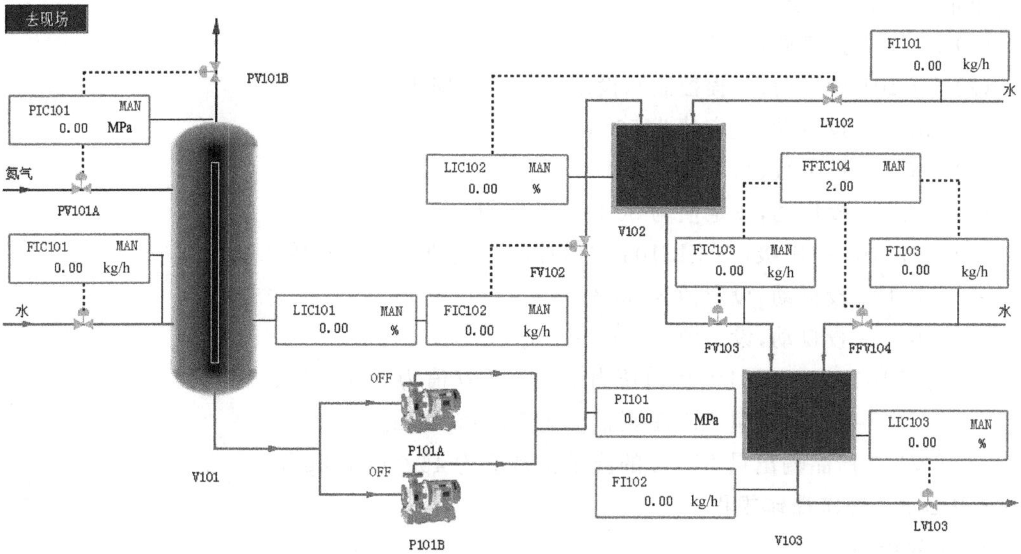

图5-13 液位控制单元仿DCS图

2. 中间罐V102液位建立

(1) 确认事项

① V01液位达40%以上；

② V101压力达0.5 MPa左右。

(2) V102建立液位

① 在现场图上，打开泵P101A的前手阀V5为100%；

② 启动泵P101A；

③ 当泵出口压力达1 MPa时，打开泵P101A的后手阀V7为100%；

④ 打开调节阀FV102的前后手阀V9及V10为100%；

⑤ 手动调节FV102开度，使泵出口压力控制在0.9 MPa左右；

⑥ 打开液位调节阀LV102至50%开度；

⑦ V101进料流量调整器FIC101投自动，设定值为20 000.0 kg/h；

⑧ 操作平稳后调节器FIC102投自动(设定值为20 000 kg/h)，并与LIC101串级调节V101液位；

⑨ V102液位达50%左右，LIC102投自动，设定值为50%。

3. 产品罐V103建立液位

(1) 确认事项

V102液位达50%左右。

(2) V103建立液位

① 在现场图上，打开流量调节器FIC103的前后手阀V13及V14；

② 在DCS图上，打开FIC103及FFIC104，阀位开度均为50%；

③ 当V103液位达50%时，打开液位调节器LIC103开度为50%；

④ LIC103调节平稳后投自动，设定值为50%。

5.3.3.2 正常操作规程

正常工况下的工艺参数如下：

(1) FIC101 投自动,设定值为 20 000.0 kg/h；

(2) PIC101 投自动(分程控制),设定值为 0.5 MPa；

(3) LIC101 投自动,设定值为 50%；

(4) FIC102 投串级(与 LIC101 串级)；

(5) FIC103 投自动,设定值为 30 000.0 kg/h；

(6) FFIC104 投串级(与 FIC103 比值控制),比值系统为常数 2.0；

(7) LIC102 投自动,设定值为 50%；

(8) LIC103 投自动,设定值为 50%；

(9) 泵 P101A(或 P101B)出口压力 PI101 正常值为 0.9 MPa；

(10) V102 外进料流量 FI101 正常值为 10 000.0 kg/h；

(11) V103 产品输出量 FI102 的流量正常值为 45 000.0 kg/h。

5.3.3.3 停车操作规程

1. 正常停车

(1) 关进料线

① 将调节器 FIC101 改为手动操作,关闭 FIC101,再关闭现场手阀 V1 及 V2；

② 将调节器 LIC102 改为手动操作,关闭 LIC102,使 V102 外进料流量 FI101 为 0.0 kg/h；

③ 将调节阀 FFIC104 改为手动操作,关闭 FFIC104。

(2) 将调节器改手动控制

① 将调节器 LIC101 改手动调节,FIC102 解除串级改手动控制；

② 手动调节 FIC102,维持泵 P101A 出口压力,使 V101 液位缓慢降低；

③ 将调节器 FIC103 改手动调节,维持 V102 液位缓慢降低；

④ 将调节器 LIC103 改手动调节,维持 V103 液位缓慢降低。

(3) V101 泄压及排放

① 罐 V101 液位下降至 10%时,先关出口阀 FV102,停泵 P101A,再关入口阀 V5；

② 打开排凝阀 V4,关 FIC102 手阀 V9 及 V10；

③ 罐 V101 液位降到 0.0 时,PIC101 置手动调节,打开 PV101 为 100%放空；

(4) 当罐 V102 液位为 0.0 时,关调节器 FIC103 及现场前后手阀 V13 及 V14。

(5) 当罐 V103 液位为 0.0 时,关调节器 LIC103。

2. 紧急停车

紧急停车操作规程同正常停车操作规程。

5.3.3.4 事故现象及处理

1. 泵 P101A 坏

(1) 主要现象

画面泵 P101A 显示为开,但泵出口压力急剧下降。

(2) 处理步骤

先关小出口调节阀开度,启动备用泵 P101B,调节出口压力,压力达 0.9 MPa (表)时,关泵 P101A，完成切换。

2. 调节器 FIC102 阀卡

(1) 主要现象

罐 V101 液位急剧上升，FIC102 流量减小。

(2) 处理步骤

调节 FIC102 旁路阀 V11 开度；待 FIC102 流量正常后，关闭 FIC102 前后手阀 V9 和 V10；关闭调节器 FIC102。

5.4 精馏塔单元仿真

5.4.1 工作原理

精馏是化工生产中分离互溶液体混合物的典型单元操作，其基本原理是利用混合物组分间挥发性的差异，对原料进行多次的部分汽化和部分冷凝，从而在塔顶得到较纯净的轻组分，在塔底得到富含重组分的液体，以使原料得到高度分离提纯。

精馏可以间歇操作，也可以连续操作，前者一般应用于小规模生产或某些特殊要求的场合，为非稳态过程，后者为稳态过程，一般生产中较常采用。精馏可在常压、减压或加压下操作，这主要根据物料性质和技术可行、经济合理来确定。一般常压下沸点在室温至 150℃左右的混合液采用常压精馏；若常压下混合物为气态则可通过加压提高其沸点，宜采用加压精馏；而常压下沸点较高或在较高温度下易发生分解、聚合等变质现象的混合物，可采用减压精馏，以降低操作温度。

5.4.2 精馏单元工艺流程说明

5.4.2.1 工艺流程简介

本流程是利用精馏方法，在脱丁烷塔中将丁烷从脱丙烷塔塔釜混合物中分离出来。本精馏单元是在加压下进行的，原料液为脱丙烷塔塔釜的混合液，将脱丙烷塔塔釜混合物部分汽化，由于丁烷的沸点较低，即其挥发度较高，故丁烷易于从液相中汽化出来，再将汽化的蒸气冷凝，可得到丁烷组成高于原料的混合物，经过多次汽化冷凝，馏出液为高纯度的 C_4 产品，残液主要是 C_5 以上组分，即可达到分离混合物中丁烷的目的。

原料为 67.8℃脱丙烷塔的釜液（主要有 C_4、C_5、C_6、C_7 等），由脱丁烷塔（DA405）的第 16 块板进料（全塔共 32 块板），进料量由流量控制器 FIC101 控制。灵敏板温度由调节器 TC101 通过调节再沸器加热蒸气的流量，来控制提馏段灵敏板温度，从而控制丁烷的分离质量。

脱丁烷塔塔釜液（主要为 C_5 以上馏分）一部分作为产品采出，一部分经再沸器（EA418A、B）部分汽化为蒸气从塔底上升。塔釜的液位和塔釜产品采出量由 LC101 和 FC102 组成的串级控制器控制。再沸器采用低压蒸气加热。塔釜蒸气缓冲罐（FA414）液位由液位控制器 LC102 调节底部采出量控制。

塔顶的上升蒸气(C_4 馏分和少量 C_5 馏分)经塔顶冷凝器(EA419)全部冷凝成液体,该冷凝液靠位差流入回流罐(FA408)。塔顶压力 PC102 采用分程控制:在正常的压力波动下,通过调节塔顶冷凝器的冷却水量来调节压力,当压力超高时,压力报警系统发出报警信号,PC102 调节塔顶至回流罐的排气量来控制塔顶压力调节气相出料。操作压力为 0.425 MPa(表),高压控制器 PC101 将调节回流罐的气相排放量,来控制塔内压力稳定。冷凝器以冷却水为载热体。回流罐液位由液位控制器 LC103 调节塔顶产品采出量来维持恒定。回流罐中的液体一部分作为塔顶产品送下一工序,另一部分液体由回流泵(GA412A、B)送回塔顶作为回流,回流量由流量控制器 FC104 控制(工艺流程见图 5-14)。

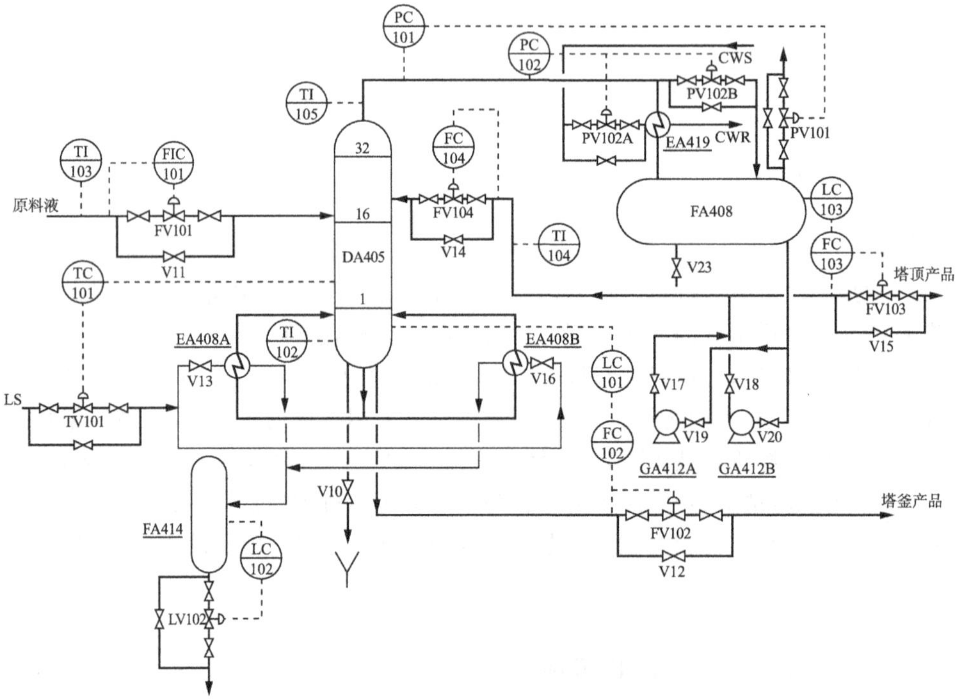

图 5-14 精馏单元工艺流程图

5.4.2.2 控制方案说明

精馏单元复杂控制回路主要是串级回路的使用,在精馏塔的塔顶和塔底产品罐中都使用了液位与流量串级回路。

串级回路:是在简单调节系统基础上发展起来的。在结构上,串级回路调节系统有两个闭合回路。主、副调节器串联,主调节器的输出为副调节器的给定值,系统通过副调节器的输出操纵调节阀动作,实现对主参数的定值调节。所以在串级回路调节系统中,主回路是定值调节系统,副回路是随动系统。

分程控制:就是由一只调节器的输出信号控制两只或更多的调节阀,每只调节阀在调节器的输出信号的某段范围中工作。

具体实例:

DA405 的塔釜液位控制 LC101 和塔釜出料 FC102 构成一串级回路。

FC102. SP 随 LC101. OP 的改变而变化。

PC102为一分程控制器，分别控制PV102A和PV102B，当PC102.OP逐渐开大时，PV102A从0逐渐开大到100；而PV102B从100逐渐关小至0(图5-15)。

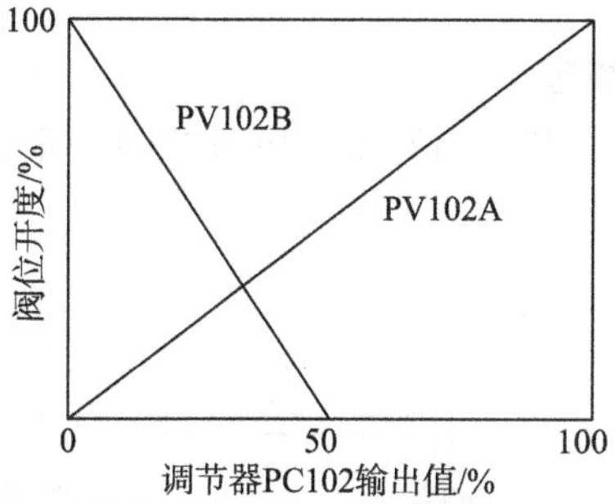

图5-15 精馏单元分程控制

5.4.2.3 设备一览

DA405：脱丁烷塔

EA419：塔顶冷凝器

FA408：塔顶回流罐

GA412A、B：回流泵

EA408A、B：塔釜再沸器

FA414：塔釜蒸气缓冲罐

5.4.2.4 仪表一览表

表5-4 精馏单元仪表一览表

位号	说明	类型	正常值	工程单位
FIC101	塔进料量控制	PID	14 056.0	kg/h
FC102	塔釜采出量控制	PID	7 349.0	kg/h
FC103	塔顶采出量控制	PID	6 707.0	kg/h
FC104	塔顶回流量控制	PID	9 664.0	kg/h
PC101	塔顶压力控制	PID	0.425	MPa
PC102	塔顶压力控制	PID	0.425	MPa
TC101	灵敏板温度控制	PID	89.3	℃
LC101	塔釜液位控制	PID	50.0	%
LC102	塔釜蒸气缓冲罐液位控制	PID	50.0	%
LC103	塔顶回流罐液位控制	PID	50.0	%
TI102	塔釜温度	AI	109.3	℃
TI103	进料温度	AI	67.8	℃
TI104	回流温度	AI	39.1	℃
TI105	塔顶气温度	AI	46.5	℃

5.4.3 精馏单元操作规程

5.4.3.1 冷态开车操作规程

精馏单元仿现场如图 5 - 16 所示，仿 DCS 如图 5 - 17 所示。

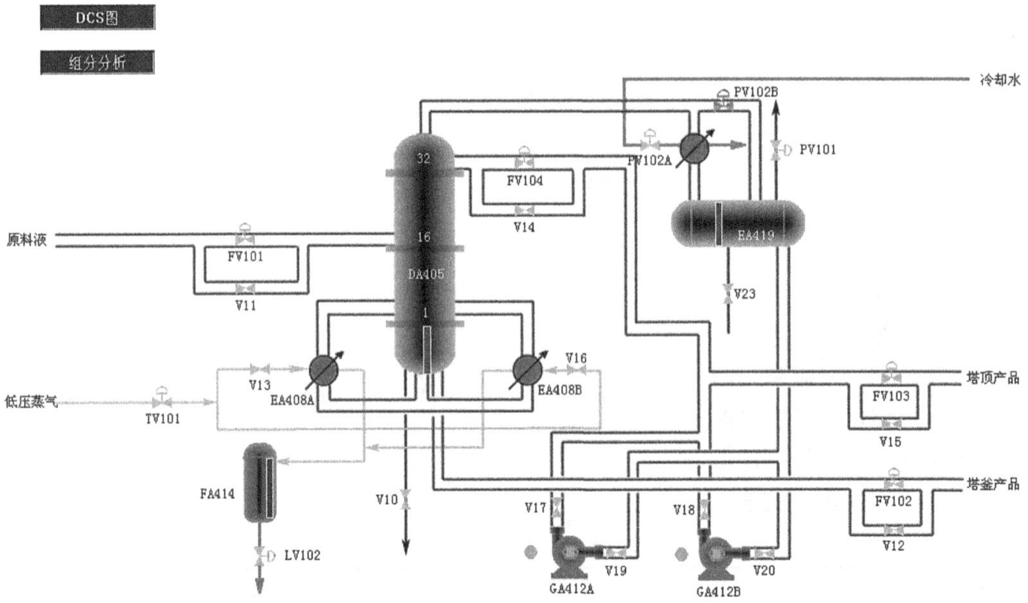

图 5 - 16 精馏单元仿现场图

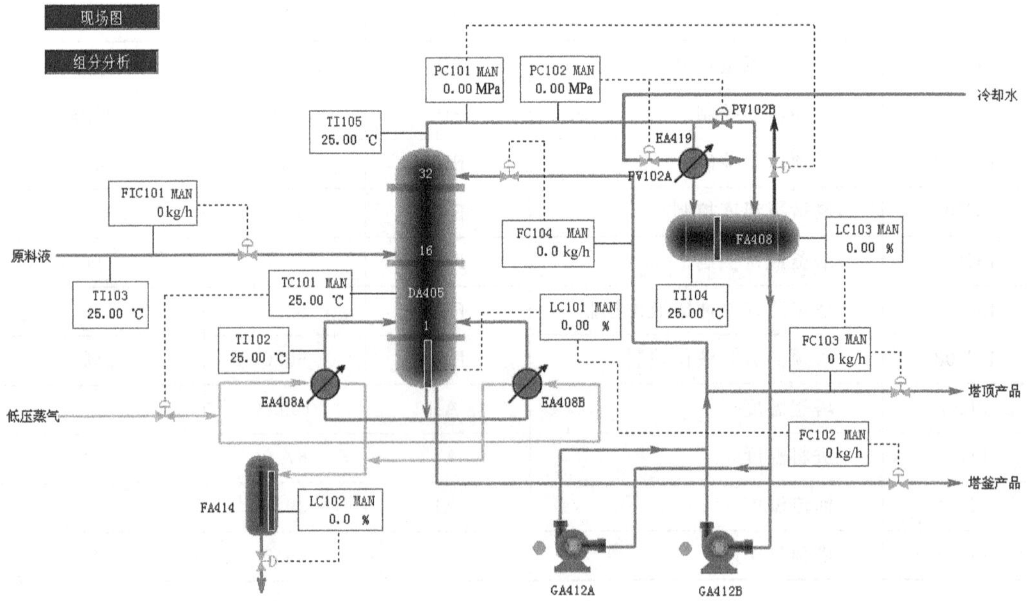

图 5 - 17 精馏单元仿 DCS 图

装置冷态开工状态为精馏塔单元处于常温、常压氮吹扫完毕后的氮封状态，所有阀门、机泵处于关停状态。

1. 进料过程

(1) 开FA408顶放空阀PC101排放不凝气，打开FV101(开度大于40%)，向精馏塔进料。

(2) 进料后，塔内温度略升，压力升高。当压力PC101升至0.05 MPa时，关闭PC101调节阀投自动，并控制塔压不超过0.425 MPa(如果塔内压力大幅波动，改回手动调节稳定压力)。

2. 启动再沸器

(1) 当压力PC101升至0.05 MPa时，逐渐打开冷凝水PC102调节阀至50%。

(2) 待塔釜液位LC101升至20%以上时，开加热蒸气入口阀V13，再稍开TC101调节阀，给再沸器缓慢加热，并调节TC101阀开度使塔釜液位LC101维持在40%～60%。待FA414液位LC102升至50%时，并投自动，设定值为50%。

3. 建立回流

随着塔进料增加和再沸器、冷凝器投用，塔压会有所升高。回流罐逐渐积液。

(1) 塔压升高时，通过开大PC102的输出，改变塔顶冷凝器冷却水量和旁路量来控制塔压稳定；

(2) 当回流罐液位LC103升至20%以上时，先开回流泵GA412A/B的入口阀V19，再启动泵，再开出口阀V17，启动回流泵；

(3) 通过FC104的阀开度控制回流量，维持回流罐液位不超高，同时逐渐关闭进料，全回流操作。

4. 调整至正常

(1) 当各项操作指标趋近正常值时，打开进料阀FIC101；

(2) 逐步调整进料量FIC101至正常值；

(3) 通过TC101调节再沸器加热量使灵敏板温度TC101达到正常值；

(4) 逐步调整回流量FC104至正常值；

(5) 开FC103和FC102出料，注意塔釜、回流罐液位；

(6) 各控制回路投自动，各参数稳定并与工艺设计值吻合后，投产品采出串级。

5.4.3.2 正常操作规程

1. 正常工况下的工艺参数

(1) 进料流量FIC101投自动，设定值为14 056 kg/h；

(2) 塔釜采出量FC102投串级，设定值为7 349 kg/h，LC101投自动，设定值为50%；

(3) 塔顶采出量FC103投串级，设定值为6 707 kg/h；

(4) 塔顶回流量FC104投自动，设定值为9 664 kg/h；

(5) 塔顶压力PC102投自动，设定值为0.425 MPa，PC101投自动，设定值为0.5 MPa；

(6) 灵敏板温度TC101投自动，设定值为89.3℃；

(7) FA414液位LC102投自动，设定值为50%；

(8) 回流罐液位LC103投自动，设定值为50%。

2. 主要工艺生产指标的调整方法

(1) 质量调节:本系统的质量调节采用以提馏段灵敏板温度作为主参数,以再沸器和加热蒸气流量的调节系统,实现对塔的分离质量控制。

(2) 压力控制:在正常的压力情况下,由塔顶冷凝器的冷却水量来调节压力,当压力高于操作压力 0.425 MPa(表)时,压力报警系统发出报警信号,同时调节器 PC101 将调节回流罐的气相出料,为了保持同气相出料的相对平衡,该系统采用压力分程调节。

(3) 液位调节:塔釜液位由调节塔釜的产品采出量来维持恒定,设有高低液位报警。回流罐液位由调节塔顶产品采出量来维持恒定,设有高低液位报警。

(4) 流量调节:进料量和回流量都采用单回路的流量控制;再沸器加热介质流量,由灵敏板温度调节。

5.4.3.3 正常停车操作规程

1. 降负荷

(1) 逐步关小 FIC101 调节阀,降低进料至正常进料量的 70%;

(2) 在降负荷过程中,保持灵敏板温度 TC101 的稳定性和塔压 PC102 的稳定,使精馏塔分离出合格产品;

(3) 在降负荷过程中,尽量通过 FC103 排出回流罐中的液体产品,至回流罐液位 LC104 在 20%左右;

(4) 在降负荷过程中,尽量通过 FC102 排出塔釜产品,使 LC101 降至 30%左右。

2. 停进料和再沸器

在负荷降至正常的 70%,且产品已大部采出后,停进料和再沸器;

(1) 关 FIC101 调节阀,停精馏塔进料;

(2) 关 TC101 调节阀和 V13 或 V16 阀,停再沸器的加热蒸气;

(3) 关 FC102 调节阀和 FC103 调节阀,停止产品采出;

(4) 打开塔釜泄液阀 V10,排不合格产品,并控制塔釜降低液位;

(5) 手动打开 LC102 调节阀,对 FA414 泄液。

3. 停回流

(1) 停进料和再沸器后,回流罐中的液体全部通过回流泵打入塔,以降低塔内温度;

(2) 当回流罐液位至 0 时,关 FC104 调节阀,关泵出口阀 V17(或 V18),停泵 GA412A(或 GA412B),关入口阀 V19(或 V20),停回流;

(3) 开泄液阀 V10 排净塔内液体。

4. 降压、降温

(1) 打开 PC101 调节阀,将塔压降至接近常压后,关 PC101 调节阀;

(2) 全塔温度降至 50℃左右时,关塔顶冷凝器的冷却水(PC102 的输出至 0)。

5.4.3.4 事故现象及处理

1. 热蒸气压力过高

(1) 主要现象

加热蒸气的流量增大,塔釜温度持续上升。

(2) 处理步骤

适当减小 TC101 的阀门开度。

2. 热蒸气压力过低

(1) 主要现象

加热蒸气的流量减小,塔釜温度持续下降。

(2) 处理步骤

适当增大 TC101 的开度。

3. 冷凝水中断

(1) 主要现象

塔顶温度上升,塔顶压力升高。

(2) 处理步骤

开回流罐放空阀 PC101 保压;手动关闭 FC101,停止进料;手动关闭 TC101,停止加热蒸气;手动关闭 FC103 和 FC102,停止产品采出;开塔釜泄液阀 V10,排不合格产品;手动打开 LIC102,对 FA414 泄液;当回流罐液位为 0 时,关闭 FC104;关闭回流泵出口阀 V17/V18;关闭回流泵 GA412A/GA412B;关闭回流泵入口阀 V19/V20;待塔釜液位为 0 时,关闭泄液阀 V10;待塔顶压力降为常压后,关闭冷凝器。

4. 停电

(1) 主要现象

回流泵 GA412A 停止,回流中断。

(2) 处理步骤

手动开回流罐放空阀 PC101 泄压;手动关进料阀 FIC101;手动关出料阀 FC102 和 FC103;手动关加热蒸气阀 TC101;开塔釜泄液阀 V10 和回流罐泄液阀 V23,排不合格产品;手动打开 LIC102,对 FA414 泄液;当回流罐液位为 0 时,关闭 V23;关闭回流泵出口阀 V17/V18;关闭回流泵 GA412A/GA412B;关闭回流泵入口阀 V19/V20;待塔釜液位为 0 时,关闭泄液阀 V10;待塔顶压力降为常压后,关闭冷凝器。

5. 回流泵故障

(1) 主要现象

GA412A 断电,回流中断,塔顶压力、温度上升。

(2) 处理步骤

开备用泵入口阀 V20;启动备用泵 GA412B;开备用泵出口阀 V18;关闭运行泵出口阀 V17;停运行泵 GA412A;关闭运行泵入口阀 V19。

6. 回流控制阀 FC104 阀卡

(1) 主要现象

回流量减小,塔顶温度上升,压力增大。

(2) 处理步骤

打开旁路阀 V14,保持回流。

5.5　吸收解吸单元仿真

5.5.1　工作原理

吸收解吸是石油化工生产过程中较常用的分离均相气体混合物的重要单元操作过程。吸收过程是利用气体混合物中各个组分在液体(吸收剂)中的溶解度不同,使气体得以分离。在溶剂中溶解度大的称为溶质,溶解度小的称为惰性气体,含有溶质的气体称为富气,不被溶解的气体称为贫气或惰性气体。溶剂通常从塔顶加入,从塔顶至塔底溶质浓度逐渐增加,混合气体从塔底进入,与溶剂呈逆流流动,从塔顶排出气体称废气,从塔底排出的液体进入解吸塔,使溶质与溶剂分开,溶剂加以回收利用。

溶解在吸收剂中的溶质和在气相中的溶质存在溶解平衡,当溶质在吸收剂中达到溶解平衡时,溶质在气相中的分压称为该组分在该吸收剂中的饱和蒸气压。当溶质在气相中的分压大于该组分的饱和蒸气压时,溶质就从气相溶入溶质中,称为吸收过程。当溶质在气相中的分压小于该组分的饱和蒸气压时,溶质就从液相逸出到气相中,称为解吸过程。

5.5.2　吸收解吸单元工艺流程说明

5.5.2.1　工艺流程简介

吸收解吸单元以 C_6 油为吸收剂,分离提纯混合气体混合物(其中 C_4:25.13%,CO 和 CO_2:6.26%,N_2:64.58%,H_2:3.5%,O_2:0.53%)中的 C_4 组分(吸收质)。流程分为吸收和解吸两部分,两部分都有独立的仿 DCS 图和仿现场图。

吸收系统:从界区外来的富气从底部进入吸收塔 T101。界区外来的纯 C_6 油吸收剂储存于 C_6 油储罐 D101 中,由 C_6 油泵 P101A/B 送入吸收塔 T101 的顶部,C_6 流量由 FRC103 控制。吸收剂 C_6 油在吸收塔 T101 中自上而下与富气逆向接触,富气中 C_4 组分被溶解在 C_6 油中。不溶解的贫气自 T101 顶部排出,经盐水冷却器 E101 被−4℃的盐水冷却至 2℃进入尾气分离罐 D102。吸收了 C_4 组分的富油(C_4:8.2%,C_6:91.8%)从吸收塔底部排出,经贫富油换热器 E103 预热至 80℃进入解吸塔 T102。吸收塔塔釜液位由 LIC101 和 FIC104 通过调节塔釜富油采出量串级控制。

来自吸收塔顶部的贫气在尾气分离罐 D102 中回收冷凝的 C_4、C_6 后,不凝气在 D102 压力控制器 PIC103(1.2MPa)控制下排入放空总管进入大气。回收的冷凝液(C_4、C_6)与吸收塔釜排出的富油一起进入解吸塔 T102。

解吸系统:预热后的富油进入解吸塔 T102 进行解吸分离。塔顶气相出料(C_4:95%)经全冷器 E104 换热降温至 40℃全部冷凝进入塔顶回流罐 D103,其中一部分冷凝液由 P102A/B 泵打回流至解吸塔顶部,回流量 8.0t/h,由 FIC106 控制,其他部分作为 C_4 产品在液位控制(LIC105)下由 P102A/B 泵抽出。塔釜 C_6 油在液位控制(LIC104)下,经贫富油换热器 E103 和盐水冷却器 E102 降温至 5℃返回至 C_6 油储罐 D101 再利用,返回温度由温度控制器 TIC103 通过调节 E102 循环冷却水流量控制。

T102 塔釜温度由 TIC107 和 FIC108 通过调节塔釜再沸器 E105 的蒸气流量串级控制，控制温度 102℃。塔顶压力由 PIC105 通过调节塔顶冷凝器 E104 的冷却水流量控制，另有一塔顶压力保护控制器 PIC104，在塔顶有凝气压力高时通过调节 D103 放空量降压。

因为塔顶 C_4 产品中含有部分 C_6 油及其他 C_6 油损失，所以随着生产的进行，要定期观察 C_6 油储罐 D101 的液位，补充新鲜 C_6 油。另外，为保证系统中的操作稳定，操作时要保持系统之间的压力差(工艺流程见图 5－18)。

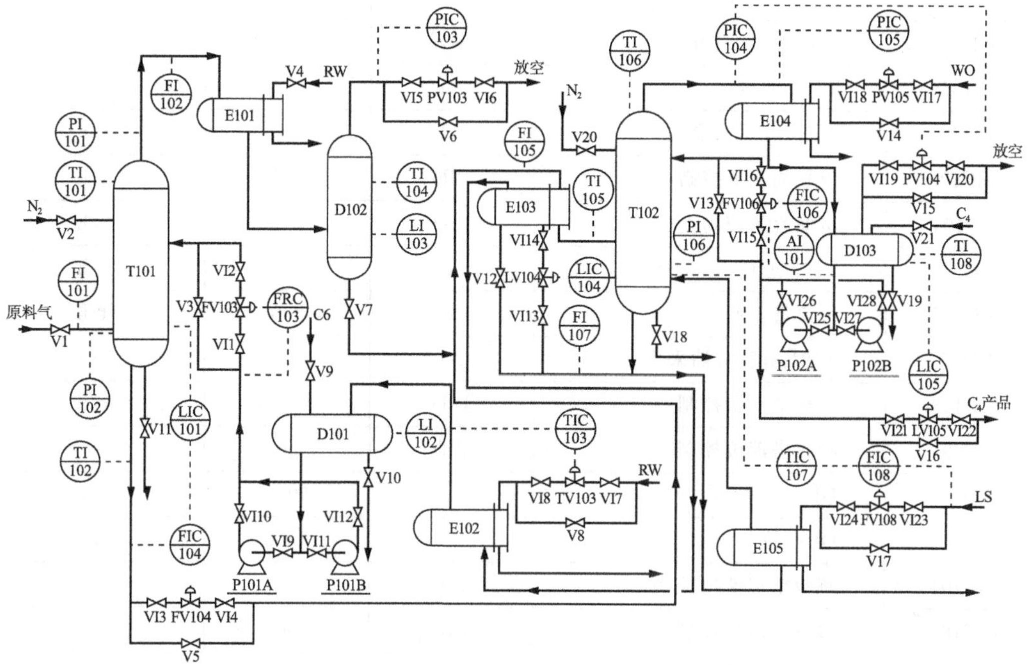

图 5－18 吸收解吸单元工艺流程图

5.5.2.2 控制方案说明

吸收解吸单元复杂控制回路主要是串级回路的使用，在吸收塔、解吸塔和产品罐中都使用了液位与流量串级回路。

举例：在吸收塔 T101 中，为了保证液位的稳定，有一塔釜液位与塔釜出料组成的串级回路。液位调节器的输出同时是流量调节器的给定值，即流量调节器 FIC104 的 SP 值由液位调节器 LIC101 的输出 OP 值控制，LIC101 的 OP 的变化使 FIC104.SP 产生相应的变化。

5.5.2.3 设备一览

T101：吸收塔

D101：C_6 油储罐

D102：气液分离罐

E101：吸收塔顶冷凝器

E102：循环油冷却器

P101A/B：C_6 油供给泵

T102：解吸塔

D103:解吸塔顶回流罐
E103:贫富油换热器
E104:解吸塔顶冷凝器
E105:解吸塔釜再沸器
P102A/B:解吸塔顶回流、塔顶产品采出泵

5.5.2.4 仪表一览表

表 5－5 吸收解吸单元仪表一览表

位号	说明	类型	正常值	单位
AI101	回流罐 C_4 组分	AI	>95.0	%
FI101	T101 进料	AI	5.0	t/h
FI102	T101 塔顶气量	AI	3.8	t/h
FRC103	吸收油流量控制	PID	13.50	t/h
FIC104	富油流量控制	PID	14.70	t/h
FI105	T102 进料	AI	14.70	t/h
FIC106	回流量控制	PID	8.0	t/h
FI107	T101 塔底贫油采出	AI	13.41	t/h
FIC108	加热蒸气量控制	PID	2.963	t/h
LIC101	吸收塔液位控制	PID	50	%
LI102	D101 液位	AI	60.0	%
LI103	D102 液位	AI	50.0	%
LIC104	解吸塔釜液位控制	PID	50	%
LIC105	回流罐液位控制	PID	50	%
PI101	吸收塔塔顶压力显示	AI	1.22	MPa
PI102	吸收塔塔底压力显示	AI	1.25	MPa
PIC103	吸收塔塔顶压力控制	PID	1.2	MPa
PIC104	解吸塔塔顶压力控制	PID	0.55	MPa
PIC105	解吸塔塔顶压力控制	PID	0.50	MPa
PI106	解吸塔塔底压力显示	AI	0.53	MPa
TI101	吸收塔塔顶温度	AI	6	℃
TI102	吸收塔塔底温度	AI	40	℃
TIC103	循环油温度控制	PID	5.0	℃
TI104	C_4 回收罐温度显示	AI	2.0	℃
TI105	预热后温度显示	AI	80.0	℃
TI106	吸收塔塔顶温度显示	AI	6.0	℃
TIC107	解吸塔釜温度控制	PID	102.0	℃
TI108	回流罐温度显示	AI	40.0	℃

5.5.3 吸收解吸单元操作规程

5.5.3.1 冷态开车操作规程

吸收仿现场如图 5-19 所示，仿 DCS 如图 5-20 所示；解吸仿现场如图 5-21 所示，仿 DCS 如图 5-22 所示。

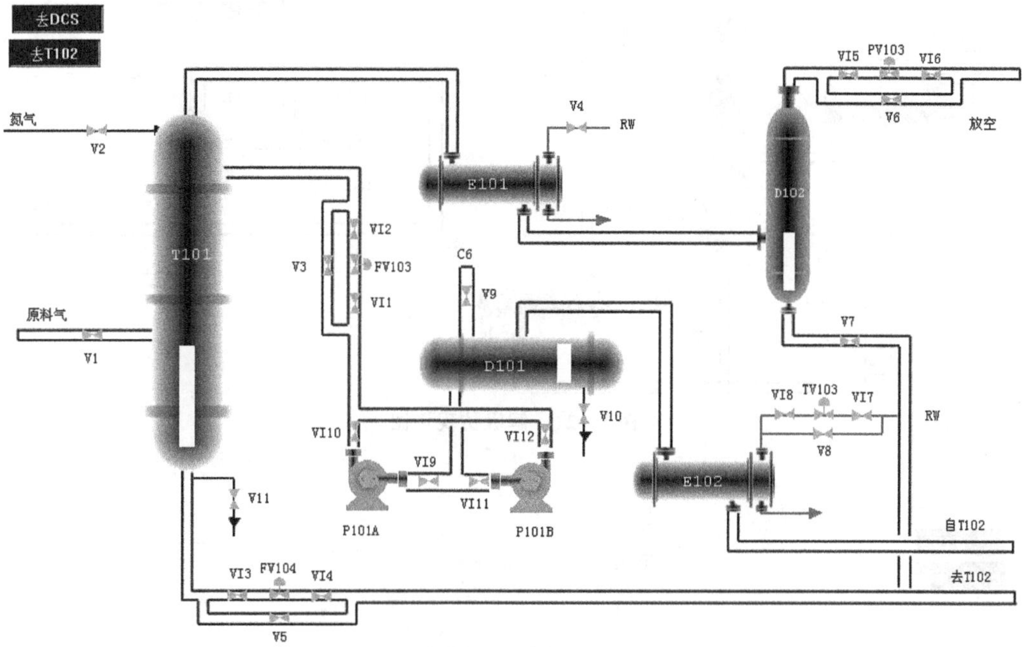

图 5-19 吸收仿现场图

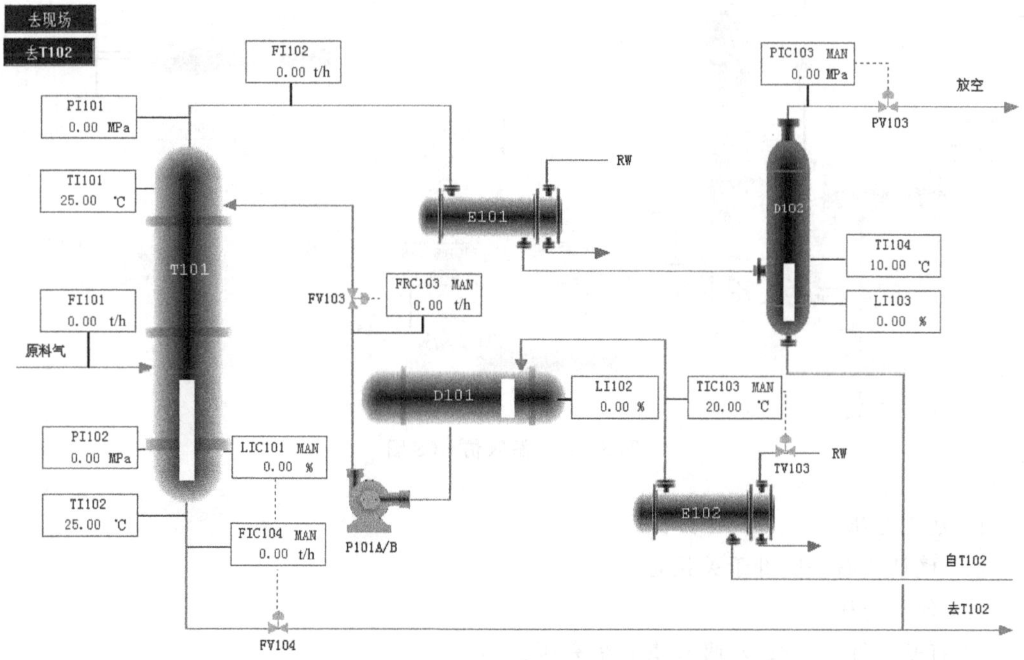

图 5-20 吸收仿 DCS 图

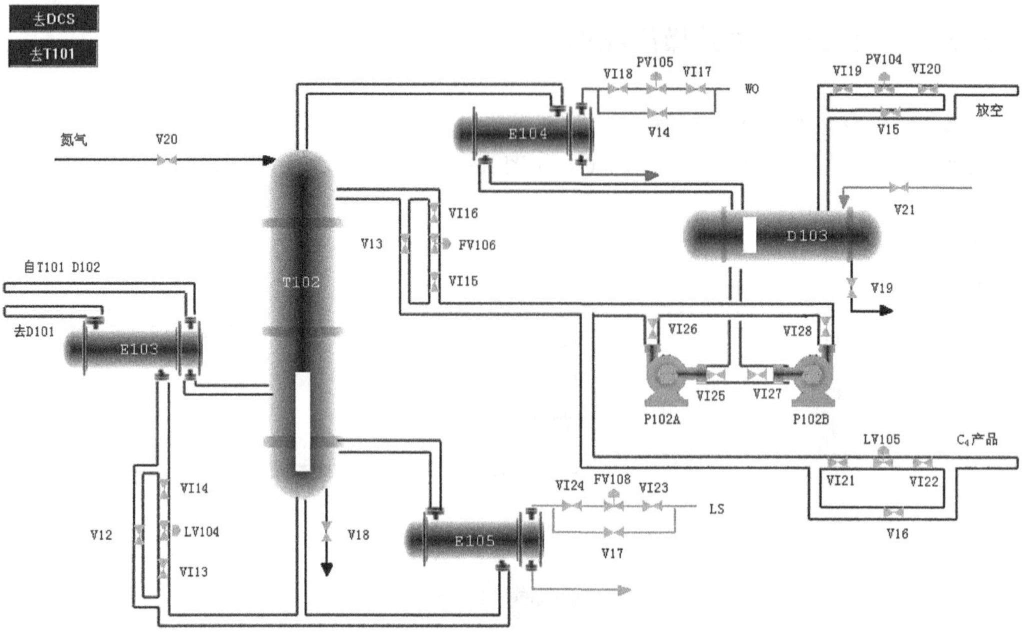

图 5－21　解吸仿现场图

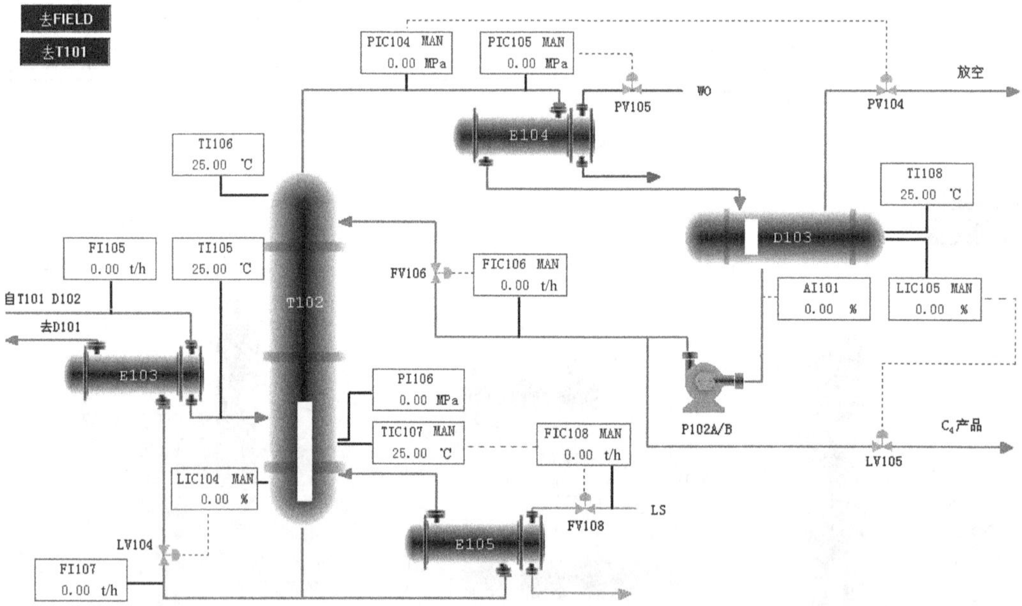

图 5－22　解吸仿 DCS 图

1. 氮气充压

(1) 确认所有手阀处于关状态

(2) 氮气充压

① 打开氮气充压阀，给吸收塔系统充压；

② 当吸收塔系统压力升至 1.0 MPa(表)左右时,关闭 N_2 充压阀;

③ 打开氮气充压阀,给解吸塔系统充压;

④ 当吸收塔系统压力升至 0.5 MPa(表)左右时,关闭 N_2 充压阀。

2. 进吸收油

(1) 确认

① 系统充压已结束;

② 所有手阀处于关状态。

(2) 吸收塔系统进吸收油

① 打开引油阀 V9 至开度 50%左右,给 C_6 油储罐 D101 充 C_6 油至液位 70%;

② 打开 C_6 油泵 P101A(或 B)的入口阀,启动 P101A(或 B);

③ 打开 P101A(或 B)出口阀,手动打开 FV103 阀至 30%左右给吸收塔 T101 充液至 50%,充油过程中注意观察 D101 液位,必要时给 D101 补充新油。

(3) 解吸塔系统进吸收油

① 手动打开调节阀 FV104 开度至 50%左右,给解吸塔 T102 进吸收油至液位 50%;

② 给 T102 进油时注意给 T101 和 D101 补充新油,以保证 D101 和 T101 的液位均不低于 50%。

3. C_6 油冷循环

(1) 确认

① 储罐,吸收塔,解吸塔液位 50%左右;

② 吸收塔系统与解吸塔系统保持合适压差。

(2) 建立冷循环

① 手动逐渐打开调节阀 LV104,向 D101 倒油;

② 当向 D101 倒油时,同时逐渐调整 FV104,以保持 T102 液位在 50%左右,将 LIC104 设定在 50%,投自动;

③ 由 T101 至 T102 油循环时,手动调节 FV103 以保持 T101 液位在 50%左右,将 LIC101 设定在 50%,投自动;

④ 手动调节 FV103,使 FRC103 保持在 13.50 t/h,投自动,冷循环 10 min。

4. 向回流罐 D103 灌 C_4

打开 V21 向 D103 灌 C_4 至液位为 20%。

5. C_6 油热循环

(1) 确认

① 冷循环过程已经结束;

② D103 液位已建立。

(2) T102 再沸器投用

① 设定 TIC103 于 5℃,投自动;

② 手动打开 PV105 至 70%;

③ 手动控制 PIC105 于 0.5 MPa,待回流稳定后再投自动;

④ 手动打开 FV108 至 50%,开始给 T102 加热。

(3) 建立 T102 回流

① 随着 T102 塔釜温度 TIC107 逐渐升高，C_6 油开始汽化，并在 E104 中冷凝至回流罐 D103；

② 当塔顶温度高于 50℃时，打开 P102A/B 泵的入出口阀 VI25/27、VI26/28，打开 FV106 的前后阀，手动打开 FV106 至合适开度，维持塔顶温度高于 51℃；

③ 当 TIC107 温度指示达到 102℃时，将 TIC107 设定在 102℃投自动，TIC107 和 FIC108 投串级；

④ 热循环 10 min。

6. 进富气

(1) 确认 C_6 油热循环已经建立

(2) 进富气

① 逐渐打开富气进料阀 V1，开始富气进料；

② 随着 T101 富气进料，塔压升高，手动调节 PIC103 使压力恒定在 1.2 MPa(表)。当富气进料达到正常值后，设定 PIC103 于 1.2 MPa(表)，投自动；

③ 当吸收了 C_4 的富油进入解吸塔后，塔压将逐渐升高，手动调节 PIC105，维持 PIC105 在 0.5 MPa(表)，稳定后投自动；

④ 当 T102 温度、压力控制稳定后，手动调节 FIC106 使回流量达到正常值 8.0 t/h，投自动；

⑤ 观察 D103 液位，液位高于 50%时，打开 LV105 的前后阀，手动调节 LIC105 维持液位在 50%，投自动；

⑥ 将所有操作指标逐渐调整到正常状态。

5.5.3.2 正常操作规程

1. 正常工况操作参数

(1) 吸收塔塔顶压力控制 PIC103：1.20 MPa(表)；

(2) 吸收油温度控制 TIC103：5.0℃；

(3) 解吸塔塔顶压力控制 PIC105：0.50 MPa(表)；

(4) 解吸塔塔顶温度 TI106：51.0℃；

(5) 解吸塔釜温度控制 TIC107：102.0℃。

2. 补充新油

因为塔顶 C_4 产品中含有部分 C_6 油及其他 C_6 油损失，所以随着生产的进行，要定期观察 C_6 油储罐 D101 的液位，当液位低于 30%时，打开阀 V9 补充新鲜的 C_6 油。

3. D102 排液

生产过程中贫气中的少量 C_4 和 C_6 组分积累于尾气分离罐 D102 中，定期观察 D102 的液位，当液位高于 70%时，打开阀 V7 将凝液排放至解吸塔 T102 中。

4. T102 塔压控制

正常情况下 T102 的压力由 PIC105 通过调节 E104 的冷却水流量控制。生产过程中会有少量不凝气积累于回流罐 D103 中使解吸塔系统压力升高，这时 T102 顶部压力超高保护控制器 PIC104 会自动控制排放不凝气，维持压力不会超高。必要时可手动打开 PV104 至开度 1%～3%来调节压力。

5.5.3.3 正常停车操作规程

1. 停富气进料

(1) 关富气进料阀 V1,停富气进料;

(2) 富气进料中断后,T101 塔压会降低,手动调节 PIC103,维持 T101 压力大于 1.0 MPa(表);

(3) 手动调节 PIC105 维持 T102 塔压力在 0.20 MPa(表)左右;

(4) 维持 T101→T102→D101 的 C_6 油循环。

2. 停吸收塔系统

(1) 停 C_6 油进料

① 停 C_6 油泵 P101A/B;

② 关闭 P101A/B 入出口阀;

③ FRC103 置手动,关 FV103 前后阀;

④ 手动关 FV103 阀,停 T101 油进料。

此时应注意保持 T101 的压力,压力低时可用 N_2 充压,否则 T101 塔釜 C_6 油无法排出。

(2) 吸收塔系统泄油

① LIC101 和 FIC104 置手动,FV104 开度保持 50%,向 T102 泄油;

② 当 LIC101 液位降至 0%时,关闭 FV108;

③ 打开 V7 阀,将 D102 中的凝液排至 T102 中;

④ 当 D102 液位指示降至 0%时,关 V7 阀;

⑤ 关 V4 阀,中断盐水停 E101;

⑥ 手动打开 PV103,吸收塔系统泄压至常压,关闭 PV103。

3. 停解吸塔系统

(1) 停 C_4 产品出料

富气进料中断后,将 LIC105 置手动,关阀 LV105 及其前后阀。

(2) T102 塔降温

① TIC107 和 FIC108 置手动,关闭 E105 蒸气阀 FV108,停再沸器 E105;

② 停止 T102 加热的同时,手动关闭 PIC105 和 PIC104,保持解吸系统的压力。

(3) 停 T102 回流

① 再沸器停用,温度下降至泡点以下后,油不再汽化,当 D103 液位 LIC105 指示小于 10%时,停回流泵 P102A/B,关 P102A/B 的入出口阀;

② 手动关闭 FV106 及其前后阀,停 T102 回流;

③ 打开 D103 泄液阀 V19;

④ 当 D103 液位指示下降至 0%时,关 V19 阀。

(4) T102 泄油

① 手动置 LV104 于 50%,将 T102 中的油倒入 D101;

② 当 T102 液位 LIC104 指示下降至 10%时,关 LV104;

③ 手动关闭 TV103,停 E102;

④ 打开 T102 泄油阀 V18,T102 液位 LIC104 下降至 0%时,关 V18。

(5) T102 泄压

① 手动打开 PV104 至开度 50%，开始 T102 系统泄压；

② 当 T102 系统压力降至常压时，关闭 PV104。

4. 吸收油储罐 D101 排油

(1) 当停 T101 吸收油进料后，D101 液位必然上升，此时打开 D101 排油阀 V10 排污油；

(2) 直至 T102 中油倒空，D101 液位下降至 0%，关 V10。

5.5.3.4 事故现象及处理

1. 冷却水中断

(1) 主要现象

冷却水流量为 0，入口路各阀常开状态。

(2) 处理步骤

停止进料，关 V1 阀；手动关 PV103 保压；手动关 FV104，停 T102 进料；手动关 LV105，停出产品；手动关 FV103，停 T101 回流；手动关 FV106，停 T102 回流；关 LIC104 前后阀，保持液位。

2. 加热蒸气中断

(1) 主要现象

加热蒸气管路各阀开度正常；加热蒸气入口流量为 0；塔釜温度急剧下降。

(2) 处理步骤

停止进料，关 V1 阀；停 T102 回流；停 D103 产品出料；停 T102 进料；关 PV103 保压；关 LIC104 前后阀，保持液位。

3. 仪表风中断

(1) 主要现象

各调节阀全开或全关。

(2) 处理步骤

打开 FRC103 旁路阀 V3；打开 FIC104 旁路阀 V5；打开 PIC103 旁路阀 V6；打开 TIC103 旁路阀 V8；打开 LIC104 旁路阀 V12；打开 FIC106 旁路阀 V13；打开 PIC105 旁路阀 V14；打开 PIC104 旁路阀 V15；打开 LIC105 旁路阀 V16；打开 FIC108 旁路阀 V17。

4. 停电

(1) 主要现象

泵 P101A/B 停，泵 P102A/B 停。

(2) 处理步骤

打开泄液阀 V10，保持 LI102 液位在 50%；打开泄液阀 V19，保持 LIC105 液位在 50%；关小加热油流量，防止塔温上升过高；停止进料，关 V1 阀。

5. P101A 泵坏

(1) 主要现象

FRC103 流量降为 0；塔顶 C_4 上升，温度上升，塔顶压上升；釜液位下降。

(2) 处理步骤

停 P101A，先关泵后阀，再关泵前阀；开启 P101B，先开泵前阀，再开泵后阀；由 FRC103 调至正常值，并投自动。

6. LIC104调节阀卡

(1) 主要现象

FI107降至0,塔釜液位上升,并可能报警。

(2) 处理步骤

关LIC104前后阀VI13、VI14;开LIC104旁路阀V12至60%左右;调整旁路阀V12开度,使液位保持50%。

7. 换热器E105结垢严重

(1) 主要现象

调节阀FIC108开度增大;加热蒸气入口流量增大;塔釜温度下降,塔顶温度也下降,塔釜C_4组成上升。

(2) 处理步骤

关闭富气进料阀V1;手动关闭产品出料阀LV105;手动关闭再沸器后,清洗换热器E105。

5.6 固定床反应器单元仿真

5.6.1 工作原理

固定床反应器是流体通过静态固体颗粒形成的床层而进行化学反应的设备。本固定床反应器取材于乙烯装置中催化加氢脱除乙炔(碳二加氢)工段。在乙烯装置中,液态烃热裂解得到的裂解气中乙炔约含(1 000~5 000)$\times10^{-6}$,为了获得聚合级的乙烯、丙烯,须将乙炔脱除至要求指标,最主要的方法是催化选择加氢。

5.6.2 固定床反应器单元工艺流程说明

5.6.2.1 工艺流程简介

反应原料分两股,一股为约-15℃的以碳二为主的烃原料,进料量由流量控制器FIC1425控制;另一股为H_2与CH_4的混合气,温度约10℃,进料量由流量控制器FIC1427控制。FIC1425与FIC1427为比值控制,两股原料按一定比例在管线中混合后经原料气/反应气换热器(EH423)预热,再经原料预热器(EH424)预热到38℃,进入固定床反应器(ER424A/B)。预热温度由温度控制器TIC1466通过调节预热器EH424加热蒸气(S3)的流量来控制。

ER424A/B中的反应原料在2.523 MPa、44℃下反应生成C_2H_4。当温度过高时会发生C_2H_4聚合生成C_4H_8的副反应。反应器中的热量由反应器壳侧循环的加压丁烷冷剂蒸发带走。丁烷蒸气在水冷器EH429中由冷却水冷凝,而丁烷冷剂的压力由压力控制器PIC1426通过调节丁烷蒸气冷凝回流量来控制,从而保持丁烷冷剂的温度。

5.6.2.2 控制方案说明

FF1427:为一比值调节器。根据FIC1425(以C_2为主的烃原料)的流量,按一定的比例,相适应地调整FIC1427(H_2)的流量。

比值调节:工业上为了保持两种或两种以上物料的比例为一定值的调节叫比值调节。对于比值调节系统,首先是要明确哪种物料是主物料,而另一种物料按主物料来配比。在本单元中,FIC1425(以C_2为主的烃原料)为主物料,而FIC1427(H_2)的量是随主物料(以C_2为主的烃原料)的量的变化而改变的。

5.6.2.3 设备一览

EH423:原料气/反应气换热器

EH424:原料气预热器

EH429:C_4蒸气冷凝器

EV429:C_4闪蒸罐

ER424A/B:C_2X加氢反应器

5.6.2.4 仪表一览表

表5-6 固定床反应器单元仪表一览表

位号	说明	类型	量程高限	量程低限	工程单位
PIC1426	EV429罐压力控制	PID	1.0	0.0	MPa
TIC1466	EH423出口温控	PID	80.0	0.0	℃
FIC1425	C_2X流量控制	FID	700 000.0	0.0	kg/h
FIC1427	H_2流量控制	PID	300.0	0.0	kg/h
FT1425	C_2X流量	PV	700 000.0	0.0	kg/h
FT1427	H_2流量	PV	300.0	0.0	kg/h
TC1466	EH423出口温度	PV	80.0	0.0	℃
TI1467A	ER424A温度	PV	400.0	0.0	℃
TI1467B	ER424B温度	PV	400.0	0.0	℃
PC1426	EV429压力	PV	1.0	0.0	MPa
LI1426	EV429液位	PV	100	0.0	%
AT1428	ER424A出口氢浓度	PV	200 000.0	ppm	90.0
AT1429	ER424A出口乙炔浓度	PV	1 000 000.0	ppm	无
AT1430	ER424B出口氢浓度	PV	200 000.0	ppm	90.0
AT1431	ER424B出口乙炔浓度	PV	1 000 000.0	ppm	无

5.6.3 固定床反应器单元操作规程

5.6.3.1 冷态开车操作规程

固定床反应器仿现场如图5-23所示,仿DCS如图5-24所示。

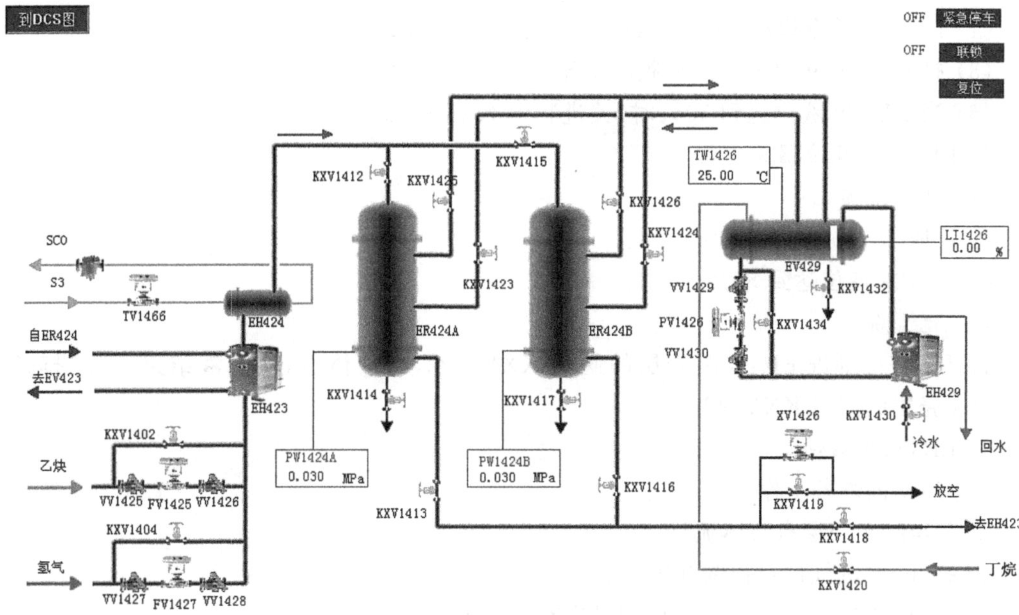

图 5-23 固定床反应器仿现场图

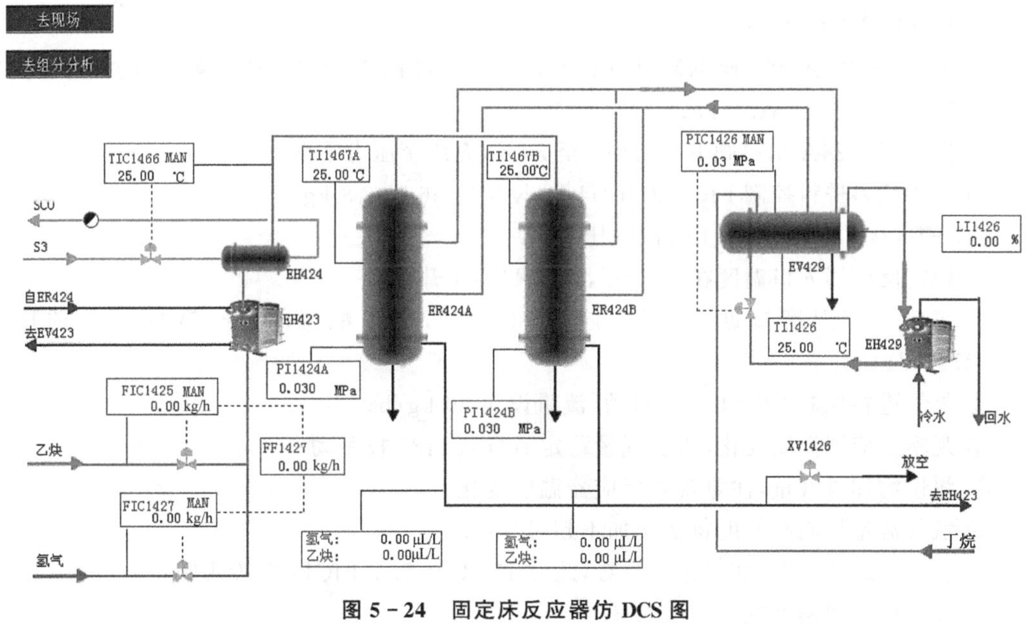

图 5-24 固定床反应器仿 DCS 图

装置的开工状态为反应器和闪蒸罐都处于已进行过氮气冲压置换后，保压在 0.03 MPa 状态。可以直接进行实气冲压置换。

1. EV429 闪蒸器充丁烷

(1) 确认 EV429 压力为 0.03 MPa；

(2) 打开 EV429 回流阀 PV1426 的前后阀 VV1429、VV1430；

(3) 调节 PV1426(PIC1426)阀开度为 50%；

(4) EH429 通冷却水，打开 KXV1430，开度为 50%；

(5) 打开 EV429 的丁烷进料阀门 KXV1420，开度 50%；

(6) 当 EV429 液位达到 50%时，关进料阀 KXV1420。

2. ER424A 反应器充丁烷

(1) 确认事项

① 反应器 0.03 MPa 保压；

② EV429 液位达到 50%。

(2) 充丁烷

打开丁烷冷剂进 ER424A 壳层的阀门 KXV1423，有液体流过，充液结束；同时打开出 ER424A 壳层的阀门 KXV1425。

3. ER424A 启动

(1) 启动前准备工作

① ER424A 壳层有液体流过；

② 打开 S3 蒸气进料控制 TIC1466；

③ 调节 PIC1426 设定，压力控制设定在 0.4 MPa。

(2) ER424A 充压、实气置换

① 打开 FIC1425 的前后阀 VV1425、VV1426 和 KXV1412；

② 打开阀 KXV1418；

③ 微开 ER424A 出料阀 KXV1413，丁烷进料控制 FIC1425(手动)，慢慢增加进料，提高反应器压力，充压至 2.523MPa；

④ 慢开 ER424A 出料阀 KXV1413 至 50%，充压至压力平衡；

⑤ 乙炔原料进料控制 FIC1425 投自动，设定值 56 186.8 kg/h。

(3) ER424A 配氢，调整丁烷冷剂压力

① 稳定反应器入口温度在 38.0℃，使 ER424A 升温；

② 当反应器温度接近 38.0℃(超过 35.0℃)，准备配氢，打开 FV1427 的前后阀 VV1427、VV1428；

③ 氢气进料控制 FIC1427 投自动，流量设定 80 kg/h；

④ 观察反应器温度变化，当氢气量稳定后，FIC1427 投手动；

⑤ 缓慢增加氢气量，注意观察反应器温度变化；

⑥ 氢气流量控制阀开度每次增加不超过 5%；

⑦ 氢气量最终加至 200 kg/h 左右，此时 $H_2/C_2=2.0$，FIC1427 投串级；

⑧ 控制反应器温度在 44.0℃左右。

5.6.3.2 正常操作规程

1. 正常工况下工艺参数

(1) 正常运行时，反应器温度 TI1467A 控制在 44.0℃，压力 PI1424A 控制在 2.523 MPa；

(2) FIC1425 投自动，设定值 56 186.8 kg/h，FIC1427 投串级；

(3) PIC1426 压力控制在 0.4 MPa，EV429 温度 TI1426 控制在 38.0℃；

(4) TIC1466 投自动,设定值 38.0℃;

(5) ER424A 出口氢气浓度低于 50×10^{-6},乙炔浓度低于 200×10^{-6};

(6) EV429 液位 LI1426 为 50%。

2. ER424A 与 ER424B 间切换

(1) 关闭氢气进料;

(2) ER424A 温度下降低于 38.0℃后,打开 C_4 冷剂进 ER424B 的阀 KXV1424、KXV1426,关闭 C_4 冷剂进 ER424A 的阀 KXV1423、KXV1425;

(3) 开 C_2H_2 进 ER424B 的阀 KXV1415,微开 KXV1416,关 C_2H_2 进 ER424A 的阀 KXV1412。

3. ER424B 的操作

ER424B 的操作与 ER424A 操作相同。

5.6.3.3 正常停车操作规程

(1) 关闭氢气进料,关 VV1427、VV1428,FIC1427 投手动,设定值为 0%;

(2) 关闭加热器 EH424 蒸气进料,TIC1466 投手动,开度 0%;

(3) 闪蒸器冷凝回流控制 PIC1426 投手动,开度 100%;

(4) 逐渐减少乙炔进料,开大 EH429 冷却水进料;

(5) 逐渐降低反应器温度、压力,至常温、常压;

(6) 逐渐降低闪蒸器温度、压力,至常温、常压。

5.6.3.4 事故现象及处理

1. 氢气进料阀卡住

(1) 主要现象

氢气量无法自动调节。

(2) 处理步骤

降低 EH429 冷却水的量;用旁路阀 KXV1404 手动调节氢气量。

2. 预热器 EH424 阀卡住

(1) 主要现象

换热器出口温度超高。

(2) 处理步骤

增加 EH429 冷却水的量;减少配氢量。

3. 闪蒸罐压力调节阀卡

(1) 主要现象

闪蒸罐压力,温度超高。

(2) 处理步骤

增加 EH429 冷却水的量;用旁路阀 KXV1434 手动调节。

4. 反应器漏气

(1) 主要现象

反应器压力迅速降低。

(2) 处理步骤

停工。

5. EH429 冷却水进口阀卡住

(1) 主要现象

闪蒸罐压力，温度超高。

(2) 处理步骤

停工。

6. 反应器超温

(1) 主要现象

反应器温度超高，会引发乙烯聚合的副反应。

(2) 处理步骤

增加 EH429 冷却水的量。

5.7 流化床反应器单元

5.7.1 工作原理

气-固相流化床催化反应器(常简称为流化床)是流体以一定的流动速度使固体催化剂颗粒呈悬浮湍动，并在催化剂作用下进行化学反应的设备。本仿真培训单元的流化床反应器取材于 HIMONT 工艺连续本体法聚丙烯装置的气相共聚反应器，用于生产高抗冲共聚体。气相共聚生产高冲聚合物时，均聚体粉料从共聚反应器顶部进入流化床反应器。与此同时，按一定比例恒定地加入乙烯、丙烯和氢气，以达到共聚产品所需要的性质，聚合的反应热靠循环气体的冷却而导出。气相反应聚合速度的控制是靠调节反应器的气体组成(H_2/C_2、C_2/C_3之比)和总的系统压力、反应温度及料面高度(停留时间)来实现的。

5.7.2 流化床反应器单元工艺流程说明

5.7.2.1 工艺流程简介

在压差作用下自闪蒸罐 D301 的具有剩余活性的干均聚物(聚丙烯)从顶部流到该气相共聚反应器 R401 上。在气体分析仪的控制下，氢气被加到乙烯进料管道中，以改进聚合物的本征黏度，满足加工需要。

来自乙烯气提塔 T402 顶部的回收气相与气相反应器出口的循环单体汇合，进入 E401 与脱盐水进行换热，将聚合反应热撤出后，通过一个特殊设计的栅板进入反应器。循环气体用工业色谱仪进行分析，以便调节氢气和丙烯的补充量。

由反应器底部出口管路上的控制阀来维持聚合物的料位。聚合物料位决定了停留时间，从而决定了聚合反应的程度。由反应器底部出口管路上的控制阀 LV401 来维持聚合物的料位，LC401 与 PC403 串级控制。为了避免过度聚合的鳞片状产物堆积在反应器壁上，反应器内配置一转速较慢的刮刀，以使反应器壁保持干净。

栅板下部夹带的聚合物细末，用一台小型旋风分离器 S401 除去，并送到下游的袋式过滤器中。

立式列管式换热器E401位于循环气体压缩机C401之前，在开车时用来加热循环气体，反应开始后，用脱盐水作为冷却介质冷却循环气体，移出聚合反应热。

共聚物的反应压力约为1.5 MPa，温度70℃。

5.7.2.2 设备一览

A401：R401的刮刀

C401：R401循环压缩机

E401：R401气体冷却器

E409：夹套水加热器

P401：开车加热泵

R401：共聚反应器

S401：R401旋风分离器

5.7.2.3 仪表一览表

表5-7 流化床反应器单元仪表一览表

位号	说明	类型	正常值	工程单位
FC402	氢气进料流量	PID	0.35	kg/h
FC403	乙烯进料流量	PID	567.0	kg/h
FC404	丙烯进料流量	PID	400.0	kg/h
PC402	R401压力	PID	1.40	MPa
PC403	R401压力	PID	1.35	MPa
LC401	R401液位	PID	60.0	%
TC401	R401循环气温度	PID	70.0	℃
FI401	E401循环水流量	AI	36.0	t/h
FI405	R401气相进料流量	AI	120.0	t/h
TI402	循环气E401入口温度	AI	70.0	℃
TI403	E401出口温度	AI	65.0	℃
TI404	R401入口温度	AI	75.0	℃
TI405/1	E401入口水温度	AI	60.0	℃
TI405/2	E401出口水温度	AI	70.0	℃
TI406	E401出口水温度	AI	70.0	℃

5.7.3 流化床反应器单元操作规程

5.7.3.1 冷态开车操作规程

流化床反应器仿现场如图5-25所示，仿DCS如图5-26所示。

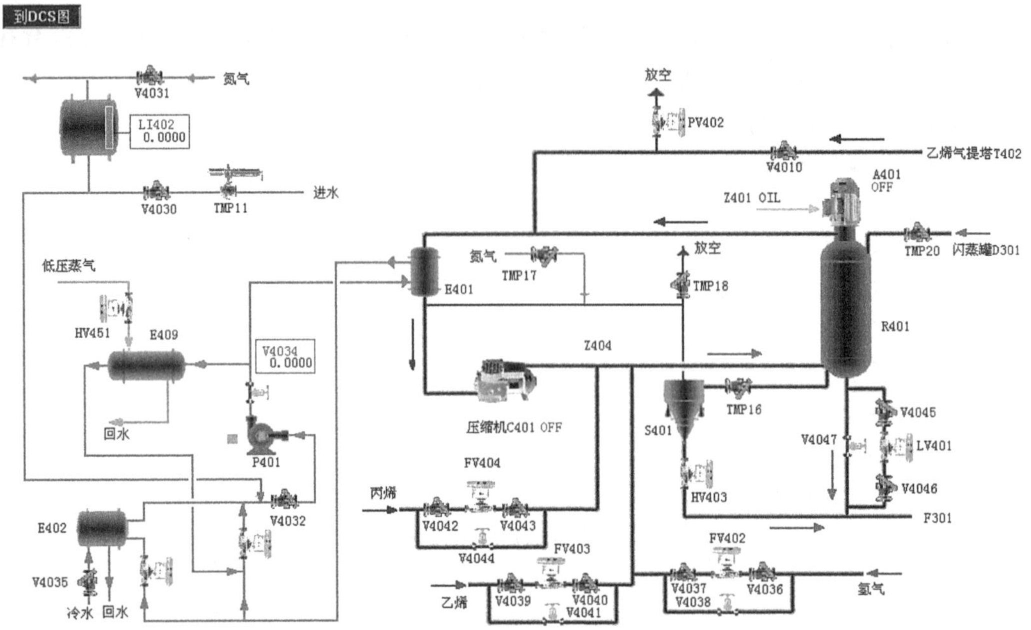

图 5－25 流化床反应器仿现场图

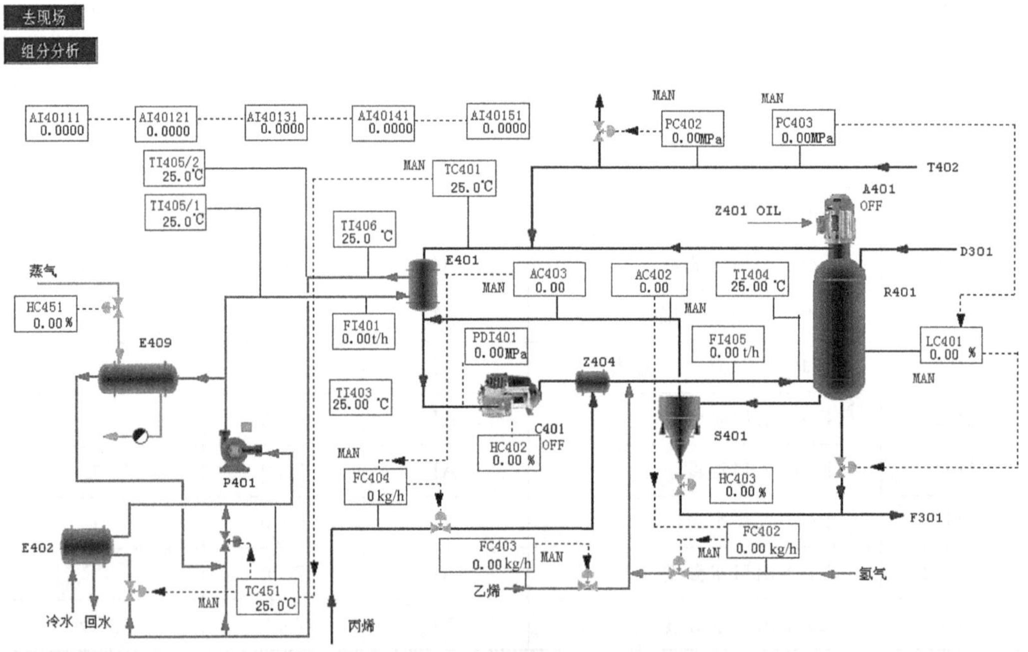

图 5－26 流化床反应器仿 DCS 图

1. 开车准备

准备工作包括：系统中用氮气充压，循环加热氮气，随后用乙烯对系统进行置换（按照实际正常的操作，用乙烯置换系统要进行两次，考虑到时间关系，只进行一次）。这一过程完成之后，系统将准备开始单体开车。

(1) 系统氮气充压加热

① 充氮：打开充氮阀，用氮气给反应器系统充压，当系统压力达 0.7 MPa(表)时，关闭充氮阀；

② 当氮充压至 0.1 MPa(表)时，按照正确的操作规程，启动 C401 共聚循环气体压缩机，将导流叶片(HC402)定在 40%；

③ 环管充液：启动压缩机后，开进水阀 V4030，给水罐充液，开氮封阀 V4031；

④ 当水罐液位大于 10%时，开泵 P401 入口阀 V4032，启动泵 P401，调节泵出口阀 V4034 至 60%开度；

⑤ 手动开低压蒸气阀 HC451，启动换热器 E409，加热循环氮气；

⑥ 打开循环水阀 V4035；

⑦ 当循环氮气温度达到 70℃时，TC451 投自动，调节其设定值为 68℃，维持氮气温度 TC401 在 70℃左右。

(2) 氮气循环

① 当反应系统压力达 0.7 MPa 时，关充氮阀；

② 在不停压缩机的情况下，用 PV402 和排放阀给反应系统泄压至 0.0 MPa(表)；

③ 在充氮泄压操作中，不断调节 TC451 设定值，维持 TC401 温度在 70℃左右。

(3) 乙烯充压

① 当系统压力降至 0.0 MPa(表)时，关闭排放阀；

② 由 FC403 开始乙烯进料，乙烯进料量设定在 567.0 kg/h 时投自动调节，乙烯使系统压力充至 0.25 MPa(表)。

2. 干态运行开车

本规程旨在聚合物进入之前，共聚集反应系统具备合适的单体浓度，另外通过该步骤也可以在实际工艺条件下，预先对仪表进行操作和调节。

(1) 反应进料

① 当乙烯充压至 0.25 MPa(表)时，启动氢气的进料阀 FC402，氢气进料设定在 0.102 kg/h，FC402 投自动控制；

② 当系统压力升至 0.5 MPa(表)时，启动丙烯进料阀 FC404，丙烯进料设定在 400 kg/h，FC404 投自动控制；

③ 打开自乙烯气提塔来的进料阀 V4010；

④ 当系统压力升至 0.8 MPa(表)时，打开旋风分离器 S401 底部阀 HC403 至 20%开度，维持系统压力缓慢上升。

(2) 准备接收 D301 来的均聚物

① 再次加入丙烯，将 FC404 改为手动，调节 FV404 为 85%；

② 当 AC402 和 AC403 平稳后，调节 HC403 开度至 25%；

③ 启动共聚反应器的刮刀，准备接收从闪蒸罐(D301)来的均聚物。

3. 共聚反应物的开车

(1) 确认系统温度 TC451 维持在 70℃左右；

(2) 当系统压力升至 1.2 MPa(表)时，开大 HC403 开度在 40%和 LV401 在 20%～

25%,以维持流态化;

(3) 打开来自D301的聚合物进料阀;

(4) 停低压加热蒸气,关闭HV451。

4. 稳定状态的过渡

(1) 反应器的液位

① 随着R401料位的增加,系统温度将升高,及时降低TC451的设定值,不断取走反应热,维持TC401温度在70℃左右;

② 调节反应系统压力在1.35 MPa(表)时,PC402自动控制;

③ 手动开启LV401至30%,让共聚物稳定地流过此阀;

④ 当液位达到60%时,将LC401设置投自动;

⑤ 随系统压力的增加,料位将缓慢下降,PC402调节阀自动开大,为了维持系统压力在1.35 MPa,缓慢提高PC402的设定值至1.40 MPa(表);

⑥ 当LC401在60%投自动控制后,调节TC451的设定值,待TC401稳定在70℃左右时,TC401与TC451串级控制。

(2) 反应器压力和气相组成控制

① 压力和组成趋于稳定时,将LC401和PC403投串级;

② FC404和AC403串级联结;

③ FC402和AC402串级联结。

5.7.3.2 正常操作规程

正常工况下的工艺参数如下。

(1) FC402:调节氢气进料量(与AC402串级)正常值在0.35 kg/h;

(2) FC403:单回路调节乙烯进料量正常值在567.0 kg/h;

(3) FC404:调节丙烯进料量(与AC403串级)正常值在400.0 kg/h;

(4) PC402:单回路调节系统压力正常值在1.4 MPa;

(5) PC403:主回路调节系统压力正常值在1.35 MPa;

(6) LC401:反应器料位(与PC403串级)正常值在60%;

(7) TC401:主回路调节循环气体温度正常值在70℃;

(8) TC451:分程调节取走反应热量(与TC401串级)正常值在50℃;

(9) AC402:主回路调节反应产物中H_2/C_2之比,正常值在0.18;

(10) AC403:主回路调节反应产物中C_2/C_3&C_2之比,正常值在0.38。

5.7.3.3 正常停车操作规程

1. 降反应器料位

(1) 关闭催化剂来料阀TMP20;

(2) 手动缓慢调节反应器料位。

2. 关闭乙烯进料,保压

(1) 当反应器料位降至10%时,关乙烯进料;

(2) 当反应器料位降至0%时,关反应器出口阀;

(3) 关旋风分离器S401上的出口阀。

3. 关丙烯及氢气进料

(1) 手动切断丙烯进料阀;

(2) 手动切断氢气进料阀;

(3) 排放导压至火炬;

(4) 停反应器刮刀 A401。

4. 氮气吹扫

(1) 将氮气加入该系统;

(2) 当压力达 0.35 MPa 时放火炬;

(3) 停压缩机 C401。

5.7.3.4 事故现象及处理

1. 泵 P401 停

(1) 主要现象

温度调节器 TC451 急剧上升,然后 TC401 随之升高。

(2) 处理步骤

调节丙烯进料阀 FV404,增加丙烯进料量;调节压力调节器 PC402,维持系统压力;调节乙烯进料阀 FV403,维持 C_2/C_3 比。

2. 压缩机 C401 停

(1) 主要现象

系统压力急剧上升。

(2) 处理步骤

关闭催化剂来料阀 TMP20;手动调节 PC402,维持系统压力;手动调节 LC401,维持反应器料位。

3. 丙烯进料停

(1) 主要现象

丙烯进料量为 0.0。

(2) 处理步骤

手动关小乙烯进料量,维持 C_2/C_3 比;关催化剂来料阀 TMP20;手动关小 PV402,维持压力;手动关小 LC401,维持料位。

4. 乙烯进料停

(1) 主要现象

乙烯进料量为 0.0。

(2) 处理步骤

手动关丙烯进料,维持 C_2/C_3 比;手动关小氢气进料,维持 H_2/C_2 比。

5. D301 供料停

(1) 主要现象

TMP20 显示关闭状态。

(2) 处理步骤

手动关闭 LV401;手动关小丙烯进料;手动关小乙烯进料;手动调节压力。

5.8 间歇釜反应器单元仿真

5.8.1 工作原理

间歇釜反应器在助剂、制药、染料等行业的生产过程中非常常见。本工艺过程的产品是2-巯基苯并噻唑，由多硫化钠（Na_2S_n）、邻硝基氯苯（$C_6H_4ClNO_2$）及二硫化碳（CS_2）为原料来合成。

主反应如下：

$$2C_6H_4ClNO_2 + Na_2S_n \longrightarrow C_{12}H_8N_2S_2O_4 + 2NaCl + (n-2)S\downarrow$$

$$C_{12}H_8N_2S_2O_4 + 2CS_2 + 2H_2O + 3Na_2S_n \longrightarrow 2C_7H_4NS_2Na + 2H_2S(+3Na_2S_2O_3 + (3n+4)S\downarrow$$

副反应如下：

$$C_6H_4ClNO_2 + Na_2S_n + H_2O \longrightarrow C_6H_6NCl + Na_2S_2O_3 + (n-2)S$$

正反应的活化能要比负反应的活化能高，因此升温后更利于反应收率。在90℃的时候，正反应和负反应的速度比较接近，因此，要尽量延长反应温度在90℃以上的时间，以获得更多的正反应产物。

5.8.2 间歇釜反应器单元工艺流程说明

5.8.2.1 工艺流程简介

来自备料工序的CS_2、$C_6H_4ClNO_2$、Na_2S_n分别注入计量罐及沉淀罐中，经计量沉淀后利用位差及离心泵压入反应釜中，釜温由夹套中的蒸气、冷却水及蛇管中的冷却水控制，设有分程控制TIC101（只控制冷却水），通过控制反应釜温来控制反应速度及副反应速度，以获得较高的收率及确保反应过程安全。

5.8.2.2 设备一览

R01：间歇反应釜

VX01：CS_2计量罐

VX02：邻硝基氯苯计量罐

5.8.2.3 仪表一览表

表5-8 间歇釜反应器单元仪表一览表

位号	说明	类型	量程高限	量程低限	工程单位
TIC101	反应釜温度控制	PID	500	0.0	℃
TI102	反应釜夹套冷却水温度	AI	100	0.0	℃
TI103	反应釜蛇管冷却水温度	AI	100	0.0	℃
TI104	CS_2计量罐温度	AI	100	0.0	℃

续表

位号	说明	类型	量程高限	量程低限	工程单位
TI105	邻硝基氯苯罐温度	AI	100	0.0	℃
TI106	多硫化钠沉淀罐温度	AI	100	0.0	℃
LI101	CS_2 计量罐液位	AI	1.75	0.0	m
LI102	邻硝基氯苯罐液位	AI	1.5	0.0	m
LI103	多硫化钠沉淀罐液位	AI	4	0.0	m
LI104	反应釜液位	AI	3.15	0.0	m
PI101	反应釜压力	AI	2	0.0	MPa

5.8.3 间歇釜反应器单元操作规程

5.8.3.1 冷态开车操作规程

间歇釜反应器仿现场如图 5-27 所示，仿 DCS 如图 5-28 所示。

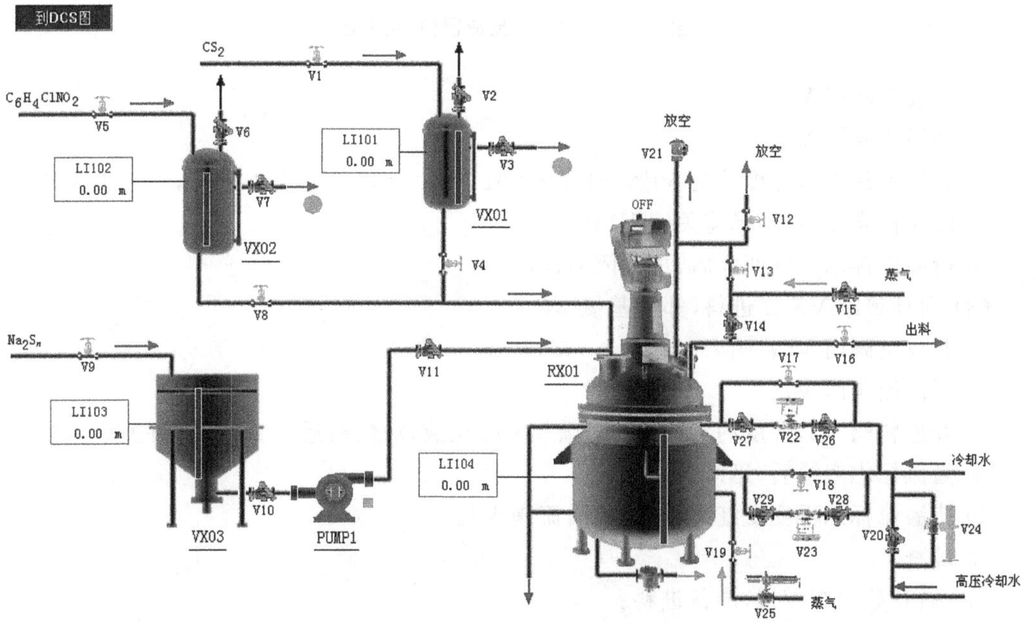

图 5-27 间歇釜反应器仿现场图

1. 备料过程

(1) 向沉淀罐 VX03 进料(Na_2S_n)

① 开阀门 V9，向罐 VX03 充液；

② VX03 液位接近 3.60 m 时，关小 V9，至 3.60 m 时关闭 V9；

③ 静置 4 min(实际 4 h)备用。

(2) 向计量罐 VX01 进料(CS_2)

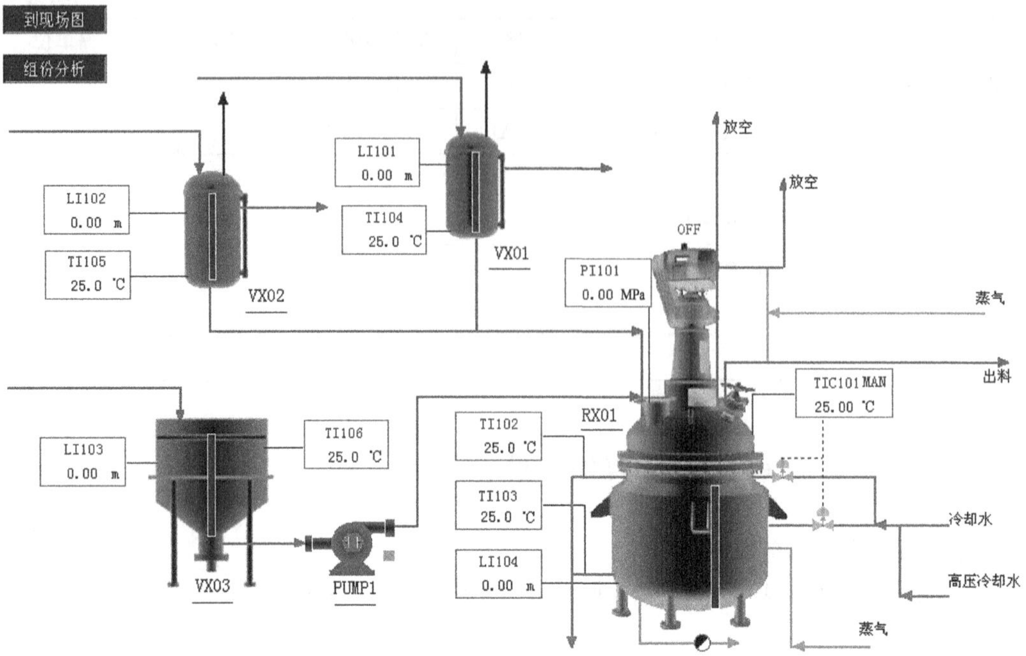

图 5-28　间歇釜反应器仿 DCS 图

① 开放空阀门 V2；

② 开溢流阀门 V3；

③ 开进料阀 V1，开度约为 50%，向罐 VX01 充液，液位接近 1.4 m 时，可关小 V1；

④ 溢流标志变绿后，迅速关闭 V1；

⑤ 待溢流标志再度变红后，可关闭溢流阀 V3。

(3) 向计量罐 VX02 进料（邻硝基氯苯）

① 开放空阀门 V6；

② 开溢流阀门 V7；

③ 开进料阀 V5，开度约为 50%，向罐 VX02 充液，液位接近 1.2 m 时，可关小 V5；

④ 溢流标志变绿后，迅速关闭 V5；

⑤ 待溢流标志再度变红后，可关闭溢流阀 V7。

2. 进料

(1) 微开放空阀 V12，准备进料。

(2) 从 VX03 中向反应器 RX01 中进料（Na_2S_n）

① 打开泵前阀 V10，向进料泵 PUMP1 中充液；

② 打开进料泵 PUMP1；

③ 打开泵后阀 V11，向 RX01 中进料；

④ 至液位小于 0.1 m 时停止进料，关泵后阀 V11；

⑤ 关泵 PUMP1；

⑥ 关泵前阀 V10。

(3) 从 VX01 中向反应器 RX01 中进料（CS_2）

① 检查放空阀 V2 开放；

② 打开进料阀 V4 向 RX01 中进料；

③ 待进料完毕后关闭 V4。

(4) 从 VX02 中向反应器 RX01 中进料(邻硝基氯苯)

① 检查放空阀 V6 开放；

② 打开进料阀 V8 向 RX01 中进料；

③ 待进料完毕后关闭 V8。

(5) 进料完毕后关闭放空阀 V12。

3. 开车阶段

(1) 检查放空阀 V12 与进料阀 V4、V8、V11 是否关闭，打开联锁控制；

(2) 开启反应釜搅拌电机；

(3) 适当打开夹套蒸气加热阀 V19，观察反应釜内温度和压力上升情况，保持适当的升温速度；

(4) 控制反应温度直至反应结束。

4. 反应过程控制

(1) 当温度升至 55～65℃左右关闭 V19，停止通蒸气加热；

(2) 当温度升至 70～80℃左右时微开 TIC101(冷却水阀 V22、V23)，控制升温速度；

(3) 当温度升至 110℃以上时，是反应剧烈的阶段，应小心加以控制，防止超温，当温度难以控制时，打开高压水阀 V20，并可关闭搅拌器以使反应降速，当压力过高时，可微开放空阀 V12 以降低气压，但放空会使 CS_2 损失，污染大气；

(4) 反应温度大于 128℃时，相当于压力超过 0.8 MPa，已处于事故状态，如联锁开关处于“on”的状态，联锁启动(开高压冷却水阀，关搅拌器，关加热蒸气阀)；

(5) 压力超过 1.5 MPa(相当于温度大于 160℃)，反应釜安全阀作用。

5.8.3.2 热态开车操作规程

1. 反应中要求的工艺参数

(1) 反应釜中压力不大于 0.8 MPa；

(2) 冷却水出口温度不小于 60℃，如小于 60℃易使硫在反应釜壁和蛇管表面结晶，使传热不畅。

2. 主要工艺生产指标的调整方法

(1) 温度调节：操作过程中以温度为主要调节对象，以压力为辅助调节对象。升温慢会引起副反应速度大于主反应速度的时间段过长，因而引起反应的产率低；升温快则容易使反应失控。

(2) 压力调节：压力调节主要是通过调节温度来实现的，但在超温的时候可以微开放空阀，使压力降低，以达到安全生产的目的。

(3) 收率：由于在 90℃以下时，副反应速度大于正反应速度，因此在安全的前提下快速升温是收率高的保证。

5.8.3.3 正常停车操作规程

在冷却水量很小的情况下，反应釜的温度下降仍较快，则说明反应接近尾声，可以进行停车出料操作了。

(1) 打开放空阀 V12 约 5～10 s,放掉釜内残存的可燃气体,关闭 V12。

(2) 向釜内通增压蒸气。

① 打开蒸气总阀 V15;

② 打开蒸气加压阀 V13 给釜内升压,使釜内气压高于 0.4 MPa。

(3) 打开蒸气预热阀 V14 片刻。

(4) 打开出料阀门 V16 出料。

(5) 出料完毕后保持开 V16 约 10 s 进行吹扫。

(6) 关闭出料阀 V16(尽快关闭,超过 1 min 不关闭将不能得分)。

(7) 关闭蒸气阀 V15。

5.8.3.4 事故现象及处理

1. 反应器超温

(1) 主要现象

温度大于 128℃(气压大于 80 MPa)。

(2) 处理步骤

开大冷却水,打开高压冷却水阀 V20;关闭搅拌器,使反应速度下降;如果气压超过 120 MPa,打开放空阀 V12。

2. 搅拌器 M1 停转

(1) 主要现象

反应速度逐渐下降为低值,产物浓度变化缓慢。

(2) 处理步骤

停止操作,出料维修。

3. 蛇管冷却水阀 V22 卡

(1) 主要现象

开大冷却水阀对控制反应釜温度无作用,且出口温度稳步上升。

(2) 处理步骤

开冷却水旁路阀 V17 调节。

4. 出料管堵塞

(1) 主要现象

出料时,内气压较高,但釜内液位下降很慢。

(2) 处理步骤

开出料预热蒸气阀 V14 吹扫 5 min 以上(仿真中采用)。拆下出料管用火烧化硫黄,或更换管段及阀门。

5. 测温电阻连线故障

(1) 主要现象

温度显示置零。

(2) 处理步骤

改用压力显示对反应进行调节(调节冷却水用量);升温至压力为 3～7.5 MPa 停止加热;升温至压力为 10～16 MPa 开始通冷却水;压力为 35～40 MPa 以上为反应剧烈阶段;反应压力大于 70 MPa,相当于温度大于 128℃,处于故障状态;反应压力大于 100 MPa,反应器联锁启动;反应压力大于150 MPa,反应器安全阀启动(以上压力为表压)。

5.9 多效蒸发单元仿真

5.9.1 工作原理

将加热蒸汽通入一蒸发器,则液体受热而沸腾,所产生的二次蒸汽,其压力和温度比原加热蒸汽(为了易于区别,在多效蒸发中常将第一效的加热蒸汽称为生蒸汽)的压力和温度低。因此可引入前效的二次蒸汽作为后效的加热介质,即后效的加热室成为前效二次蒸汽的冷凝器,仅第一效需要消耗生蒸汽,这就是多效蒸发的操作原理,一般多效蒸发装置的末效或后几效总是在真空下操作的。将多个蒸发器这样连接起来一同操作,即组成一个多效蒸发器。每一蒸发器称为一效,通入生蒸汽的蒸发器称为第一效,利用第一效的二次蒸汽以加热的,称为第二效,依次类推。由于各效(末效除外)的二次蒸汽都作为下一效蒸发器的加热蒸汽,故提高了生蒸汽的利用率(又称为经济程度),即单效蒸发或多效蒸发装置中所蒸发的水量相等。则前者需要的生蒸汽量远大于后者。多效蒸发操作的加料,可有四种不同的方法:并流法、逆流法、错流法和平流法。工业中最常用的为并流加料法,溶液流向与蒸汽相同,即由第一效顺序流至末效。因为后一效蒸发室的压力较前一效的为低,故各效之间可毋需用泵输送溶液,此为并流法的优点之一。其另一优点为前一效的溶液沸点较后一效的为高,因此当溶液自前一效进入后一效内,即成过热状态而自行蒸发,可以发生更多的二次蒸汽。

5.9.2 多效蒸发单元工艺流程说明

5.9.2.1 工艺流程简介

本仿真培训系统以NaOH水溶液三效并流蒸发的工艺作为仿真对象。仿真范围内主要设备为蒸发器、换热器、真空泵、简单罐和阀门等。

原料NaOH水溶液(沸点进料,沸点为143.8℃)经流量调节器FIC101控制流量(10 000 kg/h)后,进入蒸发器F101A,料液受热而沸腾,产生136.9℃的二次蒸汽,料液从蒸发器底部经阀门LV101流入第二效蒸发器F101B。压力为500 kPa,温度为151.7℃左右的加热蒸汽经流量调节器FIC102控制流量(2 063.3 kg/h)后,进入F101A加热室的壳程,冷凝成水后经阀门VG08排出。第一效蒸发器F101A蒸发室压力控制在327 kPa,溶液的液面高度通过液位控制器LIC101控制在1.2 m。第一效蒸发器产生的二次蒸汽经过蒸发器顶部阀门VG13后,进入第二效蒸发器F101B加热室的壳程,冷凝成水后经阀门VG07排出。从第一效流入第二效的料液,受热汽化产生112.7℃的二次蒸汽,料液从蒸发器底部经阀门LV102流入第三效蒸发器F101C。第二效蒸发器F101B蒸发室压力控制在163 kPa,溶液的液面高度通过液位控制器LIC102控制在1.2 m。第二效蒸发器产生的二次蒸汽经过蒸发器顶部阀门VG14后,进入第三效蒸发器F101C加热室的壳程,冷凝成水后经阀门

VG06 排出。从第二效流入第三效的料液，受热汽化产生 60.1℃的二次蒸汽，料液从蒸发器底部经阀门 LV103 流入积液罐 F102。第三效蒸发器 F101C 蒸发室压力控制在 20 kPa，溶液的液面高度通过液位控制器 LIC103 控制在 1.2 m。完成液不满足工业生产要求时，经阀门 VG10 泄液。第三效产生的二次蒸汽送往冷凝器被冷凝而除去。真空泵用于保持蒸发装置的末效或后几效在真空下操作。

5.9.2.2 控制方案说明

1. 原料液流量控制

FV101 控制原料液的入口流量，FIC101 检测蒸发器的原料液入口流量的变化，并将信号传至 FV101 控制阀开度，使蒸发器入口流量维持在设定点。流量设置点为 10 000 kg/h。

2. 加热蒸汽流量控制

FV102 控制加热蒸汽的流量，FIC102 检测蒸发器的二次蒸汽流量的变化，并将信号传至 FV102 控制阀开度，使二次蒸汽流量维持在设定点。流量设置点为 2 063.4 kg/h。

3. 蒸发器的液位控制

LV101、LV102 和 LV103 控制蒸发器出口料液的流量，LIC101、LIC102 和 LIC103 检测蒸发器的液位，并将信号传给 LV101、LV102 和 LV103 控制阀的开度，使蒸发器的料液及时排走，使蒸发器的液位维持在设定点。液位设定点为 1.2 m。

5.9.2.3 设备一览

F101A：第一效蒸发器

F101B：第二效蒸发器

F101C：第三效蒸发器

F102：储液罐

E101：换热器

FV101：流量控制阀

FV102：流量控制阀

LV101：液位控制阀

LV102：液位控制阀

LV103：液位控制阀

VG04～VG15：闸阀

5.9.2.4 仪表一览表

表 5-9 多效蒸发单元仪表一览表

位号	说明	正常值	工程单位
FIC101	流量控制仪表	10 000	kg/h
FIC102	流量控制仪表	2 063.3	kg/h
PI101	压力显示仪表	0.322	MPa
PI102	压力显示仪表	0.16	MPa
PI103	压力显示仪表	0.025	MPa
PI104	压力显示仪表	0.02	MPa

续表

位号	说明	正常值	工程单位
TI101	温度显示仪表	143.8	℃
TI102	温度显示仪表	124.5	℃
TI103	温度显示仪表	87.0	℃
LIC101	液位控制仪表	1.20	m
LIC102	液位控制仪表	1.20	m
LIC103	液位控制仪表	1.20	m
LI104	液位显示仪表	50	%

5.9.3　多效蒸发单元操作规程

5.9.3.1　冷态开车操作规程

多效蒸发仿现场如图 5-29 所示，仿 DCS 如图 5-30 所示。

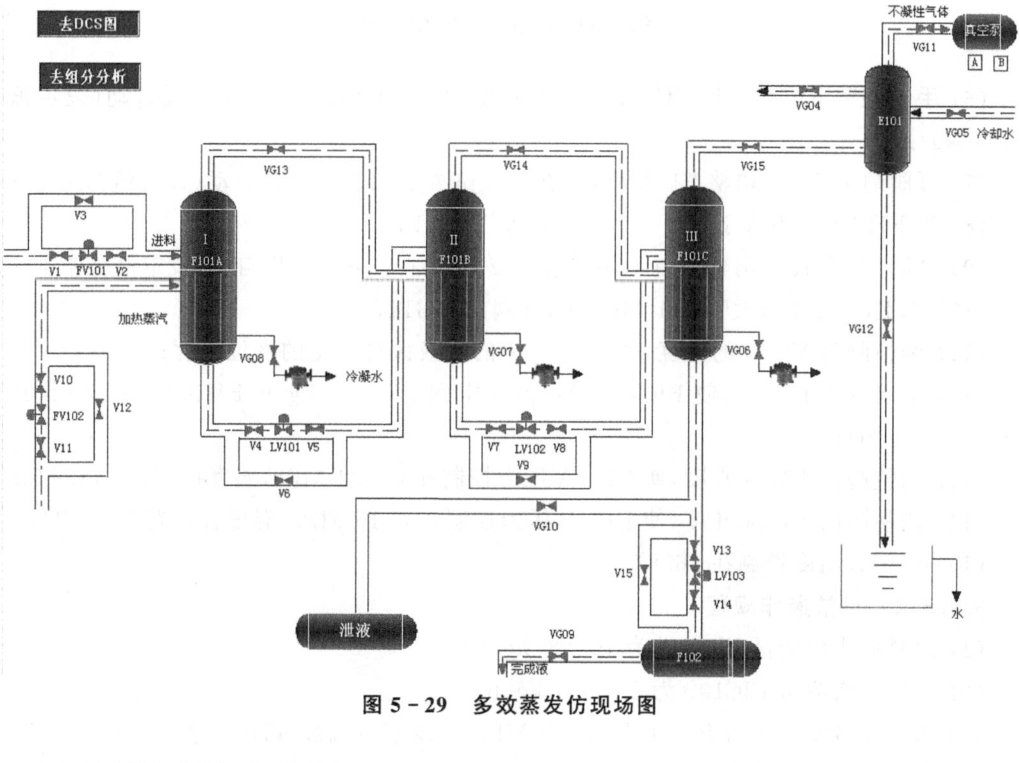

图 5-29　多效蒸发仿现场图

(1) 分别打开冷却水阀 VG05、VG04；
(2) 开真空泵 A、泵前阀 VG11，控制冷凝器压力；
(3) 开阀门 VG15，控制蒸发器压力；
(4) 开启排冷凝水阀门 VG12；
(5) 开疏水阀 VG06，VG07 和 VG08；

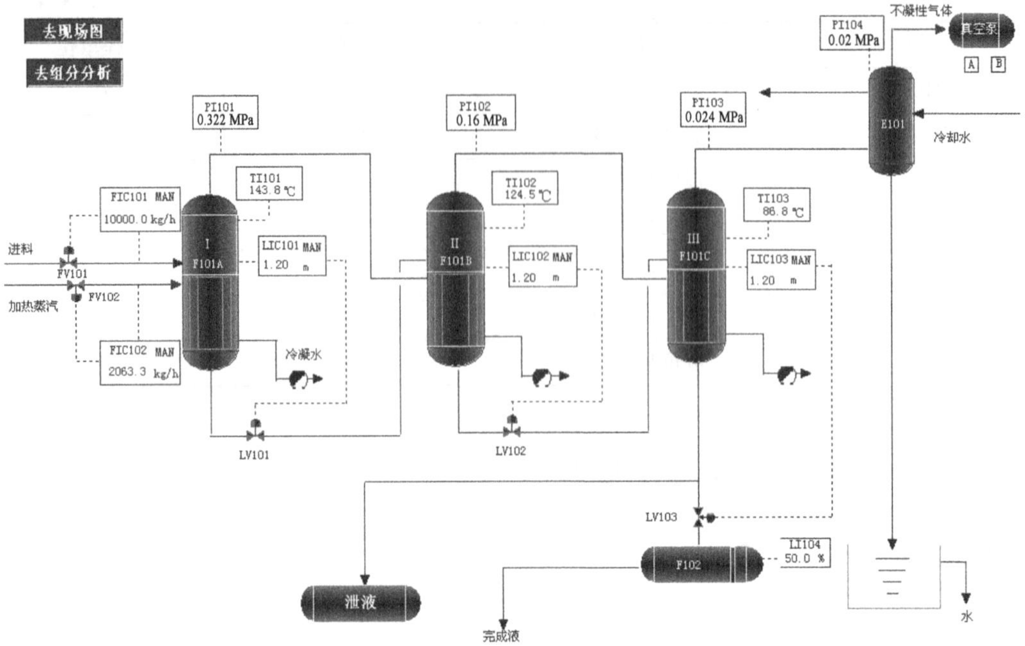

图 5-30　多效蒸发仿 DCS 图

(6) 手动调节 FV101，使 FIC101 指示值稳定到 10 000 kg/h，FV101 投自动（设定值为 10 000 kg/h）；

(7) 开阀门 LV101，调整 F101A 液位在 1.2 m 左右，LIC101 投自动（设定值为 1.2 m）；

(8) 当 F101A 压力大于 0.1 MPa 时，开阀门 VG13；

(9) 开阀门 LV102，调整 F101B 液位在 1.2 m 左右，LIC102 投自动（设定值为 1.2 m）；

(10) 当 F101B 压力大于 0.1 MPa 时，开阀门 VG14；

(11) 调整阀门 VG10 的开度，使 F101C 中的料液保持一定的液位高度；

(12) 手动调节 FV102，使 FIC102 指示值稳定到 2 063.4 kg/h，FV102 投自动（设定值为2 063.4 kg/h）；

(13) 调整阀门 VG13 开度，使 F101A 压力控制在 0.322 MPa，温度控制在 143.8℃；

(14) 调整阀门 VG14 开度，使 F101B 压力控制在 0.16 MPa，温度控制在 124.5℃；

(15) F101C 温度控制在 86.8℃。

5.9.3.2　正常操作规程

(1) 原料液入口流量 FIC101 为 10 000 kg/h；

(2) 加热蒸汽流量 FIC102 为 2 063.4 kg/h；

(3) 第一效蒸发室压力 PI101 为 0.322 MPa，二次蒸汽温度 TI101 为 143.8℃；

(4) 第一效加热室液位 LIC101 为 1.2 m；

(5) 第二效蒸发室压力 PI102 为 0.16 MPa，二次蒸汽温度 TI102 为 124.5℃；

(6) 第二效加热室液位 LIC102 为 0.12 MPa；

(7) 第三效蒸发室压力 PI103 为 0.025 MPa，二次蒸汽温度 TI103 为 86.8℃；

(8) 第三效加热室液位 LIC103 为 1.2 m；

(9) 冷凝器压力 PIC104 为 0.02 MPa。

5.9.3.3 正常停车操作规程

(1) 关闭 LIC103,打开泄液阀 VG10;
(2) 调整 VG10 开度,使 FIC101 中保持一定的液位高度;
(3) 关闭 FV102,停热物流进料;
(4) 关闭 FV101,停冷物流进料;
(5) 全开排气阀 VG13;
(6) 调整 LV101 的开度,使 F101A 的液位接近 0;
(7) 当 F101A 中压力接近 0.1 MPa 时,关闭阀门 VG13;
(8) 关闭阀门 LV101;
(9) 调整 VG14 开度,当 F101B 中压力接近 0.1 MPa 时,关闭阀门 VG14;
(10) 调整 LV102 开度,使 F101B 液位为 0;
(11) 关闭阀门 LV102;
(12) 逐渐开大 VG10 泄液;
(13) 关闭阀门 VG10、VG15;
(14) 关闭真空泵 A、泵前阀 VG11;
(15) 关闭冷却水阀 VG05、VG04;
(16) 关闭冷凝水阀 VG12;
(17) 关闭疏水阀 VG08、VG07 和 VG06。

5.9.3.4 事故现象及处理

1. 冷物流进料调节阀卡

(1) 主要现象

进料量减少,蒸发器液位下降,温度降低、压力减小。

(2) 处理步骤

打开旁路阀 V3,保持进料量至正常值。

2. F101A 液位超高

(1) 主要现象

F101A 液位 LIC101 超高,蒸发器压力升高、温度升高。

(2) 处理步骤

调整 LV101 开度,使 F101A 液位稳定在 1.2 m。

3. 真空泵 A 故障

(1) 主要现象

画面真空泵 A 显示为开,但冷凝器 E101 和末效蒸发器 F101C 压力急剧上升。

(2) 处理步骤

启动备用真空泵 B。

5.10 罐区单元仿真

5.10.1 工作原理

罐区是化工原料、中间产品及成品的集散地，是大型化工企业的重要组成部分，也是化工安全生产的关键环节之一。大型石油化工企业罐区储存的化学品之多，是任何生产装置都无法比拟的。罐区的安全操作关系到整个工厂的正常生产，所以，罐区的设计、生产操作及管理都特别重要。罐区的工作原理是：产品从上一生产单元中被送到产品罐，经过换热器冷却后用离心泵打入产品罐中，进行进一步冷却，再用离心泵打入包装设备。

5.10.2 罐区单元工艺流程说明

5.10.2.1 工艺流程简介

本工艺为单独培训罐区操作而设计，其工艺流程（参考流程仿真界面）如下：来自上一生产设备的约 35℃的带压液体，经过阀门 MV101 进入产品罐 T01，由温度传感器 TI101 显示 T01 罐底温度，压力传感器 PI101 显示 T01 罐内压力，液位传感器 LI101 显示 T01 的液位。由离心泵 P101 将产品罐 T01 的产品打出，控制阀 FIC101 控制回流量。回流的物流通过换热器 E101，被冷却水逐渐冷却到 33℃左右。温度传感器 TI102 显示被冷却后产品的温度，温度传感器 TI103 显示冷却水冷却后温度。由泵打出的少部分产品由阀门 MV102 打回生产系统。当产品罐 T01 液位达到 80%后，阀门 MV101 和阀门 MV102 自动关断。

产品罐 T01 打出的产品经过 T01 的出口阀 MV103 和 T03 的进口阀进入产品罐 T03，由温度传感器 TI301 显示 T03 罐底温度，压力传感器 PI301 显示 T03 罐内压力，液位传感器 LI301 显示 T03 的液位。由离心泵 P301 将产品罐 T03 的产品打出，控制阀 FIC301 控制回流量。回流的物流通过换热器 E301，被冷却水逐渐冷却到 30℃左右。温度传感器 TI302 显示被冷却后产品的温度，温度传感器 TI303 显示冷却水冷却后的温度。少部分回流物料不经换热器 E301 直接打回产品罐 T03；从包装设备来的产品经过阀门 MV302 打回产品罐 T03，控制阀 FIC302 控制这两股物流混合后的流量。产品经过 T03 的出口阀 MV303 到包装设备进行包装。当产品罐 T01 的设备发生故障，马上启用备用产品罐 T02 及其备用设备，其工艺流程同 T01。当产品罐 T03 的设备发生故障，马上启用备用产品罐 T04 及其备用设备，其工艺流程同 T03（工艺流程见图 5－31）。

5.10.2.2 设备一览

T01：产品罐

P101：产品罐 T01 的出口压力泵

E101：产品罐 T01 的换热器

T02：备用产品罐

P201：备用产品罐 T02 的出口压力泵

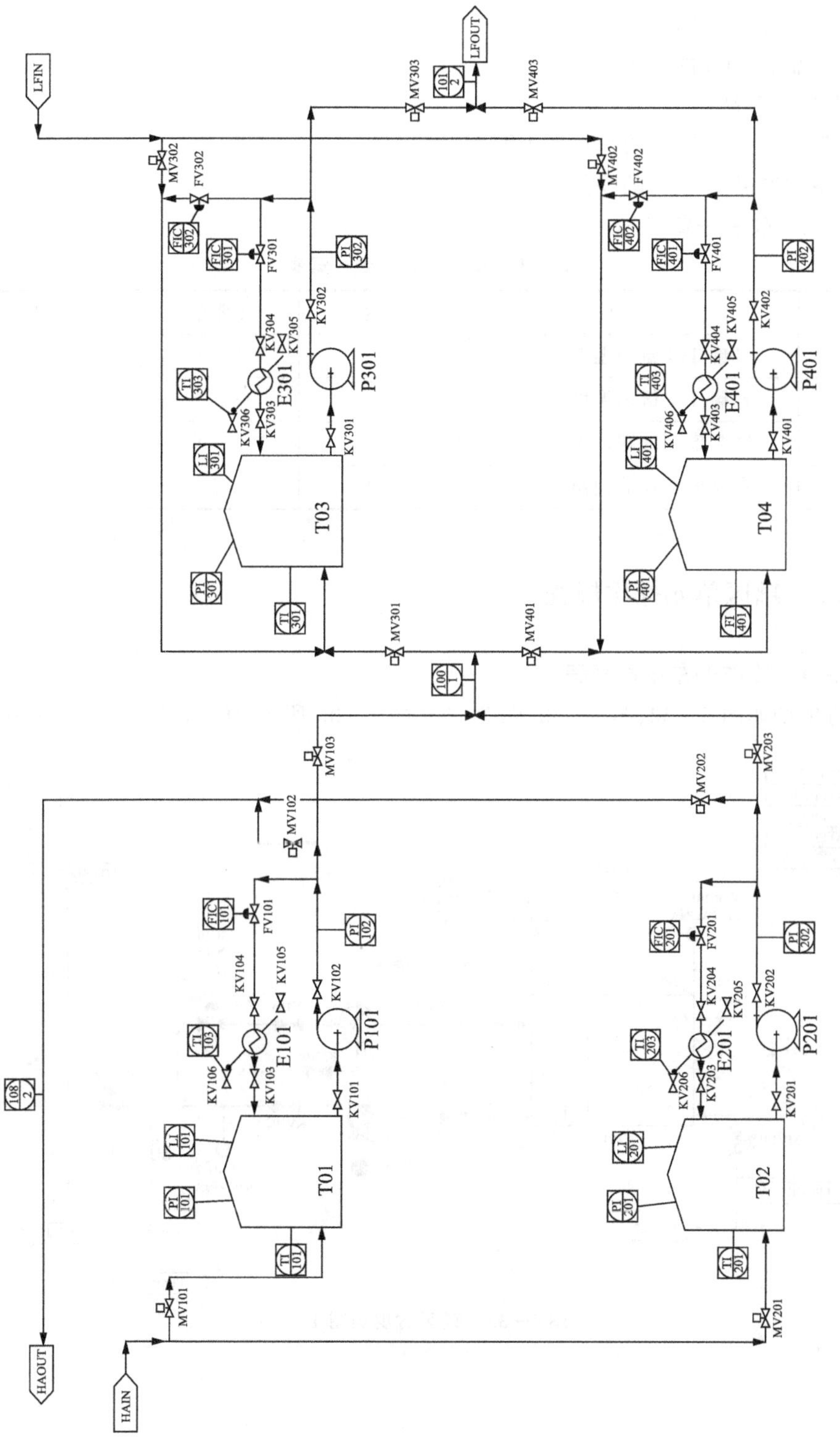

图 5-31　罐区单元工艺流程图

E201:备用产品罐 T02 的换热器
T03:产品罐
P301:产品罐 T03 的出口压力泵
E301:产品罐 T03 的换热器
T04:备用产品罐
P401:备用产品罐 T04 的出口压力泵
E401:备用产品罐 T04 的换热器

5.10.2.3 仪表一览表

表 5-10 罐区单元仪表一览表

位号	说明	类型	正常值	工程单位
TI101	日罐 T01 罐内温度	AI	33.0	℃
TI201	日罐 T02 罐内温度	AI	33.0	℃
TI301	产品罐 T03 罐内温度	AI	30.0	℃
TI401	产品罐 T04 罐内温度	AI	30.0	℃

5.10.3 罐区单元操作规程

5.10.3.1 冷态开车操作规程

罐区仿现场如图 5-32、图 5-33、图 5-34、图 5-35 所示,仿 DCS 如图 5-36 所示。

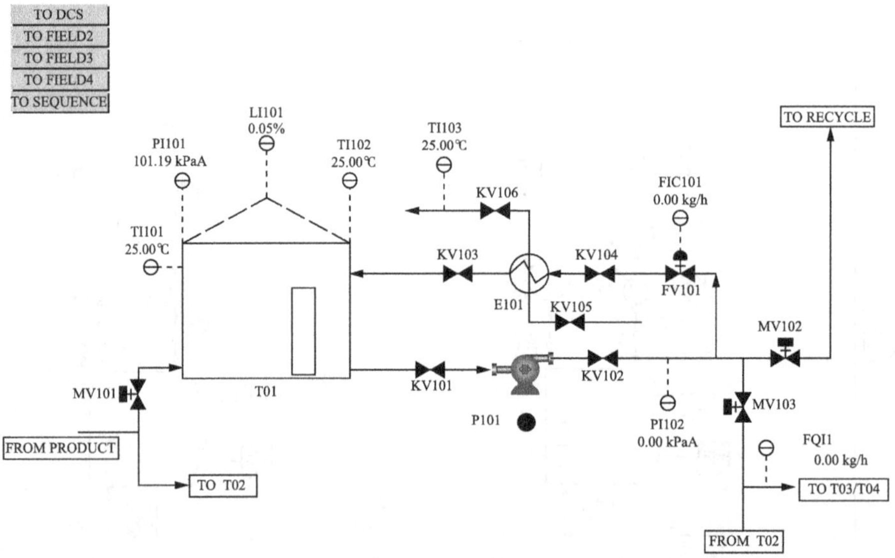

图 5-32 罐区仿现场图 1

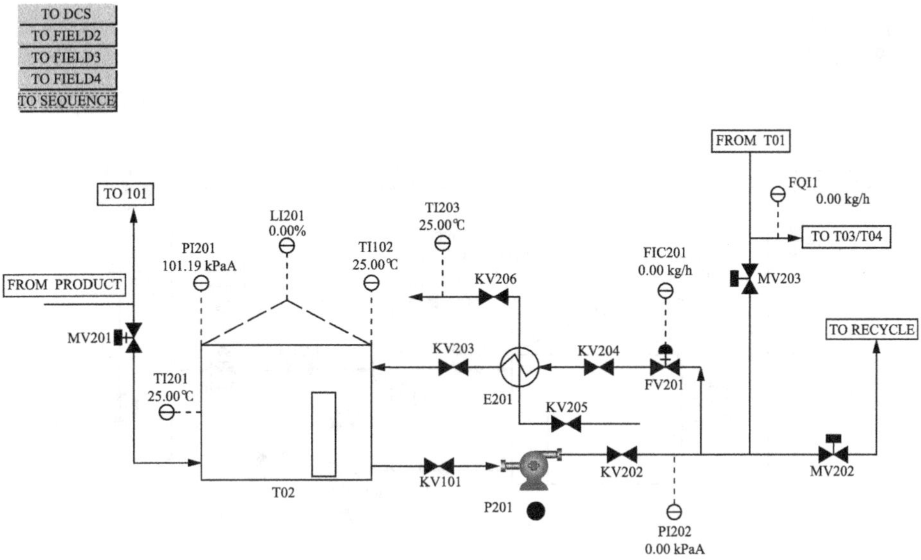

图 5-33 罐区仿现场图 2

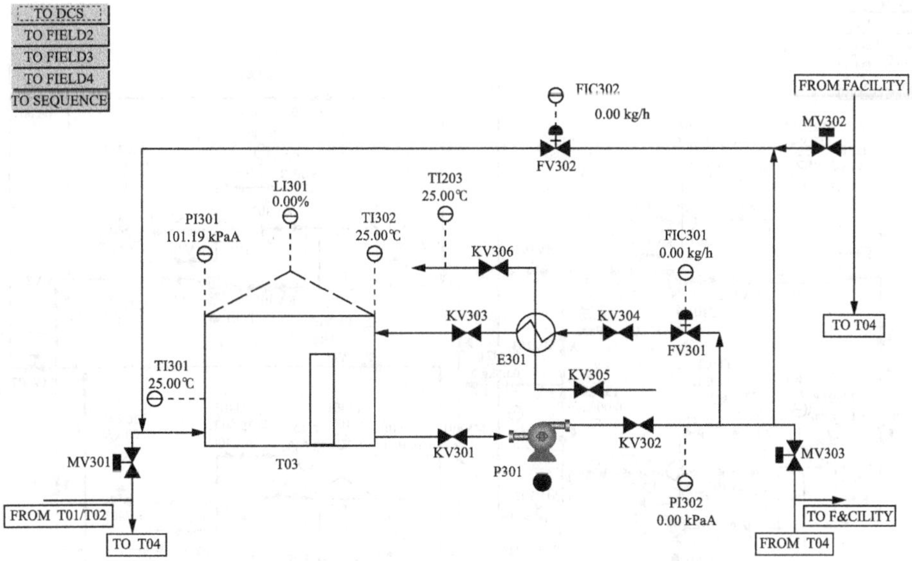

图 5-34 罐区仿现场图 3

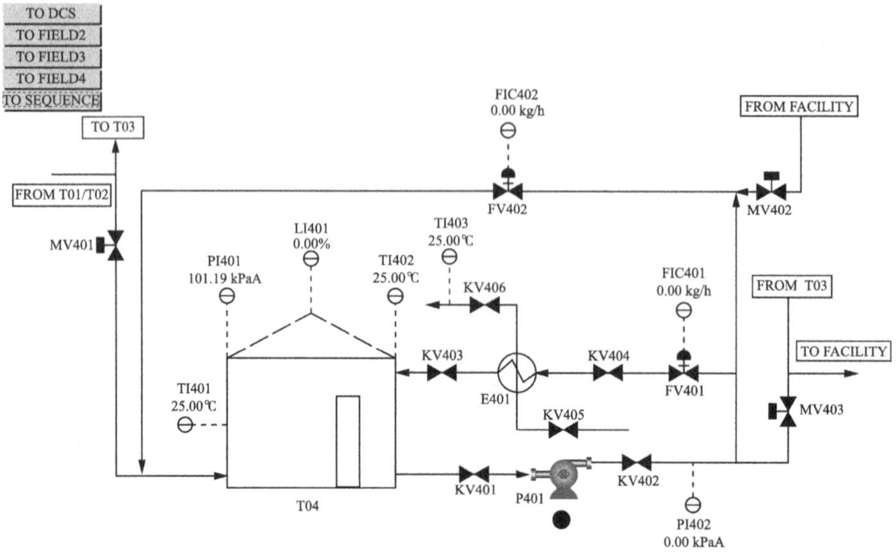

图 5－35 罐区仿现场图 4

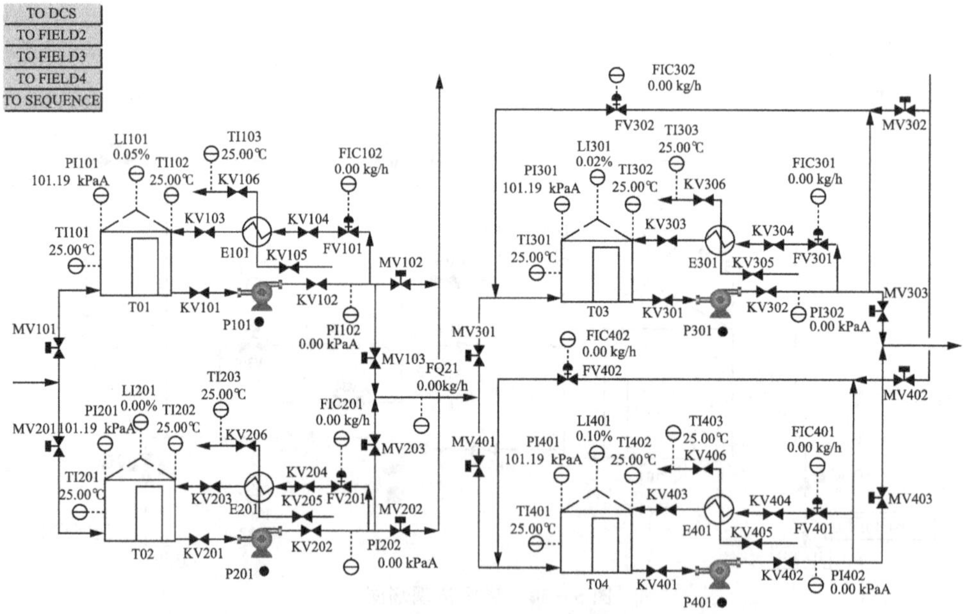

图 5－36 罐区仿 DCS 图

1. 日罐进料:打开日罐 T01(T02)的进料阀 MV101(MV201)

2. 日罐建立回流

(1) 打开日罐泵 P101(P201)的前阀 KV101(KV201);

(2) 打开日罐泵 P101(P201)的电源开关;

(3) 打开日罐泵 P101(P201)的后阀 KV102(KV202);

(4) 打开日罐换热器热物流进口阀 KV104(KV204);

(5) 打开日罐换热器热物流出口阀 KV103(KV203);

(6) 打开日罐回流控制阀 FIC101(FIC201),建立回流;

(7) 打开日罐出口阀 MV102(MV202)。

3. 冷却日罐物料

(1) 打开换热器 E101(E201)的冷物流进口阀 KV105(KV205);

(2) 打开换热器 E101(E201)的冷物流出口阀 KV106(KV206)。

4. 产品罐进料

(1) 打开产品罐 T03(T04)的进料阀 MV301(MV401);

(2) 打开日罐 T01(T02)的倒罐阀 MV103(MV203);

(3) 打开产品罐 T03(T04)的包装设备进料阀 MV302(MV402);

(4) 打开产品罐回流阀 FIC302(FIC402)。

5. 产品罐建立回流

(1) 打开产品罐泵 P301(P401)的前阀 KV301(KV401);

(2) 打开产品罐泵 P301(P401)的电源开关;

(3) 打开产品罐泵 P301(P401)的后阀 KV302(KV402);

(4) 打开产品罐换热器热物流进口阀 KV304(KV404);

(5) 打开产品罐换热器热物流出口阀 KV303(KV403);

(6) 打开产品罐回流控制阀 FIC301(FIC401),建立回流;

(7) 打开产品罐出口阀 MV302(MV402)。

6. 冷却产品罐物料

(1) 打开换热器 E301(E401)的冷物流进口阀 KV305(KV405);

(2) 打开换热器 E301(E401)的冷物流出口阀 KV306(KV406)。

7. 产品罐出料

打开产品罐出料阀 MV303(MV403),将产品打入包装车间进行包装。

5.10.3.2 事故现象及处理

1. P101 泵坏

(1) 主要现象

P101 泵出口压力为零;FIC101 流量急骤减小到零。

(2) 处理步骤

停用日罐 T01,启用备用日罐 T02。

2. 换热器 E101 结垢

(1) 主要现象

冷物流出口温度低于 17.5℃;热物流出口温度降低极慢。

(2) 处理步骤

停用日罐 T01,启用备用日罐 T02。

3. 换热器 E301 热物流串进冷物流

(1) 主要现象

冷物流出口温度明显高于正常值;热物流出口温度降低极慢。

(2) 处理步骤

停用产品罐 T03,启用备用产品罐 T04。

5.11 压缩机单元仿真

5.11.1 工作原理

透平压缩机是进行气体压缩的常用设备。它以汽轮机(蒸汽透平)为动力,蒸汽在汽轮机内膨胀做功驱动压缩机主轴,主轴带动叶轮高速旋转。被压缩气体从轴向进入压缩机叶轮,在高速转动的叶轮作用下随叶轮高速旋转并沿半径方向甩出叶轮,叶轮在汽轮机的带动下高速旋转把所得到的机械能传递给被压缩气体。因此,气体在叶轮内的流动过程中,一方面受离心力作用增加了气体本身的压力,另一方面得到了很大的动能。气体离开叶轮进入流通面积逐渐扩大的扩压器,气体流速急剧下降,动能转化为压力能(势能),使气体的压力进一步提高,使气体压缩。

5.11.2 压缩机单元工艺流程说明

5.11.2.1 工艺流程简介

本仿真培训系统选用甲烷单级透平压缩的典型流程作为仿真对象。

在生产过程中产生的压力为 0.12～0.16 MPa(绝),温度为 30℃左右的低压甲烷经 VD01 阀进入甲烷储罐 FA311,罐内压力控制在 0.003 MPa。甲烷从储罐 FA311 出来,进入压缩机 GB301,经过压缩机压缩,出口排出压力为 0.403 MPa(绝),温度为 160℃的中压甲烷,然后经过手动控制阀 VD06 进入燃料系统。

该流程为了防止压缩机发生喘振,设计了由压缩机出口至储罐 FA311 的返回管路,即由压缩机出口经过换热器 EA305 和 PV304B 阀到储罐的管线。返回的甲烷经冷却器 EA305 冷却。另外储罐 FA311 有一超压保护控制器 PIC303,当 FA311 中压力超高时,低压甲烷可以经 PIC303 控制放火炬,使罐中压力降低。压缩机 GB301 由蒸汽透平 GT301 同轴驱动,蒸汽透平的供汽为压力 1.5 MPa(绝)的来自管网的中压蒸汽,排汽为压力 0.3 MPa(绝)的降压蒸汽,进入低压蒸汽管网。

流程中共有两套自动控制系统:PIC303 为 FA311 超压保护控制器,当储罐 FA311 中压力过高时,自动打开放火炬阀。PRC304 为压力分程控制系统,当此调节器输出在 50%～100%时,输出信号送给蒸汽透平 GT301 的调速系统,即 PV304A,用来控制中压蒸汽的进汽量,使压缩机的转速在 3 350～4 704 r/min之间变化,此时 PV304B 阀全关。当此调节器输出在 0%～50%时,PV304B 阀的开度对应在 100%～0%范围内变化。透平在起始升速阶段由手动控制器 HC311 手动控制升速,当转速大于 3 450 r/min 时可由切换开关切换到 PRC304 控制。

5.11.2.2 控制方案说明

压缩机切换开关的作用:当压缩机切换开关指向 HC3011 时,压缩机转速由 HC3011 控制;当压缩机切换开关指向 PRC304 时,压缩机转速由 PRC304 控制。PRC304 为一分程控制阀,分别控制压缩机转速(主气门开度)和压缩机反喘振线上的流量控制阀。当 PRC304 逐渐开大时,压缩机转速逐渐上升(主气门开度逐渐加大),压缩机反喘振线上的流量控制阀逐渐关小,最终关成零。

5.11.2.3 设备一览

FA311:低压甲烷储罐

GT301:蒸汽透平

GB301:单级压缩机

EA305:压缩机冷却器

5.11.2.4 仪表一览表

表 5-11 压缩机单元仪表一览表

位号	说明	类型	正常值	工程单位
PIC303	放火炬控制系统	PID	0.01	MPa
PRC304	储罐压力控制系统	PID	0.003	MPa
PI301	压缩机出口压力	AI	0.303	MPa
PI302	燃料系统入口压力	AI	0.203	MPa
FI301	低压甲烷进料流量	AI	3 233.4	kg/h
FI302	燃料系统入口流量	AI	3 201.6	kg/h
FI303	低压甲烷入罐流量	AI	3 201.6	kg/h
FI304	中压甲烷回流流量	AI	0.0	kg/h
TI301	低压甲烷入压缩机温度	AI	30.0	℃
TI302	压缩机出口温度	AI	160.0	℃
TI304	透平蒸汽入口温度	AI	290.0	℃
TI305	透平蒸汽出口温度	AI	200.0	℃
TI306	冷却水入口温度	AI	30.0	℃
TI307	冷却水出口温度	AI	30.0	℃
XN301	压缩机转速	AI	4 480	r/min
HX311	FA311 罐液位	AI	50.0	%

5.11.3 压缩机单元操作规程

5.11.3.1 冷态开车操作规程

压缩机单元仿现场如图 5-37 所示，仿 DCS 如图 5-38 所示。

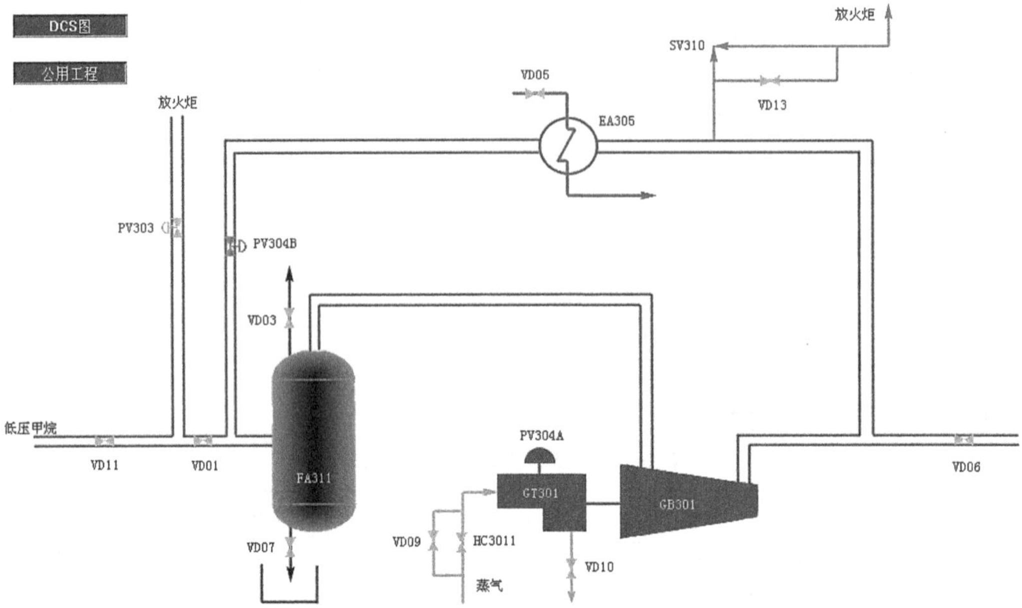

图 5-37 压缩机单元仿现场图

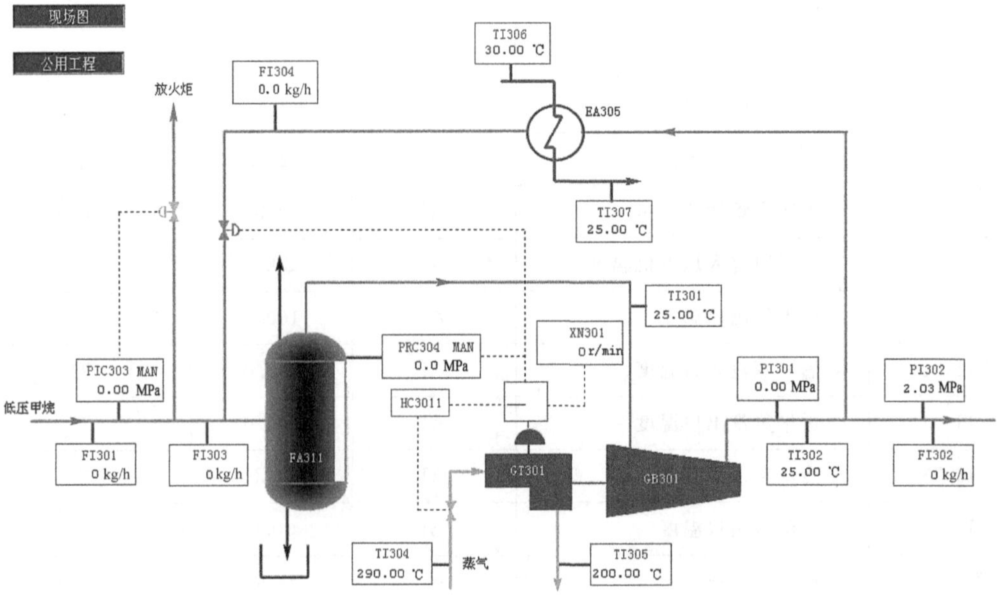

图 5-38 压缩机单元仿 DCS 图

1. 开车前准备工作

(1) 启动公用工程:按公用工程按钮,公用工程投用。

(2) 油路开车:按油路按钮。

(3) 盘车

① 按盘车按钮开始盘车;

② 转速升到 200 r/min 时,停盘车(盘车前先打开 PV304B 阀)。

(4) 暖机:按暖机按钮。

(5) EA305 冷却水投用:打开换热器冷却水阀门 VD05,开度为 50%。

2. 罐 FA311 充低压甲烷

(1) 打开 PIC303 调节阀放火炬,开度为 50%;

(2) 打开 FA311 入口阀 VD11,开度为 50%,微开 VD01;

(3) 打开 PV304B 阀,缓慢向系统充压,调整 FA311 顶部安全阀 VD03 和 VD01,使系统压力维持在 0.003~0.005 MPa;

(4) 调节 PIC303 阀门开度,使压力维持在 0.01 MPa。

3. 透平单级压缩机开车

(1) 手动升速

① 缓慢打开透平低压蒸汽出口截止阀 VD10,开度递增级差保持在 10%以内;

② 将调速器切换开关切到 HC3011 方向;

③ 手动缓慢打开 HC3011,开始压缩机升速,开度递增级差保持在 10%以内,使透平压缩机转速在 250~300 r/min。

(2) 跳闸实验(视具体情况决定此操作的进行)

① 继续升速至 1 000 r/min;

② 按动紧急停车按钮进行跳闸实验,实验后压缩机转速 XN311 迅速下降为零;

③ 手关 HC3011,开度为 0%,关闭蒸汽出口阀 VD10,开度为 0%;

④ 按压缩机复位按钮。

(3) 重新手动升速

① 重复上述 3 中步骤(1),缓慢升速至 1 000 r/min;

② HC3011 开度递增级差保持在 10%以内,升转速至 3 350 r/min;

③ 进行机械检查。

(4) 启动调速系统

① 将调速器切换开关切到 PRC304 方向;

② 缓慢打开 PV304A 阀(即 PRC304 阀门开度大于 50%),若阀开得太快会发生喘振,同时可适当打开出口安全阀旁路阀(VD13)调节出口压力,使 PI301 压力维持在 0.303 MPa,防止喘振发生。

(5) 调节操作参数至正常值

① 当 PI301 压力指示值为 0.303 MPa 时,一边关出口放火炬旁路阀,一边打开 VD06 去燃料系统阀,同时相应关闭 PIC303 放火炬阀;

② 控制入口压力 PRC304 在 0.003 MPa,慢慢升速;

③ 当转速达到全速(4 480 r/min 左右)时,将 PRC304 切为自动;

④ PIC303 设定为 0.01 MPa(表),投自动。

⑤ 顶部安全阀 VD03 缓慢关闭。

5.11.3.2 正常操作规程

1. 正常工况下工艺参数

(1) 储罐 FA311 压力 PRC304:0.003 MPa;

(2) 压缩机出口压力 PI301:0.303 MPa,燃料系统入口压力 PI302:0.203 MPa;

(3) 低压甲烷流量 FI301:3 232.0 kg/h;

(4) 中压甲烷进入燃料系统流量 FI302:3 200.0 kg/h;

(5) 压缩机出口中压甲烷温度 TI302:160.0℃。

2. 压缩机防喘振操作

(1) 启动调速系统后,必须缓慢开启 PV304A 阀,此过程中可适当打开出口安全阀旁路阀调节出口压力,以防喘振发生;

(2) 当有甲烷进入燃料系统时,应关闭 PIC303 阀;

(3) 当压缩机转速达全速时,应关闭出口安全旁路阀。

5.11.3.3 正常停车操作规程

1. 停调速系统

(1) 缓慢打开 PV304B 阀,降低压缩机转速;

(2) 打开 PIC303 阀排放火炬;

(3) 开启出口安全旁路阀 VD13,同时关闭去燃料系统阀 VD06。

2. 手动降速

(1) 将 HC3011 开度置为 100.0%;

(2) 将调速开关切换到 HC3011 方向;

(3) 缓慢关闭 HC3011,同时逐渐关小透平蒸汽出口阀 VD10;

(4) 当压缩机转速降为 300~500 r/min 时,按紧急停车按钮;

(5) 关闭透平蒸汽出口阀 VD10。

3. 停 FA311 进料

(1) 关闭 FA311 入口阀 VD01、VD11;

(2) 开启 FA311 泄料阀 VD07,泄液;

(3) 关换热器冷却水。

5.11.3.4 事故现象及处理

1. 入口压力过高

(1) 主要现象

FA311 罐中压力上升。

(2) 处理步骤

手动适当打开 PV303 的放火炬阀。

2. 出口压力过高

(1) 主要现象

压缩机出口压力上升。

(2) 处理步骤

开大去燃料系统阀 VD06。

3. 入口管道破裂

(1) 主要现象

储罐 FA311 中压力下降。

(2) 处理步骤

开大 FA311 入口阀 VD01、VD11。

4. 出口管道破裂

(1) 主要现象

压缩机出口压力下降。

(2) 处理步骤

紧急停车。

5. 入口温度过高

(1) 主要现象

TI301 及 TI302 指示值上升。

(2) 处理步骤

紧急停车。

思考题

1. 请简述离心泵的工作原理和结构。

2. 请举例说出除离心泵以外你所知道的其他类型的泵。

3. 什么叫气蚀现象？气蚀现象有什么破坏作用？

4. 为什么启动前一定要将离心泵灌满被输送液体？

5. 泵 P101A 和泵 P101B 在进行切换时，应如何调节其出口阀 VD04 和 VD08？为什么要这样做？

6. 一台离心泵在正常运行一段时间后，流量开始下降，可能会有哪些原因导致？

7. 换热器单元中冷态开车是先送冷物料，后送热物料；而停车时又要先关热物料，后关冷物料，为什么？

8. 为什么换热器停车后管程和壳程都要高点排气、低点泄液？

9. 你认为换热器单元中调节器 TIC101 的设置合理吗？如何改进？

10. 影响间壁式换热器传热量的因素有哪些？

11. 传热有哪几种基本方式？各自的特点是什么？

12. 工业生产中常见的换热器有哪些类型？

13. 了解液位发生变化的原因和如何解决的方法。

14. 请问在液位控制单元中调节器 FIC103 和 FFIC104 组成的比值控制回路中，哪一个是主动量？为什么？并指出这种比值调节属于开环控制回路，还是闭环控制回路？

15. 简述何为简单回路控制、串级控制、比值控制。你能说出它们的特点吗？它们与简单控制系统的差别是什么？

16. 在液位控制单元中的开/停车中，为什么要特别注意维持流经调节阀 FV103 和

FFV104 的液体流量比值为 2?

17. 什么叫蒸馏?在化工生产中通常分离什么样的混合物?其分离依据又是什么?蒸馏和精馏的关系是什么?

18. 在精馏本单元中,如果塔顶温度、压力都超过标准,可以有几种方法将系统调节稳定?

19. 根据精馏单元的实际,结合“化工原理”讲述的原理,说明回流比的作用。

20. 何为灵敏板?灵敏板温度过高,分离效果将如何?结合精馏实训单元,有哪些措施可将灵敏板温度调至正常?

21. 若精馏塔灵敏板温度过高或过低,则意味着分离效果如何?应通过调节哪些变量来达到正常?

22. 试分析精馏塔塔顶压力过高的原因。结合精馏实训单元,可采取哪些措施将压力调至正常?

23. 典型的精馏过程,为什么在塔顶一定有回流、在塔底一定有再沸器?

24. 回流量过大,精馏塔塔顶温度、压力、塔底液位会发生什么变化?对产品分离又有什么影响?

25. 吸收段流程压力为什么要比解吸段压力高?试从吸收操作原理和本单元操作的特点来分析。

26. 在吸收解吸单元的开车、停车过程中引入 N_2 的作用是什么?

27. 正常操作时若发现富油无法进入解吸塔,是由哪些原因导致的?应如何调整?

28. 假如吸收解吸单元的操作已经平稳,这时吸收塔的进料富气温度突然升高,分析会导致什么现象?如果造成系统不稳定,吸收塔的塔顶压力上升(塔顶 C_4 增加),有几种手段将系统调节正常?

29. 根据吸收解吸原理,请分析解吸段操作条件与吸收段操作条件的差别。

30. 正常停车时,若发现吸收塔的富油无法排出,应如何调整?

31. 固定床反应器中发生的是什么反应?反应温度是如何控制的?

32. 固定床反应器单元中为什么是根据乙炔的进料量调节配氢气的量,而不是根据氢气的量调节乙炔的进料量?

33. 观察固定床反应器单元中 EH429 冷却器的冷却水中断后会造成的结果。

34. 固定床反应器单元中为什么要用液态丁烷作为冷却剂?

35. 在流化床反应器开车及运行过程中,为什么一直要保持氮封?

36. 流化床反应器中进行的是什么反应?反应机理是怎样的?氢气在共聚过程中起什么作用?

37. 流化床反应器单元中气相共聚反应的停留时间是如何控制的?

38. 什么叫流化床?与固定床相比它有什么特点?

39. 请解释以下概念:共聚、均聚、气相聚合、本体聚合。

40. 间歇釜反应器中发生的主副反应各是什么?主副反应的竞争会导致什么结果?

41. 间歇釜反应器单元中如何操作才能减少副产物的生成?

42. 间歇釜反应器单元中超压的原因是什么?一旦超压,有几种紧急处理措施?

43. 间歇釜反应器单元中是如何出料的?为什么要这样出料?

44. 间歇釜反应器单元中出料管堵塞怎么处理？

45. 何为多效蒸发的最佳效数？应如何确定多效蒸发的最佳效数？

46. 蒸发操作中造成温度差损失的原因是什么？

47. 多效蒸发的工作原理是怎样的？

48. 多效蒸发器为何有有效数的限制？

49. 多效蒸发操作的加料方式有哪些？本次仿真中采用的是什么加料方式？

50. 压缩机单元中喘振是什么？如何防止喘振？

51. 压缩机单元中在手动调速状态下，为什么防喘振线上的防喘振阀PV304B全开，可以防止喘振？

52. 结合“伯努利”方程，说明压缩机如何做功，进行动能、压力和温度之间的转换。

53. 离心式压缩机的优点是什么？

第 6 章　化学工艺测绘

化学工艺测绘是应用各种化工绘图和测量方法对已有的化工生产工艺流程、设备及管道布置情况进行了解、测量，并绘制成各种化工图纸的过程，是一个卓越工程师必备的基本技能。

化学工艺测绘实训是通过课堂教学和生产现场测绘相结合的实习方式，使学生学习并掌握化工图纸中最主要的图纸测绘方法。如，工艺管道及仪表流程图、设备布置图及管道布置图。

化学工艺测绘实训内容主要由四大部分组成。①课堂教学，主要学习有关化工制图的基本知识、基本方法以及生产现场测绘方法。②现场测绘，了解生产工艺流程；实测有关绘图所需的数据；绘制草图；最后，绘制工艺管道及仪表流程图、设备布置图及管道布置图。③应用已学的专业知识对测绘结果进行技术评价，并提出改进方案。④部分图纸要求学生用 CAD(计算机辅助设计)方法绘制，以考核学生的 CAD 应用能力。

化学工艺测绘应在工厂技术人员和带教教师的指导下，根据教师选定的测绘对象，2～3 人一组，相互配合，实地了解其生产工艺流程、设备布置和管道布置，测量绘图所需的数据，绘制图纸，并应用已学的专业知识对测绘的结果进行技术分析和提出优化措施。

时间安排可根据测绘内容决定，一般为 2～3 周：1/5 的时间用于教师课堂和现场讲解；3/5 的时间用于现场测绘和室内画图；1/5 的时间用于编写报告和考核。

考核内容分为平时表现、实习报告和书面考试三部分，其中平时表现占 40%，书面考试和实习报告各占 30%，按五级制评定。

6.1　工艺管道及仪表流程图的测绘

工艺流程图是表示化工生产工艺流程的示意图样。在设计过程中，工艺流程图按照设计阶段的不同，以及按其作用及内容详细程度的不同分为若干种。如方框流程图、工艺物料流程图、工艺管道及仪表流程图等，见图 6-1、图 6-2、图 6-3 及图 6-4。

化工工艺管道及仪表流程图的测绘应在带教教师的指导下，根据绘图所需的有关资料，从资料查询和现场观察两方面入手，对测绘对象的生产原理、工艺流程、设备结构、控制方案进行充分的了解，然后按工艺管道及仪表流程的绘图方法和要求(如下所述)绘制。

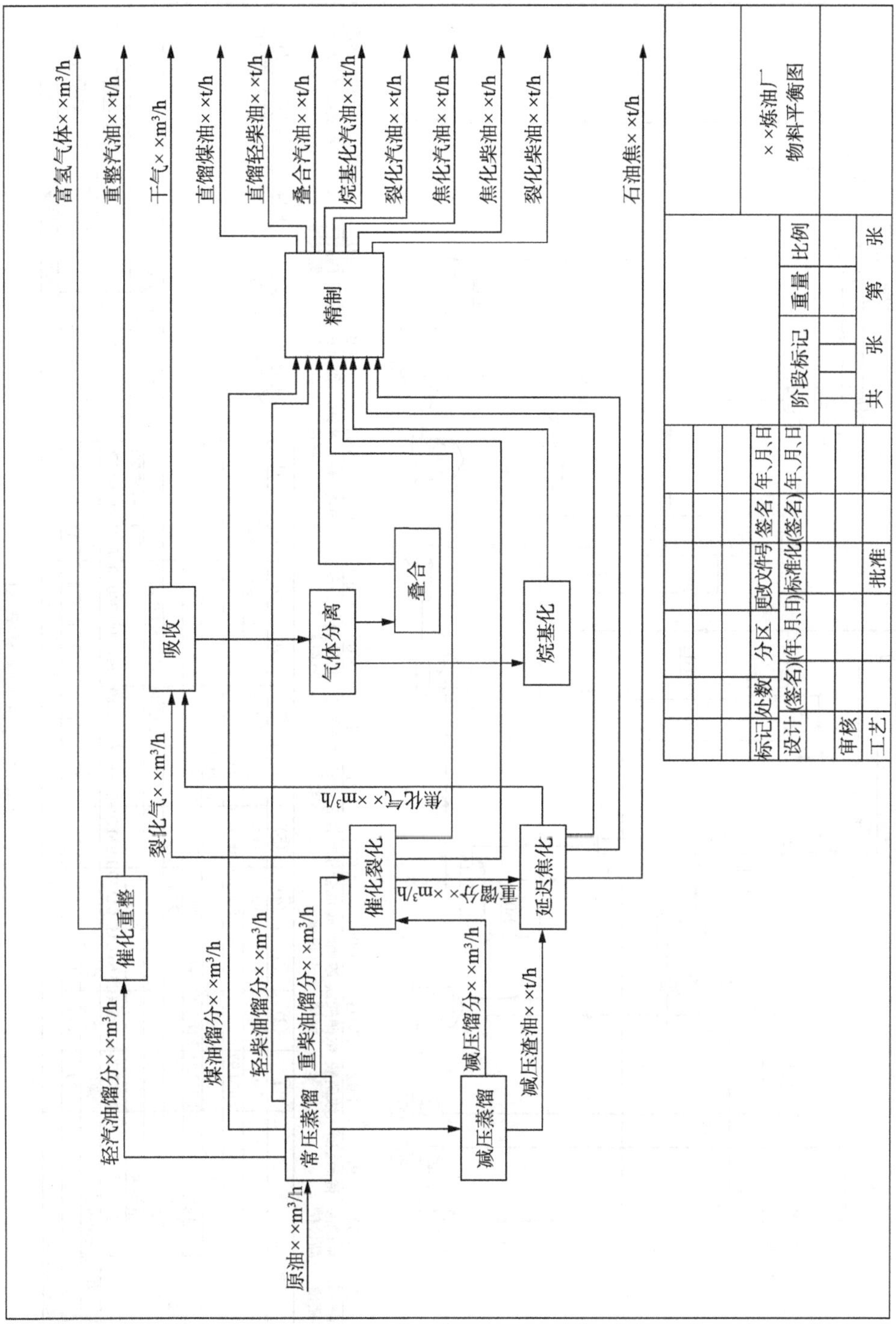
原油×××m³/h
常压蒸馏
减压蒸馏
轻汽油馏分××m³/h
煤油馏分××m³/h
轻柴油馏分××m³/h
重柴油馏分××m³/h
减压馏分××m³/h
减压渣油××t/h
催化重整
催化裂化
延迟焦化
吸收
气体分离
叠合
烷基化
精制
裂化气××m³/h
焦化气××m³/h
富氢气体××m³/h
重整汽油××t/h
干气××m³/h
直馏煤油××t/h
直馏轻柴油××t/h
叠合汽油××t/h
烷基化汽油××t/h
裂化汽油××t/h
焦化汽油××t/h
焦化柴油××t/h
裂化柴油××t/h
石油焦××t/h
××炼油厂
物料平衡图
标记
处数
分区
更改文件号
签名
年、月、日
设计
(签名)
(年、月、日)
标准化
(签名)
年、月、日
审核
工艺
批准
阶段标记
重量
比例
共　张　第　张

图 6-1　工艺流程总图

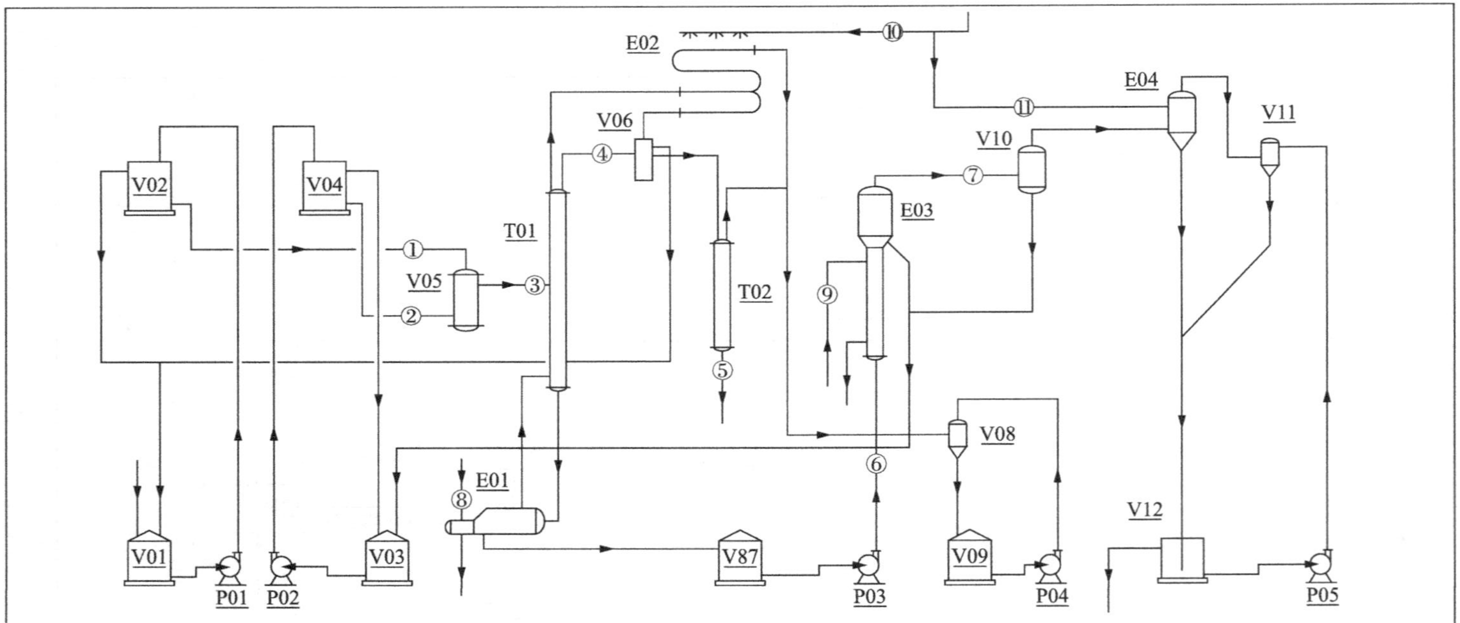

V01 稀硝酸储槽　V02 稀硝酸高位槽　P01 稀硝酸泵　P02 浓硝酸镁泵　V03 浓硝酸镁储槽　V04 浓硝酸镁高位槽　V05 混合分配器　E01 硝酸镁加热器　T01 浓缩塔　V06 稀硝酸储槽　E02 冷凝器　T02 脱硝塔　V07 稀硝酸镁储槽　P03 稀硝酸镁泵　E03 硝酸镁蒸发器　V08 水喷射器　V09 吸收槽　P05 水泵

P04 吸收泵　V10 旋风分离器　E04 大气冷凝器　V11 水喷射泵　V12 水封槽

物流号		①	②	③	④	⑤	⑥	⑦	⑧	⑨	⑩	⑪
单位		kg/t	kg/t	kg/t	kg/t	kg/t	kg/t	kg/t	kg/t	kg/t	kg/t	kg/t
组分	HNO_3	1 024.97		1 024.97	2 000.00	1 000.00	12.60					
	$Mg(NO_3)_2$		8 199.72	8 199.72			8 199.40					
	H_2O	1 252.73	3 188.78	4 441.51	40.00	20.00	4 434.50					
	N_2O_4				2.10							
	蒸汽							1 232.80	1 628.00	1 034.00		
	循环水										9 274.30	147 270
总计		2 277.70	11 388.50	13 666.20	2 042.10	1 020.00	12 633.90	1 232.80	1 628.00	1 340.00	9 274.30	147 270
压力/(kg/cm²)(绝)		常压	常压	常压			常压					
温度/℃		20	140	110	40	35	170	160	194	194	32	32
真空度/mmHg					>100	>100			550~700			

XXXXXXXX 设计院

设计　制图　校核　审核　审定　19　年

硝酸镁法制取浓硝酸物料流程图

设计项目　设计阶段

XXXX-X-XX

比例　专业　工艺　第 1 张　共 1 张

图 6-2　工艺物料流程图

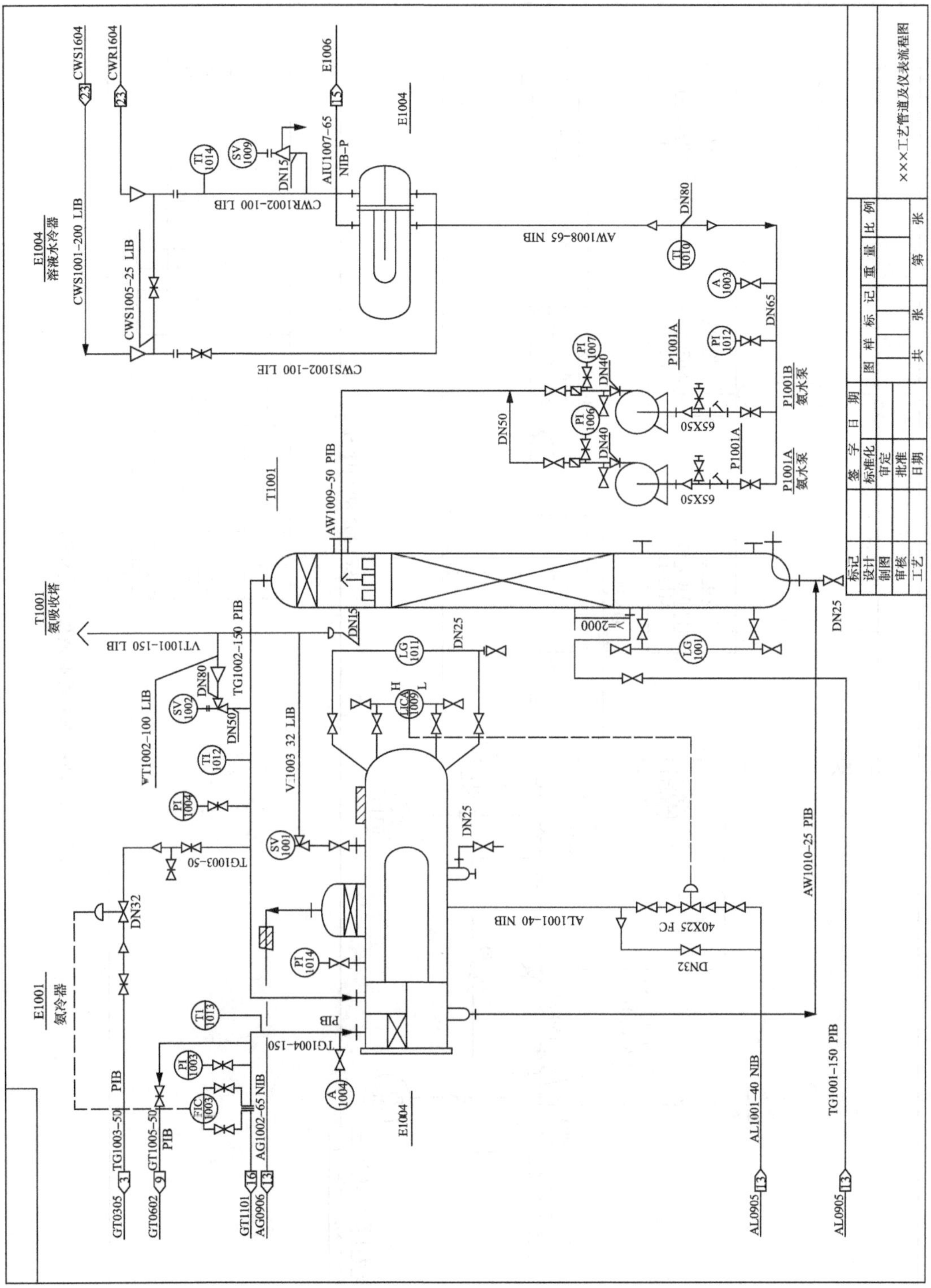

图 6-3　工艺管道及仪表流程图

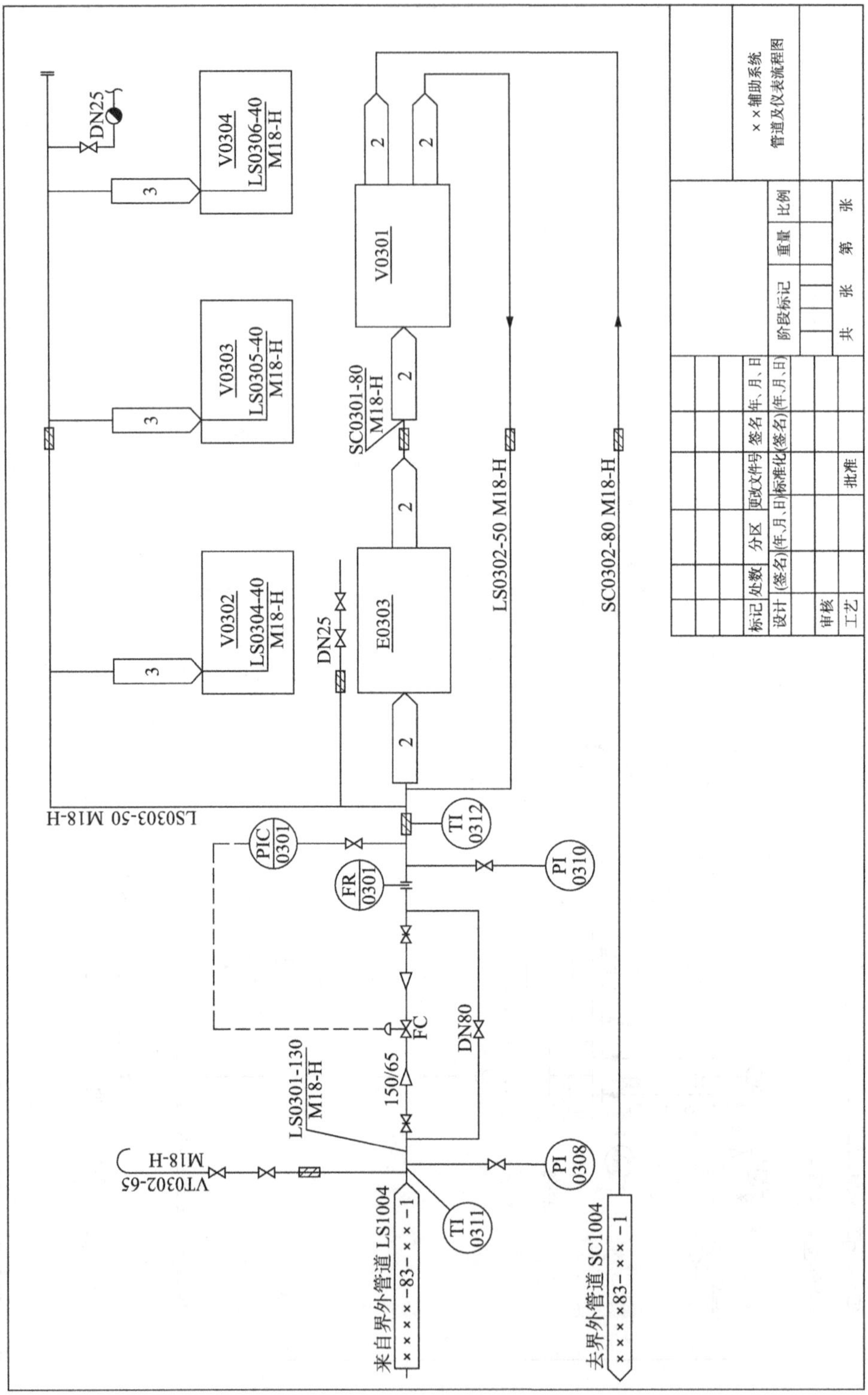

图 6-4 辅助物料管道及仪表流程图

6.1.1 工艺管道及仪表流程图的作用及内容

工艺管道及仪表流程图在工艺设计中起主导作用，它是设备布置、管道布置等设计的依据，也是施工安装的依据，同时又作为操作运行及检修的指南。工艺管道及仪表流程图一般包括如下内容：

(1) 图形，表达了工艺流程中所需的全部机器设备、管道、阀门及管件、仪表控制点符号等。

(2) 标注，注出流程中全部设备的位号及名称、管道公称直径、管段编号、必要的尺寸及有关附注说明。

(3) 标题栏，注写图名、图号、设计阶段等。

6.1.2 工艺管道及仪表流程图的图示方法

1. 一般规定

工艺管道及仪表流程图是一种示意性展开图，通常以工艺装置的主项(工段或工序)为单元绘制，也可以装置为单元绘制，按工艺次序把设备、管道按流程顺序自左至右展开在同一平面上。

工艺管道及仪表流程图采用 A1 纸绘制(横幅绘制，数量不限)，流程简单可用 A2 纸绘制。

工艺管道及仪表流程图不按比例绘制，一般设备(机器)图例取相对比例，过大或过小的设备可适当缩小或放大。

当一个流程中包括两个或两个以上相同的系统时，可以只绘制一个系统的流程图，其余系统则以细双点画线的方框表示，框内注明系统名称及其编号。当流程比较复杂时，可以绘制一张单独的局部系统流程图，在总流程图中此局部系统采用细双点画线方框表示。框内注明系统名称、编号和局部系统流程图图号，如图 6-5 所示。

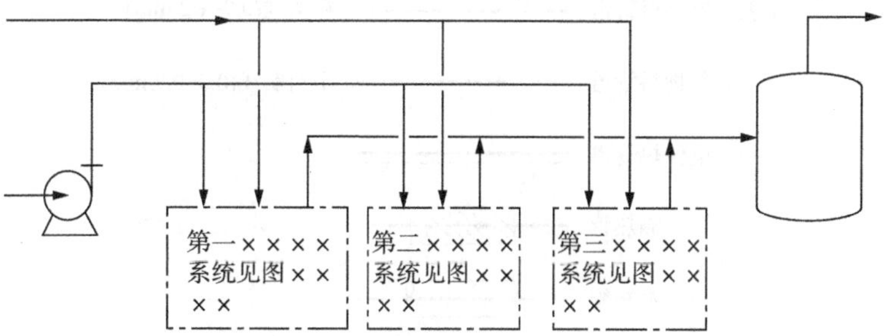

图 6-5　相同系统的表示方法

2. 设备的图示方法

用细实线(0.15～0.3 mm)按设计规定 HG 20519.31—92 绘制设备(机器)图形。对末规定的设备(机器)的图形可根据其实际外形和内部结构特征绘制，只取相对大小，不按实物比例。

图中必须画出设备、机器上与配管有关，以及与外界有关的管口(如直连阀的排液口、排气口、放空口及仪表接口等)。管口一般用单细实线表示，也可以与所连管道线宽度相同。允许个别管口用双细实线绘制，对于设备、机器上的其他管接口(如人孔、手孔、卸料口等)如有可能均应画出。一般设备管口法兰可不绘制。

设备或机器的支承、底(裙)座、基础平台等在图中可不表示，对设备、机器自身的附属部件与工艺流程有关者例如柱塞泵所带的缓冲罐、安全阀；列管换热器管板上的排气口；设备上的液面计等，它们不一定需要外部接管，但对生产操作和检测都是必需的，有的还要调试，因此，图上应予表示。

对于需隔热或伴热的设备和机器，图中需在其相应部位画出一段隔热层图例或一段伴热管，如图 6－6 所示。必要时可再注出其隔热等级或伴热类型和介质代号。

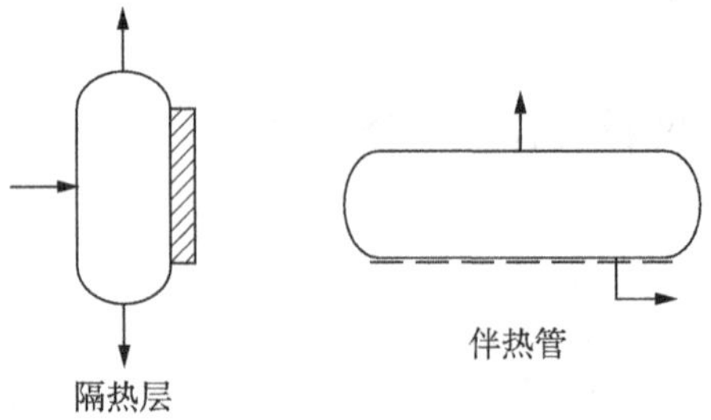

图 6－6　设备隔热或伴热的图示方法

(1) 设备机器的横向位置应按主要物料管线顺序自左至右展开画出，如图 6－3 所示，设备机器间的间隔大小根据管线多少而定，位置安排要便于管道连接和标注，图面要求排列整齐、饱满、均称，避免管线过量往返。

(2) 设备机器间的相对高低位置要求尽可能符合实际安装情况，地下或半地下设备机器在图上要表示出一段相关的地面。地面以细实线或///////表示。

3. 管道的图示方法

一般用单线表达各种物料的通向及物料流经各设备的概况，各类管道的线型规定如下：

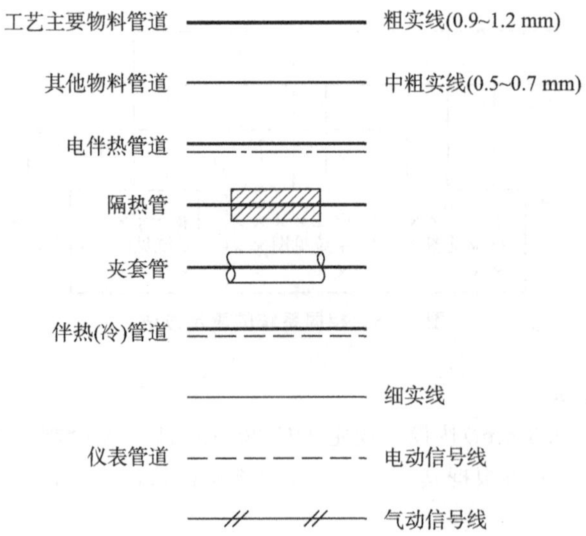

固体物料进出设备示意一般用粗虚弧线(或折线)表示。

其中管线的伴热管要全部绘出,夹套管可在两端只画出一小段,隔热管道要在适当部位绘出隔热图例。

在绘制管道时,尽可能把管道画成水平或垂直,注意避免穿过设备或使管道交叉,在不可避免时,则将其中一管道断开一段,如图6-7所示,管道转弯处一般画成直角。

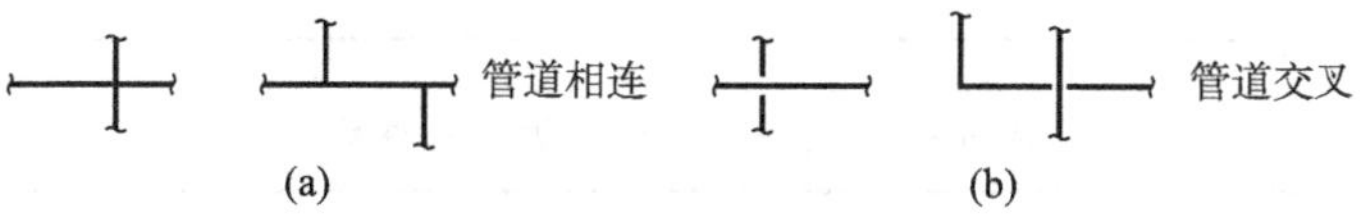

图6-7　管道相连和管道交叉的绘制方法

管道上取样口、放气口、排液口及液封管均应全部画出,一般放气口绘于管道的上方,排液口及液封管绘于管道下方,如图6-8所示,液封管尽量按实际比例画出。

当图上的管道与其他图纸有关时,则用空心箭头框说明本流程(或装置)的来向与去向,箭头框通常集中绘于图纸的左右侧,框内注明来向或去向的相应图纸序号(或编号),框的上方或另一端注明来向或去向的设备位号或管道号或仪表位号,如图6-9所示。

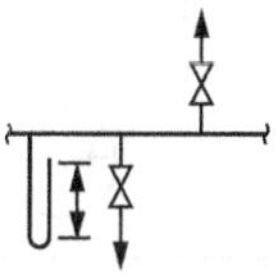

图6-8　管道上的取样口、排放口、液封管绘制方法

图6-9　图纸的接续标志

4. 阀、管件的图示方法

用细实线按HG 20519.32—92规定图例绘出管道上的阀、管件。管道之间的一般连接件,如弯头、法兰、三通等不需绘出(为安装和检修等原因所加的法兰、螺纹连接件等仍需绘出)。

5. 仪表、调节控制系统及分析取样系统表示方法

在工艺管道及仪表流程图中,必须用细实线绘出和标注全部与工艺有关的检测仪表,调节控制系统,分析取样点和取样阀(组)。其符号、代号和表示方法可以事先在首页图上进行规定,并要符合自控专业的规定。

代号、符号的规定参照表6-1、表6-2和表6-3。

表6-1　仪表连接线的图形符号

仪表与工艺设备、管道上测量点的连接线	———————— 细实线
通用仪表信号线	———————— 细实线
连接线交叉	
连接线相接	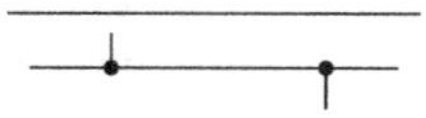
需要时,信号线可分类:	

续表

气压信号线	（短画线与细实线成60°）
电信号线	
导压毛细管	
液压信号线	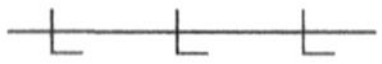

表 6－2　仪表安装位置的图形符号

仪表安装位置	图形符号
就地安装	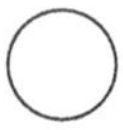
就地安装(嵌在管道中)	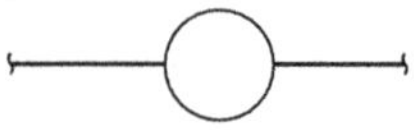
集中仪表盘面安装	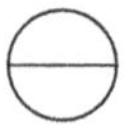
就地仪表盘面安装	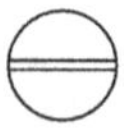
集中仪表盘后安装	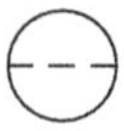
就地仪表盘后安装	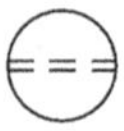

表 6－3　字母代号的含意(摘录)

字母	第一位字母		后继字母
	被测变量或初始变量	修饰词	功能
A	分析		报警
C	电导率		控制
D	密度	差	
E	电压(电动势)		检出元件
F	流量	比(分数)	
I	电流		指示
J	功率	扫描	
K	时间或时间程序		自动/手动操作器
L	物位		指示灯

续表

字母	第一位字母		后继字母
	被测变量或初始变量	修饰词	功能
P	压力或真空		试验点(接头)
Q	数量或件数	积分积算	积分积算
R	放射性		记录或打印
T	温度		转送
V	黏度		阀、挡板、百叶窗
W	重量或力		套管
S	速度或频率	安全	开关或联锁

检测仪表按其检测项目、功能、位置(就地或控制室),进行绘制和标注,如图6-10所示。对其所需绘出的管道、阀门、管件等一般由自控专业人员完成。

图6-10 仪表的图示方法

调节控制系统按其具体组成形式(单阀、四阀等),将所包括的管道、阀门、管件、管道附件一一画出,并分别注出对其调节控制的项目、功能、位置及调节自身的特征(气动或电动,气开或气闭等),如图6-11所示,其编号由仪表专业确定。

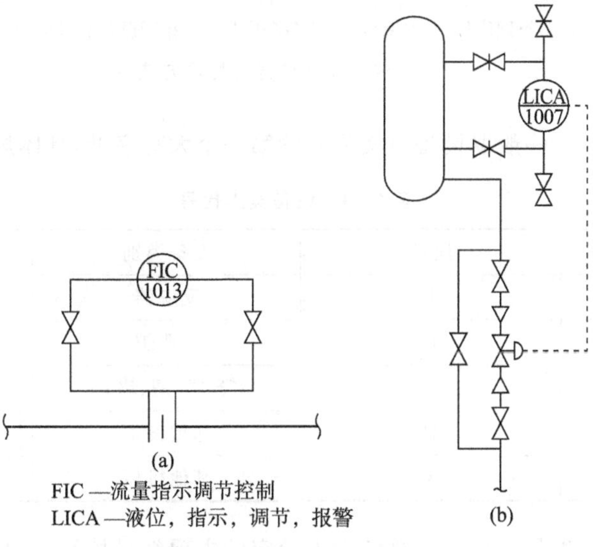

图6-11 调节控制系统示例

分析取样点在选定的位置的标注和编号,如图6-12所示。

图中 A 表示人工取样点，1301 为取样点编号，其中 13 为主项编号，01 为取样点序号，圆直径为 10 mm。

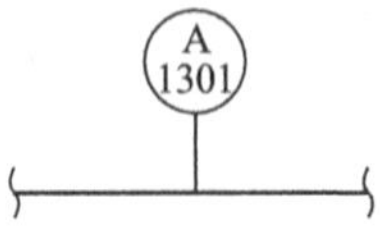

图 6-12　分析取样点示例

6.1.3　工艺管道及仪表流程图的标注

在工艺管道及仪表流程图中，除了用图表示出流程中的全部设备机器、管线、阀、管件及仪表控制点外，还必须对设备(机器)、管线等进行标注。

1. 设备(机器)的标注

(1) 标注内容　设备在工艺管道及仪表流程图中应标注名称及位号。

(2) 标注方法　设备(机器)的位号和名称标注如图 6-13 所示。

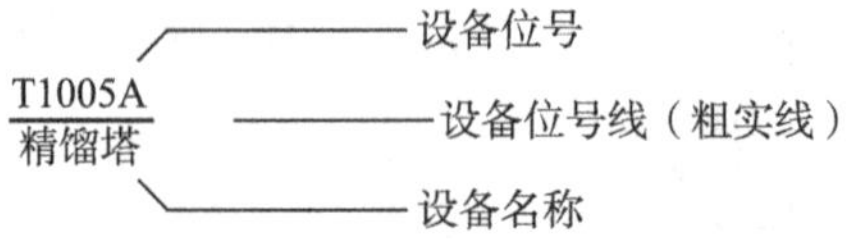

图 6-13　设备(机器)的位号和名称标注示例

① 设备位号　图 6-14 中设备位号为 T1005A，标注在设备位号线的上方，设备位号由设备类别代号、设备所在主项编号、设备的顺序号、相同设备数量尾号四个单元组成。

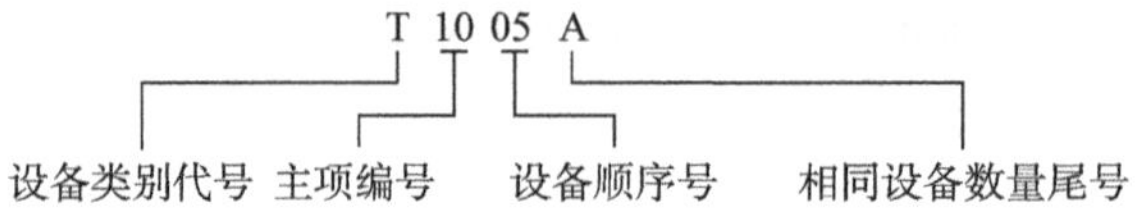

图 6-14　设备位号的标注方法

② 设备类别代号　一般取设备英文名称的第一个大写字母，具体规定如表 6-4 所示。

表 6-4　设备类别代号

设备类别	代号	设备类别	代号
塔	T	反应器	R
泵	P	工业炉	F
压缩机、风机	C	容器(槽、罐)	V
换热器	E	起重设备	L
其他设备	X	其他机械	M

③ 设备所在主项编号　按工程总负责人给定的主项编号填写，采用两位数字，从 01 开始，最大为 99。

④ 设备顺序号　按同类设备在工艺流程中流向的先后顺序编制，采用两位数字。

⑤ 相同设备的数量尾号 两台或两台以上相同设备并联时，它们位号前三项完全相同，再用不同的数量尾号予以区别，按数量和排列顺序依次以大写英文字母 A、B、C……作为每台设备的尾号。

⑥ 设备名称 设备名称标注在设备位号线下方，要求所写的名称能尽可能地反映设备用途，例如氨吸收塔、盐酸输送泵等。

(3) 标注方式 设备(机器)在工艺管道及仪表流程图中需在两个地方进行标注，第一，标注在相应设备(机器)图形的上方或下方，要求排列整齐，在同一水平线上。当几个设备或机器为垂直排列时，则可由上而下按顺序标注，也可水平标注(也可将偏在上方的设备标注在图纸上端，另一设备注在图纸下端)，如图 6－15 所示。

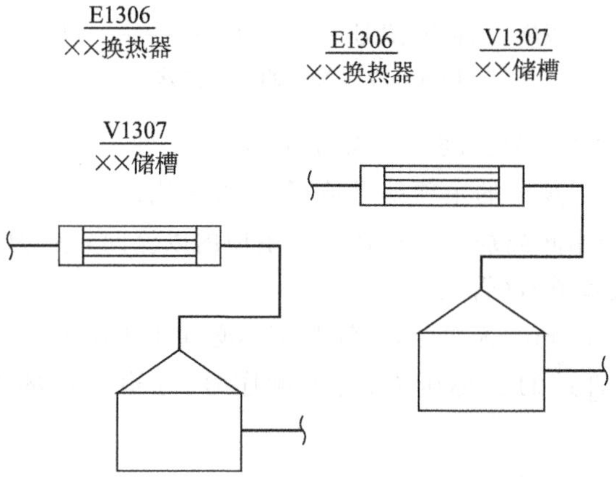

图 6－15 设备位号和名称标注方法之一

第二，标注在设备(机器)图形内或其近旁，但此处仅标注位号及位号线不标注名称，设备(机器)在工艺管道及仪表流程图中的标注如图 6－16 所示。

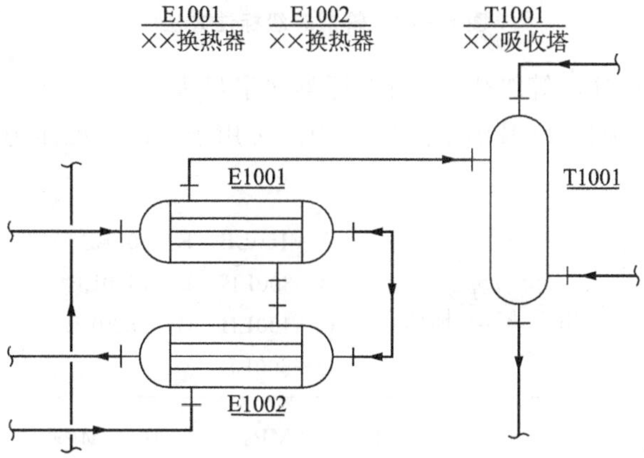

图 6－16 设备位号和名称标注方法之二

2. 管道的标注

(1) 标注内容 每一根管道在工艺管道及仪表流程图中均要进行编号和标注，标注内容由管道号(也可称管段号，其包括物料代号、主项编号、管道顺序号三个单元)，管径(公称通径)，管道等级和隔热(或隔声)代号四个部分组成，且每根管道必须配画表示物料流向的箭头。

（2）标注方法　如图 6－17 所示。

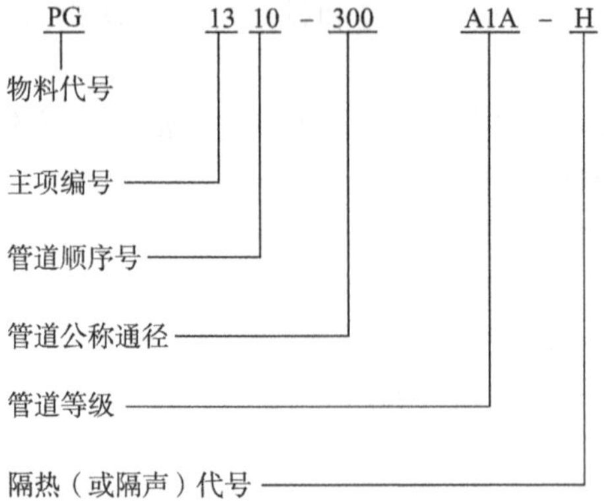

图 6－17　管道的标注方法

① 物料代号　按 HG 20519.36—92 规定填写。

② 主项编号　按工程规定的主项编号填写，一般采用两位数字，从 01 至 99。

③ 管道顺序号　按相同类别的物料在同一主项内以流向先后为序，顺序从 01 编至 99。

以上三个单元组成管道号(管段号)。

④ 管道公称通径　以 mm 为单位，只注数字不必注出单位。

⑤ 管道等级　由管道的公称压力、管道顺序号、管道材质的类别三个单元组成，如图 6－18所示。

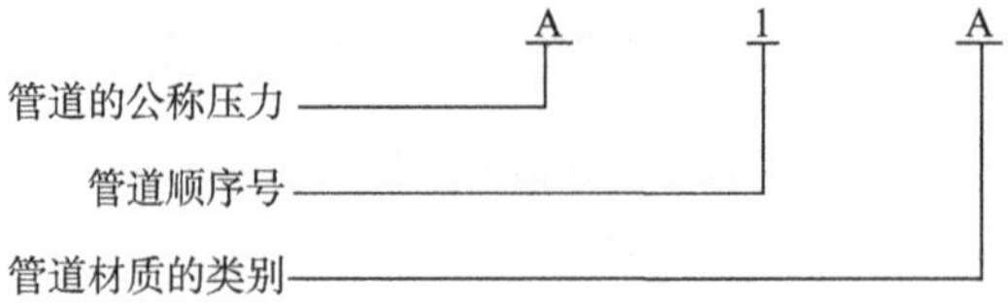

图 6－18　管道等级标注方法

管道的公称压力(MPa)等级代号，用大写英文字母表示。A～K 用于 ANSI(美国国家标准协会)标准压力等级代号(其中 I、J 不用)，L～Z 用于国内标准压力等级代号(其中 O、X 不用)。

压力等级 / 用于 ANSI 标准 →

A—150LB　E—900LB
B—300LB　F—1500LB
C—400LB　G—2500LB
D—600LB

压力等级 / 用于国内标准 →

L—1.0 MPa　S—16.0 MPa
M—1.6 MPa　T—20.0 MPa
N—2.5 MPa　U—22.0 MPa
P—4.0 MPa　V—25.0 MPa
Q—6.4 MPa　W—32.0 MPa
R—10.0 MPa

顺序号，用阿拉伯数字表示，由 1 开始。

管道材质类别，用大写英文字母表示。

A—铸铁　　E—不锈钢

B—碳钢　　F—有色金属

C—普通低合金钢　　G—非金属

D—合金钢　　H—衬里及内防腐

⑥ 隔热(或隔声)代号，按隔热(或隔声)功能类型的不同，以大写英文字母表示，见表 6-5。

表 6-5　隔热(或隔声)代号及其所示功能类型

代号	功能类型	备　注
H	保温	采用保温材料
C	保冷	采用保冷材料
P	人身防护	采用保温材料
D	防结露	采用保冷材料
E	电伴热	采用电热带和保温材料
S	蒸汽伴热	采用蒸汽伴管和保温材料
W	热水伴热	采用热水伴管和保温材料
O	热油伴热	采用热油伴管和保温材料
J	夹套伴热	采用夹套管和保温材料
N	隔声	采用隔声材料

3. 工艺管道及仪表流程图中特殊设计要求的标注

在设计中设备(机器)、管道、阀、管件和管道附件相互之间或其本身可能有一定特殊要求，这些要求应在图中相应部位予以表示。

设备间相对高度差有要求时，应注出其最小限定尺寸，如图 6-19 所示。

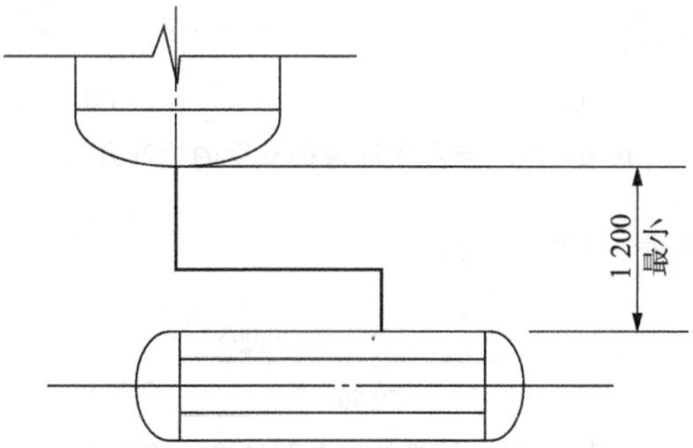

图 6-19　设备间相对高度差的标注方法

液封管应注出其最小高度，当其位置与设备(或管道)有关系时，还应注出所要求的最小距离，如图 6-20 所示。

异径管应标注大端公称通径乘小端公称通径，如图 6-21(a)所示，当对异径管位置有要求时，还应标注其定位尺寸，当管段的长度必须限制时，也需注出其长度尺寸限度，如图 6-21(b)所示。

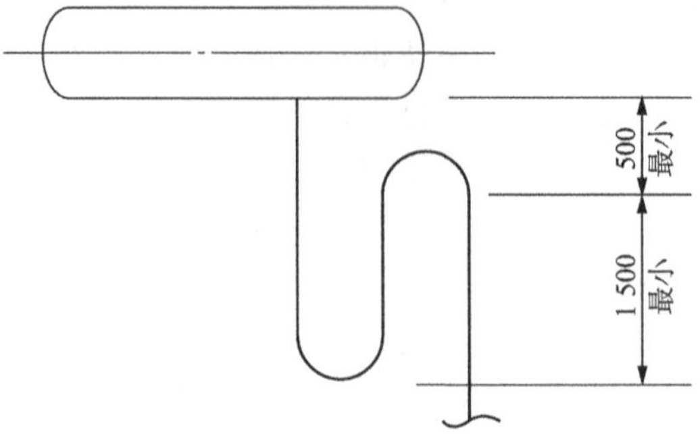

图 6-20　液封管与设备(或管道)最小距离的标注方法

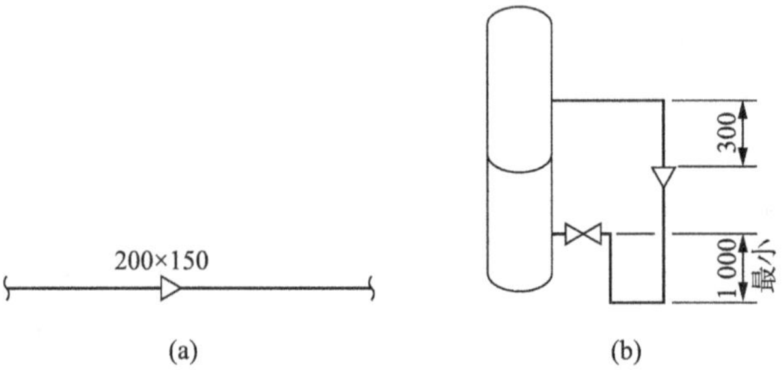

图 6-21　异径管的标注方法

支管与总管连接,对支管上阀门位置有特殊要求,或对支管上的管道等级分界位置有要求时,都应标注尺寸,如图 6-22 所示。

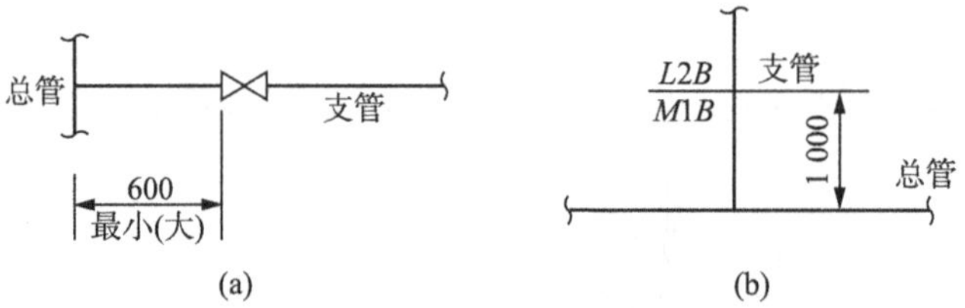

图 6-22　与总管连接的支管的标注方法

管线的坡向和坡度要求,见图 6-23。

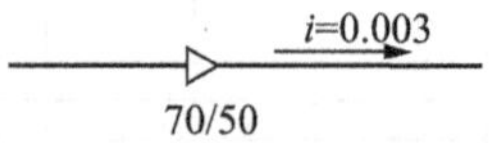

图 6-23　管线的坡向和坡度标注方法

其他一些特殊设计要求,如,阀、管件的使用状态要求,泵入口直管段长度要求等在图中都应用文字、数字或简图加以说明。

6.1.4 工艺管道及仪表流程图的作图步骤

绘制工艺管道及仪表流程图一般可按下列步骤进行：

(1) 根据需要先用细实线绘制地坪、楼板、操作台台面等基准面线。

(2) 按照流程从左至右用细实线画出设备(机器)的规定图例，并使各设备(机器)横向间留有一定的间距，以便布置管道流程线。设备(机器)的高低位置，尽可能符合实际安装情况。

(3) 用粗实线画出主要物料管道流程线，并配以表示流向的箭头，同时用细实线画出主要物料管道流程线上的阀、管件以及与工艺有关的检测仪表、调节控制系统、分析取样点的符号和代号。

(4) 用中实线画出辅助物料管道流程线，同样配以表示流向的箭头，并用细实线画出在辅助物料管道流程线上的阀、管件以及有关的检测仪表、调节控制系统、分析取样点的符号和代号。

(5) 分别对设备(机器)、管道等进行标注。

(6) 填写标题栏。

(7) 把图中所涉及的规定(如图例、符号、设备位号、物料代号和管道编号等)以图表形式绘制成首页图。

6.2 化工设备布置图的测绘过程及绘图方法

6.2.1 概述

设备布置图是用以表示一个车间(装置)或一个工段(分区或工序)的生产和辅助设备在厂房建筑内外安装布置的图样。它是在完成了化工工艺管道及仪表流程图测绘后进行的第二项测绘内容，其平面布置如图 6-24 所示。

化工设备布置图的测绘应在带教教师的指导下，并根据绘图所需的数据对测绘对象进行现场测量，一般可先了解与测绘对象有关图纸和资料并绘制好草图，掌握其工艺过程的特点、设备的种类和数量、厂房建筑的基本结构等。然后将测量所得的数据填入草图中。而正式绘制设备布置图时，还应以工艺流程图、厂房建筑图、设备条件单等图纸资料为依据，按化工设备布置图的绘图方法和要求(如下所述)绘制。

设备布置图一般包括下列内容：

(1) 一组视图　表示厂房建筑的基本结构及设备在厂房内外的布置情况。

(2) 尺寸及标注　注写与设备布置有关的尺寸及建筑定位轴线编号，设备的位号及名称等。

(3) 安装方位标　表示安装方位基准的图标。

(4) 设备一览表　将设备的位号、名称、技术规格及有关参数列表说明。

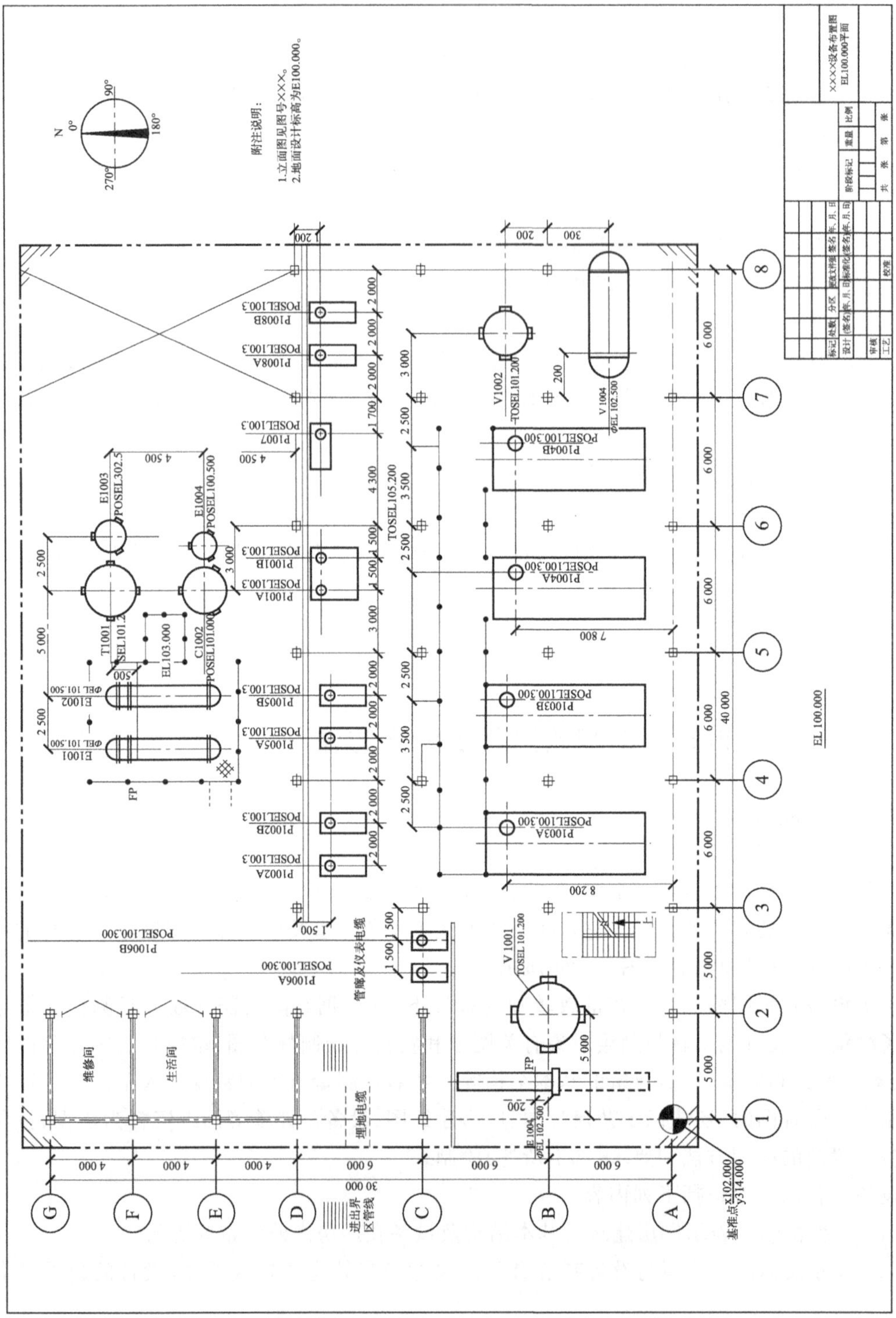
附注说明：
1.立面图见图号×××。
2.地面设计标高为EL100.000。
××××设备布置图
EL100.000平面
维修间
生活间
管廊及仪表电缆
埋地电缆
进出界区管线
基准点x102.000 y314.000
EL 100.000
V1001
V1002
V1004
E1001
E1002
E1003
E1004
T1001
C1002
P1001A
P1001B
P1002A
P1002B
P1003A
P1003B
P1004A
P1004B
P1005A
P1005B
P1006A
P1006B
P1007
P1008A
P1008B
FP

图 6-24 设备布置图

(5) 标题栏 填写图名、图号、比例、设计阶段等。

工厂车间内设备(机器)的布置,同厂房建筑结构有着必然的联系,在设备布置图中设备的安装布置往往是以厂房建筑的某些结构为基准来确定的,设备布置图也可以说是简化了的建筑图加上设备布置的内容。设备布置图也是指导设备的安装、布置,并作为厂房建筑、管道布置的重要依据。

6.2.2 厂房建筑图简介

厂房建筑图与机械图一样,也是按正投影原理绘制的,但由于建筑物的形状、大小、结构等与一般机械零件区别较大,所以在表达方法上就有所不同。

1. 房屋建筑图的视图

按“房屋建筑制图统一标准”规定,视图有平面图、立面图、剖面图、建筑结构图等,以下仅介绍与设备布置图有关的几种基本视图。

(1) 立面图 如图 6-25 所示。

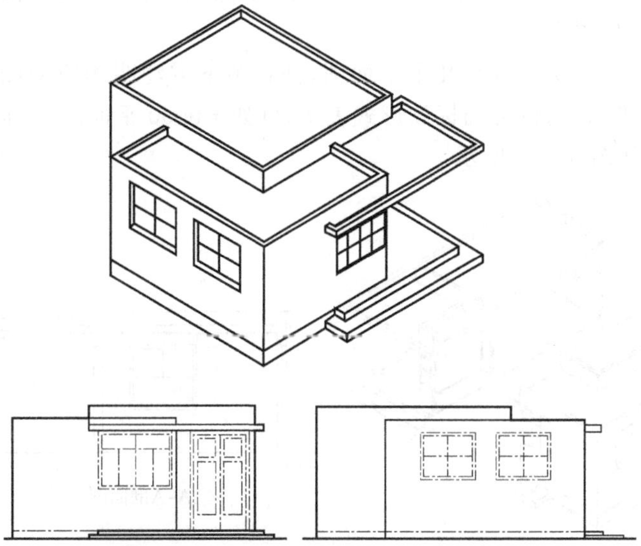

图 6-25 建筑物的立面图

立面图是表达建筑物各个方向外形的视图,立面图主要表示房屋的外貌,反映房屋的高度,门窗的形式、大小和位置,屋面的形式和墙面的做法等内容。

从正面观察房屋所得的视图(反映主要出入口或较显著地反映出房屋外貌特征的那一面)称正立面图。

从侧面观察房屋所得的视图称侧立面图。

从背面观察房屋所得的视图称背立面图。

以上各立面图也可按房屋的朝向来命名,分别称南立面图、北立面图、东立面图、西立面图。

(2) 平面图 如图 6-26 所示。

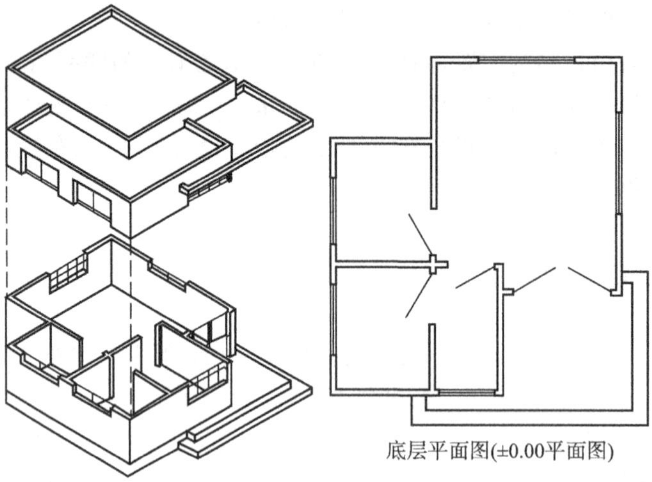

图 6－26　建筑物的平面图

假想用一水平面沿门、窗、洞位置将房屋切开，移去上部，从上向下投影而得的水平剖视图称平面图。平面图主要用以表示房屋的平面形状和内部各房间的分隔、大小、用途，以及门、窗、楼梯、走廊的位置等内容。

一般来说，房屋有几层就应画几个平面图，并在图下方注明相应的图名，例如底层平面图、二层、三层……平面图，也可用标高形式表示，例如±0.00 平面图，＋10.00 平面图。

(3) 剖面图　如图 6－27 所示。

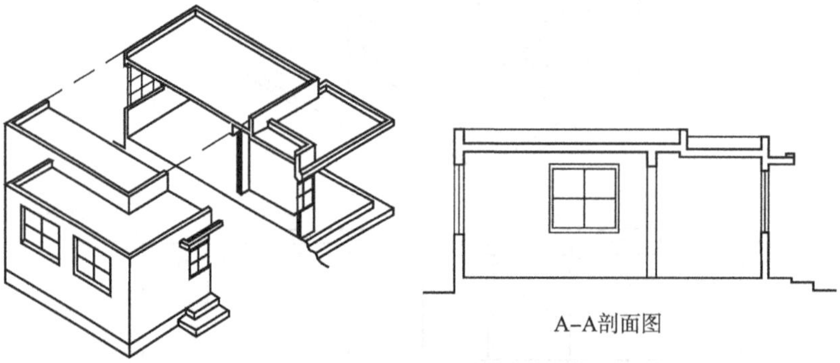

图 6－27　建筑物的剖面图

假想用正平面或侧平面沿铅垂方向把房屋剖开，将处于观察者和剖切平面之间的部分移去，而将其余部分向投影面投影所得的图形，称为剖面图。剖面图用以表达房屋内部结构形状、分层情况、各部位的联系、高度等，其剖切位置一般选择在能显露出房屋内部主要的、构造复杂的地方。通常选择通过门、窗、洞位置，若为多层房屋，应选择在楼梯间处。

(4) 建筑详图　如图 6－28 所示。

由于平面图、立面图、剖面图在绘制中采用较小的比例，房屋中许多细部构造无法表达清楚，所以还需采用较大的比例将房屋细部结构、配件形状、大小、材料、做法详细表示出来，此种图样就称建筑详图。建筑详图的特点就是比例大，尺寸标注全，文字说明清楚。

2. 房屋建筑图的图例

由于建筑图采用缩小的比例，图中对有些结构、内容不可能按实际情况画出，因此采用

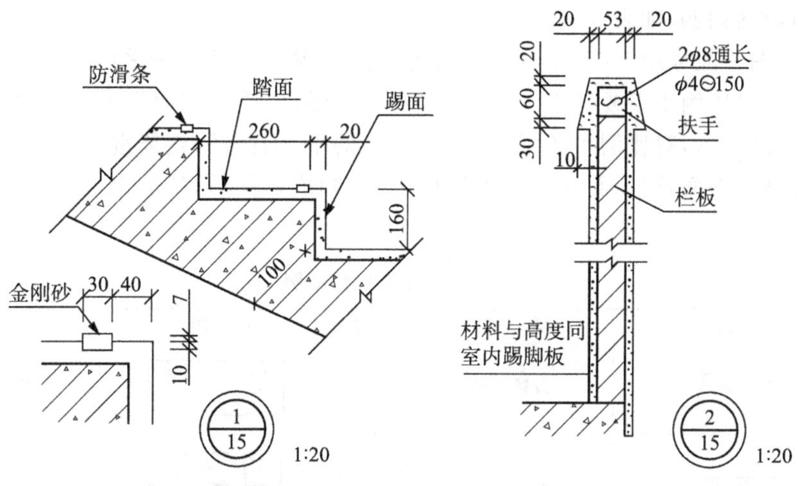

(a) 楼梯踏步详图　　(b) 扶手、栏板详图

图 6-28　建筑详图示例

国家标准规定的有关图例来表达各种建筑配件、建筑材料等。

（1）常用建筑配件图例，如表 6-6 所示。

表 6-6　常用建筑配件图例

名　称	图　例	名　称	图　例
底层楼梯	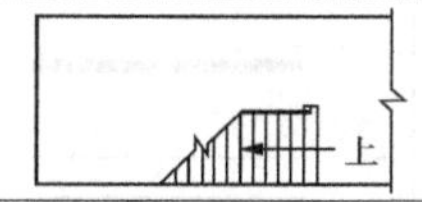 上	坑　槽	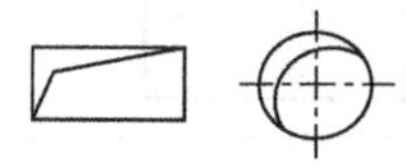
中间层楼梯	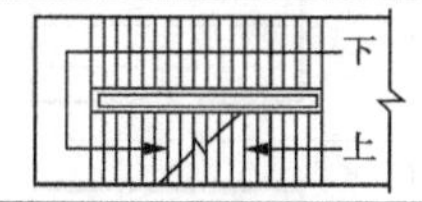 下 上	烟　道	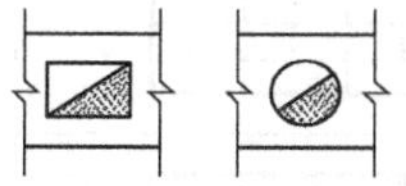
顶层楼梯	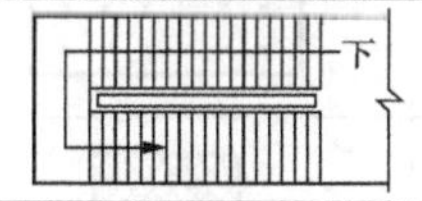 下	通风道	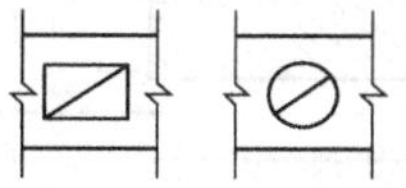
厕所间	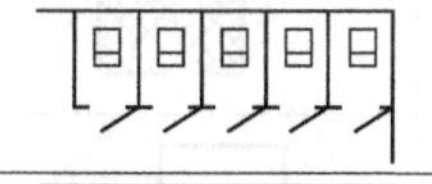	空门洞	
淋浴小间	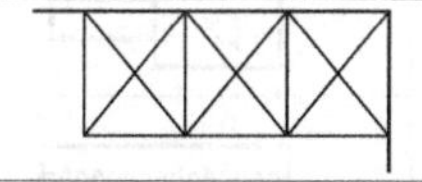	单扇门	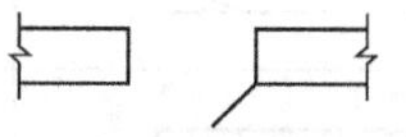
入口坡道	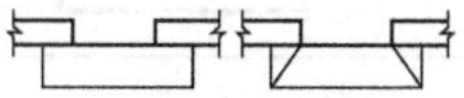	双扇门	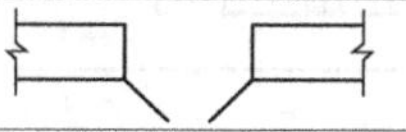
墙上预留洞口	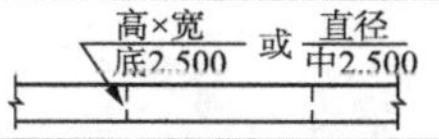 高×宽 底2.500 或 直径 中2.500	对开折门	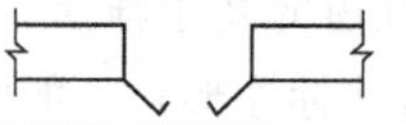
墙上预留槽	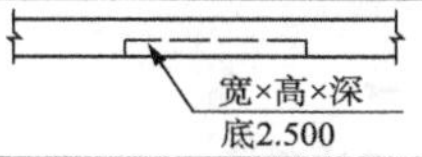 宽×高×深 底2.500	单扇内外开双层门	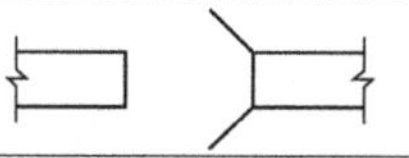
检查孔		双扇双面弹簧门	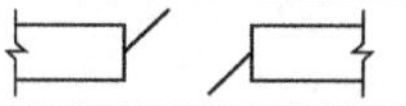
高　窗	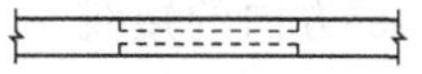	单扇双面弹簧门	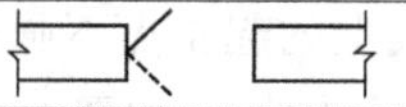
孔　洞	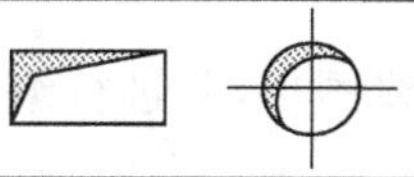	双扇内外开双层门	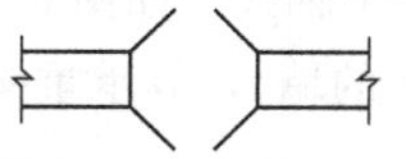

(2) 建筑材料图例，如表6-7所示。

房屋建筑图一般采用1∶50、1∶100比例，大型储罐或仓库等也采用1∶200、1∶500，因此在建筑图中，对比例小于或等于1∶50的平、剖面图，砖墙的剖面符号可不画45°斜线，可在底图背面涂红表示，对比例小于或等于1∶100的平、剖面图，钢筋混凝土构件（如柱、梁、板等）可不必画出剖面符号，而在底图上涂黑表示，晒成蓝图后，砖墙剖面呈浅蓝色，钢筋混凝土呈深蓝色。

表6-7　建筑材料图例

序号	图　例	名　称	序号	图　例	名　称
1		自然土壤	11	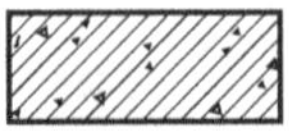	钢筋混凝土
2		夯实土壤	12	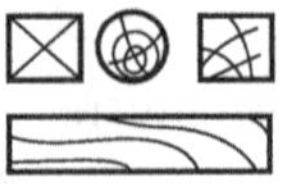	木　材
3		沙、灰土	13	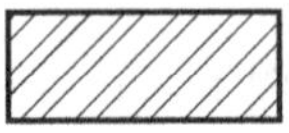	金　属
4	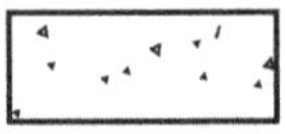	混凝土	14	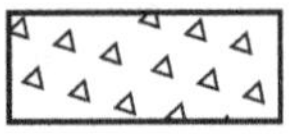	沙砾 碎砖三合土
5	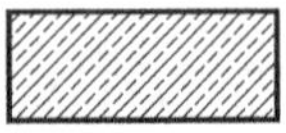	天然石材	15		防水材料或人造板
6	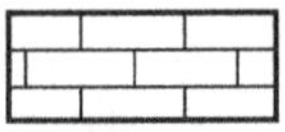	毛　石	16	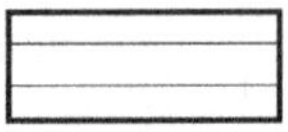	胶合板
7	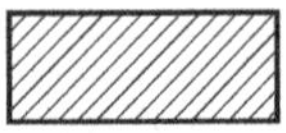	普通砖	17	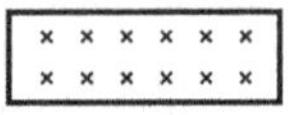	石膏板
8	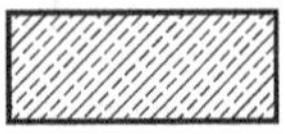	耐火砖	18		多孔材料
9		空心砖	19	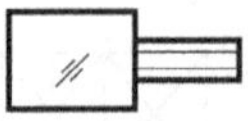	玻　璃
10		饰面砖	20	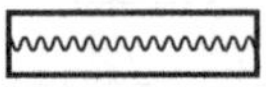	纤维材料或人造板

3. 建筑图的尺寸标注

(1) 尺寸标注形式　如图6-29所示。

图6-29　建筑图尺寸标注形式

尺寸线上的起止点不画箭头，应画与尺寸线成45°方向的短线。

(2) 定位轴线　如图6-30所示。

把房屋的墙、柱等承重构件的轴线，用细点画线画出，并进行编号称为定位轴线。定位

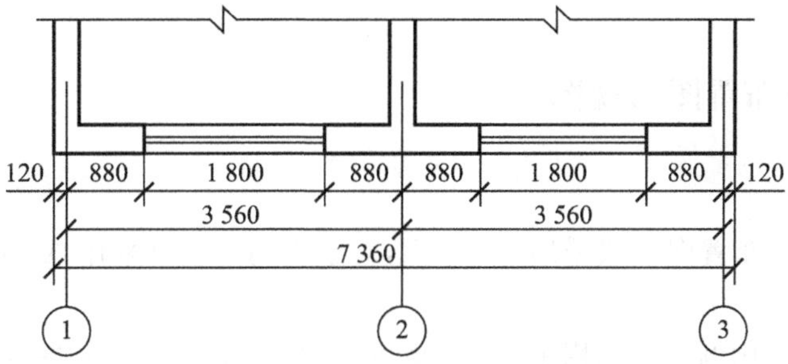

图 6-30 建筑平面图的尺寸标注方法

轴线用以确定房屋主要承重构件的位置，房屋的柱距与跨度，便于施工时定位放线及查阅图纸。

定位轴线编号方法如下：

自西向东方向，用阿拉伯数字 1、2、3…依次编号称横向定位轴线。

由南向北方向，用英文字母 A、B、C…依次编号称纵向定位轴线，其中 I、O、Z 三个字母不可编号，以免与数字 1、0、2 混淆。

定位轴线编号中小圆的直径为 8 mm，用细实线画出，通常把横向定位轴线标注在图形的下方，纵向定位轴线标注在图形的左侧(当房屋不对称时，右侧也需标注)。在立面图、剖面图上一般只画出建筑物最外侧的墙、柱的定位轴线及编号。

(3) 建筑平面图的尺寸标注　建筑图中由于总体尺寸数值大，精度要求不高，所以尺寸允许注成封闭链形，同时为施工方便，还需标注必要的重复尺寸，在建筑平面图上，通常沿长、宽两个方向分别标注三道尺寸，如图 6-30 所示。

第一道尺寸为外包尺寸，表示房屋的总长和总宽，如图 6-30 中 7 360 为总长(总宽因此处图省略而未注)。

第二道尺寸为轴线尺寸，表示墙、柱定位轴线之间的距离，如图 6-30 中的 3 560。

第三道尺寸为定位尺寸，表示外墙上门窗的宽度及其位置的尺寸，如图 6-30 中 1 800 为窗的宽度尺寸，880 为窗边离墙中心的定位尺寸。

建筑平面图中所有尺寸单位均为 mm。

(4) 建筑剖面图的尺寸标注 在建筑剖面图中，对楼板、梁、屋面、门、窗等配件的高度位置，规定以标高形式来标注，其标注形式如图 6-31 所示。

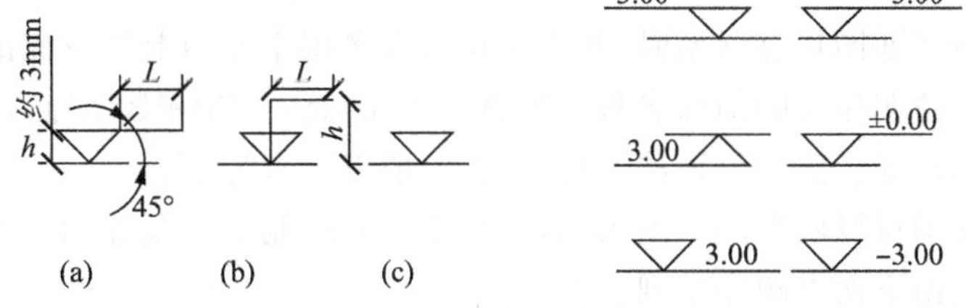

图 6-31 建筑剖面图的高度标注方法

标高的单位为米，在图中不必注明单位，数字注到小数点后第三位，通常以底层室内地面为零点标高，零点标高以上为正值，数字前可省略符号"+"，零点以下为负值，数字前必须加符号“—”。

6.2.3　设备布置图的视图

1. 图幅与比例

(1) 图幅　设备布置图一般采用A1幅面，对于小的主项可采用A2幅面，不宜加宽或加长。

(2) 比例　绘图比例通常采用1∶100，也可采用1∶200、1∶50，视设备布置疏密情况而定，对于大装置分段绘制时，必须采用同一比例。

2. 视图的配置

设备布置图中的视图通常包括一组平面图和立面剖视图。

(1) 平面图　设备布置图一般只绘平面图，只有当平面图表示不清楚时，才需绘立面图或局部剖视图，平面图一般是每层厂房绘制一个，多层厂房按楼层或大的操作平台分层绘制，如有局部操作台时，则在该平面图上可以只画操作台下的设备，对局部操作台及其上面设备另画局部平面图，如不影响图面清晰，也可重叠绘制，操作台下的设备用虚线画出。

平面图可以绘制在一张图纸上，也可绘在不同的图纸上。在同一张图纸上绘制几层平面图时，应从最底层0.00平面开始画起，按由下而上、由左到右顺序排列，在平面图的下方相应用标高注明平面图名称，并在图名下画一粗线。如，“0.00平面”，“5.00平面”等。

(2) 剖面图　对于比较复杂的装置，为表达在高度方向设备安装布置的情况，则采用立面剖视图，一般在保证充分表达的前提下，剖面图的数量应尽可能少。

剖面图中，规定设备按不剖绘制，其剖切位置及投影方向应按建筑制图国家标准在平面图上标注清楚，如图6-32所示。

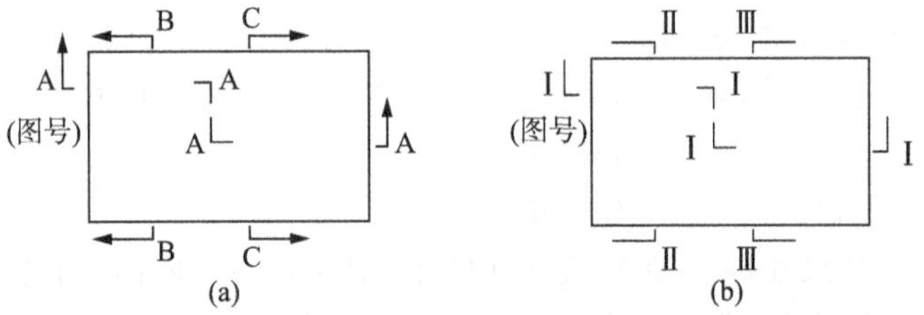

图6-32　平面图上剖切位置及投影方向的标注方法

当剖面图与各平面图均有联系时，其剖切位置在各层平面图上都应标记。

剖面图下方应注明相应的剖面名称，如“A-A(剖面)”，“B-B(剖面)”等或“Ⅰ-Ⅰ(剖面)”，“Ⅱ-Ⅱ(剖面)”等。剖切位置需要转折时，一般以一次为限。

剖面图与平面图可以画在同一图纸上，也可以单独绘制。如画在同一张图上时，则按剖切顺序，从左至右、由下而上顺序排列。

3. 图示方法

设备布置图中视图的表达内容主要是两部分，一是建筑物及其构件，二是设备，现分别讨论如下。

(1) 建筑物及其构件

① 用细实线画出厂房建筑的平面图,一般每层绘一个平面图,图中应按比例并采用规定的图例画出厂房占地大小、内部分隔情况以及和设备布置有关的建筑物及其构件,如门、窗、墙、柱、楼梯、操作平台;吊轨、栏杆、安装孔洞、管沟、明沟、散水坡等。建筑构件图例如图6-33所示,这些图例是根据《房屋建筑制图统一标准》的有关规定结合化工特点简化而成的。

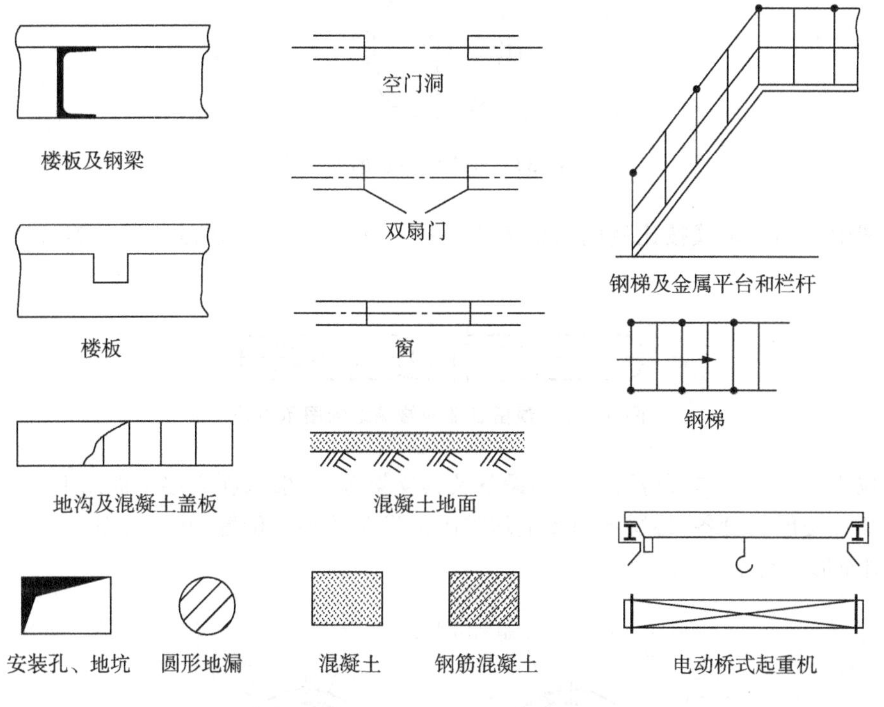

(a) 平面图上的图例　　(b) 剖视图上的图例

图6-33　建筑构件图例

② 与设备安装定位关系不大的门、窗等构件,一般只在平面图上画出它们的位置及门的开启方向等,在剖面图上则不予表示。

③ 用细点画线画出承重墙、柱等结构的建筑定位轴线。

④ 设备布置图中,对于生活室和专业用房间如配电室、控制室等均应画出,但只以文字标注房间名称。

(2) 设备

① 设备布置是图中主要表达的内容,因此图中的设备及其附件(设备的金属支架、电机及传动装置等)都应以粗实线、按比例画出其外形。被遮盖的设备轮廓一般不画,如必须表示,则用粗虚线画出。

② 非定型设备若无另绘的管口方位图,则应在图上用中实线画出足以表示设备安装方位特征的管口。在设备轮廓线之外的管口(除人孔)允许以单线(粗实线)表示,如图6-34所示。

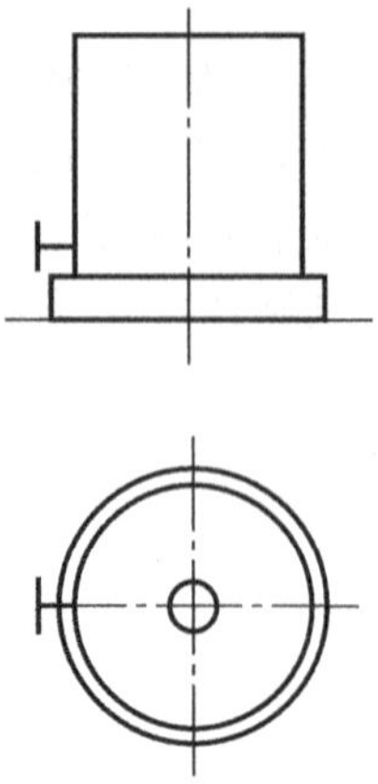

图 6-34　非定型设备的外接管

③ 图中应用粗虚线按比例画出预留的设备检修场地(如换热器抽管束等),如图 6-35 所示。

图 6-35　预留设备检修场地的图示方法

④ 位于室外而又与厂房不连接的设备及其支架等,一般只在底层平面图上予以表示。

⑤ 穿过楼层的设备,每层平面图上均需画出设备的平面位置,并可按图 6-36(a)或(b)所示的剖面形式表示。

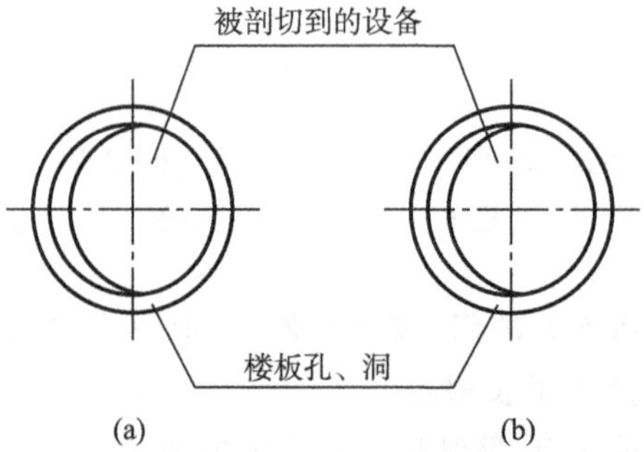

图 6-36　平面图中设备穿越楼板的画法

⑥ 剖面图中,设备的钢筋混凝土基础与设备外形轮廓组合在一起时,往往将它与设备一起画成粗实线,如图 6-34 所示,当图样绘有两个以上剖面图时,设备在剖面图上一般只应出现一次,无特殊必要不予重复画出。

⑦ 对于定型设备一般用粗实线按比例画其外形轮廓,但对小型通用设备如泵、压缩机、鼓风机等,若有多台,而其位号、管口方位与支承方位完全相同时,可只画一台,其余则用粗实线简化,画出其基础的矩形轮廓,如图 6-24 中 P1001A 原料泵。动设备也可只画基础轮廓并表示出特征管口和驱动机的位置,如图 6-37 中用 M 表示电机的安装位置,并画出必要的特征管口位置。

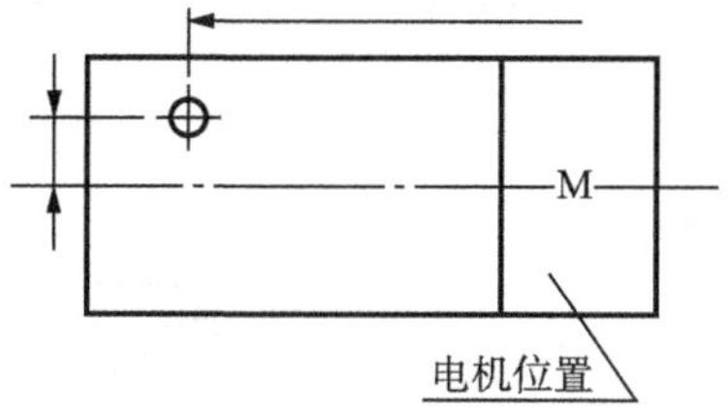

图 6-37　平面图中动设备的图示方法

6.2.4　设备布置图的标注

设备布置图的标注包括厂房建筑定位轴线的编号，建筑物及其构件的尺寸，设备的位号、名称、定位尺寸及其他说明等。

1. 厂房建筑及其构件

厂房建筑及其构件应标注如下尺寸。

(1) 厂房建筑物的长度、宽度总尺寸；

(2) 厂房柱、墙定位轴线的间距尺寸；

(3) 为设备安装预留的孔、洞以及沟、坑等定位尺寸；

(4) 地面、楼板、平台、屋面的主要高度尺寸及其他与设备安装定位有关的建筑结构件的高度尺寸。

2. 设备

图中一般不标注设备定型尺寸而只注定位尺寸。

(1) 平面定位尺寸

设备在平面图上的定位尺寸一般应以建筑定位轴线为基准，注出它与设备中心线或设备支座中心线的距离。悬挂于墙上或柱子上的设备，应以墙的内壁或外壁、柱子的边为基准，标注定位尺寸，图 6-24 中底层平面图上成品储槽(V1001)是分别以定位轴线 1 和 B 作为基准来标注定位尺寸的。

当某一设备已采用建筑定位轴线为基准标注定位尺寸后，邻近设备可依次用已标出定位尺寸的设备的中心线为基准来标注定位尺寸，如图 6-24 中底层平面图上的再沸器(E1003)，其定位尺寸 2500 就是以精馏塔(T1001)的中心线为基准的。

动设备可用确定其轴线和特征管口的尺寸来定位，如图 6-38 所示，图中有些尺寸线一端未能注到尺寸界线，则采用连画两个箭头示意表示(图中缩写词含义见《管道常用的缩写词》HG 20519:27—92)。

(2) 高度方向定位尺寸

设备在高度方向的位置，一般是以标注设备的基础面或设备中心线(卧式设备)的标高来确定的。必要时也可标注设备的支架、挂架、吊架、法兰面或主要管口中心线、设备最高点(塔器)等的标高。如图 6-24 中精馏塔(T1001)标注了基础的标高“0.50”和最高点标高“17.500”。

设备的标高也可以文字符号形式注写在设备轴线的下方或左方。如大型压缩机、鼓风机、泵标注主轴中心线的标高(ϕEL××××)，卧式设备容器也标注中心线标高(ϕEL××

××)，对小型机和立式容器(塔、立式槽、罐等)则标注支承点标高(POS EL××××)，如图6－38、图6－39所示。

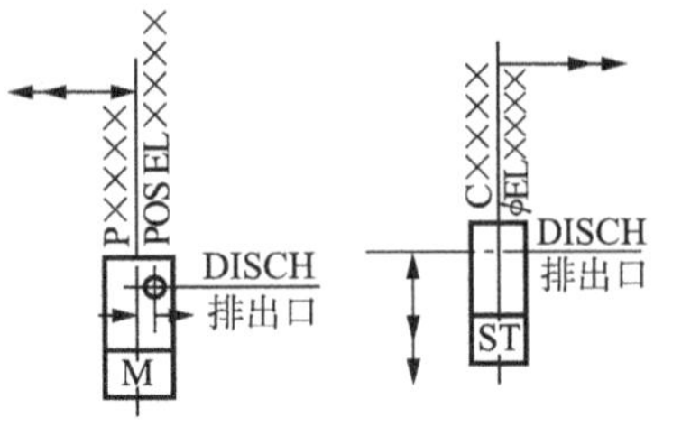

电机驱动的泵　　汽轮机驱动的鼓风机

图6－38　动设备标注

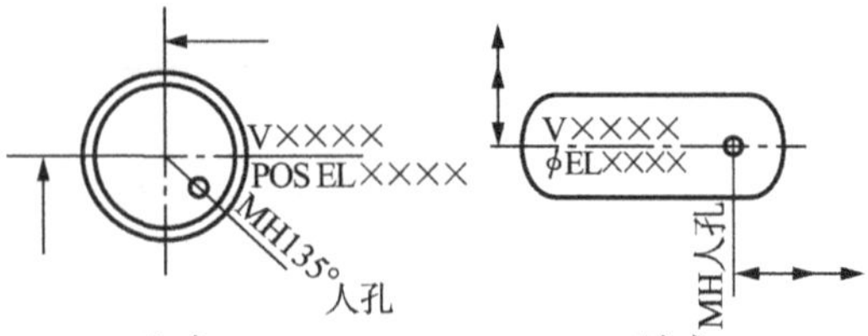

(立式)　　(卧式)

图6－39　设备只注位号不标名称的标注

3. 名称及位号的标注

设备布置图中所有设备，均需标出名称与位号，名称和位号应与工艺管道及仪表流程图一致。

设备名称和位号在平面图和剖面图上都需标注，一般标注在相应图形的上方或下方，如图6－24所示，也有只注位号不标名称的，如图6－39所示。

4. 安装方位标

安装方位标是确定设备安装方位的基准，一般将方位标符号画在图纸的右上角，符号以粗实线画出直径为24 mm的圆和水平、垂直两轴线，并分别注以0°、90°、180°、270°等字样，通常以北向或接近北向的建筑轴线为零度方位基准(即所谓建筑北向)，并注以“N”字样，如图6－40所示。

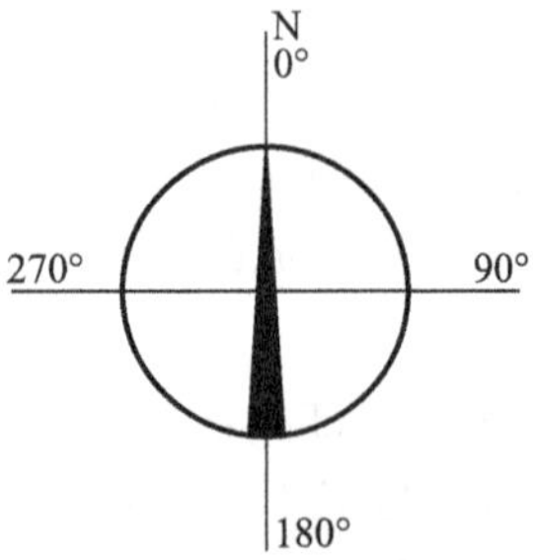

图6－40　安装方位标的标注形式

5. 设备一览表及标题栏

设备布置图中应将设备的位号、名称、技术规格及图号(或标准号)等在标题栏上方列表说明，也可单独制表在设计文件中附出，此时设备应按定型、非定型分类编制，如图6－41所示。

标题栏的格式与设备图一致。在图名栏内，应分行填写，上行填写×××设备布置图，下行填写EL×××平面，或×-×剖视。

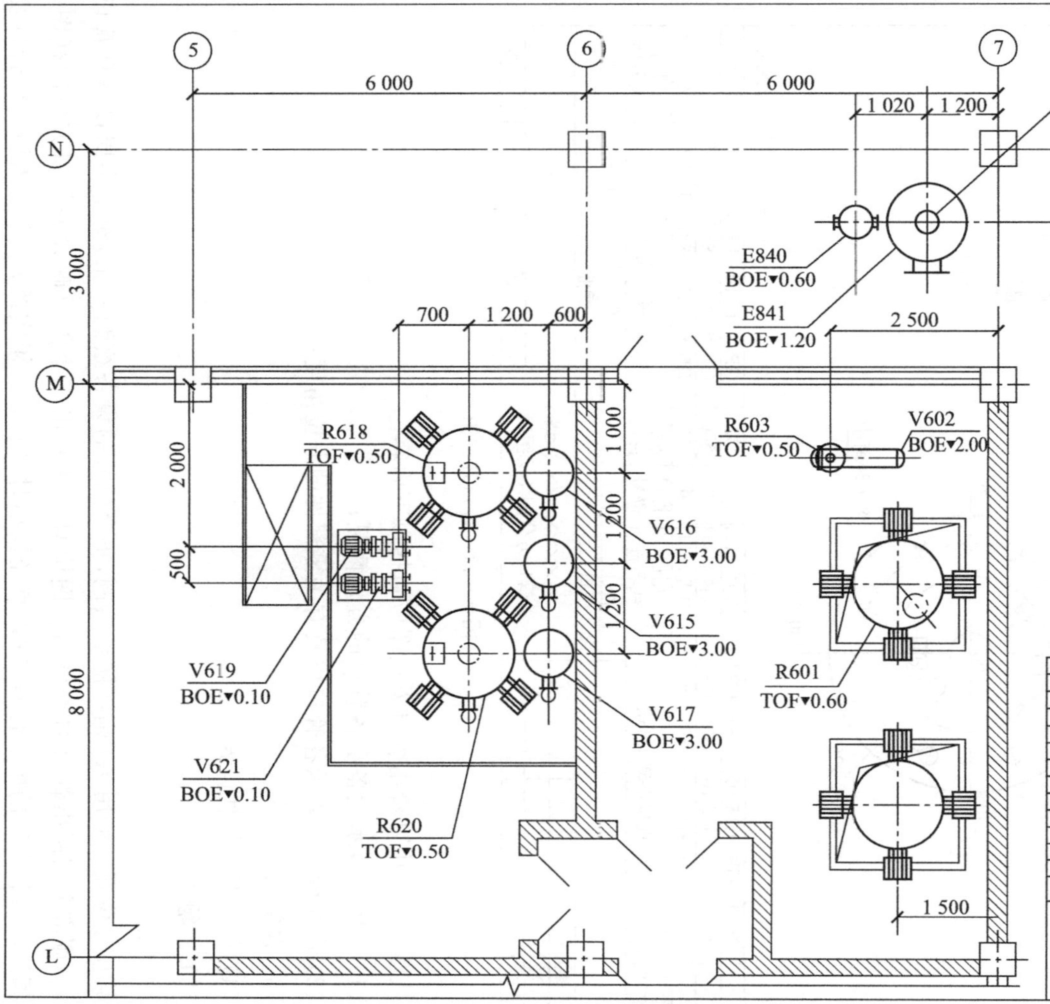

位号	设备名称	重量	设备图图号	安装图图号	安装高度	备注
T842	蒸馏塔　D270H3500	1 200	××厂			订购
R601	水提罐　D1400H3740	1 588	××厂			订购
E841	蒸发器　D1200H1500	420	××厂			订购
E840	加热器　D530H1100	380	××厂			订购
E603	冷却器　D430H450	88	××厂	I-45368-8		订购
E602	冷却器　D300L1280	193	××厂	I-45368-7		订购
V620	60% 乙醇配制罐　D1400 H1200	780	设 24-311	I-45368-6		
V618	25% 乙醇配制罐　D1400 H1200	780	设 24-311	I-45368-6		
V617	水计量罐　D800H700	161	设 23-8390			
V616	回收 乙醇计量罐　D800 H700	171	设 23-8379			
V615	乙醇计量罐　D800 H700	171	设 23-8379			
V621	60% 乙醇输送泵　008-15型	20	××厂		H· 100	订购
V619	25% 乙醇输送泵　008-15型	20	××厂		H· 100	订购

标题栏

图6-41　×××设备布置图

6.2.5 管口方位图

1. 作用与内容

设备上的管口方位在制造及安装时极为重要，管口方位图是确定各管口方位、管口与支螺栓等相对位置的依据，也是设备安装时确定安装方位的依据，图 6－42 是一塔设备的管口方位图。

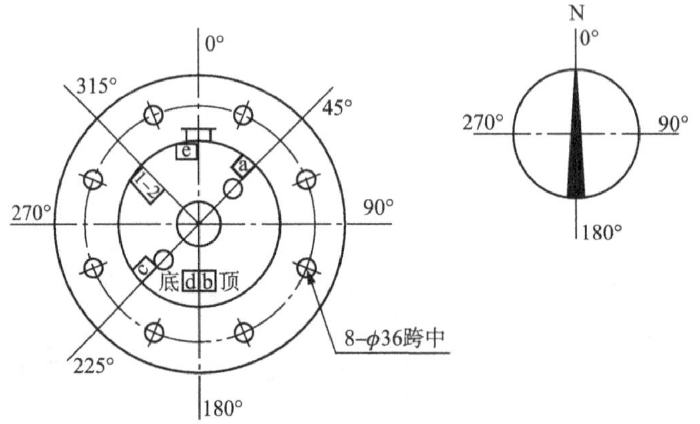

设备装配图图号××××

c	25	GB 9115.10—88RF PN2.5	压力计口	L_{1-2}	32	GB 9115.10—88RF PN2.5	进料口
b	80	GB 9115.10—88RF PN2.5	气体出口	e	500	GB 9115.10—88RF PN2.5	人孔
a	25	GB 9115.10—88RF PN2.5	温度计口	d	32	GB 9115.10—88RF PN2.5	液体出口
管口符号	公称直径	连接形式及标准	用途或名称	管口符号	公称直径	连接形式及标准	用途或名称

			工程名称：	20 年	区号	
			设计项目：	专业		
编制			T×××× ××××塔 管口方位图（例图）			
校核						
审核				第 页	共 页	版

图 6－42 管口方位图

从图 6－42 中可看出管口方位图应包括以下内容：

(1) 视图 表示设备上各管口的方位情况；

(2) 尺寸标注 表示各管口以及有关零部件的方位角度；

(3) 方位标；

(4) 管口编号及管口表；

(5) 标题栏。

2. 画法

管口方位图一般用 A4 幅面图纸绘制，每个位号的设备绘制一张，对于多层设备且管口较多时，则应分层画出管口的方位图。图中只简化画出一个能反映设备管口方位的视图。用点画线画出各管口的中心位置，管口直径较小时，用单线（粗实线）示意画出周向各管口及有关零部件，用粗实线圆画出设备主体轮廓以内各管口及地脚螺栓孔等，具体作图步骤如下。

(1) 用细点画线画出设备中心线,并用单线(粗实线)示意画出设备轮廓外形及罐耳、吊柱、支腿(或耳座)、接地板、塔裙座底部加强筋、裙座上人孔、地脚螺栓位置及数量等。

(2) 以设备中心线作为坐标轴,分别注以 0°、90°、180°、270°,其中 0°指向北方。

(3) 用点画线画出各管口中心位置。并用单线(粗实线)示意画出周向管口,管口直径大时画双线,用粗实线画出设备轮廓以内管口及地脚螺栓孔等。

(4) 以 0°为基准,按顺时针方向,注明各接管口及支座等零部件方位角度以及地脚螺栓孔的位置和数量。

(5) 用小写字母加方框(5 mm×5 mm)对各接管口标注管口符号,用汉语拼音小写字母顺序编排(应与设备图上管口符号一致)。

(6) 在标题栏上方列出与设备图上一致的管口表,如图 6-42 所示,在管口表右侧注出设备装配图图号,如"设备装配图图号××××"。

(7) 图纸右上角绘制一个方向标,方向标的形式是直径为 24 mm 的一个圆,注明东、南、西、北四个方向的角度数,并注出北方"N",如图 6-42 右上方所示。

6.3　管道布置图的绘制

管道布置图是表达车间(或装置)内管道及其所附管件、阀、仪表控制点等空间位置的图样。管道布置图是车间(装置)安装、施工中的重要依据。它是在完成了化工工艺管道及仪表流程图和化工设备布置图测绘后进行的第三项测绘内容。

管道布置图的测绘应在带教教师的指导下,并根据绘图所需的数据对测绘对象进行现场测量,一般可先了解与测绘对象有关的图纸和资料并绘制好草图,摸清管道中物料的流向、工艺特性、管子的材质及各种管件名称等。然后将测量所得的数据填入草图中并按所定比例绘制正式图纸。具体绘制步骤如下。

1. 确定表达方案、视图的数量和各视图的比例。

2. 确定图纸幅面的安排和图纸张数。

3. 绘制视图。

(1) 绘制平面图

① 用细实线画出厂房建筑、带管口方位的设备外形轮廓;

② 根据管道布置的原则,按流程次序逐条画出管道的平面图,并标注管道编号(即物料代号、管段序号、公称通径)及物料流向箭头;

③ 根据设计所要求的部位画出管件、管架、阀门、仪表控制点等规定符号;

④ 标注厂房的定位轴线、设备的位号(设备名称可以省略)及定位尺寸、管道定位尺寸及标高等。

(2) 绘制剖面图

① 用细实线画出地平线及设备基础;

② 用细实线画出带管口的设备外形,并加注设备位号;

③ 画出管道的剖面图,并标注管道编号及物料流向箭头;

④ 画出管道上的管件、阀；

⑤ 注出地面、设备基础、管道等标高尺寸。

4. 标注平面图与剖面图中其他所需的尺寸、编号及代号等。

5. 绘制方位标、附表及注写说明。

在正式绘制设备布置图时，还应以工艺流程图、设备布置图、厂房建筑图、国家标准及其他有关标准、设备及其管口等配制等资料为依据，按管道布置图所表达的内容和绘图要求（如下所述）绘制。

由于管道布置图的内容相对于工艺流程图和设备布置图来说内容烦琐，另外，生产现场的测绘环境比较差，一般都处于高温、嘈杂或露天环境下，所以应允许学生在测量完所需数据后再将现场管道布置（要征得工厂允许）用摄影方式拍成视频资料，方便学生以后在室内绘图时不用到现场就可反复比对其测量的正确性。

6.3.1 管道布置图的内容

管道布置图的内容，如图 6-43、图 6-44 所示。

管道布置图一般包括以下内容：

(1) 一组视图　画出一组平、立面及剖面图，表达整个车间（装置）的设备、建筑物以及管道、管件、阀、仪表控制点等的布置安装情况。

(2) 尺寸与标注　注出管道以及有关管件、阀、仪表控制点等的平面位置尺寸和标高，并标注建筑定位轴线编号、设备位号、管段序号、仪表控制点代号等。

(3) 方位标　表示管道安装的方位基准。

(4) 管口表　注写设备上各管口的有关数据。

(5) 标题栏　注写图名、图号等。

当整个车间（装置）范围较大、管道布置比较复杂时管道布置图需分区绘制，此时应绘制首页图以提供车间（装置）分区概况，也可以工段（工序）为单位分区绘制管道布置图，此时在图纸的右上方应画出分区简图，分区简图中用细斜线（或两交叉细线）表示该区所在位置，并注明各分区图号。若车间（装置）内管道比较简单，则分区简图可省略。

6.3.2 管道布置图的视图

1. 图幅与比例

(1) 图幅　管道布置图图幅一般采用 A0，比较简单的也可采用 A1 或 A2，图幅不宜加长或加宽。

(2) 比例　常用比例为 1∶30，也可采用 1∶25 或 1∶50。

2. 视图的配置

管道布置图中需表达的内容较多，通常采用平面图、剖面图、向视图、局部放大图等一组视图来表达。

平面图的配置一般应与设备布置图相同，对多层建（构）筑物按层次绘制。各层管道布置平面图是将楼板（或层顶）以下的建（构）筑物、设备、管道等全部画出。当某一层的管道

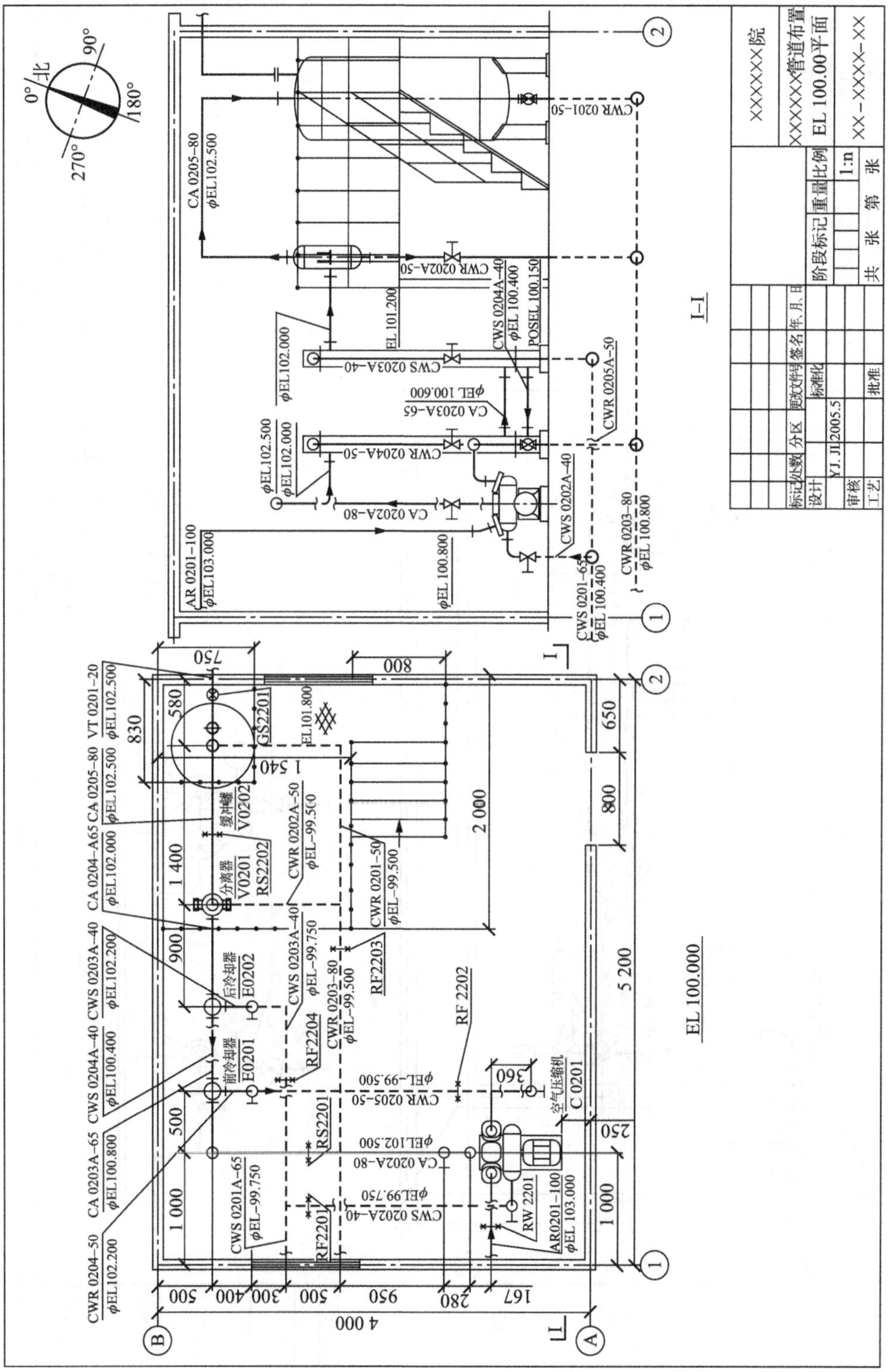

图 6-43　管道布置图示例一

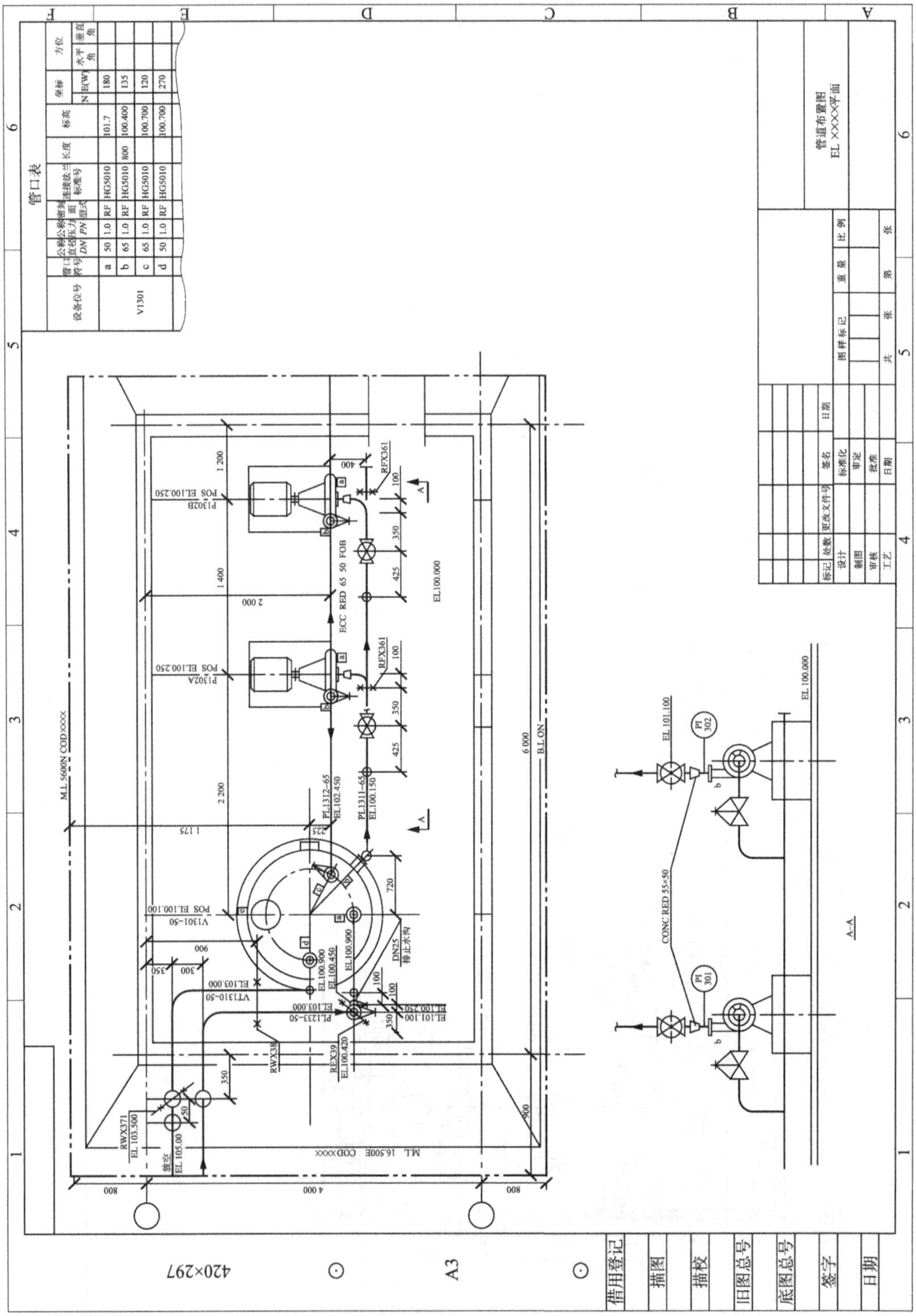

图 6-44 管道布置图示例二

上、下重叠过多、布置较复杂时，可再分上、下两层分别绘制。

管道布置在平面图上不能清楚表达的部分，可采用剖面图或向视图补充表示，为了表达得既简单又清楚，常采用局部剖面图和局部视图。剖切平面位置线的标注和向视图的标注方法均与设备布置图标注方法相同。管道布置图中各图形的下方均需注写“±0.00 mm 平面”、“A－A 剖面”等字样。

3. 视图的表示方法

(1) 建(构)筑物　其表达要求和画法与设备布置图相同，以细实线绘制，如图 6－43 所示。

(2) 设备　用细实线按比例画出设备的简略外形和基础、支架等，对于泵、鼓风机等定型设备可以只画出设备基础和电机位置，但对设备上有接管的管口和备用管口，必须全部画出。

(3) 管道　管道是管道布置图的主要内容，在图中采用粗实线绘制，当公称通径 $DN \geqslant$ 400 mm 或 16in(1 in＝2.54 cm)时，管道画成双线表示，如图中大口径管道不多时，则公称通径 $DN \geqslant$250 mm 或 10 in 的管道用双线表示，绘成双线时，用中实线(1b/2～2b/3)绘制。

管道的连接形式如图 6－45(a)所示，通常无特殊必要，图中不必表示管道连接形式，只需在有关资料中加以说明即可，若管道只画其中一段时，则应在管道中断处画上断裂符号。如图 6－45(b)所示。

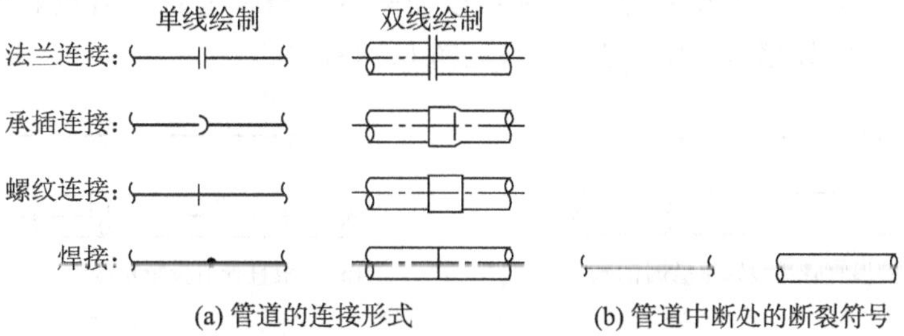

(a) 管道的连接形式　(b) 管道中断处的断裂符号

图 6－45　管道连接及中断的画法

管道转折的表示方法如图 6－46 所示。

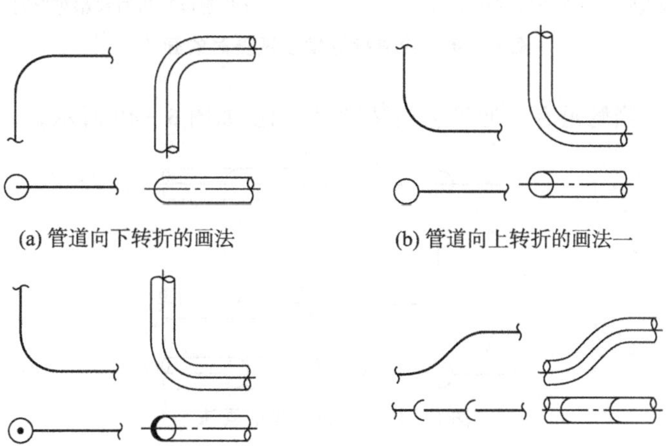
(a) 管道向下转折的画法　(b) 管道向上转折的画法一　(c) 管道向上转折的画法二　(d) 管道非90°转折的画法

图 6－46　管道转折的画法

向下 90°角转折的管道画法如图 6 - 46(a)所示。单线绘制的管道，在投影有积聚性处画一细线圆，在另一视图上画出转折的小圆角，如公称通径 $DN \leqslant 50$ mm 或 2 in 的管道，则一律画成直角。向上转 90°的管道画法如图 6 - 46[(b)、(c)]所示。双线绘制的管道，在积聚性投影处可画一"新月形"剖面符号(也可只画"新月形"，不画剖面符号)。大于 90°角转折的管道画法见图 6 - 46(d)。

管道交叉画法如图 6 - 47 所示。

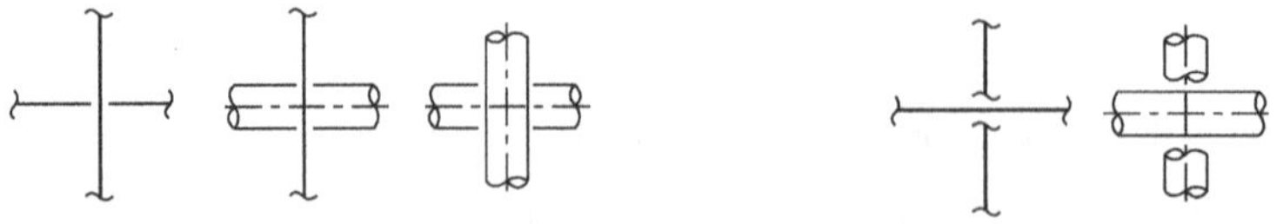

(a) 管道交叉投影重合画法之一　　(b) 管道交叉投影重合画法之二

图 6 - 47　管道交叉的画法

当交叉管道的投影重合时，其画法可以把下面被遮盖部分的投影断开，如图 6 - 47(a)所示，也可以将上面管道的投影断裂表示，如图 6 - 47(b)所示。

当管道投影发生重叠时，则将可见管道的投影断裂表示，不可见管道的投影画至重影处稍留间隙并断开，如图 6 - 48(a)所示；当多根管道的投影重叠时，可采用图 6 - 48(b)的表示方法，图中单线绘制的最上一条管道画以"双重断裂"符号。也可如图 6 - 48(c)所示在管道投影断开处分别注上 a、a 和 b、b 等小写字母以便辨认。当管道转折后投影发生重叠时，则下面的管道画至重影处稍留间隙断开表示，见图 6 - 48(d)。

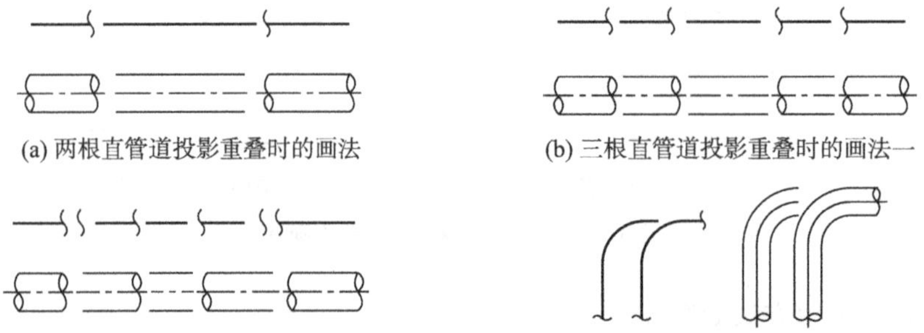

(a) 两根直管道投影重叠时的画法　　(b) 三根直管道投影重叠时的画法一

(c) 三根直管道投影重叠时的画法二　　(d) 管道转折后投影重叠时的画法

图 6 - 48　管道投影发生重叠时的画法

在管道布置中，当管道有三通等引出叉管时，画法如图 6 - 49 所示。

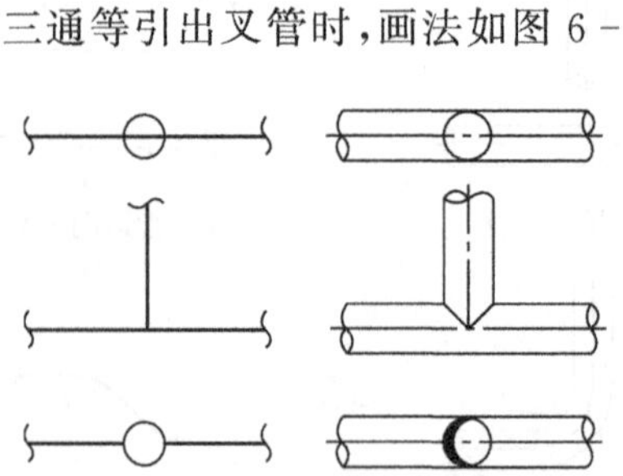

图 6 - 49　管道交叉的画法

不同管径的管子连接时，一般采用同心或偏心异径管接头，画法如图 6 - 50 所示。

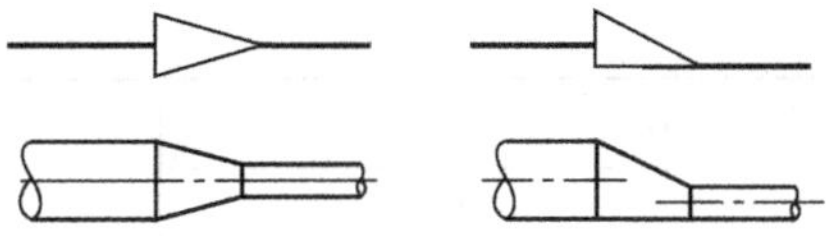

图 6－50　管道变径的画法

此外，管道内物料的流向必须在图中画上箭头予以表示，对用双线表示的管道，其箭头画在中心线上，单线表示的管道，箭头直接画在管道上，如图 6－51 所示。

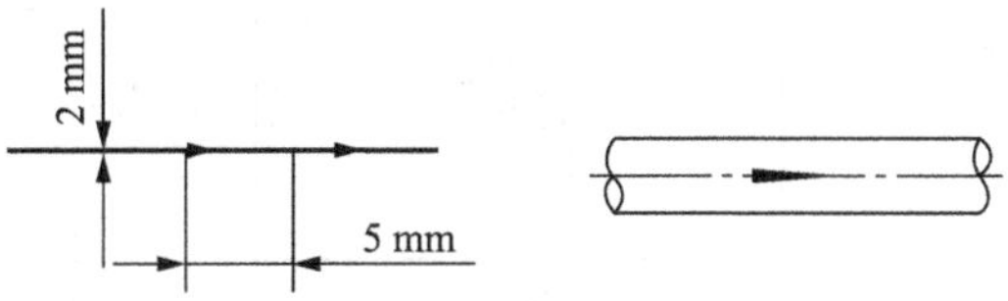

图 6－51　物料流向的标注方法

其他规定画法，可参阅表 6－8。

表 6－8　管道及附件的规定图形符号

名称		管道布置图				轴测图		备注
		单　线		双　线				
偏心异径管	螺纹或承插焊	E.R25 × 20 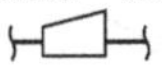 FOB	E.R25 × 20 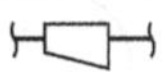 FOT			E.R25 × 20  FOB	E.R25 × 20  FOT	
	对焊	E.R25 × 20 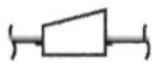 FOB	E.R25 × 20 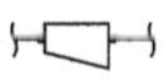 FOT	E.R25 × 20  FOB	E.R25 × 20  FOT	E.R25 × 20  FOB	E.R25 × 20  FOT	
	法兰式	E.R25 × 20  FOB	E.R25 × 20  FOT	E.R25 × 20 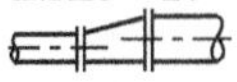 FOB	E.R25 × 20  FOT	E.R25 × 20  FOB	E.R25 × 20  FOT	
90°弯头	螺纹或承插焊	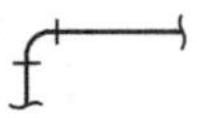				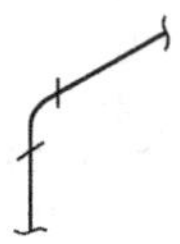		

	对焊			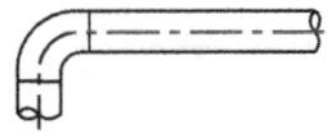				
				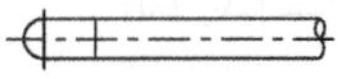				
	法兰式	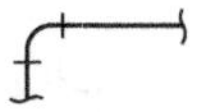		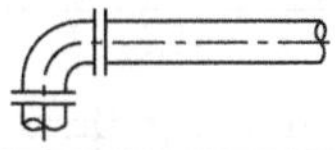		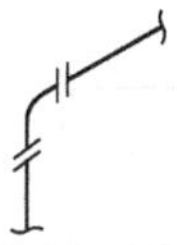		
				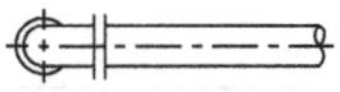				

续表

名称		管道布置图 单线	管道布置图 双线	轴测图	备注
45°弯头	螺纹或承插焊	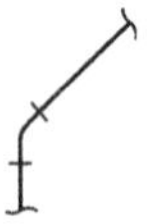 		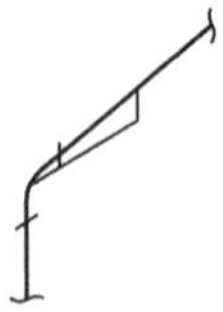	
	对焊	 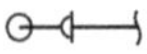	 		
	法兰式	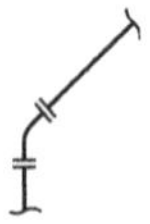 	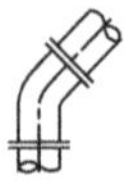 	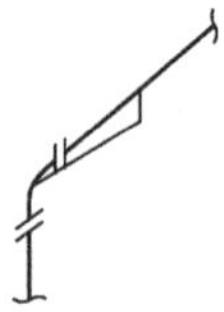	
U形弯头	法兰式	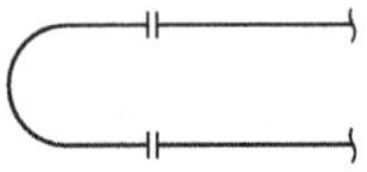 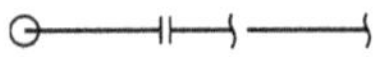	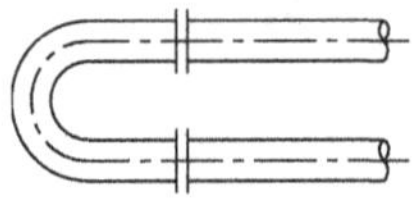 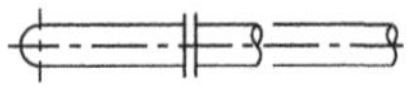	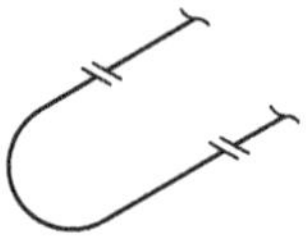	
三通	螺纹或承插焊	 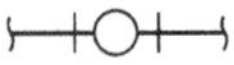			
	对焊	 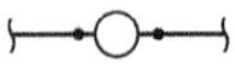		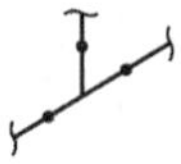	
	法兰式	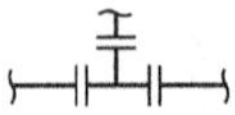 			
视镜		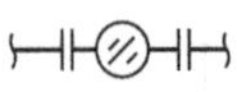	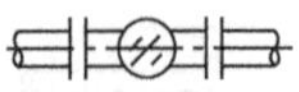	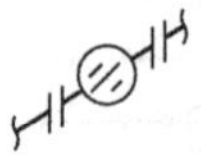	
波纹膨胀节		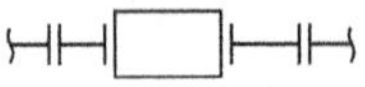		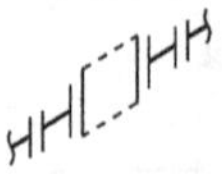	

续表

名称	管道布置图：单　线	管道布置图：双　线	轴测图	备注
爆破片				
阻火器				
对焊式限流孔板	 	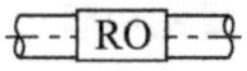 		
对夹式限流孔板	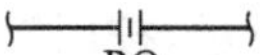 	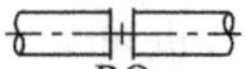 		
8 字盲板		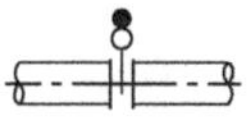		正常通过 正常截止

闸　阀	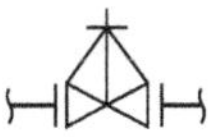	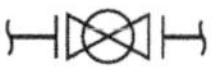			
截止阀					
球　阀	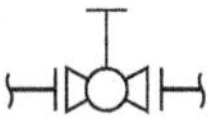			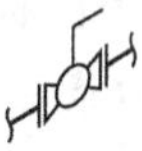	
角　阀	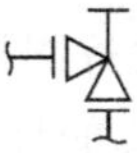	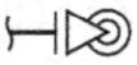			
弹簧式安全阀					
疏水阀	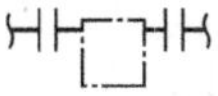			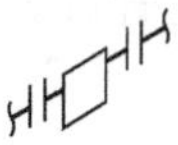	

(4) 管件、阀、仪表控制点　管道上的管件(如弯头、三通异径管、法兰、盲板等)及阀通常在管道布置图中用简单的图形和符号以细实线画出,其规定符号见表 6-8,对特殊的阀与管件须另绘结构图。

管道上的仪表控制点用细实线按规定符号画出。一般画在能清晰表达其安装位置的视图上,其规定符号与工艺流程图中的画法相同。

(5) 管道支架　管道支架是用来支承和固定管道的,其位置一般在管道布置图的平面图中用符号表示,如图 6-52(a)所示。

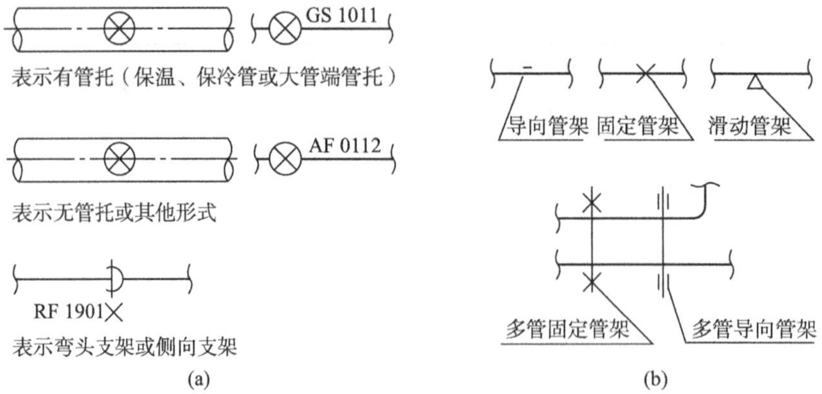

图 6-52　管道布置图中管道支架的图示方法

目前各部门表示的方法也不完全一样，也可如图 6-52(b)所示，按固定与非固定管道支架分别用不同的符号表示。对非标准管道支架应另行提供管道支架图，管道支架配置比较复杂时，也可单独绘制管道支架布置图。

6.3.3　管道布置图的标注

管道布置图上应标注尺寸、位号、代号、编号等内容。

1. 建(构)筑物

在图中应注出建筑物定位轴线的编号和各定位轴线的间距尺寸，以及地面、楼面、平台面、梁顶面及吊车等的标高，标注方式均与设备布置图相同。

2. 设备和管口表

(1) 设备　设备是管道布置的主要定位基准，设备在图中要标注位号，其位号应与工艺管道及仪表流程图和设备布置图上的一致，标注在设备图形近侧或设备图形内，如图 6-43 所示；也可注在设备中心线上方，而在设备中心线下方标注主轴中心线的标高（ϕEL+×.××）或支承点的标高(POS EL×.××)，如图 6-44 所示。

按 HG 20519—92 规定，在图中还应注出设备的定位尺寸，并用 5 mm×5 mm 的方块标注与设备图一致的管口符号，以及由设备中心至管口端面距离的管口定位尺寸，如图 6-53 所示(如若填写在管口表上，则图中可不标注)。

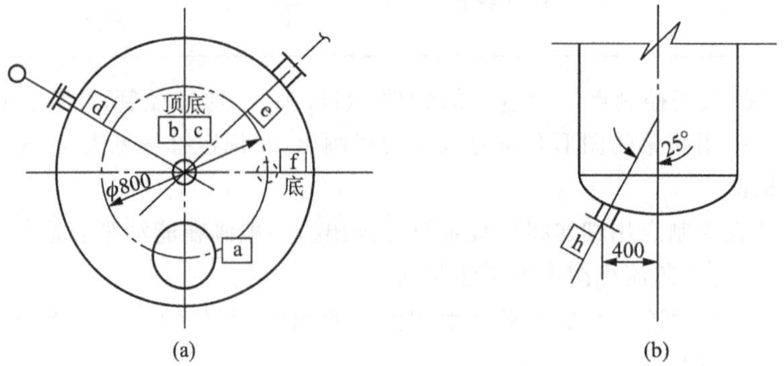

图 6-53　设备管口

(2) 管口表　管口表在管道布置图的右上角,表中填写该管道布置图中的设备管口,管口表的格式如图 6-44 所示。

3. 管道

在管道布置图中应注出所有管道的定位尺寸、标高及管段编号。

管道布置图以平面图为主,标注所有管道的定位尺寸及安装标高。如绘制立面剖视图,则管道所有的安装标高应在立面剖视图上表示。与设备布置图相同,定位尺寸以毫米为单位,而标高以米为单位。

在标注管道定位尺寸时,通常以设备中心线、设备管口中心线、建筑定位轴线、墙面等为基准进行标注。与设备管口相连直接管段,因可用设备管口确定该段管道的位置,故不需要再标注定位尺寸。

管道安装标高以室内地面标高 0.00 m 或 EL100.00 m 为基准。管道按管底外表面标注安装高度,其标注形式为“BOP EL××.××”,如按管中心线标注安装高度则为“EL××.××”。标高通常注在平面图管线的下方或右方,如图 6-54(a)所示,管线的上方或左方则标注与工艺管道及仪表流程图一致的管段编号,写不下时可用指引线引至图纸空白处标注,也可将几条管线一起引出标注,此时管道与相应标注都要用数字分别进行编号,如图 6-54(b)所示。

(a) 常规的标注方法　　(b) 引出标注方法

图 6-54　管道高度的标注方法

对于有坡度的管道,应标注坡度(代号)和坡向,如图 6-55 所示。

图 6-55　管道坡度和坡向的标注方法

4. 管件、阀及仪表控制点

图中管件、阀门及仪表控制点按规定符号画出后,一般不再标注,对某些有特殊要求的管件、阀及法兰,应标注某些尺寸、型号或说明,如异径管的下方应标注其两端的公称通径,如图 6-56 中的 50/25(或 DN 50/25),非 90°的弯头和非 90°的弯管连接应标出其角度,如图 6-56 所示的 135°,对补偿器有时也注出中心线位置尺寸及预拉量。

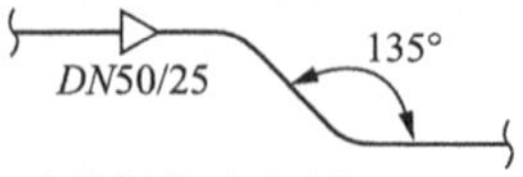

图 6-56 异径管及非 90°弯头的标注方法

思考题

1. 简述被测对象的生产原理。
2. 被测流程中主要物料名称是什么？其物料代号是什么？
3. 被测流程中主要化工设备有哪些？其设备的代号分别是什么？
4. 工艺管道及仪表流程图中的设备、管道、仪表分别应作哪些标注？
5. 简述化学工艺测绘的目的。
6. 简述设备布置图的作用和所测绘图中出现的建筑配件名称。
7. 设备布置的基本原则是什么？
8. 所测绘的管道布置图中主要有哪些管子、管件和阀门？
9. 简述管道布置图的测绘步骤。
10. 什么是 AutoCAD？它有哪些功能？

第7章 化学工艺查定与优化

一套化工生产装置投入生产运行后，随着生产年限的增加，设备的老化会不同程度地引起生产能力和生产效率的下降，同时化工生产的新技术又在不断地发展，因此通过技术革新和技术改造引进新的工艺和新的设备，解决老装置扩产增效中存在的"瓶颈"问题，是现有生产企业始终关注的一个问题。而解决这个问题的一个有效方法就是化学工艺查定与优化，一般有如下几个方面。

学生首先应在工厂技术人员和带教教师的指导下，根据教师选定的查定对象，了解其生产工艺流程，制订具体的查定方案；其次测试和采集数据，并进行物料衡算和能量衡算等有关计算；最后应用已学的专业知识对查定的结果进行技术分析，并提出优化措施。

时间安排一般为三周：一周文献查阅和查定准备；一周现场熟悉流程和数据采集；一周数据综合计算和分析、编写报告和考核。

考核内容分为平时表现、实习报告和书面考试三部分，其中平时表现占40%，书面考试和实习报告各占30%。按五级制评定。

7.1 化学工艺查定的作用

(1) 可以分析操作条件的改变对操作结果的影响，如当进料量或进料组成发生改变、操作压力和温度等发生改变时对于产品产量、质量和能耗的影响；

(2) 可以分析生产过程的实际操作情况，找出生产中的薄弱环节；

(3) 可以得到一些难以直接测定的物理量数据，或者用来检验测定数据的正确性，为优化生产中的薄弱环节提供理论依据；

(4) 可以为企业核实生产状况、设备性能，进而为技术改造提供资料，使生产效能得到经济、合理的运行。

7.2 化学工艺查定的过程及方法

7.2.1 查定的步骤

(1) 按节点测定所需生产运行参数，确认查定内容的背景与目标、要求；

(2) 做好查定前的资料、人员准备与协调工作；

(3) 确定生产能力查定区域范围及技术方案；

(4) 组织人员按节点测定所需生产运行参数；

(5) 选择合适的计算方式对采集的参数进行综合计算；

(6) 综合平衡，对计算结果进行分析、讨论并提出相应措施与建议。

7.2.2 查定对象的选择

选择合理的查定对象，可最大限度地提高查定的意义，优化生产工艺。一般分为如下几种情况。

(1) 产品的原材料及动力(如电、蒸汽、仪表空气等)消耗定额高于设计值或同行技术经济指标的生产工序；

(2) 在产品生产过程中，主要工艺操作指标经常处于较低合格率，调整了操作方法仍无济于事，并且原因不明；

(3) 产品的主要质量指标达不到设计值或低于同行水平的生产工序或生产装置；

(4) 化工装置生产能力处于超过设计规模的工况运行，寻找最佳的主要工艺操作指标；

(5) 新设备、新配方、新工艺项目投入生产运行后，完成的产品各项指标达不到项目的预期值，急需寻找最佳生产工况条件和最佳工艺控制点，或者寻找原因；

(6) 生产装置大修前、后运行工况；

(7) 生产装置蒸汽、循环冷却水、精制水等系统平衡情况；

(8) 降低产品成本、提高产品质量的关键操作工艺参数。

7.2.3 查定方案的确定

工艺查定方案一般包含以下内容：

(1) 查定的目的；

(2) 查定的日期；

(3) 查定的工况；

(4) 查定的工艺流程；

(5) 查定的操作运行和分析数据采集方式；

(6) 查定期间遇突发事故的应急预案；

(7) 查定的协调和预测。

7.2.4 查定的实施方法和要求

7.2.4.1 查定前的准备工作

在工艺查定前，必须切实做好工艺查定前的各项准备工作，准备工作质量的好坏与工艺查定能否顺利实施的关系十分密切。工艺查定前主要的准备工作有以下几方面。

(1) 编写《工艺查定方案》；

(2) 组织与落实工艺查定的参加人员；

(3) 对与工艺查定相关的检测仪表、计量表等进行校核；

(4) 准备工艺查定所需的分析工作；

(5) 编制工艺查定所用的“工艺运行数据记录表”、“工艺查定计量数据表”和“产品质量分析表”等。

7.2.4.2 查定的工作要求

(1) 参加查定的人员需要有明确的分工，必要时可组织一些操作人员协助进行；

(2) 工艺查定的实施实际上是对工艺查定的生产工序或生产装置的操作运行数据及物料计量数据的采集和综合，要求各种采集到的数据绝对真实、可靠，各种分析数据应及时和准时获得；

(3) 通常工艺查定时间定为连续三天(即连续 72 h)，查定期间如出现运行异常、设备故障等情况，都必须认真做好记录；

(4) 在完成生产现场的测试工作后，要对采集获得的数据进行各种计算和分析，包括生产工序的物料衡算、热量衡算及各种测算，从计算的结果进行周密的分析，找出问题的症结所在，进行生产过程的诊断，提出改进措施和意见。

7.3 化学工艺优化的一般原则

经过工艺查定之后，一般都能找到生产中各工艺的薄弱环节，但这并不是工艺查定的终极目标，我们还需利用各种先进的化工技术手段改造这些薄弱环节，以使生产过程得以优化。化学工艺查定后优化的一般原则有以下几方面。

(1) 原料优化：用便宜的原料替代贵的原料；

(2) 反应时间和后处理时间的优化：提高反应温度，可以减少反应时间，提高工厂设备的使用率，使用合理的后处理方法，以提高产品的总收率，并由此减少对环境的污染；

(3) 反应温度的优化：尽量使用常温来进行反应，以节省能耗的费用；

(4) 控制反应物配比，尽量节省反应物料：在工厂，凡是能回收套用就一定要回收套用，包括反应用的水，如果水直接排放就会增加环保的成本；

(5) 产品的纯化：纯化固体产品，首选打浆纯化—酸碱倒纯化—低温冷冻析晶—重结晶，前面的办法多用或组合使用。纯化液体产品，首选水蒸气直接蒸馏(这种办法可以把产品都蒸馏出来)，低温冷冻析晶，最后再考虑减压精馏；

(6) 反应路线的选择：尽量用并行的路线，少用线性的路线，从而可提高收率和减少总的项目时间；

(7) 严格各项生产控制指标；

(8) 减少成品返工次数；

(9) 生产控制自动化。

7.4 化学工艺查定与优化实例

本章以糖厂蒸发罐效能的查定为例，说明工艺查定在生产技术管理中的作用与主要内容、工艺查定过程与方法以及化学工艺优化的一般原则。化工生产过程千差万别，以一个糖厂蒸发罐效能的查定为例只能供读者在实施化学工艺查定与优化时作参考，具体情况要具体对待，特别是含有化学反应过程的工艺查定与优化。

糖厂的蒸发查定可通过测取有关的数据，计算出蒸发罐的传热系数 K 和蒸发强度 U，了解汁汽的抽用和有效能的消耗状况，以便分析蒸发系统的工作效能高低及热力的利用情况，决定是否需要采取措施加以优化。

下文中各专业术语解释如下：①锤度：在 20℃时用锤度计测糖液所得的读数称为锤度，对于纯糖溶液为蔗糖质量分数，对于不纯糖溶液则表示为溶液中固溶物的质量分数。例如 65°Bx 的糖浆，即表示 100 t 该糖浆中有 65 t 是固溶物（蔗糖及溶于水的杂质），而另外 35 t 是水。②清汁：指经清净（如饱充、硫熏、硫漂、除泡、过滤、浮升）处理后所得的清糖汁（包括澄清汁和滤清汁）。③糖浆：指溶度较高的糖液，如糖汁经浓缩后所得的蒸发糖浆、精糖浆、回溶糖浆等。④澄清糖浆：指经清净处理后的糖浆。⑤抽汁汽：多效蒸发系统中，从各效引出汁汽供其他部门使用的过程。

7.4.1 蒸发查定应取的数据和准备工作

根据蒸发查定的目的，必须掌握有关查定计算所需的基本数据，包括各效蒸发罐的传热面积、加热管的长度以及各效汁汽的抽用去向，即整个的蒸发系统热力方案，以便对蒸发查定的计算和结果进行分析和优化。

查定应测取的数据既可根据查定的范围决定，也可视糖厂具体的条件采用可行的方法和测取相应的数据。如果仅局限于多效蒸发系统，一般查定应测取以下数据：①混合汁的流量及清汁或糖浆的流量；②各加热器进出口的糖汁温度；③各效蒸发罐的加热汽和汁汽的温度；④入罐清汁的锤度及各效蒸发罐出口的糖浆锤度。

为了在查定中能够顺利、准确地取得这些数据，必须事先准备和校正好所需的各种仪器仪表，选好各效罐出口糖浆的采样点并装好采样装置。

参加查定的人员必须明确自己的分工和任务，指定专人统一指挥查定工作。在查定的过程中，应尽量稳定整个生产的过程，包括在其他车间及工段的配合下稳定榨量，并选择煮糖工段抽汽稳定的期间进行。蒸发站本身要维持第一效蒸发罐的加热蒸汽压力及末效罐汁汽室汁汽的压力稳定，维持各种阀门的开度稳定及蒸发罐内的液位稳定。

查定过程中要认真记录好有关的数据，通常整个查定工作应取得 5～6 个有效编号的数据，每个编号的数据可以是一定的间隔时间如 1 h 内记录的若干个数据的平均值，或所采集的集合样的测量值。

7.4.2　糖液的采样及查定方法

7.4.2.1　糖液的采样装置

蒸发罐出口糖浆的采样可以根据过罐管道中糖浆压力的大小采用不同的装置。图7-1中的(1)装置适用于糖浆压力大于101.325 kPa的场合。在这种情况下，糖浆具有较高的温度，为了避免由于自蒸发而影响糖浆锤度测定的准确性，需要利用冷水夹套对进入采样管内的糖浆进行冷却，也可以用敷冷水湿布冷却的方法。图7-1中(2)装置既可以用于糖浆压力大于101.325 kPa的场合，也可以用于糖浆压力小于101.325 kPa的场合。采样时要先打开装置顶部的阀门，让糖浆流入采样装置之内，经敷冷水湿布冷却之后，再将糖浆从底部阀门排出。如果过罐管道中的糖浆压力小于101.325 kPa，在糖浆排出之前就要打开真空解除阀门。

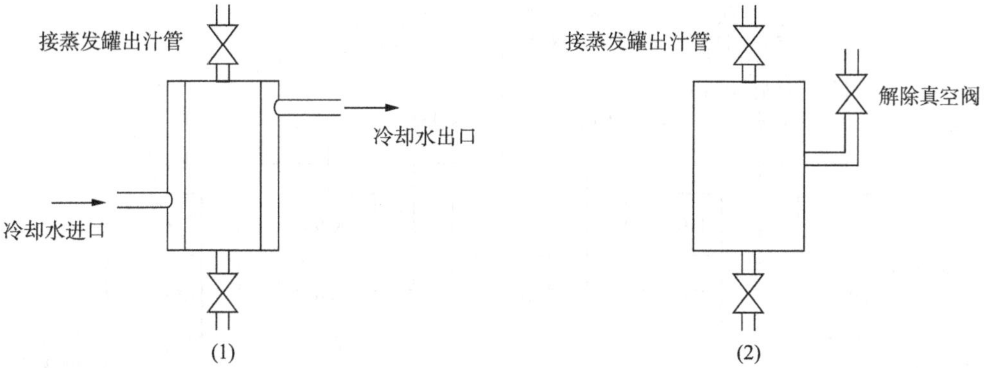

图7-1　蒸发罐的采样装置

7.4.2.2　查定方法

1. 流量测定

如果清汁有流量计，则应在查定开始之后按查定要求每间隔一定的时间(通常间隔时间为10 min)记录一次清汁的流量，并记录整个查定时间范围内的清汁总流量。如果没有流量计，而有两个糖浆箱，则可将糖浆箱的泵送和接收分开，并在查定开始和结束时刻计量糖浆箱的糖浆体积，从而推算出清汁的流量。混合汁的流量可从混合汁秤的读数表得到，这个数字可用于计算混合汁及中和汁的加热蒸汽消耗量。

2. 温度和压力记录

各效蒸发罐的加热蒸汽和汁汽的温度(或压力)应按间隔时间要求做好记录。

3. 糖汁(浆)采集

在各效蒸发罐的糖浆出口每隔一定时间采一次糖浆样品，要尽量使每次的采集量相同，每次采集1 000 mL左右(每小时采6次)。清汁和末效罐出口糖浆的采集，可视采样点的具体情况连续滴取或间隔采样，采集的样液用于测定锤度。

最后，根据查定所得的数字，计算出各效罐的蒸发水量、蒸发强度、传热系数，同时可算出各效罐的抽汽量及有效能的消耗量。根据计算结果画出物料、蒸汽的流程图，以便对蒸发系统的热力利用状况进行分析。

7.4.3 蒸发查定的有关计算

某五效蒸发系统的总传热面积为 6 300 m²，其中前两效的加热面积 A_1、A_2 均为 2 000 m²，第三、四效的加热面积 A_3、A_4 均为 1 300 m²，末效罐的加热面积 A_5 为 700 m²（另一台备用罐的加热面积为 700 m²），各罐内的加热管长均为 3 m。部分查定所得的数据在图 7-2 中给出。计算各效罐的传热系数和抽汁汽量，并计算每蒸发 1 kg 水的有效能消耗量。

7.4.3.1 查定数据

查定所得的数据如下：

混合汁流量 190 000 kg/h，锤度 16.0°Bx；

糖浆流量 50 400 kg/h，锤度 16.1°Bx；

蒸发系统汁汽的抽用情况和糖浆的锤度查定数值在图 7-2 中给出。

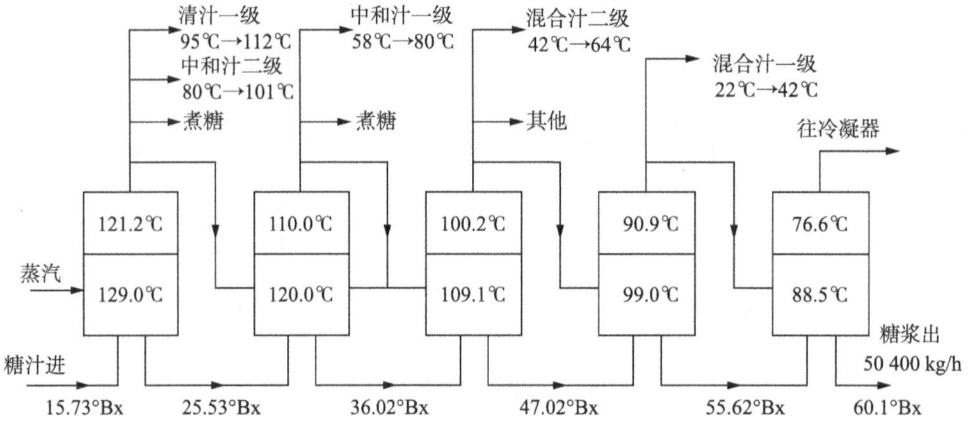

图 7-2 蒸发系统查定数据

7.4.3.2 数据的计算

1. 清汁量 G_0

$G_0 = G_5 B_5 / B_0 = 50\ 400 \times 60.1 / 15.73$ kg/h $= 192\ 565$ kg/h

2. 各效的蒸发水量 W_i

$W_1 = G_0(1 - B_0/B_1) = 192\ 565 \times (1 - 15.73/25.53)$ kg/h $= 73\ 918$ kg/h

$W_2 = G_1(1 - B_1/B_2) = (G_0 - W_1) \times (1 - B_1/B_2) = 34\ 553$ kg/h

$W_3 = 19\ 673$ kg/h

$W_4 = 9\ 961$ kg/h

$W_5 = 4\ 060$ kg/h

3. $G_1 = G_0 - W_1 = (192\ 565 - 73\ 918)$ kg/h $= 118\ 647$ kg/h

$G_2 = G_1 - W_2 = 84\ 094$ kg/h

$G_3 = G_2 - W_3 = 64\ 421$ kg/h

$G_4 = G_3 - W_4 = 54\ 460$ kg/h

$G_5 = G_4 - W_5 = 50\ 400$ kg/h

4. 各效汁汽的汽化热 r_i(查表)

$r_0 = 2\ 176.4\ \mathrm{kJ/kg}$

$r_1 = 2\ 199.4\ \mathrm{kJ/kg}$

$r_2 = 2\ 230.0\ \mathrm{kJ/kg}$

$r_3 = 2\ 256.5\ \mathrm{kJ/kg}$

$r_4 = 2\ 283.2\ \mathrm{kJ/kg}$

$r_5 = 2\ 320.0\ \mathrm{kJ/kg}$

5. 各效沸点升高的温差损失(近似以出口的糖浆锤度查取)

浓度效应沸点升高 e_i

$e_1 = 0.60℃$

$e_2 = 1.60℃$

$e_3 = 1.70℃$

$e_4 = 2.50℃$

$e_5 = 2.82℃$

静压效应沸点升高 e_i'

$e_1' = 0.85℃$

$e_2' = 1.16℃$

$e_3' = 1.60℃$

$e_4' = 2.25℃$

$e_5' = 3.40℃$

6. 各效出口糖浆的比热容 c_i

$c_1 = (4.186 - 0.023\ 9 \times B_1)\ \mathrm{kJ/(kg \cdot ℃)} = 3.576\ \mathrm{kJ/(kg \cdot ℃)}$

$c_2 = 3.326\ \mathrm{kJ/(kg \cdot ℃)}$

$c_3 = 3.036\ \mathrm{kJ/(kg \cdot ℃)}$

$c_4 = 2.872\ \mathrm{kJ/(kg \cdot ℃)}$

$c_5 = 2.252\ \mathrm{kJ/(kg \cdot ℃)}$

7. 各效罐的自蒸发水量 W_i'

(各效出口糖浆温度等于汁汽温度 t_i 与浓度效应沸点升高 e_i 之和)

$W_1' = 0\ \mathrm{kg/h}$

$W_2' = G_1 c_1 (t_1 + e_1 - t_2 - e_2) = 2\ 043\ \mathrm{kg/h}$

$W_3' = 1\ 185\ \mathrm{kg/h}$

$W_4' = 805\ \mathrm{kg/h}$

$W_5' = 881\ \mathrm{kg/h}$

8. 各效罐的有效传热温差 Δt_i

$\Delta t_1 = [129 - 121.2 - (0.6 + 0.85)]℃ = 6.35℃$

$\Delta t_2 = 7.68℃$

$\Delta t_3 = 4.60℃$

$\Delta t_4 = 4.25℃$

$\Delta t_5 = 5.70$℃

9. 各效罐的传热系数 K_i

$K_1 = (W - W_1) r_1 / (A_1 \Delta t_1) = 12\ 801$ kJ/(m² · ℃ · h) = 3 560 W/(m² · ℃)

$K_2 = 4\ 720$ kJ/(m² · ℃ · h) = 1 310 W/(m² · ℃)

$K_3 = 6\ 975$ kJ/(m² · ℃ · h) = 1 940 W/(m² · ℃)

$K_4 = 3\ 783$ kJ/(m² · ℃ · h) = 1 050 W/(m² · ℃)

$K_5 = 1\ 848$ kJ/(m² · ℃ · h) = 510 W/(m² · ℃)

10. 各效罐的蒸发强度 U_i

$U_1 = W_1 / A_1 = 36.96$ kg/(m² · h)

$U_2 = W_2 / A_2 = 17.28$ kg/(m² · h)

$U_3 = W_3 / A_3 = 15.13$ kg/(m² · h)

$U_4 = W_4 / A_4 = 7.66$ kg/(m² · h)

$U_5 = W_5 / A_5 = 5.80$ kg/(m² · h)

11. 第一效罐的加热蒸汽量 D_1

$D_1 = W_1 r_1 / r_0 = 73\ 918 \times 2\ 199.4 / 2\ 176.6$ kg/h = 74 692 kg/h

12. 加热抽用的汁汽量

清汁量 192 564 kg/h，锤度为 15.73°Bx，计算得比热容为 3.81 kJ/(kg · ℃)，近似取中和汁的量及其比热容与清汁相同，可计得

清汁一级加热：抽 5 671 kg/h(抽一效汁汽)

中和二级加热：抽 7 005 kg/h(抽一效汁汽)

中和一级加热：抽 7 238 kg/h(抽二效汁汽)

混合汁量 190 000 kg/h，锤度为 16°Bx，比热容为 3.80 kJ/(kg · ℃)，可计得

混合二级加热：抽 7 039 kg/h(抽三效汁汽)

混合一级加热：抽 6 958 kg/h(抽四效汁汽)

7.4.3.3 每蒸发 1kg 水的有效能消耗量(简化计算)

1. 输入蒸发系统的总有效能 E_y(按下式计算)

$E_y = D_1 (11.508 + 4.76 t / [t]) = 74\ 692 \times (11.508 + 4.76 \times 129)$ kJ/h $= 4.67 \times 10^7$ kJ/h

2. 各效抽汁汽量 E_i

$E_1 = W_1 - W_2 = 39\ 365$ kg/h

$E_2 = W_2 - W_3 = 14\ 880$ kg/h

$E_3 = W_3 - W_4 = 9\ 712$ kg/h

$E_4 = W_4 - W_5 = 5\ 901$ kg/h

$E_5 = 0$ kg/h(第五效汁汽全部冷凝，没有抽用)

3. 抽用汁汽全部带走的有效能 E'_{yi}

$E'_{y1} = E_1 (11.508 + 4.76 t_1 / [t_1]) = 2.32 \times 10^6$ kJ/h

$E'_{y2} = E_2 (11.508 + 4.76 t_2 / [t_2]) = 7.96 \times 10^6$ kJ/h

$E'_{y3} = E_3 (11.508 + 4.76 t_3 / [t_3]) = 4.74 \times 10^6$ kJ/h

$E'_{y4} = E_4 (11.508 + 4.76 t_4 / [t_4]) = 2.60 \times 10^6$ kJ/h

4. 系统的有效能损失 ΔE_y

$\Delta E_y = E_y - (E'_{y1} + E'_{y2} + E'_{y3} + E'_{y4}) = (4.67 - 3.85) \times 10^7$ kJ/h $= 8.20 \times 10^6$ kJ/h

5. 每蒸发 1 kg 水分的有效能消耗量

$\Delta E_y / (W_1 + W_2 + W_3 + W_4 + W_5) = 58.1$ kJ/h

7.4.3.4 计算结果及优化

上面的计算结果在图 7 - 3 中标出，流体流量的单位是 kg/h，传热系数 K 的单位为 kW/(m^2·℃)。计算结果为我们提供了评价蒸发系统以及对蒸发系统进行进一步优化的依据。从传热系数的计算结果看，第二效罐的传热系数较低，该效 K 值的变化范围通常是 (1 740～1 940) W/(m^2·℃)，而本次查定的结果仅为 1 310 W/(m^2·℃)。应检查分析原因，如果是积垢的缘故，该罐应转入轮洗。计算结果也表明，第四、五效罐的 K 值虽处于正常的范围之内，但第五效罐的 K 值偏低。从蒸发强度来看，末两效罐均偏低，说明这两效罐的有效温差偏小，可以说，第五效罐的 K 值偏低与有效温差偏小会有一定的关系。查定反映出来的这些问题，可作为对蒸发系统进行进一步优化的依据。

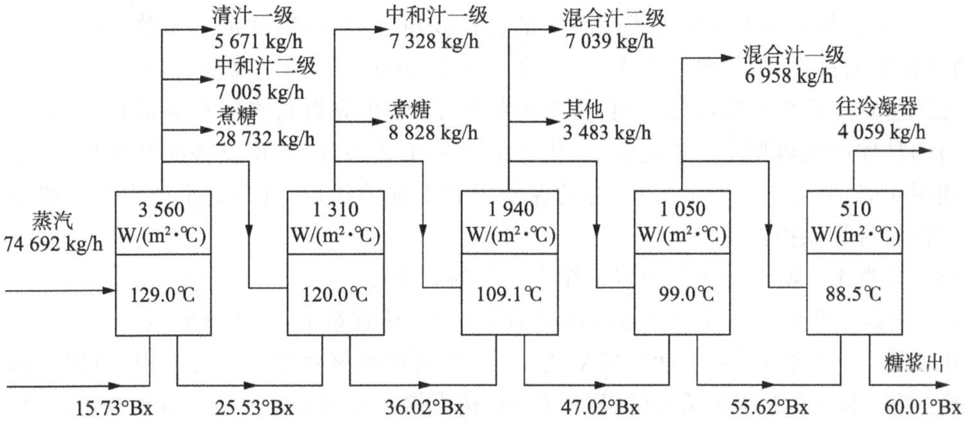

图 7 - 3 蒸发系统查定的计算结果

蒸发系统每蒸发 1 kg 水所消耗的有效能是 58.1 kJ，这个数值在正常的范围之内。从前一效罐流入下一效罐的汁汽量应近似等于下一效罐的蒸发水量与自蒸发量之差，但查定不可避免会出现误差，如第四效罐的总蒸发水量是 4 059 kg/h，其中自蒸发量为 881 kg/h，则进入该罐的四效汁汽应为 3 178 kg/h，但图中的数值略小于这个数字，为 3 002 kg/h。

思考题

1. 何为化学工艺查定？查定后的优化原则有哪些？
2. 什么是化工工艺流程？什么又是带控制点的工艺流程图？
3. 化学工艺查定的步骤一般是怎样的？
4. 在计算中需要用到哪些计算公式？
5. 你所查定的对象有哪些技术经济考核指标？
6. 你所查定的对象的生产原理有哪些？

第 8 章　化工仿真工厂实习

8.1　概述

在已完成基础课程和部分专业课程的学习后，学生已掌握与生产过程有关的化学基础知识、化工基础知识、化工制图知识、化工分析知识、化工设备、化工自动控制以及安全环保知识等，且也已熟练掌握了化工控制系统的操作及单元操作等，如离心泵单元仿真、液位控制、换热器单元操作、吸收单元操作、精馏单元操作、流化床反应器操作、固定床反应器操作。进入化工仿真工厂生产实习环节前，在教师指导下，学生先自行查阅有关资料，了解仿真工厂实习的具体产品典型生产工艺流程、生产原理和工艺条件，常用设备的结构特点，仪器仪表的使用功能；并对工厂安全生产、劳动保护等有正确的认识，具有对生产中的一般事故的处理常识和自我保护常识。

化工仿真工厂实习的内容有以下循序渐进的 3 个环节。

(1) 全数字化动态仿真——常减压炼油装置 3D 仿真系统：本系统参照了中石油某公司常减压装置工艺流程，采用了沙盘模型及 3D 仿真培训系统对学生进行培训，模拟常减压装置生产过程，本仿真系统包括：常减压装置 3D 仿真培训系统和常减压装置沙盘仿真模型。

3D 仿真培训软件为本培训系统的核心内容，它可以让学生直接进行互动操作，有一定的趣味性及实用性。沙盘仿真演示模型整体以突出“两炉三塔流程”为重点，按各工艺流程中的设备特征、综合常减压装置常压蒸馏原理、减压蒸馏原理及初馏塔、常压塔、减压塔、常压炉、减压炉的布置办法及相互联系，按一定的顺序、一定的规律进行布置。模型尽可能地使之形象逼真，协调一致，既可使观摩者赏心悦目，又可使学生身临其境，受到真实化工生产装置现场操作的训练。

(2) 甲醇合成与精制半实物实训装置：本系统参照了中石化某公司以煤为原料制备甲醇工艺流程中的甲醇合成与精制工段，建立的半实物仿真工厂。本仿真系统包括：甲醇合成和甲醇精制。

本半实物仿真培训系统改变了以前的仿真都是只能够模拟控制室内的计算机控制系统(DCS)的操作的不足，还可以模拟现场装置的实际动手操作。即解决操作人员对现场装置的几何空间概念的把握和对操作设备与部件的操作力度、动态时机的把握；其中还必须包括控制室操作人员与现场操作人员的团队配合及协调行动。这些训练内容对于复杂系统的开停车、非正常工况的处理，尤其是在事故紧急状态时特别重要。

(3) 零排放热态循环乙酸乙酯生产实训：是一个包含了酯化-水解热态循环生产全流程

的培训装置，装置体现了“反应与反应产物分离”的典型化工生产过程，除了对化工单元操作进行了有机整合之外，还包括了反应精馏、共沸精馏、间歇釜式反应等典型的化工操作过程，通过本装置的实训，实现了对学生进行化工工艺、化工操作、化工设备、化工仪表、自动控制、DCS集散控制等综合技能和工程素质的提高，十分有利于学生熟悉和掌握现代化的化工生产过程。本仿真工厂可提供实物的操作，在完全真实的工业化生产环境中，十分有利于培养学生的安全、健康、环保等职业素质，且生产的产品乙酸乙酯可通过水解的方法重新回收利用，可达到清洁生产和绿色化工的目标。

通过化工仿真工厂的单元仿真、半实物、实物生产过程的实训，提高学生的综合操作技能水平、过程知识和经验，使他们掌握新的、先进的控制系统，熟悉调节控制的方法，全面掌握和了解工艺过程本身的原理及其动态特性，具备确保工厂安全、顺利开工、平稳生产和安全生产的相关技能；使学生在走上工作岗位后能尽快地进入应用型工程师这一多工种复合领域，同时也为他们今后在这一领域从事技术创新和技术管理打好必要的基础。

以上三套装置除可作生产实习之外，还可根据需要，用于其他相关实践环节，如化工测绘、化工工艺查定和毕业实习等。

8.2 化工仿真工厂实习要求

化工仿真工厂实习的基本要求如下：

(1) 理解各实习装置的生产原理和工艺过程；

(2) 掌握各主要设备的特点和控制方案；

(3) 能按操作规程进行各装置的冷态开车、正常停车和事故处理；

(4) 按工厂初级工要求处理操作过程中的异常波动，使操作平稳；

(5) 严格遵守化工仿真工厂各项规章制度；

(6) 编写实习报告。

8.2.1 常减压炼油装置3D仿真系统实习的要求

(1) 熟悉常减压炼油装置的生产原理、生产工艺；

(2) 掌握常压、减压塔设备的特点和操作条件；

(3) 掌握常压炉、减压炉、换热器的结构、作用；

(4) 掌握输送设备的结构及操作；

(5) 熟练掌握常减压炼油装置仿真系统的冷态开车、事故处理、正常停车。

(6) 熟练处理操作过程中的异常波动，操作平稳。

(7) 注意安全，并遵守学校和仿真工厂的各项规章制度。

(8) 实习过程中，认真做好实习记录，实习完成后，认真完成实习报告。

8.2.2 甲醇合成与精制(半实物)实训装置实习基本要求

(1) 甲醇合成与精制原理、生产工艺流程；

(2) 熟悉并掌握反应器、分离塔设备的结构特点和操作条件；

(3) 正确掌握甲醇合成与精制工段的正常开车、正常停车的操作步骤；

(4) 熟练处理操作过程中的异常波动，操作平稳；

(5) 注意安全，并遵守学校和仿真工厂的各项规章制度；

(6) 实习过程中，认真做好实习记录，实习完成后，认真完成实习报告。

8.2.3 零排放热态循环乙酸乙酯生产(实物)实习基本要求

(1) 熟悉并掌握乙酸乙酯反应与精制的原理、生产工艺流程；

(2) 熟悉并掌握乙酸乙酯水解的原理及生产工艺；

(3) 熟悉并掌握乙酸乙酯生产中的工艺参数的调整和控制；

(4) 熟悉乙酸乙酯生产中的反应精馏、共沸精馏、间歇釜式反应等典型的化工设备结构；

(5) 正确掌握乙酸乙酯反应及水解过程的正常操作步骤；

(6) 熟练处理操作过程中的异常波动，操作平稳；

(7) 注意安全，避免受到伤害，遵守学校和仿真工厂的各项规章制度；

(8) 实习过程中，认真做好实习记录，实习完成后，认真完成实习报告。

8.3 化工仿真工厂实习内容

学生在教师指导下，开展如下实习活动：

(1) 学生根据实习要求查阅有关资料，了解实习装置的生产方法、工艺原理、设备结构及控制方案；

(2) 安全教育；

(3) 进装置实地了解工艺流程、设备操作方法；

(4) 按操作手册进行仿真操作；

(5) 按"3D仿真操作—半实物仿真操作—实物操作"顺序循序渐进地进行下述三个实习环节。(具体内容在三个例子中分别介绍)

8.4 常减压炼油装置3D仿真操作实习

常减压蒸馏是炼油生产中的第一道加工工序。根据原油中各馏分的沸点不同，在常压、减压等条件下将其分割成不同的组分，即汽油、煤油、柴油、润滑油料和各种二次加工原料等。

常减压装置是根据原油中各组分的沸点(挥发度)不同，将混合物切割成不同沸点的“馏分”。即是利用加热炉将原油进行加热，生成气液两相，在常压塔中，使气液两相进行充分的热量交换和质量交换，在提供塔顶回流和塔底吹气的条件下对原油进行精馏，从塔顶分馏出沸点较低的产品——汽油，从塔底分出沸点较重的产品——重油，从塔中部抽出各侧线产品，即煤油、轻柴油、重柴油、蜡油等。

常压蒸馏后剩下的相对分子质量较大的重油组分在高温下易分解(500℃左右)，为了将常压重油中的各种高沸点的润滑油组分分离出来，根据压力越低油品沸点就越低的特性，采用在减压塔塔顶使用蒸气喷射泵抽真空的方法(即真空蒸馏)，使加热后的常压重油在负压条件下进行分馏，从而使高沸点的组分在相应的温度下依次馏出作为润滑油料。同时，采用水蒸气汽提来提高拔出率。

8.4.1 常减压炼油装置生产工艺

8.4.1.1 常减压炼油装置生产工艺流程简述

原油泵P101A/B抽输转87单元11#、12#罐的原油，到装置内经过三路换热，到电脱盐罐经过脱盐、脱水，脱后原油继续经过两路换热后进入初馏塔T101，T101顶出重整料，不凝气去原油稳定，当原油稳定停工时去加热炉烧掉。T101底油经泵P104A/B抽出，经过两路换热到300℃后到常压炉被加热到365℃左右进入常压塔T102第四层上方。经过常压塔精馏后，常压塔顶油气经过冷凝冷却后的汽油一部分打入塔顶，一部分作为常顶汽油出装置，不凝气到常压炉烧掉。然后从上到下侧线依次馏出常一线、常二线、常三线、常四线，常一线油进常一线汽提塔T103，通过重沸器加热，其气相返回到T102，液相抽出经空气预热器E130、脱硫醇系统送出装置，常二、三、四线经汽提塔T104汽提，气相返回到常压塔，液相经换热、冷却后送出装置。其中并设有一个顶回流和两个中段回流(常一中、常二中)，常底油经过泵P114A/B抽出到减压炉加热到400℃左右后进入减压塔T105第四层上方。减压塔顶设有两级抽真空系统，减顶油气经过预冷器、一级抽空器和一级冷却器以及二级抽空器和二级冷却器，不凝气到常压炉烧掉，冷却下来的油水经减顶油水分液罐(V104)进行油水分离，分出的油经泵P115A/B送出装置，减压塔至上而下依次馏出减一线、减二线、减三线、减四线、减五线，减一线油经过换热、冷却后一部分作回流返回塔顶，一部分作为产品送出装置；减二、三、四线自流入汽提塔T106，气相返回减压塔，液相经换热、冷却送出装置；其中减四线一部分返回T105作为洗涤油；减五线油从T105洗涤段填料的集油箱抽出经过换热、冷却送出装置；减底油一部分作为加热炉的燃料，其余的经过两路换热，一部分热料去重催、焦化，另一部分经过冷却作冷渣送出装置。

常减压炼油装置生产工艺流程及部分 3D 场景和界面见图 8-1～图 8-4。

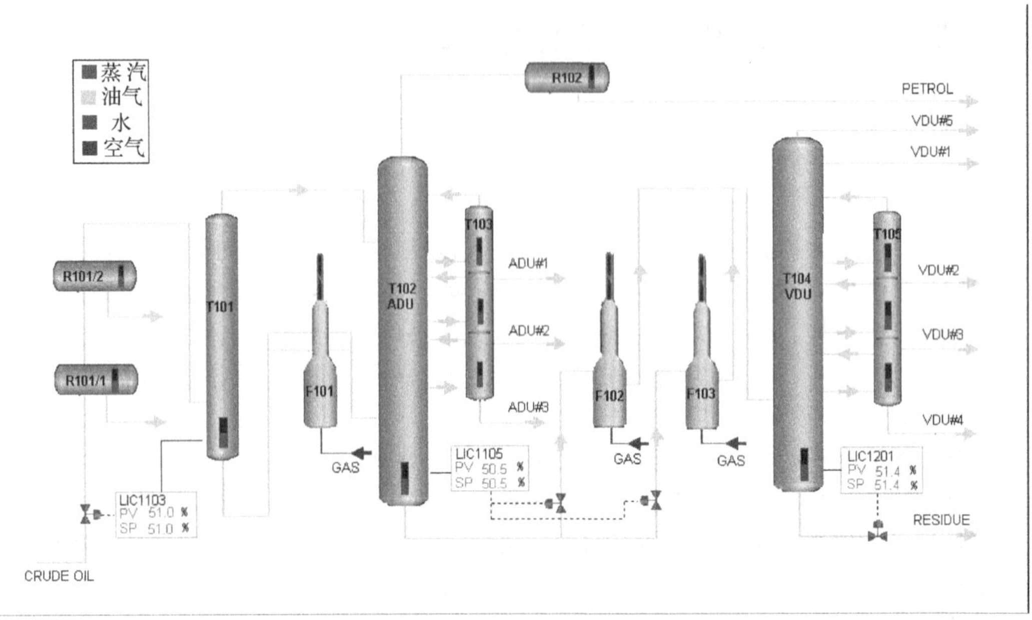

图 8-1　常减压炼油装置生产工艺流程图

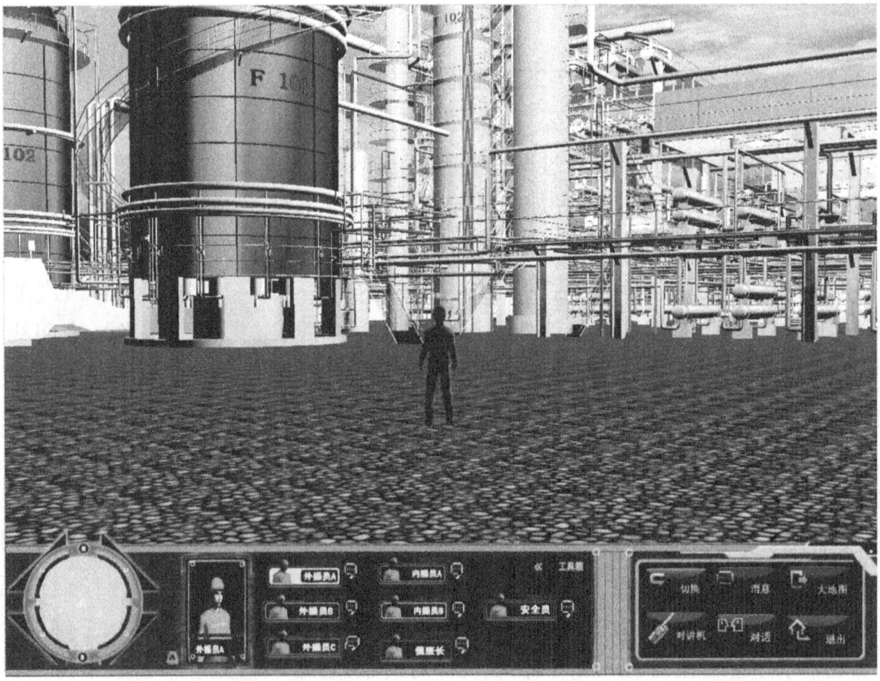

图 8-2　3D 场景及界面

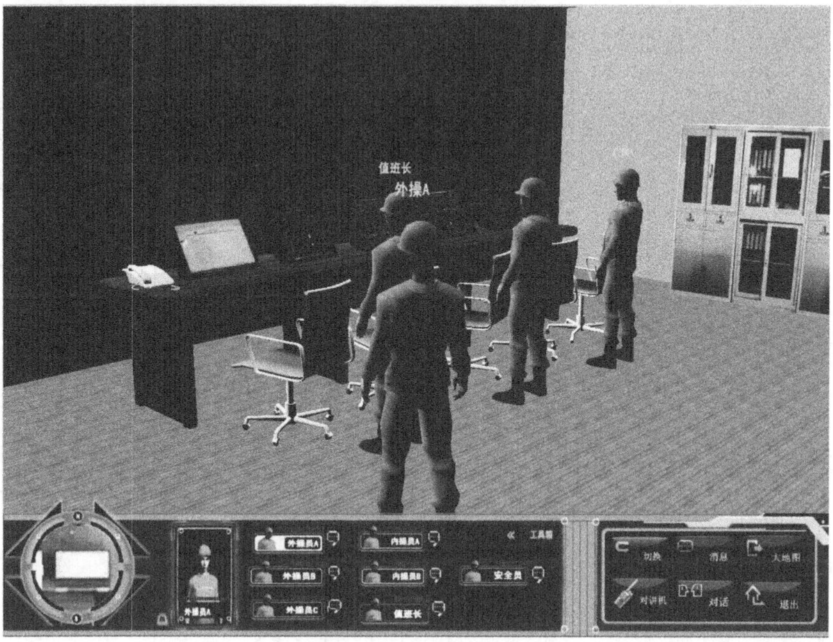

图8-3 中控室部分

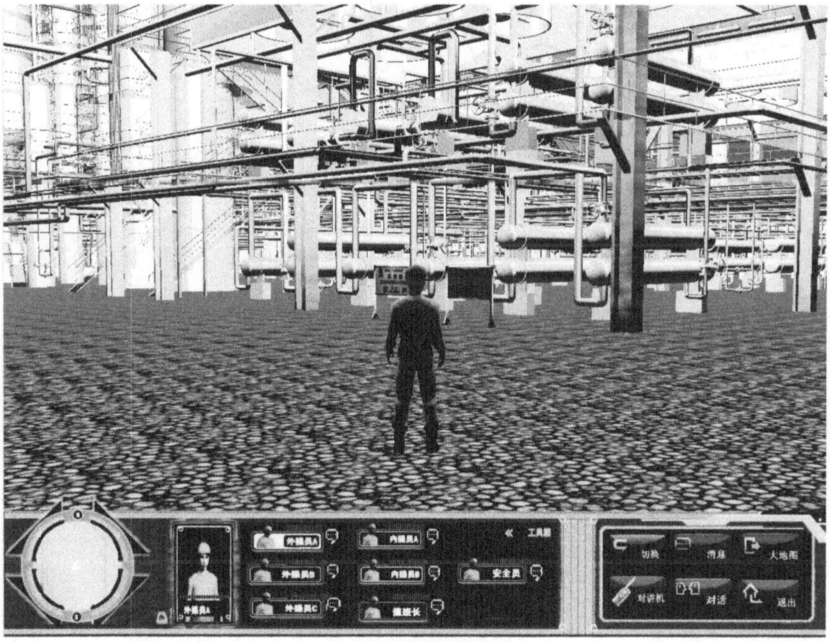

图8-4 现场部分

8.4.1.2 各系统流程说明

1. 原油系统换热流程

原油系统换热流程见图8-5。

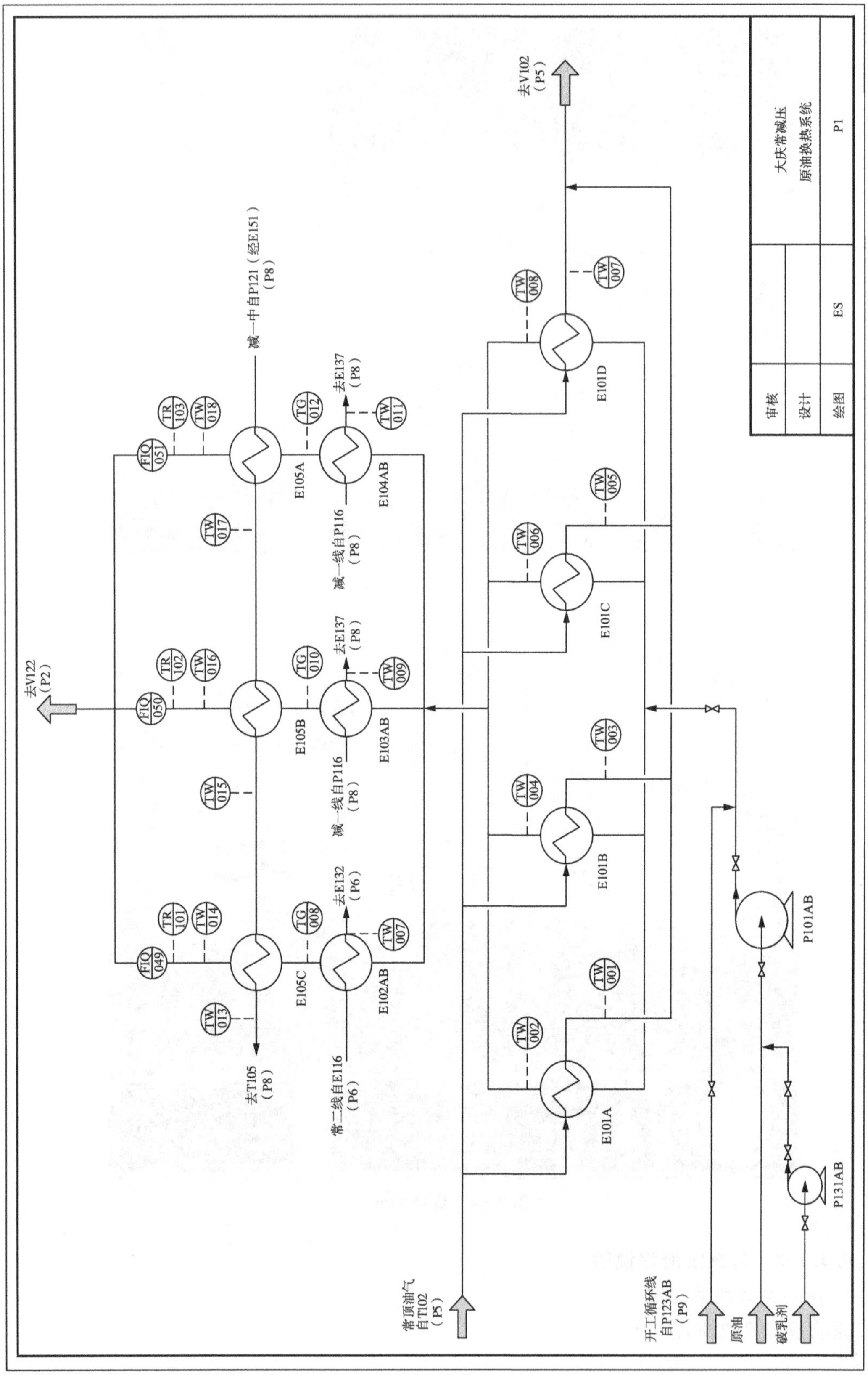

图 8-5　原油系统换热流程

45℃原油从输转87单元11#、12#罐进装置，经原油泵P101A/B分四路先和常顶油气换热(E101A～D)，然后分三路进行换热。泵前注入破乳剂、脱盐剂。

第一路依次与常二线(Ⅲ)(E102AB)，减一中(Ⅳ)(E105A)换热，第二路依次与减一线及减顶回流(E103AB)，减一中(Ⅲ)(E105B)换热，第三路依次与减一线及减顶回流(E104AB)，减一中(Ⅱ)(E105C)换热，三路合为一后，进入新建1.0 MPa蒸气/原油换热器(E165)壳程，来自管网的1.0 MPa蒸气进入E165管程，换热后，原油去电脱盐系统，进入电脱盐罐(V122)，在电场作用下进行脱盐、脱水。蒸气凝结水进入新建1.0 MPa蒸气凝结水/电脱盐注水换热器(E166)管程与来自E164AB的脱盐水换热，换热后，脱盐水去电脱盐水系统，凝结水去1.0 MPa蒸气凝结水管网。电脱盐注水在混合阀前注入原油管线，经混合阀充分混合后进入电脱盐罐。脱后原油分出两路冷进料分别去常压炉(F101)、减压炉(F102)，回收加热炉烟气余热；其余的分两路：一路依次经减底油(Ⅴ-1)(E106AB)、减三线(Ⅱ)(E107)、减五线(Ⅱ)(E159，跨E160)、常三线(E108)、减五线(Ⅱ)(E160)、减二线(Ⅱ)(E109A～C)、减底油(Ⅳ-1)(E110ABC)、减二中(Ⅱ)(E111AB)、减底油(Ⅲ-1)(E112AB)换热，另一路依次经减底油(Ⅵ)(E113)、常一中(Ⅱ)(E114AB)、减底油(Ⅴ-2)(E115AB)、常二线(Ⅱ)(E116)、减底油(Ⅳ-2)(E117AB)、减三线(Ⅱ)(E118)、常二线(Ⅱ)(E119)、减底油(Ⅲ)(E120AB)、减二线(Ⅱ)(E121AB)换热。换热后合为一路(包括去加热炉的两路原油)，温度200℃左右进入初馏塔(T101)。

2. 初馏系统流程图

初馏系统流程见图8-6。

原油经换热到200℃左右后进入初馏塔，初馏塔顶油气经空冷器E154A～F、冷却器E155A、B冷凝后进入油水分离罐V101，不凝气去低压瓦斯罐V107后去原油稳定，初顶油由初顶泵P102一部分打入T101作为塔顶冷回流，另一部分作为重整料出装置。V101顶低压瓦斯引入原油稳定车间作生产轻烃的原料气或引入炉1、2作燃料。

初侧油由泵P103AB从T101第9和11层塔盘抽出和常压一中回流返塔合在一起进入常压塔T102第37层塔盘上。

初底油由泵P104AB送出进E122与减底油换热后分两路，一路依次和常二中(E123AB)、常四线(E124)、减四线(E125)、减底油(E126A～D)换至300℃，另一路依次和减二中(E127AB)、减三线(E128)、减底油(E129A～D)换至300℃，每路再分两路入常压炉，加热至368℃进入常压塔T102。

3. 常压塔流程

常压塔流程见图8-7、图8-8。

常压塔顶油气和原油换热后入常压塔顶热回流罐V102，经泵P105抽出，大部分打入塔顶作回流控制塔顶温度，剩余部分作为产品去空冷器E156A继续冷却，这部分量的多少由V102的液面控制，不凝油气自V102至空冷器E156A～F、冷却器E157AB冷却后和液相冷却这部分一起进入常压塔顶油水分离罐V103，由泵P106送出装置到加氢57#罐区。

常一线从常压塔(T102)第39层自流入汽提塔(T103)，经重沸器(E149)常三线为热源返回T103，气相返回到T102第39层塔盘，常一线油由塔T103底经泵P107AB抽出经空气预热器(E130)、脱硫醇反应器R101AB，再经冷却器E131冷却至45℃进中间罐V116，用P129AB抽出后进脱色罐V117AB、玻璃毛过滤器V118AB、陶瓷过滤器V119AB送出装置。

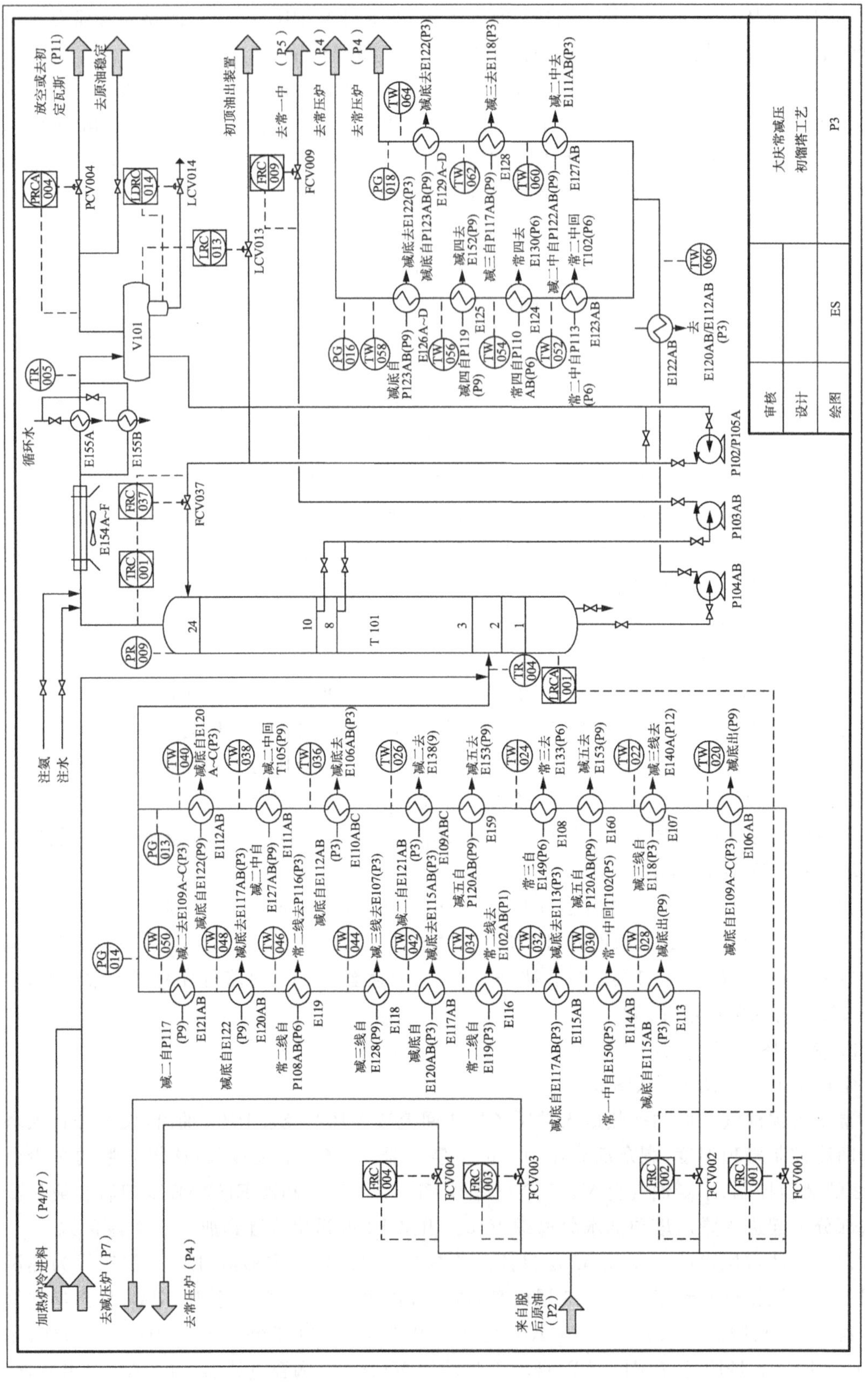
放空或去初定瓦斯（P11）
去原油稳定
初顶油出装置
去常一中（P5）
去常压炉（P4）
去常压炉（P4）
PRCA 004
PCV004
LDRC 014
LCV014
LRC 013
LCV013
FRC 009
FCV009
V101
TR 005
循环水
E155A
E155B
E154A~F
FRC 037
FCV037
TRC 001
PR 009
T 101
24
10
8
3
2
1
TR 004
LRCA 001
P104AB
P103AB
P102/P105A
E122AB
去E120AB/E112AB（P3）
TW 066
TW 064
减底去E122(P3)
E129A~D
TW 062
减二去E118(P3)
E128
TW 060
减二中去E111AB(P3)
E127AB
PG 018
减底去E122(P3)
减底自P123AB(P9)
减四去E152(P9)
减二自P117AB(P9)
常四去E130(P6)
减二中自P122AB(P9)
常二中回T102(P6)
PG 016
TW 058
减底自P123AB(P9)
E126A~D
TW 056
减四自P119(P9)
E125
TW 054
常四自P110AB(P6)
E124
TW 052
常二中自P113(P6)
E123AB
注氨
注水
PG 014
PG 013
TW 050
减二去E109A~C(P3)
减二自P117(P9)
E121AB
TW 048
减底去E117AB(P3)
减底自E122(P9)
E120AB
TW 046
常二线去P116(P3)
常二线自P108AB(P6)
E119
TW 044
减三线去E107(P3)
减三线自E128(P9)
E118
TW 042
减底去E115AB(P3)
减底自E120AB(P3)
E117AB
TW 034
常二线去E102AB(P1)
常二线自E119(P3)
E116
TW 032
减底去E113(P3)
减底自E117AB(P3)
E115AB
TW 030
常一中回T102(P5)
常一中自E150(P5)
E114AB
TW 028
减底出(P9)
减底自E115AB(P3)
E113
TW 040
减底自E120A~C(P3)
减底自E122(P9)
E112AB
TW 038
减二中回T105(P9)
减二中自E127AB(P9)
E111AB
TW 036
减底去E106AB(P3)
减底自E112AB
E110ABC
TW 026
减二去E138(9)
减二自E121AB(P3)
E109ABC
减五去E153(P9)
减五自P120AB(P9)
E159
TW 024
常三去E133(P6)
常三自E149(P6)
E108
减五去E153(P9)
减五自P120AB(P9)
E160
TW 022
减三线去E140A(P12)
减三线自E118(P3)
E107
TW 020
减底出(P9)
减底自E109A~C(P3)
E106AB
FRC 004
FCV004
FRC 003
FCV003
FRC 002
FCV002
FRC 001
FCV001
加热炉冷进料（P4/P7）
去减压炉（P7）
去常压炉（P4）
来自脱后原油（P2）
审核
设计
绘图
ES
大庆常减压初馏塔工艺
P3

图 8-6 初馏系统流程

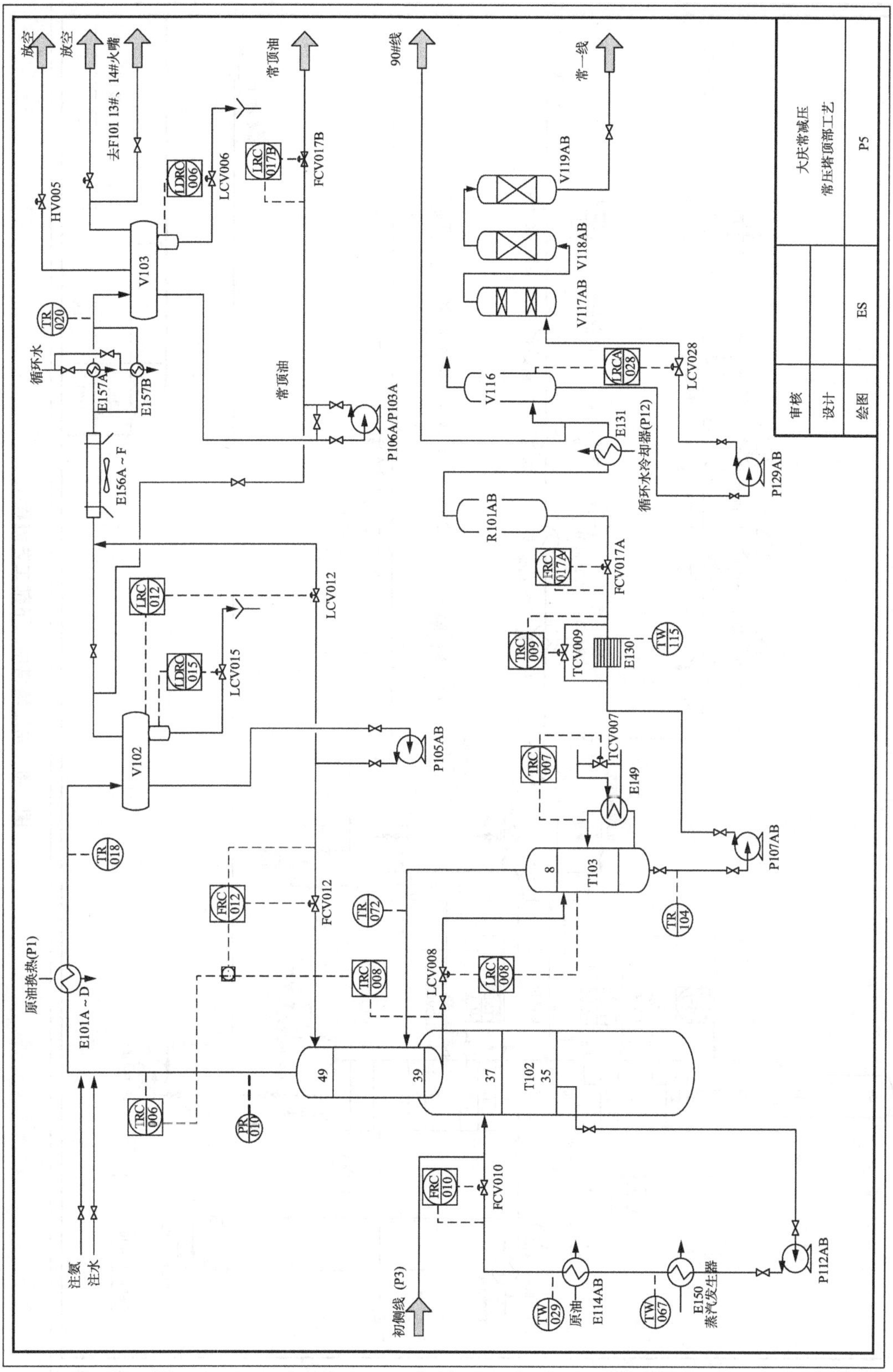

图 8-7　常压塔塔顶工艺流程

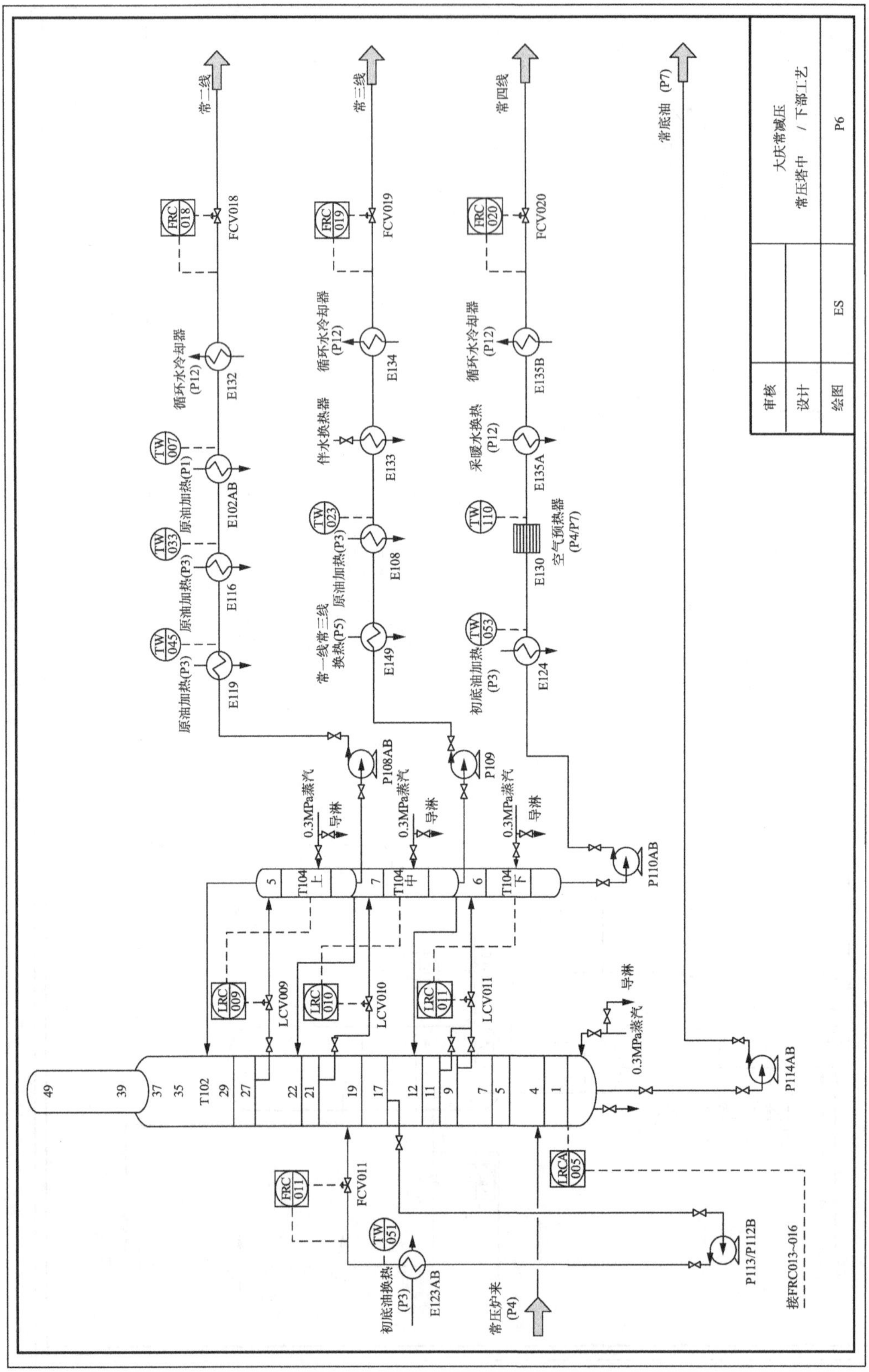

图 8-8 常压塔塔中、下部工艺流程

常二线从常压塔(T102)第27层塔盘自流入汽提塔(T104)上段,经汽提后由泵P108AB抽出,经换热器E119、E116、E102AB、冷却器E132冷至50℃左右送出装置

常三线从常压塔(T102)第21层自流入汽提塔(T104)中段,经汽提后用泵P109送至换热器E149、E108、E133、冷却器E134冷至70℃左右送出装置。

常四线从常压塔(T102)第9层或第11层自流入汽提塔(T104)下段,经汽提后用泵P110AB送至换热器E124、空气预热器E130、冷却器E135后冷却出装置或并入减一中入口。

常压塔底油经泵P114AB抽出分四路进入减压炉,经过对流段、辐射段,出口温度升至360℃,然后再汇合一路,进入减压塔(T105)进料段。

为合理取热,常压塔设两个中段回流,常一中自T102第35层塔盘由泵P112AB抽出,经蒸气发生器E150、换热器E114AB后和初侧油合并返回到第37层塔盘上。常二中自T102第17层塔盘由泵P113抽出经换热器E123AB返回到第19层塔盘上。

4. *减压塔流程*

减压塔流程见图8-9、图8-10。

减压塔顶油气、水蒸气从减压塔顶挥发线进入四台并联的预冷器E146ABCD后经水冷器E147AB、E148AB冷却,减顶油入容器V104进行油水分离,减顶进入V105后用泵P115AB并入常二线送至成品88单元67/1罐区。

减一线由减压塔(T105)上集油箱抽出,用泵P116AB送至换E103AB、E104AB与原油换热,然后经冷却器E137A,一部分送出装置,另一部分经冷却器E137B冷却至50~70℃作减压塔顶回流。

减二线从减压塔(T105)第22层自流入减压汽提塔(T106)上段,经汽提后用泵P117AB抽出,经换热器E121、E109ABC与原油换热后,经冷却器E139A与采暖水换热后,最后经冷却器E139BC冷却送出装置。

减三线油从减压塔(T105)第10、12层自流入汽提塔(T106)中段,经汽提后用泵P118AB抽出送至E128、E118、E107与原油换热后再经E140A与采暖水换热后,经E140冷却送出装置。

减四线从减压塔(T105)第6、8层自流入汽提塔(T106)下段,经汽提后用泵P119抽出送至E125、E152与原油换热,经E141与采暖水换热后、再经冷却器E142冷却后送出装置。

减五线油从减压塔(T105)下集油箱抽出,经泵P120AB抽出经E153蒸汽发生器、E160(跨E159)、冷却器E143后送出装置。

减底油从减压塔(T105)底经泵P123AB抽出,一路经换热器E126ABCD与拔头油换热,一路经换热器E129ABCD与拔头油换热,两路合成一路再经换热器E122后一部分去两台加热炉作为加热炉燃料油,另一部分再分两路,一路经换热器E110、E112、E106与原油换热,另一路和换热器E120、E117、E115、E113与第二路原油换热,两路合成一路进入冷却器E144AB、E145CD与采暖水换热。一部分经冷却器E145AB冷却送至140万吨重油催化作原料,输转52、75、76罐区或原油稳定罐区。另一部分为焦化作原料。

减压塔除顶回流外设有两个中段回流,减一中油由泵P121从T105第25层塔盘抽出经蒸汽发生器E151、换热器E105A~C后返回到第26层塔盘上,减二中油由泵P122AB从T105第18层塔盘抽出经换热器E127、E111AB后返回第19层塔盘上。

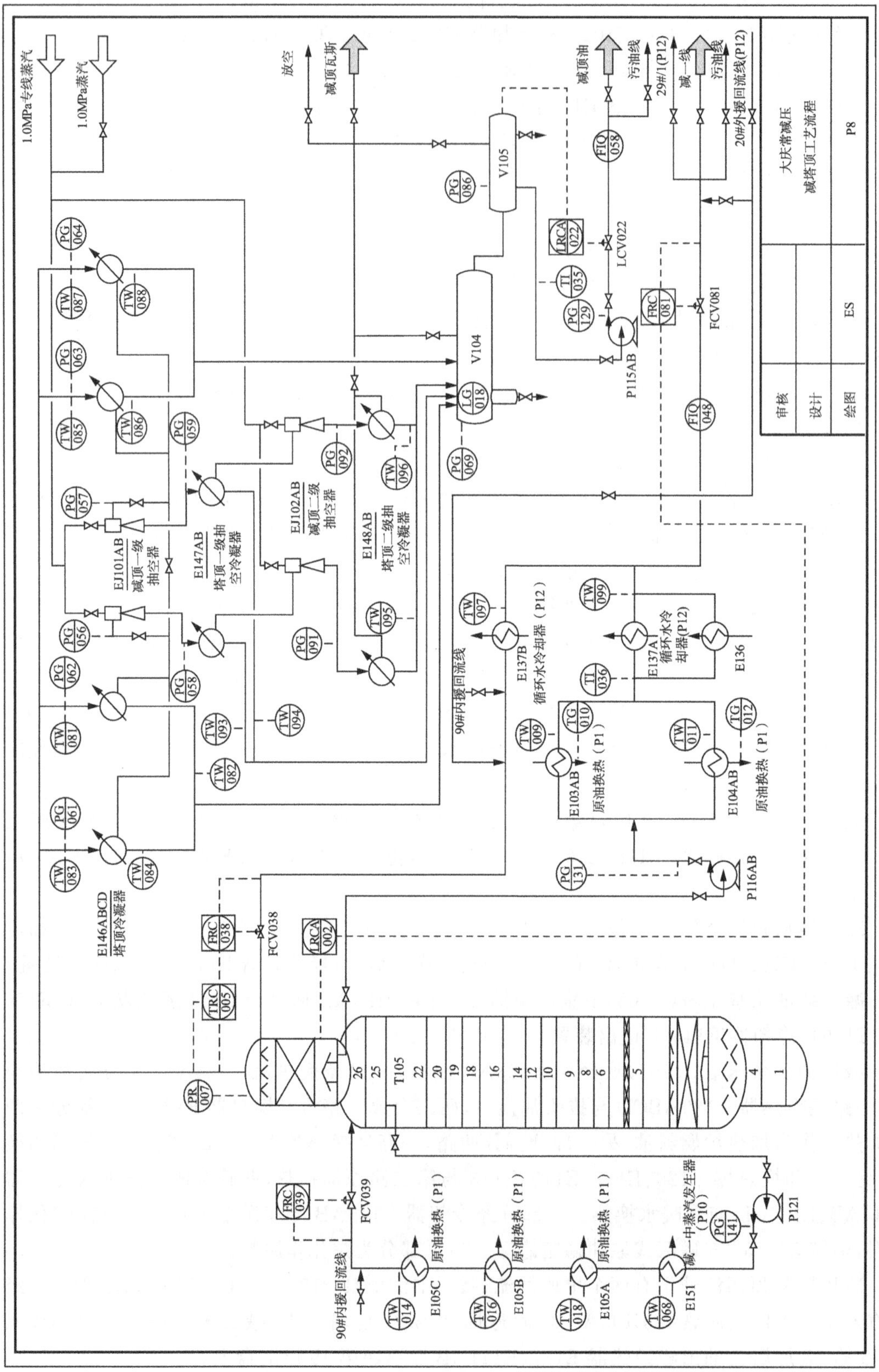

图 8-9　减压塔塔顶工艺流程

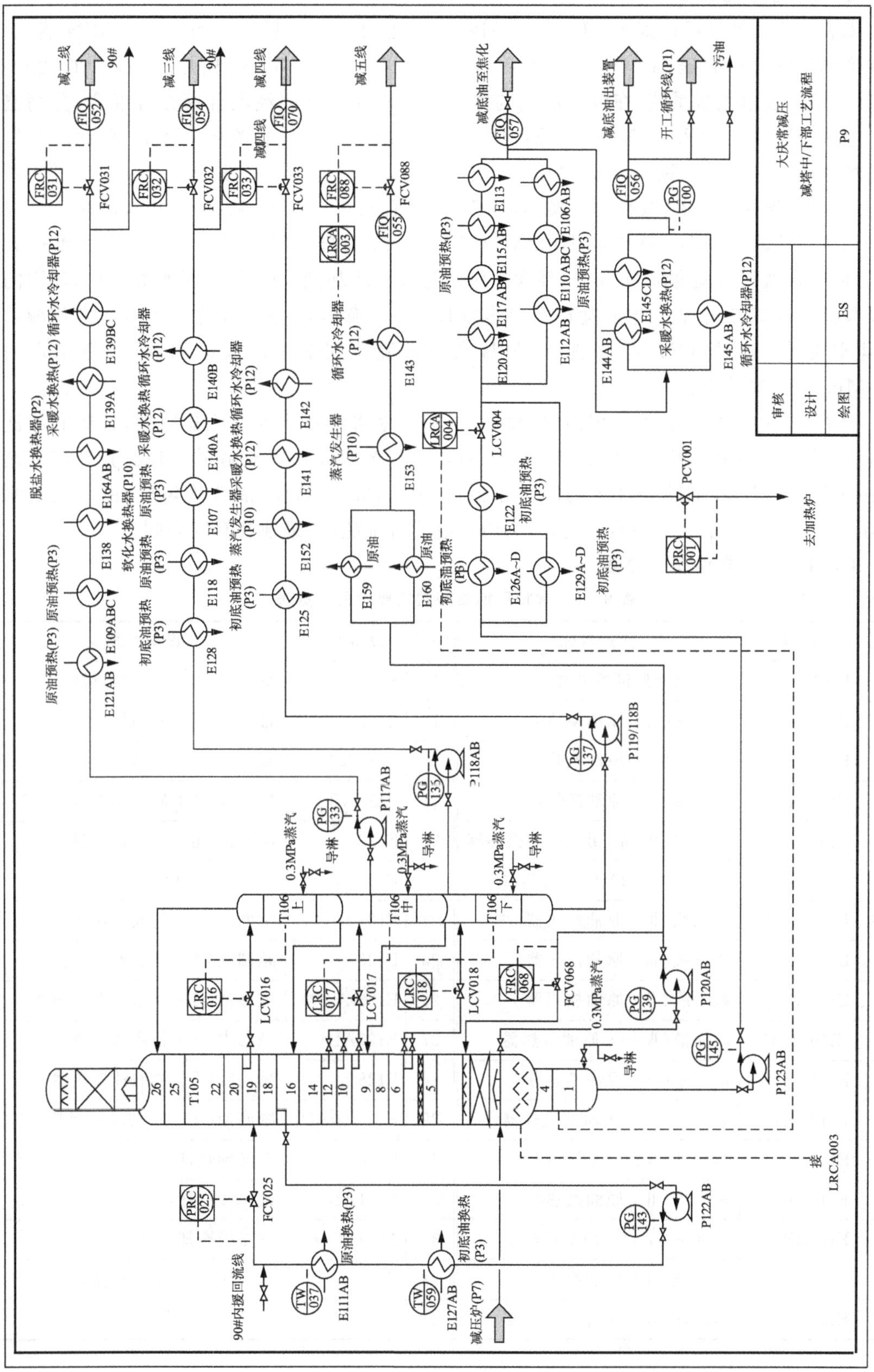

图 8-10　减压塔塔中、下部工艺流程

5. 电脱盐系统流程

未脱盐原油换热后达到110℃(E105ABC三路汇合后),然后进入新建1.0 MPa蒸汽/原油换热器(E165)壳程,来自管网的1.0 MPa蒸汽进入E165管程,换热后(温度在120~130℃),原油去电脱盐系统,在混合阀前与电脱盐注水和破乳剂经混合阀充分混合,分两路进入电脱盐罐(V122)入口,油流自下而上先后通过交流弱电场、直流弱电场和直流强电场,在电场作用下进行脱盐脱水。1.0 MPa蒸汽与E165原油换热后形成的蒸汽凝结水进入新建1.0 MPa蒸汽凝结水/电脱注水换热器(E166)管程与来自E164AB的脱盐水换热。

为了节约能源,用电脱盐罐排出的110℃含盐污水与电脱盐注水换热,使注水达到75℃,同时含盐污水温度降至68℃,经含盐污水冷却器冷却到50℃排往污水处理厂,75℃的电脱盐注水与减二线(Ⅳ)-电脱盐注水换热器E164AB换热后,进入新建1.0 MPa蒸汽凝结水/电脱注水换热器(E166)换热后,脱盐水注入混合阀前去电脱盐水系统,凝结水去1.0 MPa蒸汽凝结水管网。

为了保护电脱盐罐底不沉积污泥、盐垢,可间断地将注水注入电脱盐罐底,经罐底冲洗管冲洗,使盐垢不能沉积到罐底而被排出。桶装破乳剂用破乳剂配制泵(P132)打到破乳剂配制槽(V123)中,在加热条件下与凝结水混合,经P132打循环,混合均匀后,由破乳剂泵P131A注入电脱盐罐混合阀前。此外,为防止电脱盐罐超压,罐顶装有安全阀。

8.4.1.3 主要设备一览表

表8-1 常减压炼油装置主要设备一览表

序号	设备编号	设备名称	序号	设备编号	设备名称
1	E101A~D	常顶汽油原油换热器	18	E118	减三线(Ⅱ)原油换热器
2	E102AB	常二线(Ⅱ)原油换热器	19	E119	常二线(Ⅰ)原油换热器
3	E103AB	减一线(Ⅱ)原油换热器	20	E120AB	减底油(Ⅲ-2)原油换热器
4	E104AB	减一线(Ⅰ)原油换热器	21	E121AB	减二线(Ⅰ)原油换热器
5	E105A~C	减一中(Ⅳ/Ⅲ/Ⅱ)原油换热器	22	E122	减底油(Ⅱ)初底油换热器
6	E106AB	减底油(Ⅴ-1)原油换热器	23	E123AB	常二中 初底油换热器
7	E107	减三线(Ⅲ)原油换热器	24	E124	常四线(Ⅰ)初底油换热器
8	E108	常三线(Ⅲ)原油换热器	25	E125	减四线(Ⅰ)初底油换热器
9	E109ABC	减二线(Ⅱ)原油换热器	26	E126 A~D	减底油(Ⅰ-1)初底油换热器
10	E110 ABC	减底油(Ⅳ-1)原油换热器	27	E127AB	减二中(Ⅰ)初底油换热器
11	E111AB	减二中(Ⅱ)原油换热器	28	E128	减三线(Ⅰ)初底油换热器
12	E112 AB	减底油(Ⅲ-1)原油换热器	29	E129 A~D	减底油(Ⅰ-2)初底油换热器
13	E113	减底油(Ⅳ)原油换热器	30	E130	空气预热器
14	E114AB	常一中(Ⅱ)原油换热器	31	E131AB	常一线冷却器
15	E115AB	减底油(Ⅴ-2)原油换热器	32	E132	常二线冷却器
16	E116	常二线(Ⅱ)原油换热器	33	E133	常三线(Ⅲ)伴热水换热器
17	E117AB	减底油(Ⅳ-2)原油换热器	34	E134	常一线冷却器

续表

序号	设备编号	设备名称	序号	设备编号	设备名称
35	E135AB	常四线(Ⅲ)采暖水换热器	68	V111	新鲜水罐
36	E136	减一线冷却器	69	V112	汽包
37	E137AB	减一线冷却器	70	V113	乏汽脱水罐
38	E138	减二线(Ⅲ)软化水换热器	71	V114	热水罐
39	E139A	减二线(Ⅳ)采暖水换热器	72	V115	净化风罐
40	E139BC	减二线冷却器	73	V116	脱硫醇中间罐
41	E140 A	减三线(Ⅳ)采暖水换热器	74	V117AB	脱色罐
42	E140B	减三线冷却器	75	V118AB	玻璃毛过滤器
43	E141	减四线(Ⅲ)采暖水换热器	76	V119AB	陶瓷过滤器
44	E142 AB	减四线冷却器	77	V120	凝结水罐
45	E143	减五线冷却器	78	V121	污油罐
46	E144AB	减底油(Ⅳ)采暖水换热器	79	V122	电脱盐罐
47	E145A～D	减底油冷却器	80	V123	破乳剂槽
48	E146A～D	减顶一级冷凝器	81	P101AB	原油泵
49	E147AB	减顶二级冷凝器	82	P102	初顶油泵
50	E148AB	减顶末级冷凝器	83	P103AB	初侧油泵
51	E149	常一线常三线换热器	84	P104AB	初底油泵
52	E150	常一中(Ⅰ)蒸汽发生器	85	P105AB	常顶回流泵
53	E154 A～F	初顶空冷器	86	P106	常顶油泵
54	E155AB	初顶后备冷凝器	87	P107AB	常一线泵
55	E156 A～F	初顶空冷器	88	P108AB	常二线泵
56	E157AB	常顶后备冷凝器	89	P109	常三线泵
57	E161	泵端面水冷却器	90	P110AB	常四线泵
58	E163	含盐污水冷却器	91	P111	常五线泵
59	V101	初顶汽油罐	92	P112AB	常一中泵
60	V102	常顶回流罐	93	P113	常二中泵
61	V103	常顶汽油罐	94	P114AB	常底泵
62	V104	减顶油分水罐	95	P115AB	减顶油泵
63	V105	减顶柴油罐	96	P116AB	减一线、减顶回流泵
64	V107	低压瓦斯罐	97	P117AB	减二线泵
65	V108	高压瓦斯罐	98	P118A	减三线泵
66	V109	烧焦罐	99	P119	减四线泵
67	V110	氨水罐	100	P120AB	减五线泵

续表

序号	设备编号	设备名称	序号	设备编号	设备名称
101	P121	减一中泵	111	P133AB	原油注水泵
102	P122AB	减二中泵	112	R101AB	航煤脱硫醇反应器
103	P123AB	减底泵	113	F101	常压炉
104	P124	冲洗油泵	114	F102	减压炉
105	P126AB	新鲜水泵	115	T101	初馏塔
106	P127AB	注氨水泵	116	T102	常压塔
107	P128AB	热水泵	117	T105	减压塔
108	P129AB	航煤泵	118	T103	常一线汽提塔
109	P131AB	破乳剂泵	119	T104	常压汽提塔
110	P132	配破乳剂泵	120	T106	减压汽提塔

8.4.2 常减压炼油装置操作规程

8.4.2.1 冷态开车

1. 装油

(1) 常压装油；

(2) 减压装油。

2. 冷循环

冷循环的目的主要是检查工艺流程是否有误，设备、仪表是否正常，同时脱去管线内部残存的水。

待切水工作完成，各塔底液面偏高(50%左右)后，便可进行冷循环。

3. 热循环

当冷循环操作结束并无问题后，开始热循环，流程不变。

4. 常压系统转入正常生产

(1) 切换原油；

(2) 常压塔正常生产；

(3) 注意事项。

5. 减压系统转入正常生产

(1) 开侧线；

(2) 调整操作；

(3) 注意事项。

6. 投用一脱三注

具体操作步骤见仿真操作说明书。

8.4.2.2 装置正常停工过程

1. 降量

(1) 降量前先停电脱盐系统；

(2) 降量分多次进行，降量速度为 10～15 t/h；

(3) 降量初期保持炉出口温度不变,调整各侧线油抽出量,保证侧线产品质量合格;

(4) 降量过程中注意控制好各塔底液面,调节各冷却器用水量,将侧线油品出装置温度控制在正常范围内。

2. 降量关侧线阶段

(1) 当原油量降至正常指标的60%～70%时开始降炉温。炉出口温度以25%～30℃/h的速度均匀降温。

(2) 降温时将各侧线油品改入催化料或污油罐,常减压各侧线及汽油回流罐控制高液面,作洗塔用。

(3) 炉101出口温度降到280℃左右时,T102开始自上而下关侧线,停中段回流,各侧线及汽油停止外放。

(4) 炉102、103出口温度降到320℃左右时,T104开始自上而下关侧线,停中段回流,各侧线及汽油停止外放。破真空时应关闭L10/3,4顶部瓦斯放空阀。

(5) 当过热蒸汽出口温度降至300℃时,停止所有塔部吹气,进行放空。

3. 装置打循环及炉子熄火

(1) T－102关完侧线后,立即停原油泵,改为循环流程进行全装置循环。

(2) T－104关侧线后,将减压侧线油自分配台倒入减压塔打回流洗塔。减侧线油打完后将常压各侧线倒入减压塔顶回流洗塔,直到各侧线油打完为止。

(注意:将侧线油倒入减一线打回流时应打开减一线流量计和外放调节阀的副线阀门)

(3) 常压技工将汽油回流罐内汽油全部打入常压塔顶洗常压塔,塔顶温度过低时停空冷。

(4) 炉子对称关火阻,继续降温,炉出口温度降至180℃时停止循环,炉子熄火,风机不停。待炉膛温度降至200℃时停风机,打开防爆门加速冷却,过热蒸汽停掉。

(5) 炉子熄火后,将各塔底油全部打出装置。

8.4.2.3 紧急停车

紧急停工步骤:

(1) 加热炉立即熄火。

(2) 停止原油进料,关各馏出阀、注气阀,破真空,认真退油,关塔部吹气,过热蒸汽改为放空。

(3) 将不合格油品改进污油罐。

(4) 对局部着火部位应及时切断火源,加强灭火。

(5) 尽量维持局部循环,尽量按正常的停工方法处理。

(注意:减压破真空时,不能太快,要关闭瓦斯放空阀。)

8.4.2.4 主要设备工艺控制指标

1. 闪蒸塔T101

表8－2 闪蒸塔T101工艺控制指标

名称	温度/℃	压力(表)/MPa	流量/(t/h)
进料流量	235	0.065	126.262
塔底出料	228	0.065	121.212
塔顶出料	230	0.065	5.05

2. 常压塔 T102

表 8-3 常压塔 T102 工艺控制指标

名称	温度/℃	压力(表)/MPa	流量/(t/h)
常顶回流出塔	120	0.058	
常顶回流返塔	35		10.9
常一线馏出	175		6.3
常二线馏出	245		7.6
常三线馏出	296		8.94
进料	345		121.2121
常一中出/返	210/150		24.499
常二中出/返	270/210		28.0
常压塔底	343		101.8

3. 减压塔

表 8-4 减压塔工艺控制指标

名称	温度/℃	压力(表)/MPa	流量/(t/h)
减顶出塔	70	-0.09	
减一线馏出/回流	150/50		17.21/13.0
减二线馏出	260		11.36
减三线馏出	295		11.36
减四线馏出	330		10.1
进料	385		
减一中出/返	220/180		59.77
减二中出/返	305/245		46.687
脏油出/返			
减压塔底	362		61.98

4. 常压炉 F101,减压炉 F102,F103

表 8-5 常压炉 F101,减压炉 F102,F103 工艺控制指标

名称	氧含量/%	炉膛负压$\times10^6$/MPa	炉膛温度/℃	炉出口温度/℃
F101	3～6	−266.0	610.0	368.0
F102	3～6	−266.0	770.0	385.0
F103	3～6	−266.0	730.0	385.0

5. 主要调节器、仪表控制指标

表 8-6　主要调节器控制指标

位号	正常值	单位	说　明
FIC1101	126.2	t/h	原油进料
FIC1104	121.2	t/h	T101 塔底出料
FIC1106	60.6	t/h	炉 F101 的一路进料
FIC1107	60.6	t/h	炉 F101 的另一路进料
FIC1111	51.9	t/h	炉 F102 的进料
FIC1112	51.9	t/h	炉 F103 的进料
FIC1207	61.2	t/h	T104 塔底出料
FIC1117	6.35	t/h	R101/1 洗涤水进料
FIC1118	6.35	t/h	R101/2 洗涤水进料
FIC1116	6.36	t/h	常一线汽提塔出料
FIC1115	7.65	t/h	常二线汽提塔出料
FIC1114	8.94	t/h	常三线汽提塔出料
FIC1108	25	t/h	常一中循环量
FIC1109	28	t/h	常二中循环量
FIC1211	11.36	t/h	减二线汽提塔出料
FIC1210	11.36	t/h	减三线汽提塔出料
FIC1209	10.1	t/h	减四线汽提塔出料
FIC1203	59.77	t/h	减一中循环量
FIC1204	46.69	t/h	减二中循环量
FIC1208	17.21	t/h	减一线汽提塔返回量
FIC1110	10.9	t/h	常顶返回量
LIC1101	＜50	%	R101/1 水位
LIC1102	＜50	%	R101/2 水位
LIC1103	50	%	T101 油位
LIC1105	50	%	T102 油位
LIC1201	50	%	T104 油位
LIC1106	50	%	R102 油位
LIC1107	＜50	%	R102 水位
LIC1108	50	%	常一线汽提塔油位
LIC1109	50	%	常二线汽提塔油位
LIC1110	50	%	常三线汽提塔油位
LIC1202	50	%	减一线汽提塔油位
LIC1203	50	%	减二线汽提塔油位

续表

位号	正常值	单位	说　明
LIC1204	50	%	减三线汽提塔油位
LIC1205	50	%	减四线汽提塔油位
TIC1101		℃	与 H－105/2 换热后原油温度
TIC1103		℃	与 H－109/4 换热后原油温度
TIC1102		℃	与 H－113/2 换热后原油温度
TIC1104	368	℃	炉 F101 出口油温度
TIC1105	610	℃	炉 F101 炉膛温度
TIC1106	120	℃	常顶返回温度
TIC1107		℃	常一中返回温度
TIC1108		℃	常二中返回温度
TIC1201	385	℃	炉 F102 出口油温度
TIC1202	770	℃	炉 F102 炉膛温度
TIC1203	385	℃	炉 F103 出口油温度
TIC1204	730	℃	炉 F103 炉膛温度
TIC1205	70	℃	减一线返回温度
TIC1206		℃	减一中返回温度
TIC1207		℃	减二中返回温度
PDIC1101			R101/1 入口含盐压差
PDIC1102			R101/2 入口含盐压差
PIC1102	-260×10^{-6}	MPa	F101 炉膛负压
PIC1103	0.3	MPa	F101 过热蒸汽压
PIC1201	-260×10^{-6}	MPa	F101 炉膛负压
PIC1202	0.3	MPa	F102 过热蒸汽压
PIC1204	-260×10^{-6}	MPa	F101 炉膛负压
PIC1205	0.3	MPa	F103 过热蒸汽压
ARC1101	4	%	F101 内含氧量
ARC1201	4	%	F102 内含氧量
ARC1202	4	%	F103 内含氧量

表 8－7　仪表控制指标

位号	正常值	单位	说　明
FI1102		t/h	与 H－105/2 换热油量
FI1103		t/h	与 H－109/4 换热油量
FI1105		t/h	与 H－104/11 换热油量

续表

位号	正常值	单位	说　明
TI1101		℃	与H－106/4换热后油温
TI1102		℃	R101/1入口温度
TI1103		℃	R101/1出口温度
TI1134		℃	与H－103/6换热后油温
TI1105		℃	T101入口温度
TI1107		℃	T101内温度
TI1132		℃	与H－104/11换热后油温
TI1131		℃	T101塔顶蒸汽温度
TI1106		℃	与H－104/14换热后油温
TI1112	368	℃	F101出口油温
TI1113	368	℃	F101出口油温
TI1122	380～450	℃	F101过热蒸汽出口温度
TI1123	210	℃	常一中出口油温
TI1124	270	℃	常二中出口油温
TI1125	35	℃	常顶返回油温
TI1126	175	℃	常一线出口油温
TI1127	245	℃	常二线出口油温
TI1128	296	℃	常三线出口油温
TI1129	343	℃	T102塔底温度
TI1209	380～450	℃	F102过热蒸汽出口温度
TI1222	380～450	℃	F103过热蒸汽出口温度
TI1226	150	℃	减一线流出温度
TI1127	260	℃	减二线流出温度
TI1128	295	℃	减三线流出温度
TI1129	330	℃	减四线流出温度
TI1223	220	℃	减一中出口油温
TI1224	305	℃	减二中出口油温
TI1234		℃	脏洗油线温度
PI1101		MPa	T101塔顶油气压力
PI1105	0.058	MPa	T102塔顶油气压力
PI1207	－0.09	MPa	T104塔顶油气压力

8.4.2.5　事故现象及处理

1. 原油中断

(1) 主要现象

塔液面下降，塔进料压力降低，塔顶温度升高。

(2) 处理方法

① 切换原油泵 P101/2；

② 不行按停工处理。

2. 供电中断

(1) 主要现象

各泵运转停止。

(2) 处理方法

① 来电后，相继启动顶回流泵、原油泵、初底泵、常底泵、中断回流泵及侧线泵；

② 各岗位按生产工艺指标调整操作至正常。

3. 循环水中断

(1) 主要现象

油品出装置温度升高；减顶真空度急剧下降。

(2) 处理方法

① 停水时间短，降温降量，维持最低量生产，或循环；

② 停水时间长，按紧急停工处理。

4. 供汽中断

(1) 主要现象

① 流量显示回零，各塔、罐操作不稳；

② 加热炉操作不稳；

③ 减顶真空度下降。

(2) 处理方法

如果只停汽而没有停电，则改为循环；如果既停汽又停电，按紧急停工处理。

5. 净化风中断

(1) 主要现象

仪表指示回零。

(2) 处理方法

① 短时间停风，将控制阀改副线，用手工调节各路流量、温度、压力等；

② 长时间停风，按降温降量循环处理。

6. 加热炉着火

(1) 主要现象

炉出口温度急剧升高，冒大量黑烟。

(2) 处理方法

熄灭全部火嘴并向炉膛内吹入灭火蒸汽。

7. 常压塔底泵停

(1) 主要现象

① 泵出口压力下降，常压塔液面上升；

② 加热炉熄火，炉出口温度下降。

(2) 处理方法

切换备用泵。

8.(常顶回流阀)阀卡10%

(1) 主要现象

塔顶温度上升,压力上升。

(2) 处理方法

开旁通阀。

9.(减压塔出料阀)阀卡10%

(1) 主要现象

塔底液位上升。

(2) 处理方法

开旁通阀。

10. 闪蒸塔底泵抽空

(1) 主要现象

泵出口压力下降,塔底液面迅速上升,炉膛温度迅速上升。

(2) 处理方法

切换备用泵,注意控制炉膛温度。

11. 减压炉熄火

(1) 主要现象

炉膛温度下降,炉出口温度下降,火灭。

(2) 处理方法

① 减压部分按停工处理;

② 常渣出装置。

12. 抽 -1 故障

(1) 主要现象

减压塔压力上升。

(2) 处理方法

加大抽 -2 蒸汽量。

13. 低压闪电

(1) 主要现象

全部或部分低压电机停转,操作混乱。

(2) 处理方法

① 如时间短,切换备用泵,顺序:顶回流,中段回流,处理量调节;

② 及时联系电修部门送电,按工艺指标调整操作。

14. 高压闪电

(1) 主要现象

全部或部分高压电机停转,闪蒸塔和常压塔进料中断,液面下降。

(2) 处理方法

① 如时间短,切换备用泵;

② 及时联系电修部门送电,按工艺指标调整操作。

15. 原油含水

(1) 主要现象

原油泵可能抽空,闪蒸塔液面下降,压力上升。

(2) 处理方法

加强电脱盐罐操作,加强切水。

8.4.3 常减压装置模型简介

8.4.3.1 沙盘仿真模型主要特征

(1) 全方位 LED 灯仿真演示,具有直观效果,结构齐全;

(2) 模型配有手动操作盘和遥控操作两种方式;

(3) 模型采用弱电控制,以确保操作的安全性和可靠性;

(4) 模型采用逻辑电路,以防手动时的误操作;

(5) 规模大、造型逼真、综合性强,可将多种类别的模型巧妙地组合在一起,确保接合自然;

(6) 具有一定的趣味性、工程实践的系统性和连贯性;

(7) 多台组合,拆装方便,接合牢靠,还可供学生测绘使用。

8.4.3.2 沙盘仿真模型最终现场效果

沙盘尺寸为:3 m×4 m。以协调一致的整体布局,形象逼真的造型设计,自然明快的色彩渲染为基础,以灯光效果为点缀,将常减压装置所产生的汽油、柴油、轻柴油、重柴油、减压渣油、盐水等通过 LED 不同颜色的流水灯光一齐上阵演示。

8.4.3.3 比例尺寸

各设施设备模型,采用 1∶30 的比例;各管道模型,拟采用 1∶15 的比例。

8.4.3.4 沙盘仿真演示

模型上各类路灯、指示灯都可按指令发光;部分建筑物内装有灯光,可按指令作出亮与熄演示;模型通过各灯的打光方法及灯光颜色等与沙盘结构、装饰绿化、建筑物交相辉映、动静结合,使其演示效果更加形象逼真。

8.4.4 考核

仿真系统的技能考核包括操作步骤考核和操作质量考核,本实习环节考核内容如下:

(1) 开工、停工操作技能考核;

(2) 各种事故的分析与处理技能考核;

(3) 生产调整的技能考核;

(4) 全部 DCS 和现场模拟操作考核;

(5) 理论考核。

8.5 甲醇合成与精制(半实物)仿真工厂实习

煤炭是中国的主要化石能源,也是许多重要化工品的主要原料,随着社会经济持续、高速发展,近年来中国能源、化工品的需求也出现较高的增长速度,煤化工在中国能源、化工领域中已占有重要地位。

新型煤化工以生产洁净能源和可替代石油化工的产品为主,如柴油、汽油、航空煤油、液化石油气、乙烯原料、聚丙烯原料、替代燃料(甲醇、二甲醚)等,它与能源、化工技术结合,可形成煤炭——能源化工一体化的新兴产业。煤炭能源化工产业将在中国能源的可持续利用中扮演重要的角色,是今后 20 年的重要发展方向,这对于中国减轻燃煤造成的环境污染、降低中国对进口石油的依赖均有着重大意义。可以说,煤化工行业在中国面临着新的市场需求和发展机遇。

本系统参照了中石化某公司常减压装置工艺流程,优选了以煤为原料制备甲醇工艺流程中的甲醇合成与精制工段,建立的新一代半实物仿真工厂。本实训装置由北京东方仿真控制技术有限公司提供,详细内容请参见该公司有关产品介绍。

8.5.1 甲醇合成与精制工艺

8.5.1.1 甲醇合成原理

甲醇合成是在 5.0 MPa 压力下,在催化剂的作用下,气体中的一氧化碳、二氧化碳与氢反应生成甲醇,基本反应式为

$$CO+2H_2 = CH_3OH$$
$$CO_2+3H_2 = CH_3OH+H_2O$$

在甲醇合成过程中,尚有如下副反应

$$2CO+4H_2 = CH_3OCH_3+H_2O$$
$$2CO+4H_2 = C_2H_5OH+H_2O$$
$$4CO+8H_2 = C_4H_9OH+3H_2O$$

此外,还有甲酸甲酯、乙酸甲酯及其他高级醇、高级烷烃类生成。由于本反应是复杂反应,需将合成气进一步精制,采用精馏方法。

8.5.1.2 甲醇合成流程简述

1. 甲醇合成流程

由压缩工序来的循环气经入塔气预热器(E601)预热至 225℃,由顶部进入管壳式等温甲醇合成塔(R601),在铜基触媒的作用下,CO、CO_2 与 H_2 反应生成甲醇和水,同时还有少量的其他有机杂质生成。合成塔出塔气经出塔气预热器(E601)、精制水换热器(E602)和最终冷却器(E603)冷却至 40℃,此时气体中的甲醇绝大部分被冷凝下来,然后进入甲醇分离器(F602)将粗甲醇分离下来。出 F602 的气体一部分作为弛放气排放,以维持合成回路中惰

性气体的含量；另一部分气体作为循环气送至压缩工序。排出的弛放气经压力调压阀PRCA6004减压后送往转化工序作为蒸汽转化炉的燃料。

甲醇分离器底部出来的粗甲醇经液位调节阀LICA6001控制液位并减压进入闪蒸槽，大部分溶解气体被闪蒸出来，闪蒸后的粗甲醇送至精馏工序。闪蒸气送往转化工序作为转化炉低压烧嘴的燃料。

甲醇合成是强烈的放热反应，必须在反应过程中不断地将热量移走，反应才能正常进行，甲醇合成塔的反应温度是通过壳侧副产蒸汽的压力来控制的，根据合成触媒使用时间的不同，其活性温度在230～260℃，副产蒸汽的压力在2.5～4.8 MPa之间波动。甲醇合成塔所产的蒸汽经压力调节阀PRCA6005减压至2.5 MPa后送至转化工序蒸汽转化炉的对流段过热，用于驱动锅炉给水泵的蒸汽透平。合成汽包(F601)的锅炉给水由转化工序送来，防止锅炉水结垢的磷酸盐溶液亦由转化工序送来。为保证炉水质量，从汽包连续排放部分液面水并定期从汽包底部和合成侧壳侧底部排污，排污水送往转化工序的连续排污扩容器。

合成汽包与甲醇合成塔之间的炉水通过自然循环的方式来产生蒸汽。为了满足开车期间合成塔的升温要求，另设有开工喷射器(X601)。开车时中压蒸汽经喷射器(X601)带动合成塔管外空间的炉水循环并使合成塔升温。

主要部件包括：透平、压缩机、合成反应器、分离罐、换热器、汽包、喷射器等。

2. 甲醇精制

甲醇精制工段采用四塔(3＋1)精馏工艺，包括预塔、加压塔、常压塔及甲醇回收塔。预塔的主要目的是除去粗甲醇中溶解的气体(如CO_2、CO、H_2等)及低沸点组分(如二甲醚、甲酸甲酯等)，加压塔及常压塔的目的是除去水及高沸点杂质(如异丁基油)，同时获得高纯度的优质甲醇产品。另外，为了减少废水排放，增设甲醇回收塔，进一步回收甲醇，减少废水中甲醇的含量。

从甲醇合成工号来的粗甲醇进入粗甲醇预热器(E0401)与预塔再沸器(E0402)、加压塔再沸器(E0406B)和回收塔再沸器(E0414)来的冷凝水进行换热后进入预塔(D0401)，经D0401分离后，塔顶气相为二甲醚、甲酸甲酯、二氧化碳、甲醇等蒸气，经二级冷凝后，不凝气通过火炬排放，冷凝液中补充脱盐水返回D0401作为回流液，塔釜为甲醇水溶液，经P0403增压后用加压塔(D0402)塔釜出料液在E0405中进行预热，然后进入D0402。经D0402分离后，塔顶气相为甲醇蒸气，与常压塔(D0403)塔釜液换热后部分返回D0402打回流，部分采出作为精甲醇产品，经E0407冷却后送中间罐区产品罐，塔釜出料液在E0405中与进料换热后作为E0403塔的进料。

在D0403中甲醇与轻重组分以及水得以彻底分离，塔顶气相为含微量不凝气的甲醇蒸气，经冷凝后，不凝气通过火炬排放，冷凝液部分返回D0403打回流，部分采出作为精甲醇产品，经E0410冷却后送中间罐区产品罐，塔下部侧线采出杂醇油作为回收塔(D0404)的进料。塔釜出料液为含微量甲醇的水，经P0409增压后送污水处理厂。

经D0404分离后，塔顶产品为精甲醇，经E0415冷却后部分返回D0404回流，部分送精甲醇罐，塔中部侧线采出异丁基油送中间罐区副产品罐，底部的少量废水与D0403塔底废水合并。

3. 甲醇合成精制工艺特点

甲醇精制采用的是三塔精馏加回收塔工艺流程，本工艺流程的主要特点是热能的合理利用，主要表现在：采用双效精馏方法，将加压塔塔顶气相的冷凝潜热用作常压塔塔釜再沸器热源，从而达到热量的综合利用，提高热量的利用率，有效降低精馏过程的热量消耗，降低操作费用。

此外，废热的回收也是本工艺流程的重要特点，其表现在如下几方面：第一是将天然气蒸气转化工段的转化气作为加压塔再沸器热源；第二是加压塔辅助再沸器、预塔再沸器冷凝水用来预热进料粗甲醇；第三是加压塔塔釜出料与加压塔进料充分换热。

8.5.2　甲醇合成与精制流程图

甲醇合成与精制流程见图 8－11～图 8－15：

8.5.3　主要操作内容

(1) 正常开工操作技能训练；
(2) 正常操作；
(3) 紧急停车；
(4) 负荷改变和扰动；
(5) 常见故障处理；
(6) 正常停车。
(具体内容详见设备提供厂商的操作规程)

8.5.4　考核

该仿真系统的技能考核包括操作步骤考核和操作质量考核，本实习环节考核内容包括如下几方面：

(1) 开工、停工操作技能考核；
(2) 各种事故的分析与处理技能考核(用户可自定义事故项目)；
(3) 生产调整的技能考核；
(4) 全部 DCS 和现场模拟操作考核；
(5) 理论考核。

8.5.5　半实物仿真实训特点

(1) 本仿真工厂除用于学生的实训操作外，还可用于在工厂正式开、停工前培训操作员，达到以下目的：

① 缩短开工、停工时间，提高安全性，减少环境不确定性影响，延长装置实际投产时间，提高操作员的知识水平和技术水平，减少不合格品生产；

② 使更多的操作员对工艺过程有更深入的了解，积累工艺经验和故障诊断经验，提高操作员处理紧急状况或异常工况的能力；

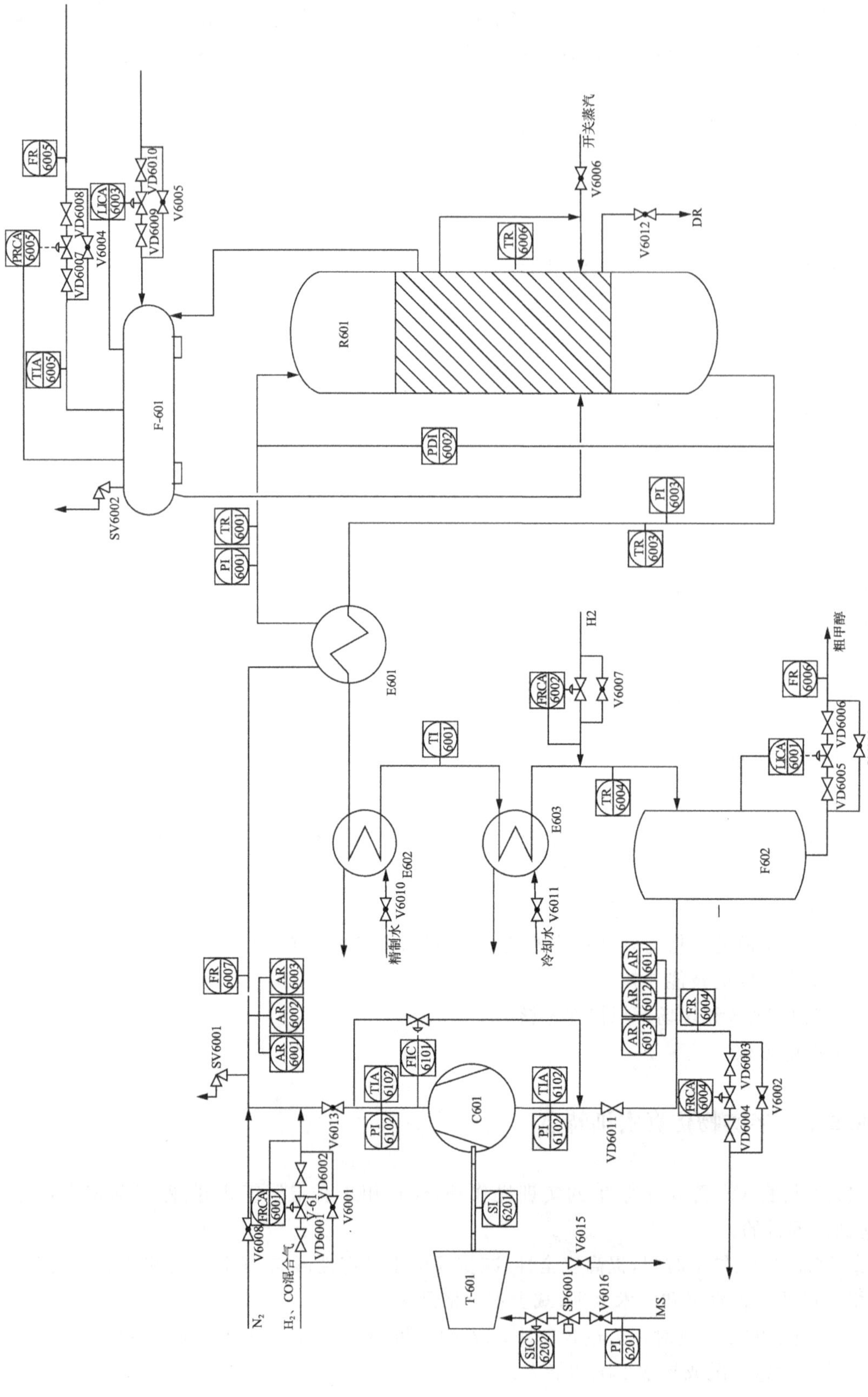

图 8-11　甲醇合成流程图

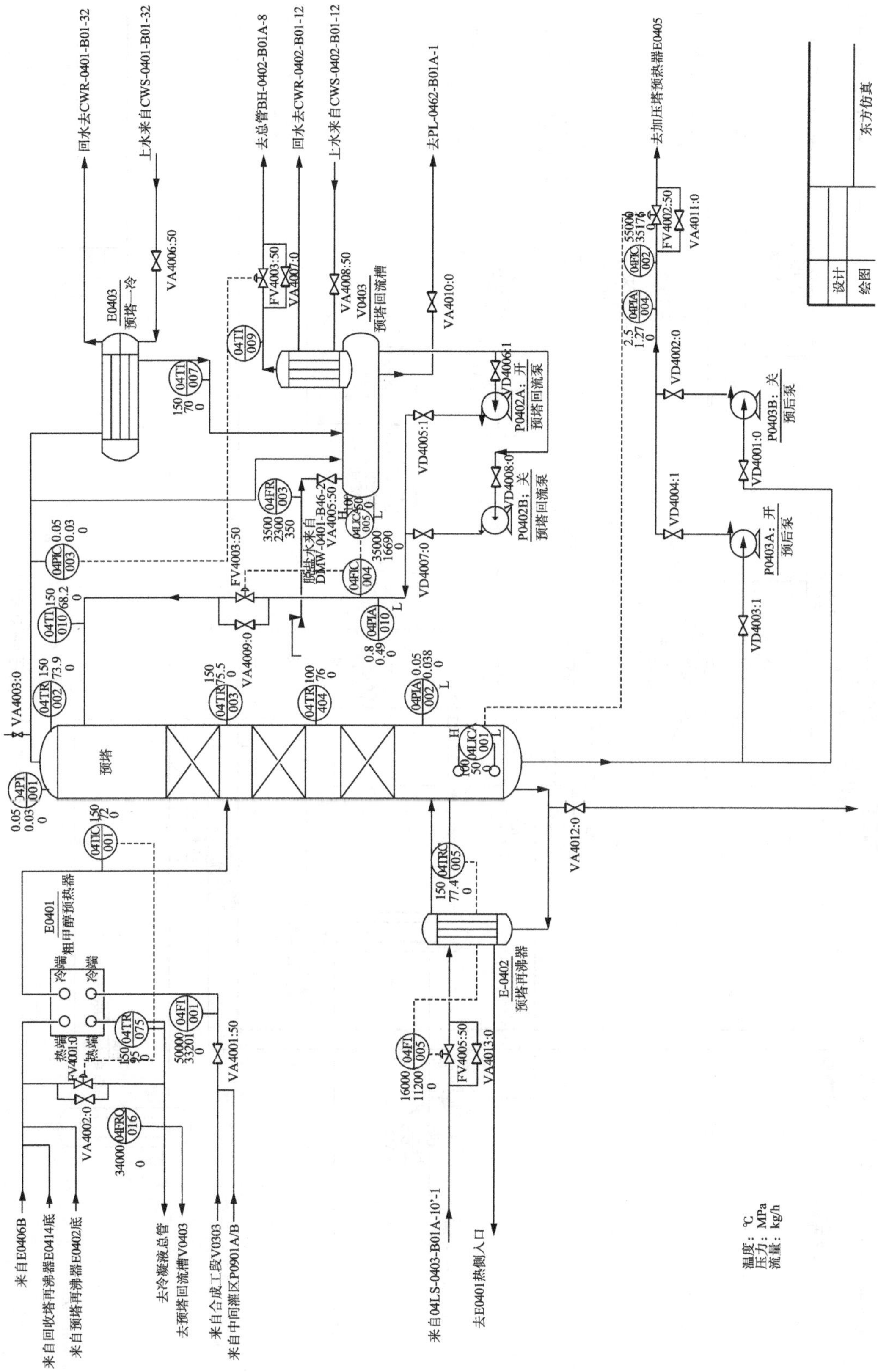
回水去CWR-0401-B01-32
上水来自CWS-0401-B01-32
去总管BH-0402-B01A-8
回水去CWR-0402-B01-12
上水来自CWS-0402-B01-12
去PL-0462-B01A-1
去加压塔预热器E0405
东方仿真
设计
绘图
E0403
预塔一冷
V0403
预塔回流槽
P0402A：开
预塔回流泵
P0402B：关
预塔回流泵
P0403A：开
预后泵
P0403B：关
预后泵
预塔
E0401
粗甲醇预热器
E-0402
预塔再沸器
来自E0406B
来自回收塔再沸器E0414底
来自预塔再沸器E0402底
去冷凝液总管
去预塔回流槽V0403
来自合成工段V0303
来自中间灌区P0901A/B
来自04LS-0403-B01A-10'-1
去E0401热侧入口
温度：℃
压力：MPa
流量：kg/h
图 8-12　预塔流程图

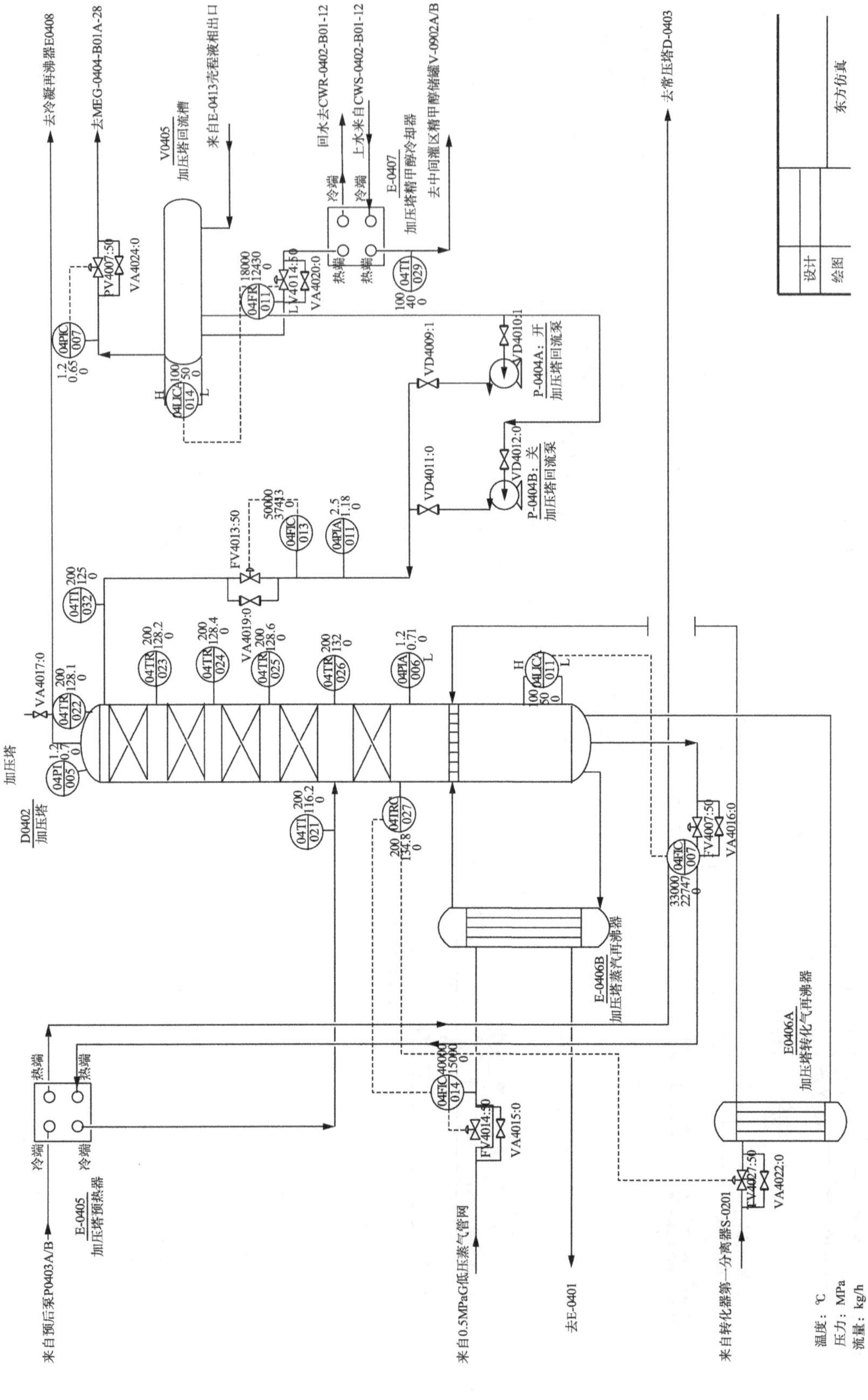
去冷凝再沸器E0408
去MEG-0404-B01A-28
V0405
加压塔回流槽
来自E-0413壳程液相出口
回水去CWR-0402-B01-12
上水来自CWS-0402-B01-12
E-0407
加压塔精甲醇冷却器
去中间灌区精甲醇储罐V-0902A/B
去常压塔D-0403
设计
绘图
东方仿真
冷端
热端
PV4007:50
VA4024:0
04PIC 007
04LIC 014
04FR 011
LV4014:50
VA4020:0
04TI 029
VD4009:1
VD4010:1
P-0404A：开
加压塔回流泵
VD4011:0
VD4012:0
P-0404B：关
加压塔回流泵
FV4013:50
VA4019:0
04FIC 013
04PIA 011
04TI 032
04TR 022
04TR 023
04TR 024
04TR 025
04TR 026
04PIA 006
04LICA 011
VA4017:0
D0402
加压塔
04PI 005
04TI 021
04TRC 027
04FIC 007
FV4007:50
VA4016:0
E-0406B
加压塔蒸汽再沸器
E0406A
加压塔转化气再沸器
E-0405
加压塔预热器
04FIC 014
FV4014:50
VA4015:0
FV4027:50
VA4022:0
来自预后泵P0403A/B
来自0.5MPaG低压蒸气管网
去E-0401
来自转化器第一分离器S-0201
温度：℃
压力：MPa
流量：kg/h

图 8-13 加压塔流程图

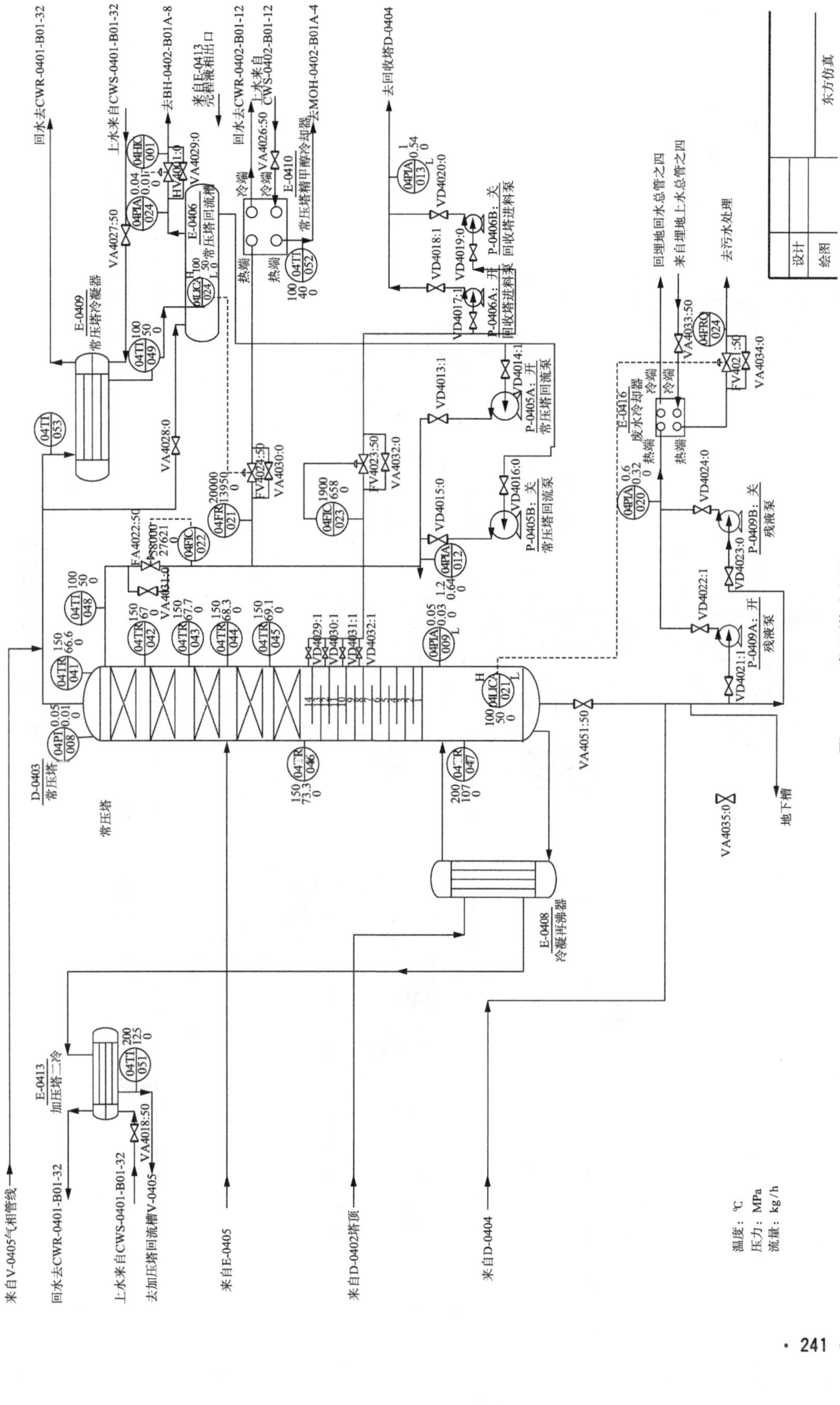
D-0403
常压塔
E-0409
常压塔冷凝器
E-0406
常压塔回流槽
E-0410
常压塔精甲醇冷却器
E-0408
常凝再沸器
E-0413
加压塔二冷
E-0416
废水冷却器
P-0405A：开
常压塔回流泵
P-0405B：关
常压塔回流泵
P-0406A：开
回收塔进料泵
P-0406B：关
回收塔进料泵
P-0409A：开
残液泵
P-0409B：关
残液泵
回水去CWR-0401-B01-32
上水来自CWS-0401-B01-32
去BH-0402-B01A-8
来自E-0413完相液相出口
回水去CWR-0402-B01-12
上水来自CWS-0402-B01-12
去MOH-0402-B01A-4
去回收塔D-0404
回埋地回水总管之四
来自埋地上水总管之四
去污水处理
地下槽
来自V-0405气相管线
回水去CWR-0401-B01-32
上水来自CWS-0401-B01-32
去加压塔回流槽V-0405
来自E-0405
来自D-0402塔顶
来自D-0404
温度：℃
压力：MPa
流量：kg/h
设计
绘图
东方仿真

图 8-14 常压塔流程图

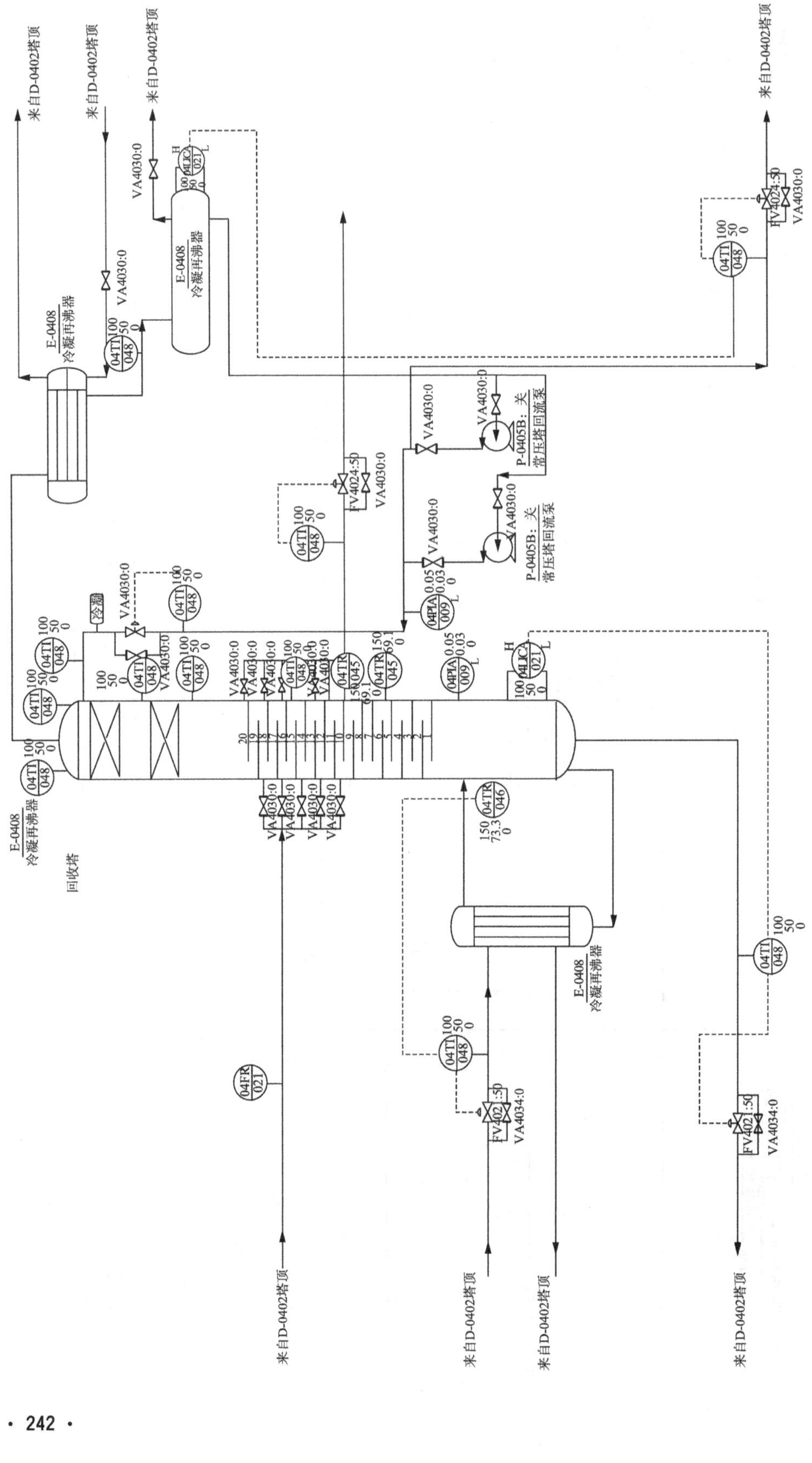
来自D-0402塔顶
E-0408
冷凝再沸器
回收塔
冷凝
VA4030:0
VA4034:0
FV4024:50
FV402:50
P-0405B：关
常压塔回流泵
04TI
048
04FR
021
04PIA
009
04LICA
021
04TR
045
04TR
046
H
L

图 8-15　回收塔流程图

③ 提高操作员素质，减少和避免由于人为因素导致的事故、损失，熟悉工艺操作和 DCS 控制，培训操作班组对紧急工况的反应。

(2) 仿真培训—软件操作＋仿真工厂的培训方法和手段，再结合传统的教学培训，构建起崭新的培训框架和体系，极大地满足“教、学、做、检查考核”一体的实训要求——以“学生”为操作主体，教师指导为辅；更加贴近“工厂环境”，体现岗位职业化需求。

(3) 本仿真工厂集实习、实训、实验研究于一体；除可满足学生下厂实习期间不能操作的遗憾外，还可提供科学实验的数据测定、其他相关实践环节如毕业设计、化工工艺查定等环节。

8.6 零排放热态循环乙酸乙酯生产车间实习

乙酸乙酯是非常重要的有机化工原料，又是一种快干性溶剂，且有令人愉快的香气。它可作为制造乙酰胺、乙酰乙酸酯、甲基庚烯酮、合成香料以及其他有机化合物的原料；可用于乙醇脱水、乙酸浓缩、萃取有机酸；在食品工业中用作芳香剂；可作为许多类树脂的高效溶剂，广泛应用于油墨、人造革、胶黏剂等的生产中；也是制造染料和药物的原料。工业上用乙酸与乙醇在催化剂浓硫酸的存在下进行液相酯化反应而得到乙酸乙酯的生产方法已经得到充分研究，是比较成熟的工业生产方法，在国内已有较大规模的工业生产。本实训装置由天津市睿智天成科技发展有限公司提供，详细内容请参见该公司有关产品介绍。

8.6.1 零排放热态循环乙酸乙酯生产工艺

8.6.1.1 乙酸乙酯生产流程简述

乙酸酯化法是传统的乙酸乙酯生产方法，在催化剂浓硫酸存在下，由乙酸和乙醇发生酯化反应而得：

$$C_2H_5OH + CH_3COOH \longrightarrow CH_3COOC_2H_5 + H_2O$$

原料乙醇由乙醇储槽 V101(或水解乙醇储槽 V404)通过泵 P101 送入酯化反应器 R101；乙酸由乙酸储槽 V102(或水解乙酸储槽 V403)通过泵 P102 送入酯化反应器 R101；浓硫酸用量较少，所以它的储槽 V103 兼作计量槽用。其位置高于酯化反应器 R101，借位差流入酯化反应器 R101。

乙酸和乙醇在浓硫酸的存在下，在酯化反应器 R101 内进行酯化反应。生成的酯化液由泵 P103 送入酯化塔 T101 作为酯化塔的进料之一。酯化塔 T101 的另一部分进料是由提浓塔 T201 底部残液通过提浓塔釜采出泵 P201 打入的。酯化塔塔顶蒸气在冷凝器 E102 中冷凝后聚集到酯化塔凝液罐 D101，部分通过回流泵 P104 送入酯化塔 T101；另一部分借助采出泵 P105 送入提浓塔 T201 作为提浓塔 T201 进料用。酯化塔 T101 底部残液经 E103 冷却后进入回收液储槽 V401。再由回收液泵 P401 送入水解反应器 R401 水解。

提浓塔 T201 顶部蒸气经提浓塔顶冷凝器 E202 冷凝后聚集到提浓塔凝液罐 D201，一部分通过回流泵 P202 送回提浓塔 T201，另一部分送去喷射混合器 J101 与精制塔顶产品、纯净水混合后，再到沉降器 V201 进行分离。提浓塔 T201 塔底设有电加热再沸器 E201 作为塔底再沸器。

喷射混合器 J101 的另一部分进料来自精制塔顶出料，三支料流在喷射混合器 J101 中混合均匀后，借位差流入沉降器 V201 中进行沉降分离。下层水层自流入水层中间储槽 V202，用回收水泵 P204 打入水解反应器作为进料用。上部酯层自流入酯层中间储槽 V203，通过精制塔进料泵 P301 打入精制塔进料加热器 E301 加热后送入精制塔 T301 作为进料。

精制塔 T301 顶部蒸气进入精制塔顶冷凝器 E302 冷凝后经精制塔顶凝液罐 D301 一部分送回精制塔 T301，另一部分送入喷射混合器 J201。精制塔 T301 底部设有电加热再沸器。成品乙酸乙酯自精制塔 T301 底部取出，经精制塔底冷却器 E304 冷却后由泵 P304 送入成品储槽 V301。

来自回收液储槽 V401 的回收液经回收液泵 P401 送至水解反应器 R401；来自乙酸乙酯成品储槽 V301 的乙酸乙酯经产品泵 P304 也送至水解反应器 R401。在水解反应器 R401 中进行乙酸乙酯的水解反应，水解反应产物经水解产品冷凝器 E401 冷凝后自流入水解产品储槽 V402，再用水解塔回流泵 P403 送至水解塔 T401 进一步进行水解同时进行醇酸分离。水解塔顶产品粗乙醇经采出泵 P404 送入水解乙醇储槽 V404；塔釜产品粗乙酸则自流入水解乙酸储槽 V403。

流程见图 8-16～图 8-19。

8.6.1.2 乙酸乙酯生产工艺特点

(1) 因生产体系中乙醇、乙酸、乙酸乙酯等主要物料都属于无毒、无害物质，生产中无高温、高压过程，安全得到了很大程度的保障。

(2) 酯化-水解过程可形成闭路循环，即酯化过程的产物可作为水解过程的原料，而水解过程的产物又可作为酯化过程的原料，如此不断循环。因此全部生产过程可实现零排放(没有废水、废气、废渣的排放)，达到绿色生产的目的。

(3) 作为原料，乙醇、乙酸都比较容易得到。同时，基于(2)中所述原因，物料得以循环使用，原料的消耗很低；基于(1)中所述，生产非高温、高压过程，能耗相对得以控制在较低水平。

8.6.2 零排放热态循环乙酸乙酯工艺流程图

1. 50t/a 乙酸乙酯酯化流程(图 8-16)
2. 乙酸乙酯提浓流程(图 8-17)
3. 乙酸乙酯精制流程(图 8-18)
4. 乙酸乙酯水解流程(图 8-19)

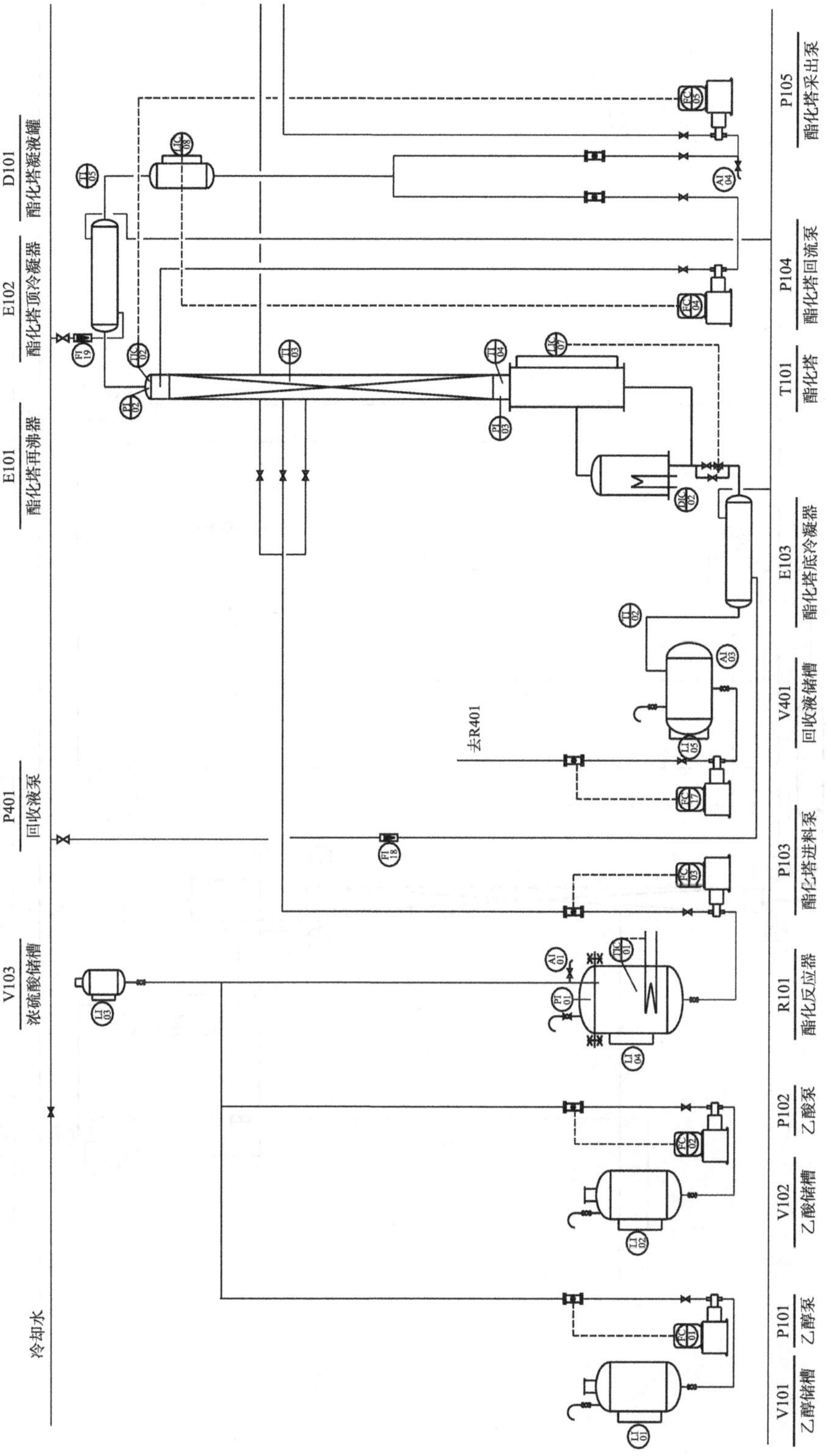

图 8-16　乙酸乙酯酯化流程图

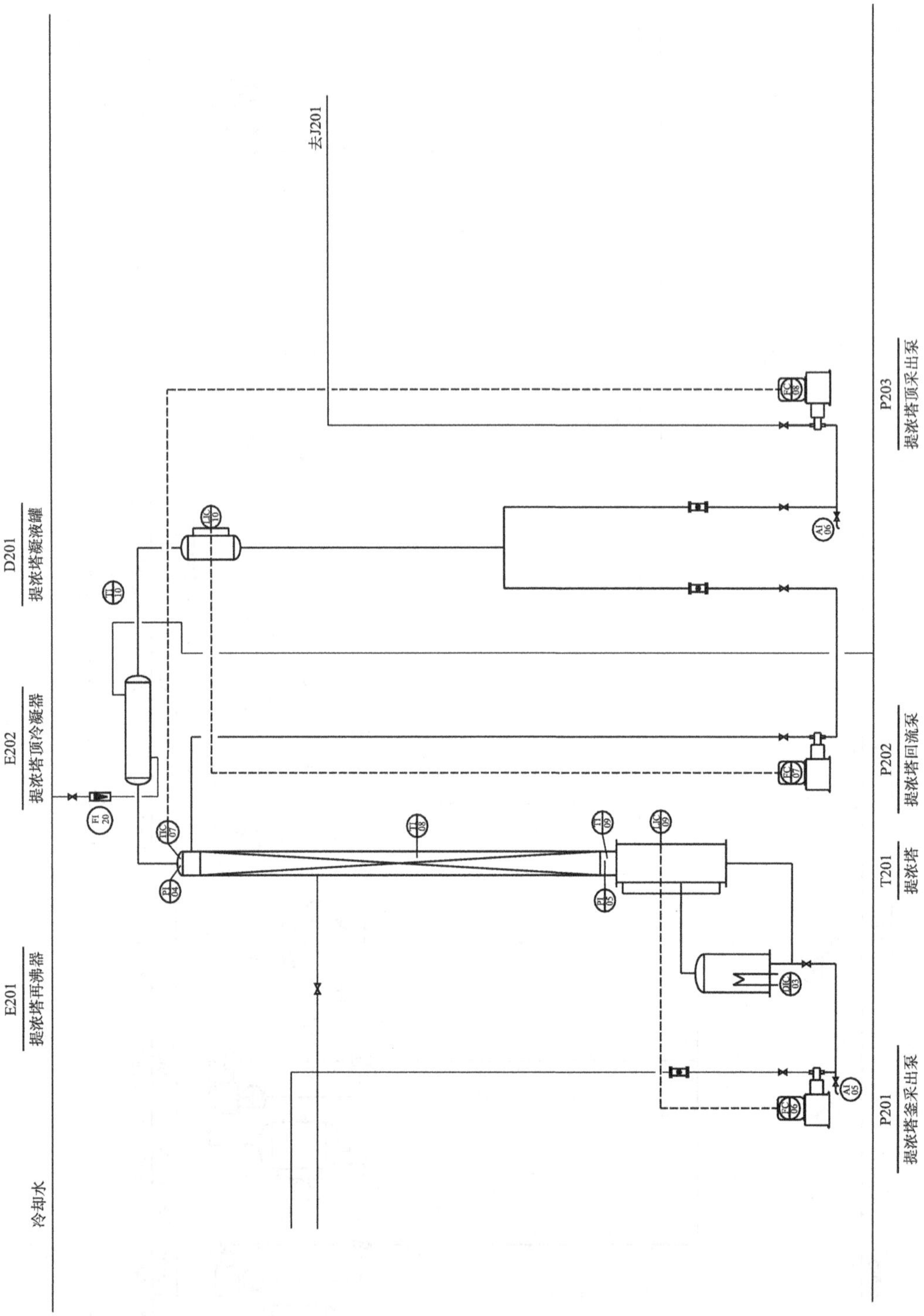

图 8-17 乙酸乙酯提浓流程图

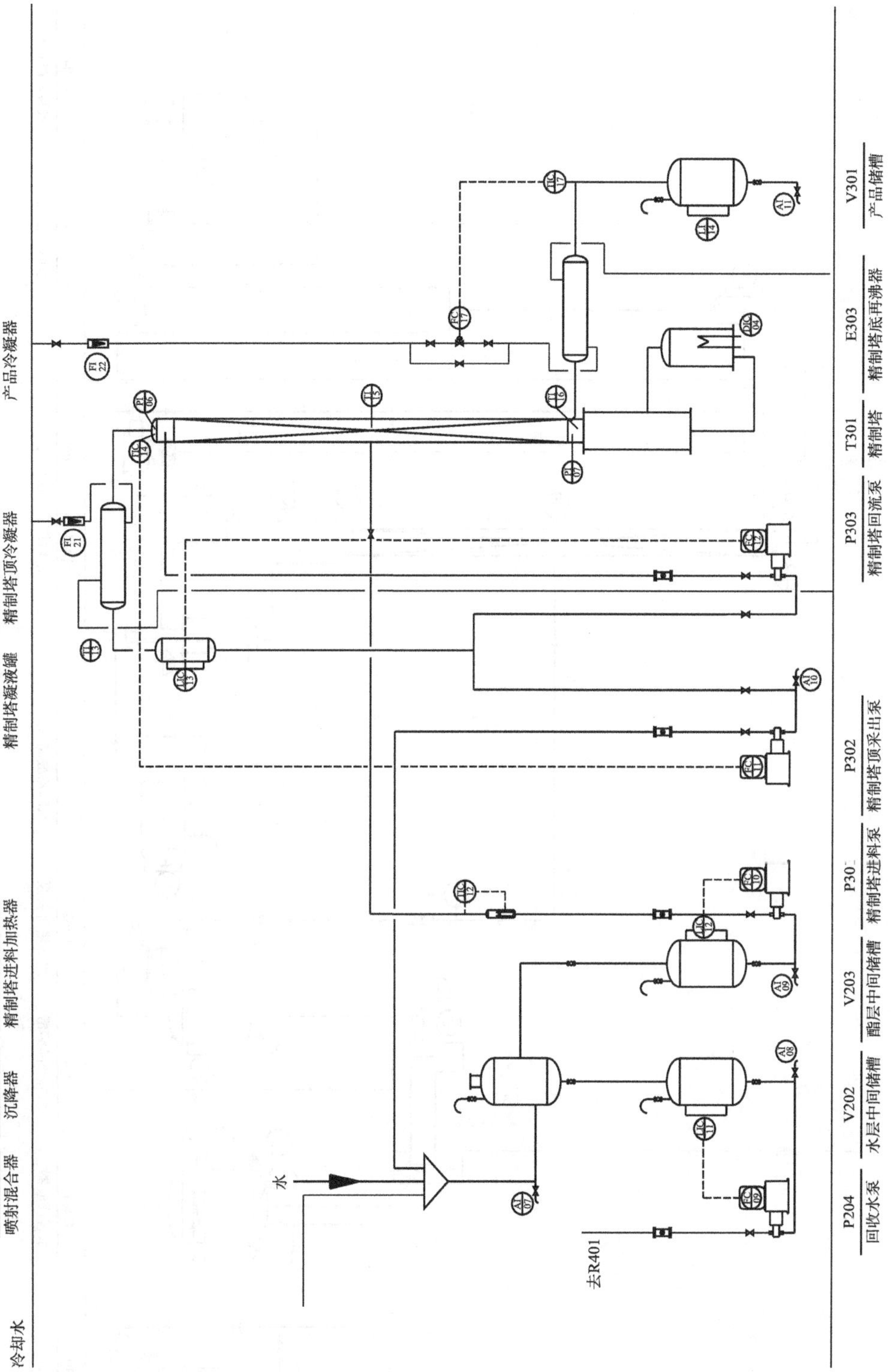

图 8-18　乙酸乙酯精制流程图

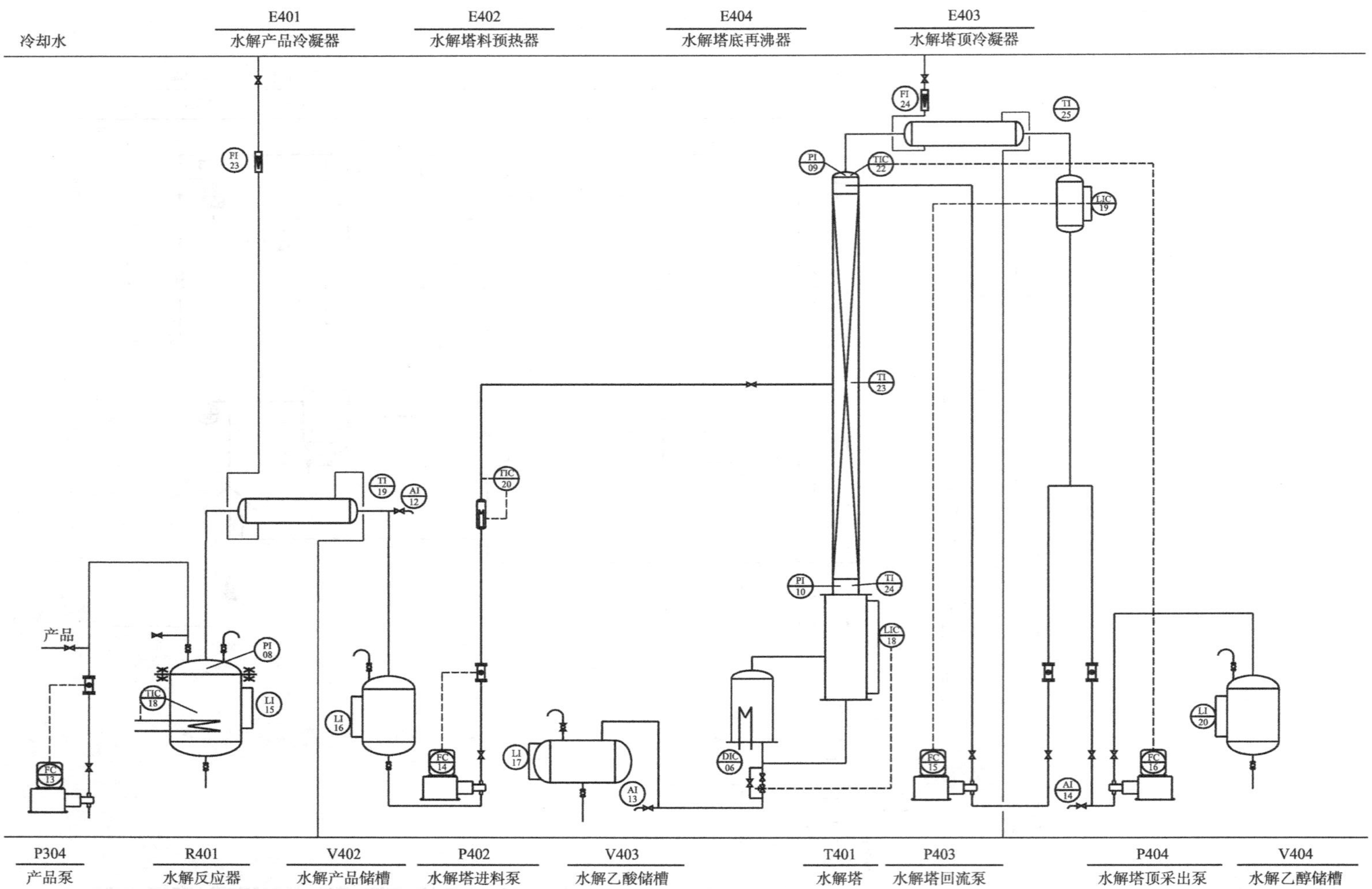

图 8–19　乙酸乙酯水解流程图

8.6.3 乙酸乙酯酯化-水解正常操作

8.6.3.1 开车准备

(1) 熟悉各取样点及温度和压力测量与控制点的位置；

(2) 检查公用工程(水、电)是否处于正常供应状态；

(3) 设备上电，检查流程中各设备、仪表是否处于正常开车状态，动设备试车；

(4) 检查各产品罐是否有足够空间储存实训产生的塔顶产品，如空间不够，向相应下游储罐中倒料；

(5) 检查原料罐是否有足够原料供实训使用，检测原料浓度是否符合操作要求，如有问题进行补料或调整浓度的操作；

(6) 检查流程中各阀门是否处于正常开车状态；

(7) 按照要求制订操作方案。

8.6.3.2 酯化工段

(1) 启动乙醇泵，向酯化反应器内输入 260 L 乙醇，然后停泵；

(2) 启动乙酸泵，向酯化反应器内输入 200 L 冰醋酸，然后停泵，同时向反应器内输入 600 mL 浓硫酸；

(3) 打开酯化反应器的电加热开关，将加热温度设定到 70℃，预反应 2 h；

(4) 将乙醇泵的流量设定到 10.5 L/h、乙酸泵的流量设定到 8.0 L/h、浓硫酸的流量设定到 30 mL/h，连续向酯化反应器内进料；

(5) 将酯化塔进料泵的流量设定到 13.5 L/h，启动进料泵向酯化塔内连续进料；

(6) 待酯化塔的塔釜液位达到 400 mm 时，关闭进料泵，同时关闭乙醇泵和乙酸泵以及浓硫酸；

(7) 打开酯化塔再沸器的电加热开关，逐渐将加热电压调至 200 V(在 50 V 保持 10 min，100 V 保持 10 min，150 V 保持 10 min 后到 200 V)，加热塔釜内原料液；

(8) 打开塔顶冷凝器冷却水调节阀，通入冷凝水；

(9) 观察酯化塔塔釜液位的变化情况，同时观察填料层的温度变化，当塔顶温度开始上升时，将加热电压设定在 130～150 V 之间的某一数值；

(10) 当塔顶温度相对稳定时，观察凝液罐中液位的变化，适时启动回流液泵进行全回流操作，并调节回流流量，使塔顶冷凝罐的液位稳定在 200～400 mm 之间的某一数值；

(11) 操作稳定 30 min 后，重新启动酯化塔进料泵开始部分回流操作，同时重新启动乙醇泵和乙酸泵以及浓硫酸；

(12) 启动酯化塔采出泵，开始向提浓塔进料，同时适当降低酯化塔回流泵的流量，回流比控制在 3 左右。

8.6.3.3 提浓工段

(1) 待提浓塔的塔釜液位达到 400 mm 时，关闭进料泵；

(2) 打开提浓塔再沸器的电加热开关，逐渐将加热电压调至 200 V(在 50 V 保持 10 min，100 V 保持 10 min，150 V 保持 10 min 后到 200 V)，加热塔釜内原料液；

(3) 打开塔顶冷凝器冷却水调节阀，通入冷凝水；

(4) 观察提浓塔塔釜液位的变化情况，同时观察填料层的温度变化，当塔顶温度开始上升时，将加热电压设定在 130～150 V 之间的某一数值；

(5) 当塔顶温度相对稳定时，观察凝液罐中液位的变化，适时启动回流液泵进行全回流操作，并调节回流流量，使塔顶冷凝罐的液位稳定在 200～400 mm 之间的某一数值；

(6) 操作稳定 30 min 后，重新启动酯化塔采出泵开始部分回流操作；

(7) 启动提浓塔顶采出泵和塔釜采出泵，开始出料，适当调节各泵流量保持物料平衡，回流比控制在 3 左右；

(8) 在提浓塔顶采出泵启动的同时，向喷射混合器内注入相同体积的纯净水；

(9) 注意观察沉降器内的水-酯界面变化，随时调节水、酯的流量使界面稳定。

8.6.3.4　精制工段

(1) 启动精制塔进料泵，向精制塔内进料，待提浓塔的塔釜液位达到 400 mm 时，关闭进料泵；

(2) 打开精制塔再沸器的电加热开关，逐渐将加热电压调至 200 V(在 50 V 保持 10 min，100 V 保持 10 min，150 V 保持 10 min 后到 200 V)，加热塔釜内原料液；

(3) 打开塔顶冷凝器冷却水调节阀，通入冷凝水；

(4) 观察精制塔塔釜液位的变化情况，同时观察填料层的温度变化，当塔顶温度开始上升时，将加热电压设定在 130～150 V 之间的某一数值；

(5) 当塔顶温度相对稳定时，观察凝液罐中液位的变化，适时启动回流液泵进行全回流操作，并调节回流流量，使塔顶冷凝罐的液位稳定在 200～400 mm 之间的某一数值；

(6) 操作稳定 30 min 后，重新启动精制塔采出泵开始部分回流操作；

(7) 启动精制塔顶采出泵，开始向喷射混合器出料，同时适当降低精制塔回流泵的流量，回流比控制在 3 左右；

(8) 打开乙酸乙酯产品冷凝器冷却水开关，导通产品输出管路，开始产出成品乙酸乙酯。

8.6.3.5　水解工段

(1) 启动产品泵、回收液泵和回收水泵，向乙酸乙酯水解反应器内进料；

(2) 水解反应器的液位达到 750 mm 后，打开水解反应器电加热开关，并将加热温度设定在 120℃；

(3) 打开水解产品冷凝器冷却水；

(4) 启动水解塔进料泵，向水解塔内进料，待水解塔的塔釜液位达到 400 mm 时，关闭进料泵；

(5) 打开水解塔再沸器的电加热开关，逐渐将加热电压调至 200 V(在 50 V 保持 10 min，100 V 保持 10 min，150 V 保持 10 min 后到 200 V)，加热塔釜内原料液；

(6) 打开塔顶冷凝器冷却水调节阀，通入冷凝水；

(7) 观察水解塔塔釜液位的变化情况，同时观察填料层的温度变化，当塔顶温度开始上升时，将加热电压设定在 130～150 V 之间的某一数值；

(8) 当塔顶温度相对稳定时，观察凝液罐中液位的变化，适时启动回流液泵进行全回流操作，并调节回流流量，使塔顶冷凝罐的液位稳定在 200～400 mm 之间的某一数值；

(9) 操作稳定 30 min 后，重新启动水解塔进料泵开始部分回流操作；

(10) 启动水解塔顶采出泵，开始出料，同时适当降低水解塔回流泵的流量，回流比控制在3左右。

8.6.4　考核内容

考核分为操作与理论两部分，理论考核主要有生产原理、工艺知识和技术经济指标分析。操作考核主要有以下内容：

(1) 开工、停工操作技能考核；

(2) 各种事故的分析与处理技能考核；

(3) 生产调整的技能考核；

(4) 全部DCS和现场模拟操作考核；

(5) 操作稳定性和处理异常工况能力。

8.6.5　本装置实训特点

该生产装置用于教学培训，在安全、环保、消耗、运行、管理等各方面都符合学校教学体制的要求。运用于教学中具有如下的优点：

(1) 该装置是一个包含了酯化-水解热态循环生产全流程的培训装置，也是一个完整的现代化工业生产装置；

(2) 该装置整合了化工单元操作，且提供了反应精馏、共沸精馏、间歇釜式反应等典型的化工操作过程，对学生巩固所学知识、增长技能非常有利；

(3) 在完全真实的工业化生产环境中，十分有利于培养学生的安全、健康、环保等职业素质；

(4) 该生产装置流程可进行分割，可进行间歇或连续操作，在教学、考核上便于学校安排课时。

思考题

1. 常减压仿真培训中常压装油流程及步骤是什么？
2. 常减压仿真培训中减压装油流程及步骤是什么？
3. 冷循环的目的主要是检查什么项目？
4. 热循环过程要注意哪些事项？
5. 常压塔正常生产要注意哪些事项？
6. 减压塔正常生产要注意哪些事项？
7. 常压塔塔顶和塔底的产品是什么？
8. 减压塔塔顶和塔底的产品是什么？
9. 简述进入闪蒸塔的原料组成，闪蒸塔塔底、塔顶产品的组成。
10. 甲醇有哪些用途？
11. 甲醇合成中的催化剂有哪些？甲醇合成的特点是什么？

12. 本仿真工厂的甲醇合成原理是什么?

13. 甲醇的具体生产方法有哪些?

14. 甲醇合成中工艺条件如何控制?

15. 为什么甲醇合成从高压法向中、低压法发展?

16. 甲醇合成是强烈的放热反应,反应过程中的热量通过哪些换热器移走?

17. 甲醇精制工段的工艺特点是什么?

18. 煤制甲醇工艺有何优点?

19. 酯化反应器 R101 合成的产物有哪些?

20. 酯化塔 T101、T201 分别有哪些作用? 酯化塔 T101、T201 的塔顶、塔底的产物是哪些?

21. 提浓塔 T201 有什么作用? 塔顶、塔底的产物是哪些?

22. 喷射混合器 J201 的作用如何?

23. 精制塔 T301 分离的原料组成是什么? 所得产物是什么?

24. 采用哪些方法可以提高酯化反应的转化率?

25. 酯化与水解操作的反应条件有何差异?

26. 为什么说本乙酸乙酯酯化-水解循环生产过程是绿色生产过程?

第9章 化工过程开发

随着我国经济的发展，科研经费投入的增加，各类科研单位所取得的科研成果越来越多。但科研成果只有转化为现实生产力，才能使科技成果价值和使用价值得以实现，真正发挥其在经济建设和社会发展中的巨大作用。当前我国正在建设创新型国家，对科技的要求更为迫切，然而我国科研部门科研成果的转化率却比较低。据有关部门统计，现在我们国家科研院所的科技成果转化率不到20%，高等学校科技成果的转化率不足10%。总体上讲，我们国家科研院所的科研成果转化率一直停留在百分之十几的水平，真正实现产业化的比例更低，仅在5%左右。这与发达国家科技成果超过50%的转化率相比，显然低得不成比例。造成这一现象的原因有很多，其中一个很重要的原因是缺少将实验室成果转化成工业规模生产的工程技术人才。而工程技术人才缺乏的原因之一是由于大学毕业生的应用能力普遍较弱，毕业生缺乏现代工业生产所必需的工程技术知识，对生产设备、生产控制和生产管理了解甚少。改革并强化工程技术课程体系，使学生在毕业之前就能够较多地掌握必要的工程技术知识，如生产设备、质量控制和生产管理，掌握化学新产品、新工艺和新技术的研究开发实施方法，这就必然能够较大程度地提高毕业生的综合素质。化工过程开发实习就是培养学生工程能力的一个重要教学实践环节。

9.1 概述

化工过程开发是指从一个有关新的化学产品、新技术或工艺的概念的形成，到科研、设计和第一套工业规模生产装置付诸实施的全过程。

9.1.1 化工过程开发的目的

一般来讲，化工研究和开发的工作目的主要有以下四个方面。

(1) 工艺改进　主要是对生产部门所采用的现有工艺提供各种技术支持。包括消除薄弱环节(辨明限制生产能力的工序并改进其工艺操作和设备)，降低运转费用(例如：通过优化反应条件而提高产率，采用较廉价的原料，改变操作方法等)，改进产品质量，改善操作条件，消除环境污染，采用更恰当的材质加工设备，改进检测、计量和控制手段等。它们多半属于局部性的技术革新，通常可由工厂本身的研究开发部门承担。

(2) 工艺开发　又称过程开发，既包括创造现有产品的新生产工艺，也包括开发适用于新产品的生产工艺。

(3) 产品开发　它是为了满足国民经济各部门的要求，提高产品的某些使用功能，促进产品的更新换代。产品开发针对用户的需要，并密切注意国民经济各部门的技术发展动向，及时提供新材料和新的化学品。

(4) 应用开发　为现有产品寻找新的用途，以扩大市场，增加产量，降低成本，并延长某些产品的寿命周期，使能持续赢利。

9.1.2　化工过程开发的步骤

化工过程开发是一种高投资、高风险、高效益，涉及面广的工程项目，它从选题、立项开始，经过研究、设计、建设到一项新产品、新工艺或新技术投入生产，要经过一系列步骤。图 9-1 是参考原化工部新技术开发管理条例绘制的化工过程开发的工作程序，其步骤可大致概括如下。

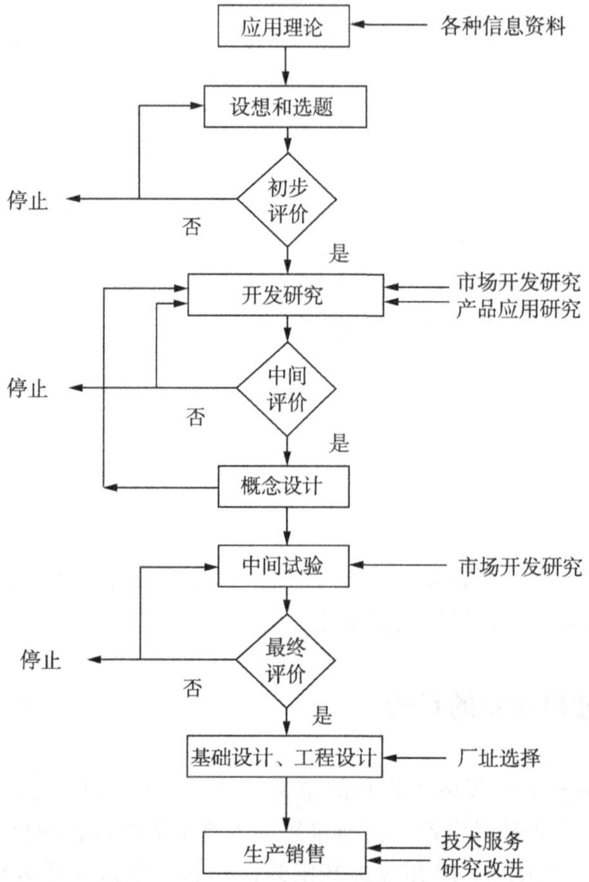

图 9-1　化工过程开发的工作程序

1. 技术经济资料的收集

化工过程开发需要收集的技术经济资料十分广泛，除了开发放大和过程优化所需的一切技术资料外，还有原料、产品、副产品、能源以及地理环境等方面的许多重要技术经济信息。只有少数是通过试验研究取得的，其他信息资料则需要通过文献或互联网调查以及社会调查来收集。

2. 开发课题的选择

选题是化工过程开发工作开展之前的重要工作，它关系到开发工作的成败。任何开发项目在进行研究之前都必须编写选题的立题报告。立题报告应从技术、经济、市场、环境和社会等许多方面对该项目的可行性加以说明，以便提交给专家评估和决策者审定。在选题和撰写立题报告时，应充分做好国内外的调查研究，国外情况一般是从文献中了解；而国内情况，除了文献调研外，还应作社会调查，以便取得详实资料。同时，选题还必须注意以下原则：选题应合法；选题应有科学性；选题应针对市场需要；选题应考虑合理的原料路线；选题应有经济观点。

3. 初步评价

化工开发是一个长期而艰巨的过程，通常需要大量的资金和人力，一旦决策失误，就可能造成重大损失，有时还会对社会造成危害。因此，开发过程必须运用技术经济评价这一工具，来预测和判断开发研究各阶段的结果的有效性和经济效益，以便选择最优方案防止决策失误，技术经济评价也是对开发过程所进行的可行性论证，化工过程开发所涉及的评价问题至少应包括社会评价、技术评价、技术经济评价、环境评价四大方面。对于重大项目，还需作资源评价、生态评价、能源评价、市场评价等工作，同时以上评价之间存在一定的联系，而诸种评价之中，最主要的是技术经济评价。技术经济评价是开发决策的依据，因此必须把技术经济评价的思想贯穿在整个开发过程的始终，只有当每一阶段在达到技术可靠、经济合理的要求后，才能转入下一阶段。

初步评价是化工开发过程中三次权威性技术经济评价之一。它是在选题或确定开发项目时决定取舍所进行的评价，又称为“立题评价”。评价的依据主要为文献资料和社会调查资料，有时也从简单的探索试验中收集一些数据和判据，其目的是确定项目的取舍及优先顺序。如果评价获得肯定结论，就可以立题进行开发研究。根据国外某些资料，化工企业通常只有10%～20%的项目能通过初步评价。

4. 实验室工作

实验室工作是指经过初步论证和可行性评价之后，对开发研究课题所进行的实验室研究，其主要目的是提供中间评价及概念设计所需的数据，其主要研究方法大多是采用实验室规模的间歇操作，筛选工艺路线和确定工艺条件，了解过程特征，确定分析方法，并测定必需的物性数据和催化剂性能等。必要时，还需要测定一些化工单元操作的基础数据，这是为随后的技术经济评价和概念设计提供依据。

5. 中间评价

中间评价是在化工过程开发中，对开发研究的各个阶段结果所作的评价。其目的是判断阶段研究结果的可行性；决定继续投资进行下一阶段研究的必要性；以及对开发方案提出改进意见。评价依据是阶段研究报告和收集的有关技术经济资料。如果评价结果肯定，则可进行技术方案设计和确定进一步研究的内容；否则应中止开发研究工作。

6. 概念设计

概念设计又称为预设计或方案设计，它是开发和设计人员根据开发研究结果及收集的技术经济资料对预定规模的工业生产装置进行的假想设计，亦即对工业化方案提出的初步设想。它是前期研究成果的表现形式，是开发研究的关键环节。概念设计的目的在于检验开发研究结果是否符合要求；估计技术方案实施后的主要技术经济指标及经济效益；确定模型试验或中间工厂试验的内容、重点及规模；估计为技术方案实施而可能承担的风险。

概念设计是化工过程开发初期提出的，设计的依据主要是实验室研究结果和收集的技术经济资料以及有关推论和计算结果。这时，许多技术经济信息尚不完全或尚不能确定，还不足以作为建立工业装置的依据，但可以用于检验前一段工作，指导以后的开发研究，以及对开发方案作出合理评价。

7. 中间试验

中间试验也简称中试，中试是在小试完成并通过技术经济评价后，在概念设计基础上进行的放大试验工作，其目的在于对开发对象进行全面的模拟考察，特别是考察各种工程因素对过程的影响。中试是在实验室研究后的一次重大飞跃，它不是实验室装置的放大，而是工业装置的缩小，所用的设备、原料、仪表都已属于工厂类型，属于实验工厂性质。中试可以是全过程的试验，也可以是局部的试验，同时，对工业生产中的某些重要过程还可采取模型试验的方法，其规模介于实验室规模和工业装置规模之间，应根据实际情况决定。

中试是化工过程开发中一个重要的试验步骤。它能反映小试不易观察到的问题，尤其是各种工程因素的作用在中试中表现得比较充分，可以获得对该过程的深刻认识。但试验耗资巨大，试验周期较长，对于测控系统的要求较高，因此，中试内容及其装置设计都必须在可行性论证之后才能确定。

8. 工业化评价

工业化评价是开发工作后期在中试总结报告基础之上，着重在投资和经济效益方面所进行的评价，其目的是为该项目的投资建设作出决策，评价的依据是由开发研究成果和收集的各种技术经济信息汇总形成的可行性报告。工业化评价通常由投资方会同各有关部门并聘请一定数量的专家进行评审，如果取得肯定结论，即可投资进行设计、制造和建立生产装置。

9. 基础设计

基础设计是在最终技术经济评价得到肯定后，依据中试结果以及有关资料，按照工业化的规模和要求，为建立工业化装置所做的设计和对放大结果的预测。基础设计的内容要比概念设计更详细、完善、准确。它是开发项目的技术水平，包括实验和设计人员经验、才干和思维及表达水平的综合体现。

基础设计是化工过程开发成果的主要表现形式，是编制工业项目可行性研究报告和进行工程设计的主要依据。一般来说，基础设计是技术转让的必备技术文件，凡大中型项目必须认真编制。但对工程问题较简单、投资不大的小型项目，基础设计往往被简化甚至被省略，将中试结果直接进入技术市场和工程设计。基础设计应由研究单位编制，由研究人员来承担。这一工作可以把基础设计和中试联系起来，使中试任务不仅限于取得中试结果，更重要的是使中试结果形成基础设计的形式，预测进一步放大的结果。由于各种条件的限制，基础设计总是不够完善的。因此，基础设计必须在实践中不断修改、补充和完善，才能形成一套成熟可靠的技术。

10. 工程设计

工程设计是依据基础设计编制的，它是用于指导建立生产装置的最终设计文件。工程设计已属于工程范畴，应由科研、设计、制造、生产单位的工程技术人员统筹负责进行。

综上所述，化工过程开发的工作程序包含了三轮研究和评价，这三轮循环不是简单的重复，而是逐步扩大和深入、完善和提高，这一看似繁复的程序的目的是为了能够及时发现缺点和错误，及时纠正错误以避免重大的损失。这三轮循环结束后，项目的开发研究阶段也就结束了。化工过程开发所涉及的知识较多，许多知识在相关课程中已有介绍，本章主要介绍开发过程的选题与立项、化工过程放大的基础知识和基本概念，有关这方面的详细内容在相关的专业课程中有介绍；并以醋酸乙酯生产过程开发为例说明基础开发研究和过程开发研究的内容及程序。

9.2 选题与立项

9.2.1 选题的基本原则

确定化工过程开发选题，是化工过程开发准备阶段的一项前提工作，也是化工过程开发工作中具有战略性的一环。化工过程开发选题是化工过程开发活动中极其复杂的工作。选择一个好的课题，是化工过程开发的基础，选题一般应考虑以下几个原则。

1. 选题的先进性和科学性

科学技术的发展日新月异，因此，必须了解过程开发中技术是否先进。同时，还要充分认识到，因为技术进步和产品更新换代加快，可能随时面临开发的新产品提前衰老而退出市场的问题。

科学性原则是指选题要符合科技发展方向，要以被科学实践反复证实的客观规律为基础。科学无禁区，一般来说是对的，但是实践一再证明行不通的课题就不宜涉及了。因此确切讲，科学无禁区，选题有限制，所以科学原则也可以叫做限制性原则。

2. 选题应满足市场需求和国家产业政策

企业要想在竞争中求生存、求发展，就必须开发新产品、新技术、新工艺、新设备。当然这种开发必须首先要满足市场需求，接受市场检验。如果开发的新产品不能适应这种需求，必将会被淘汰。因此，在开发过程中，必须对所开发的新产品在市场上可能达到的销售数量，在市场上将占多大份额，增长的潜能等因素都需要进行充分估计。

选题应符合国家产业政策，化学工业中化工新材料、生物化工、精细化工等是有发展前景、成长性好、附加值高的行业。

3. 选题应考虑技术可行性

在化工开发中，技术的可行与否是化工开发成功的基石，技术可行性主要体现在以下几个方面。

(1) 工艺是否合理　只有采用合理的工艺路线和条件，才能最大限度地实现原料利用率高，建设费用低、生产成本低以及污染环境少的生产目标。

(2) 操作控制的难易程度　即对生产过程中要求的各种工艺条件能否实现的问题。因此，工艺流程、关键的生产工序、物料平衡等都应充分予以考虑，开发中必须要求工艺流程通畅、生产方便，留有发展空间。

(3) 生产是否安全　这包括环境保护、劳动保护、安全消防及职业安全等方面。

4. 选题要考虑经济的合理性

经济的合理性，不仅是指盈利的绝对值，而且希望投资少、见效快、成本低。它包含的因素有工业开发项目投资、盈利估算、产品成本、经济价值等因素。

9.2.2　立项报告

经过技术经济资料的准备、选题确定并经初步评价后，为使选题立项并得到开发经费，必须向有关部门提出立项报告。立项报告一般包括以下几项内容：

(1) 名称

(2) 项目背景与市场需求分析

国内外与课题有关的发展现状，包括行业现状和其他相关行业发展带来的影响、政策导向影响、重大市场变化因素等。现有的基础，包括基础条件、企业战略、经营发展及各方面能力的提高(技术、生产、管理、人力资源)等角度。

(3) 项目主要研究内容及拟采取的技术方案

(4) 项目可行性分析

(5) 阶段性任务和预期指标

(6) 项目投资估算

(7) 项目创新性

(8) 项目的社会效益及经济效益分析

9.3　化工过程放大

化工过程放大是科学理论和实践经验相结合、质和量相结合的工程科学问题，其核心是放大技术。

化工过程放大的方法主要有：(1)逐级经验放大；(2)相似模拟放大；(3)数字模拟放大。下面简要介绍上述各种放大方法。

9.3.1　逐级经验放大

根据小试成功的方法和实测数据，结合研究开发者的经验，不断适当增加实验的规模，从实验室装置到中型装置，再到大型装置的过渡，修正前一次试验的参数，摸索反应过程和反应器的规律，而进行的放大研究称为逐级经验放大。这些规律大多是半定性的，是简单和粗放的定量。

经验放大的原则为空时得率相等，即不同反应规模，单位时间、单位体积反应器所生产的产品量(或处理的原料量)是相同的，通过物料平衡，求出为完成规定的生产任务所需处理的原料量后，得到空时得率的经验数据，即可求得放大反应所需反应器的容积。放大的规模可用放大系数表征，把放大后的规模与放大前的规模之比称为放大系数。比较的基准可以是每小时投料量、每批投料量或年产量等。放大前的实验规模是每小时投料量 50g，中试试验每小时投料 2kg，放大系数就是 40。也可用反应器特征的尺寸比作为放大系数。

确定放大系数，要依据化学反应的类型、放大理论的成熟程度、对所研究过程规律的掌握程度以及研究人员的工作经验等而定。如果能做到放大系数为 1 000，可按克(g)级的实验室工艺直接放大到千克 (kg)级的中试规模，并将中试结果进一步放大到吨(t)级的工业生产过程。由于化工生产中化学反应复杂，化学动力学方面的研究往往又不够充分，因此难于从理论上精确地对反应器进行计算。

逐级经验放大是经典的放大方法，至今仍常采用。采用经验放大法的前提条件是放大的反应装置必须与提供经验数据的装置保持完全相同的操作条件。经验放大法适用于反应器的搅拌形式、结构等反应条件相似的情况，而且放大倍数不宜过大。其优点是每次放大均建立在实验基础之上，至少经历了一次中试实验，可靠程度高；缺点是缺乏理论指导，对放大过程中存在的问题很难提出解决方法。如果希望通过改变反应条件或反应器的结构来改进反应器的设计，或进一步寻求反应器的最优化设计与操作方案，经验法是无能为力的。

9.3.2 相似模拟放大

运用相似理论和相似量纲为一特征数(相似准数)，依据放大后体系与原体系之间的相似性进行的放大称为相似模拟放大。根据相似理论，保持无量纲为一特征数(相似准数)相等的原则进行放大。基于对过程的了解，确定影响因素，用量纲分析求得相似准数，根据相似理论的第一定律，系统相似时同一相似准数的数值相同，计算后，进行放大。

1. 相似模拟放大的依据

基于相似准数相等的相似模拟放大原则，有以下几种情况。

(1) 几何相似性，两体系的对应尺度具有比例性。对于反应器的各个部件的几何尺度都可以用于放大，可模拟原型反应器罐体的高度、内径、搅拌器等参数，按比例放大，放大倍数就是反应器体积的增加倍数。

(2) 运动相似性，两体系的各对应点的运动速率相同。

(3) 热相似性，两体系的各对应点的温度相同。

(4) 化学相似性，两体系的各对应点的化学物质浓度相同。

2. 相似模拟放大的特点

相似模拟放大在化工单元操作方面已成功应用于各种物理过程，但不适宜于化学反应过程和生化反应过程。

各种运动相似性、化学相似性和热相似性在化学反应和生物反应中很难实现，实际上，几何相似也不能完全实现。当反应器体积放大 10 倍时，反应器的高度和直径均放大 $10^{1/3}$ 倍，而不是 10 倍。

9.3.3 数字模拟放大

数字模拟放大就是根据化学反应工程学的原理，通过必要的实验室工作，求取化学反应体系的反应动力学数据，并结合传动、传热、传质的原理，对反应器内所发生的过程进行数学描述（一组或几组方程、微分方程、偏微分方程或差分方程），这就是数学模型。然后按照数学模型在电子计算机上进行数值计算，或在计算机上改变模型参数，作模型实际装置的“数学实验”（又称“模拟实验”）。这样一来，就可以求出在各种不同条件下反应装置的各种行为，从而进行工程放大和实现化工生产的最优操作和控制。

9.4 化工过程开发示例

化工产品成千上万，各有特点，下面以醋酸乙酯生产过程开发为例说明基础开发研究和过程开发研究的内容及程序。本章示例仅供参考。

9.4.1 基础开发研究示例

1. 项目名称

反应精馏法制醋酸乙酯的研究

2. 研究目的

(1) 了解反应精馏与普通精馏的区别；

(2) 摸索反应精馏装置的操作控制条件；

(3) 用反应精馏法合成醋酸乙酯；

(4) 通过全塔物料衡算和塔操作的过程分析，寻找最佳的过程效率指标；

(5) 制订各物料组成的分析方法；

(6) 为过程开发提供放大的信息和依据。

3. 文献综述

通过查阅有关资料，现在世界上较常用的醋酸乙酯的生产方法有以下几个。

(1) 直接酯化法

由乙酸和乙醇在硫酸等催化剂催化下直接酯化合成乙酸乙酯。反应方程如下：

$$CH_3COOH + C_2H_5OH \rightleftharpoons CH_3COOC_2H_5 + H_2O$$

该工艺是目前国内广泛采用的生产工艺，生产成本高，催化剂硫酸对设备腐蚀严重，副反应多，对环境有一定污染。长期以来，科研工作者在催化剂方面和生产工艺改进方面做了大量的工作，如用酸性阳离子交换树脂、分子筛、杂多酸和固体超强酸等来代替硫酸，以解决设备腐蚀和污染问题，但这些催化剂的催化活性下降快，催化效率较低，以及与现有工艺的适应性差等问题，使其至今没有实现工业化。

（2）乙烯加成法

在以附载在二氧化硅等载体上的杂多酸金属盐或杂多酸为催化剂的存在下，乙烯气相水合后与汽化的乙酸直接酯化生成乙酸乙酯。反应方程如下：

$$CH_3COOH + C_2H_4 \rightleftharpoons CH_3COOC_2H_5$$

该反应乙酸的单程转化率为66%，以乙烯计乙酸乙酯的选择性为94%，昭和电工和BP等跨国公司都开发了该生产工艺。

（3）乙醛缩合法

乙醛缩合法是由两分子乙醛经季申柯反应缩合成一分子乙酸乙酯，催化剂为乙醇铝、氯化铝及氯化锌等，反应温度为0～10℃。其生产工艺是将乙醛、乙醇铝催化剂及助催化剂连续送入反应器，反应液经蒸发浓缩后，再经三塔精馏，获得纯度99.8%以上的乙酸乙酯产品。反应方程如下：

$$2CH_3CHO \longrightarrow CH_3COOC_2H_5$$

此工艺的优点在于反应是在常压低温下进行的，转化率与收率高，工艺条件比较温和，对设备要求不高，生产成本较酯化法低；缺点是受原料来源制约，仅适用于生产乙醛的厂家，催化剂乙醇铝无法回收，最后通过加水生成氢氧化铝排放，对环境有一定污染。

综合以上三种方法的优缺点，认为第一种方法虽比较成熟但仍有许多值得研究改进之处。所以本课题对醋酸和乙醇在催化剂硫酸的作用下用反应精馏的工艺方法进行研究。

4. 反应实验原理

本实验采用反应精馏的方法，由乙醇和醋酸反应制备醋酸乙酯。反应方程式如下：

$$CH_3COOH + C_2H_5OH \rightleftharpoons CH_3COOC_2H_5 + H_2O$$

该反应是在酸催化条件下进行的可逆反应，受平衡转化率的限制，若采用传统的先进行反应后再分离的方法，会有较多的未反应的原料随产物进入后续分离设备，给分离造成困难，且原料中醋酸对设备腐蚀较严重，增加分离设备的投资。而采用反应精馏的方法可有效地克服平衡转化率这一热力学障碍，因为在反应精馏塔内生成的醋酸乙酯的沸点比反应物均低，且与水形成最低恒沸物，利用精馏的方法可将其连续地从系统中分离出去（塔顶蒸出），这就使得平衡向生成产物的方向移动，大幅度提高反应的平衡转化率。若适当控制原料的比例，可使某组分接近全部转化。

实验的进料方式有两种：一种是直接从塔釜进料；另一种是在塔的某处进料。前者有间歇式和连续式操作，后者只有连续式。本实验采用后一种进料方式，即在塔上部某处加带有硫酸催化剂的醋酸，塔下部某处加乙醇。在釜沸腾状态下，塔内轻组分（乙醇）逐渐向上移动，重组分（醋酸）逐渐下移，在不同的填料层高度，相接触的乙醇与醋酸在酸催化下反应生成酯和水。由于醋酸在气相中有缔合作用，故较难从塔顶蒸出，其他三个组分可形成二元或三元共沸物，其中水-酯、水-醇共沸物沸点较低，故酯和醇能不断地从塔顶排出。

5. 实验装置与药品

（1）实验装置

如图9-2所示，反应精馏塔由玻璃制成，塔径20 mm，塔高1 500 mm，塔内装填ϕ3 mm×3 mm不锈钢θ网环型填料，塔釜为500 mL的四口烧瓶，置于500 W的电热包中，塔外壁镀有金属膜，通电流使塔身加热保温，塔顶采用电磁摆针式回流比控制装置，塔釜温度由XCT－191、ZK－50可控硅电压控制器控制。

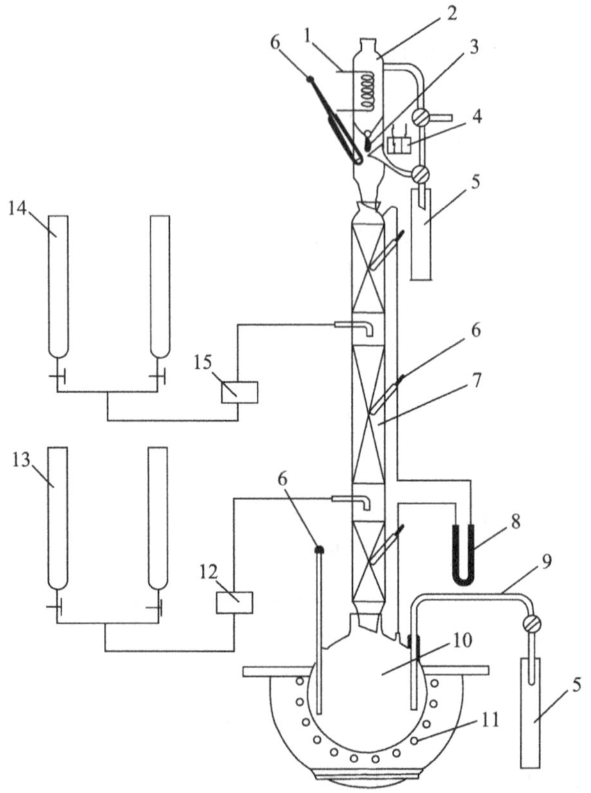

图9－2　反应精馏流程图

1—冷却水；2—电磁摆针式塔头；3—摆锤；4—电磁铁；5—收集量管；6—温度计；7—填料；8—压差计；9—出料管；10—反应精馏釜；11—电热包；12—乙醇加料泵；13—乙醇计量管；14—醋酸及催化剂计量管；15—醋酸及催化剂加料泵

全塔自上而下可分为精馏段、反应段和提馏段三段。

(2) 实验药品

醋酸、乙醇、浓硫酸，均为化学纯或工业品。

6. 实验步骤

(1) 操作准备

① 配制含0.3%硫酸的醋酸液。

② 在塔内加入200 mol，物质的量之比约为1∶1.3的醋酸和乙醇的混合液，并分析其组成。

③ 检查塔系统进出料管线上阀门的开闭状态是否正常，无误后将醋酸(含0.3%硫酸)、乙醇注入计量泵内，开动泵微调使液体充满管路各处后停泵。

(2) 实验操作

① 先开启冷却水系统，再开启釜加热系统。温度先要逐步升高，升温速度不宜过快。

当釜液沸腾时，开启塔身保温电源，调节保温电流（注意：不能过大），当塔顶有冷凝液时，全回流操作约 10～15 min。

② 按选定的实验条件开始进料。一般可把回流比控制器拨到 3∶1，进料酸醇物质的量之比定在 1∶1.3，乙醇进料速度为 0.5 mol/h。进料后仔细观察并记录塔内各点的温度变化，测定并记录塔顶与塔釜的出料速度，调节出料量，使系统物料平衡。

③ 待塔顶温度稳定后，每隔 30 min 取一次塔顶、塔釜样品，分析其组成。共取样 3～4 次，取平均值作为实验数据。如时间允许，可改变回流比或改变加料分子比，重复操作，取样分析，并进行对比。

④ 实验完成后，切断进出料，停止加热，让持液全部流至塔釜，关闭冷却水，取出釜液称重，并分析组成。

7. 分析方法

本分析中滴定分析用标准溶液、杂质测定用标准溶液和所用制剂及制品按 GB 601、GB 602、GB 603 的规定制备；实验用水应符合 GB 6682 中三级水规定。

（1）外观测定

将样品注入 100 mL 比色管中，在白色背景下沿轴线方向，在相同条件下与标准色进行比较，应为透明液体，其色度不得深于 GB 605 所规定的标准色号。

（2）密度测定

按 GB 611 第五章第 5.2 条的规定测定。

（3）醋酸乙酯含量、水分、醇含量测定

按 GB 3728 的规定测定。

（4）游离酸测定

量取 10 mL 95%乙醇，加 2 滴酚酞指示液（10 g/L），摇匀，用氢氧化钠标准滴定溶液[$c(NaOH)=0.02$ mol/L]滴定至溶液呈粉红色，不计数量。然后加 10.0 mL 样品，摇匀，用氢氧化钠标准滴定溶液[$c(NaOH)=0.02$ mol/L]滴定至溶液呈粉红色，保持 15 s 不褪色。

游离酸含量按下式计算：

$$x=\frac{V_1 cM}{V_2 \times \rho}\times 100\%$$

式中 x——游离酸的百分含量，%；

V_1——氢氧化钠标准滴定溶液的用量，mL；

V_2——被滴定的样品的量，mL；

c——氢氧化钠标准滴定溶液的浓度，mol/L；

ρ——样品的密度，kg/dm^3；

M——醋酸的摩尔质量，kg/mol。

分析精度要求：取两次平行实验结果的平均值为测定结果，每次实验值与平均值的相对偏差不得大于 5%。

（5）不挥发物测定

量取 100 mL 样品，置于 150 mL 恒量玻璃蒸发皿（或石英、铂皿）中，在水浴上蒸干，于 105～110℃烘至恒重。

不挥发物含量按下式计算：

$$x=\frac{m}{100\ \text{cm}^3\times\rho}\times 100\%$$

式中 x——不挥发物的百分含量,%;

m——残渣质量,g;

ρ——样品的密度,g/cm^3。

(6) 沸程测定

按 GB 615 的规定测定,在规定温度范围内全部馏出。

8. 结果与讨论

(1) 根据列出的实验原始数据记录表,计算醋酸乙酯的收率和醋酸的转化率。计算公式如下:

$$转化率=\frac{(醋酸加料量+原釜内醋酸量)-(馏出物中醋酸量+釜液中醋酸量)}{醋酸加料量+原釜内醋酸量}\times 100\%$$

$$收率=\frac{(馏出液中醋酸乙酯质量+釜液中醋酸乙酯质量)/醋酸乙酯的摩尔质量}{(醋酸加料质量+原釜内醋酸质量)/醋酸的摩尔质量}\times 100\%$$

(2) 绘制全塔温度分布图,判断全塔浓度变化趋势。

(3) 根据塔顶产品纯度和回流比的关系,讨论反应精馏与普通精馏的区别。

(4) 根据工程设计需要提供有关实验数据。

9.4.2 化工工程设计举例

化工工程设计对工艺类学生来说需要加强训练的内容,主要有物料衡算、热量衡算、设备选型、设备设计和工艺流程图绘制五个方面,而这五个方面的具体内容和计算程序在有关的化工设计课上已有详细介绍,不再重述,现举醋酸乙酯车间工艺设计的例子,以说明设计的内容和程序。因本校有醋酸乙酯实训装置(详见本书第 8 章),所以,要求学生在设计中利用该装置进行部分中试放大试验以获取有关设计数据,并进行部分设计成果的验证。

项目名称 :年产 1 500 t 醋酸乙酯车间工艺设计

1. 设计任务

(1) 设计项目:醋酸乙酯车间。

(2) 产品名称:醋酸乙酯。

(3) 产品规格:纯度 99%。

(4) 年生产能力:折算为 100%醋酸乙酯 1 500 吨/年。

(5) 产品用途:作为制造乙酰胺、乙酰醋酸乙酯、甲基庚烯酮、其他有机化合物、合成香料、合成药物等的原料;用于乙醇脱水、醋酸浓缩、萃取有机酸;作为溶剂广泛应用于各种工业中;食品工业中用作芳香剂等。

由于本设计为假定的设计,因此有关设计任务书中的其他项目如设计依据、厂区或厂址、主要技术经济指标、原料的供应、技术规格以及燃料种类、水电汽的主要来源,与其他工业企业的关系、建厂期限、设计单位、设计进度及设计阶段的规定等均从略。

2. 生产方式的选择

醋酸乙酯的生产方法主要有三种。

醋酸和乙醇在催化剂硫酸存在下进行液相酯化的生产方法已经充分研究，是比较成熟的工业生产方法，而且国内已有较大规模的工业生产。为设计所需的技术数据散见于专利和各种文献中，不难找到，同时还可到现场收集资料，因此从设计的角度来看，选定其为生产方法是合理的。当然在实际设计时，还必须考虑其他因素如原料的供应，水电汽的来源、与其他工业企业的关系以及技术经济指标等。

醋酸乙酯年生产能力根据设计任务规定为100%醋酸乙酯1 500吨。取年工作日为328天，则每昼夜生产能力为4 573千克醋酸乙酯；每小时生产能力为191千克醋酸乙酯，这样的规模采用连续操作是比较合理的。

3. 根据以上数据进行下列计算

(1) 每小时生产能力的计算，根据设计任务，醋酸乙酯年生产能力1 500吨/年(折算为100%醋酸乙酯)。

全年365天，除去大修理、中修理等共37天，则年工作日为

$$(365-37)\text{天}=328\text{天}$$

每昼夜生产能力为

$$\frac{(1\ 500\times 1\ 000)\ \text{kg}}{328\ \text{d}}=4\ 573\ \text{kg/d}(100\%\text{醋酸乙酯})$$

每昼夜24小时连续生产，则每小时生产能力为：

$$\frac{4\ 573\ \text{kg/d}}{24\ \text{h/d}}=191\ \text{kg/h}(100\%\text{醋酸乙酯})$$

以此作为物料衡算的基准。

为了使物料衡算简单化，在初步物料衡算中假定成品醋酸乙酯纯度为100%，在生产过程中无物料损失，塔顶馏出液等均属双组分或三组分恒沸液。当然这在事实上是不可能的，故将在最终物料衡算中予以修正。

实际设计中，大、中修理等所需天数可根据生产车间的实际数据而定。

(2) 画出生产工艺流程示意图(图9-3)，标出有关数据(图中百分比为质量分数，其他数据的单位为kg/h)，然后进行计算。

具体计算略。详见本章所列参考书，计算结果应以物料衡算表方式列出。本章仅以表9-1为例加以说明。

表9-1 进出酯化器的物料衡算

加入				支出			
序号	物料名称	组成/%	数量/(kg/h)	序号	物料名称	组成/%	数量/(kg/h)
1	醋酸			1	醋酸乙酯		
2	乙醇			2	水		
	其中 C_2H_5OH			3	乙醇		
	H_2O			4	醋酸		
3	硫酸			5	硫酸		
	合计				合计		

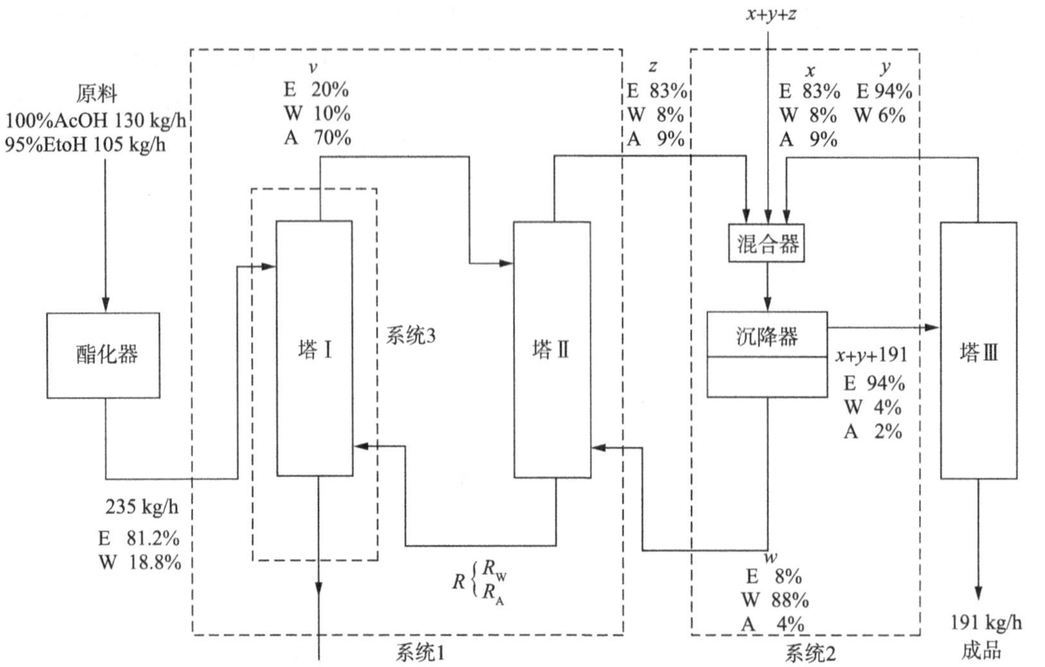

图 9-3　生产工艺流程示意图

在所有计算结果整理成表后，再画出初步物料衡算图(见图 9-4，图中百分比为质量分数，其他数据单位为 kg/h)。

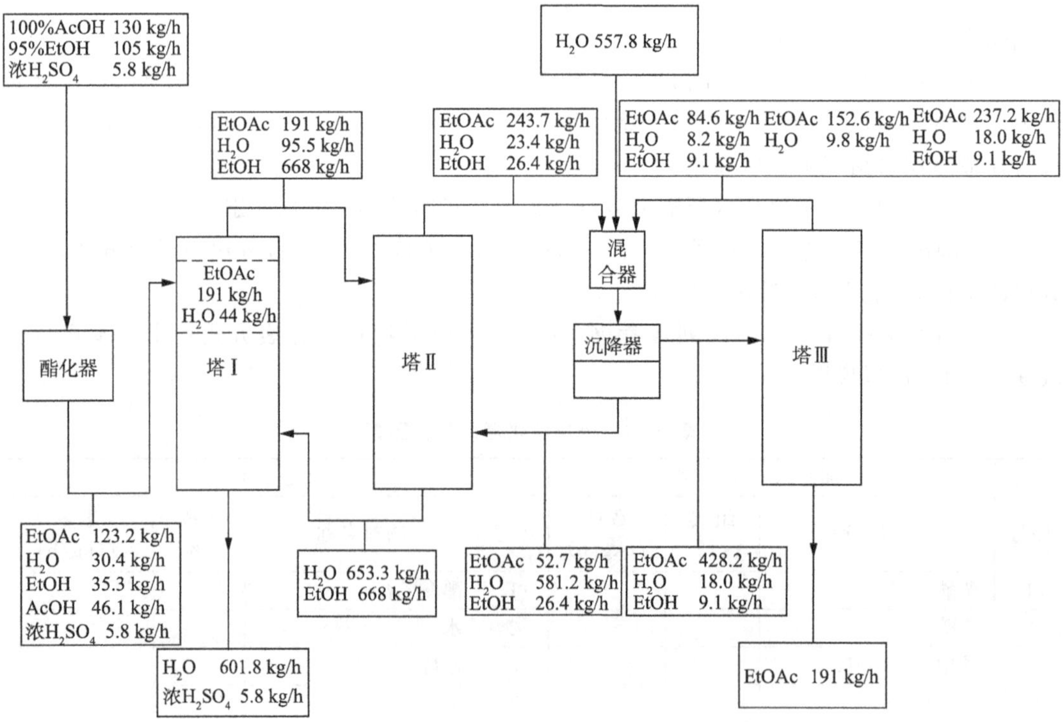

图 9-4　初步物料衡算图

4. 生产工艺流程图设计

当生产方法选定后，即可设计生产工艺流程示意图(图9-3)，供初步物料衡算用。

待初步物料衡算确定后，容积型设备如储槽、计量槽等已初具规模。此时就可着手设计生产工艺流程草图。生产工艺流程草图在本设计中未列出，其内容大致和生产工艺流程图相似，但设备的规格和尺寸以及某些流程布局，甚至设备的数量和是否需要都有可能和生产工艺流程图有所不同。同时草图不是一气呵成的，它在设备设计进行一段时间后才开始设计，而在设备设计结束后才能完整画出。

生产工艺流程图是这样考虑的，见图9-5。

原料醋酸由储槽T-1借泵P-1打入酯化器T-4；乙醇由储槽T-2借泵P-2打入酯化器；浓硫酸用量很少，所以它的储槽T-3兼作计量槽用。其位置高于酯化器T-4，借位差流入酯化器。

醋酸和乙醇有硫酸的存在下，在酯化器内进行醋化反应，生成的酯化液由泵P-3送入塔Ⅰ(C-1)作为进料之一。塔Ⅰ的另一进料是由塔Ⅱ(C-2)底部残液借泵P-4打入。塔顶蒸气在冷凝器E-1中冷凝后经回流分布器RD-1部分回入塔Ⅰ；另一部分借位差自流入塔Ⅱ作为进料用。塔Ⅰ底部残液经冷却器E-2冷却后放入下水道。

塔Ⅱ的另一进料来自加热器E-6。塔Ⅱ顶部蒸气经冷凝器E-3冷凝后由回流分布器RD-2一部分回入塔Ⅱ，另一部分送去沉降分离，因此需要在冷却器E-4中进一步冷却后靠位差自流入喷射混合器。塔底设有蒸馏釜E-5作为再生蒸气用。

来自蒸馏釜E-5和E-9以及加热器E-6和E-10的蒸汽冷凝水收集在储槽T-5中。用泵P-8经冷却器E-12冷却后送入喷射混合器J-1。喷射器的另一支料流来自冷却器E-8，三支料流在喷射混合器中混匀后，借位差流入沉降器T-6中进行沉降分离。下部水层自流入储槽T-7，用泵P-6打入加热器E-6加热后送入塔Ⅱ作为进料用。上部酯层自流入储槽T-8，借泵P-5经加热器E-10送入塔Ⅲ(C-3)作为进料。

塔Ⅲ顶部蒸气入冷凝器E-7冷凝后经回流分布器RD-3一部分回入塔Ⅲ，另一部分经冷却器E-8冷却后自流入喷射混合器。塔Ⅲ底部设有蒸馏釜E-9借以再生蒸气。

成品醋酸乙酯为了保证不含固体杂质，以蒸气状态从塔Ⅲ底部取出，经冷凝冷却器E-11冷凝冷却后自流入中间储槽T-9。然后用泵P-7打入成品储槽T-10。

最后的生产工艺流程图是在车间布置图设计完成后绘制而成的，见图9-5。

所有的储槽、塔和热交换器均和氮气连通管连接，目的是和空气隔绝，减少介质对铜质材料的腐蚀，特别是车间停车的时候。

5. 设备设计和热量计算

(1) 精馏塔Ⅱ的设计(流程号C-2)

由于塔Ⅰ中包含4个挥发组分(乙醇、醋酸、醋酸乙酯和水)和1个不挥发组分(硫酸)，而且塔中尚存在着酯化反应，和其他两塔相比，要复杂得多，因此首先由塔Ⅱ着手。

塔Ⅱ中包含3个组分(乙醇、醋酸乙酯和水)均非理想液体，则就需要利用实验获得的气-液相平衡图进行逐板计算。

① 计算塔板数 (该计算方法在化工原理、分离工程、化工设计等相关课程中已有详细介绍，本章因篇幅有限，不作详细展开。)

② 热量计算 在计算前必须根据实验结果，以及相关手册的查阅准备好塔的有关操作

温度、物化数据(比热容和汽化潜热、传热系数、物料组成),然后进行热量、水汽消耗和热交换面积的计算(具体计算略,详见本章所列参考书)。计算结果按表 9-2 列出。

表 9-2　热量计算和传热面积汇总表

项　目	热量/(kJ/h)	冷却水量/(kg/h)	加热蒸汽量/(kg/h)	热交换器传热面积/m^2
塔顶蒸汽冷凝至沸点				
流出液冷却至 27℃				
蒸馏釜				
来自沉降器的进料之加热,由 27℃至 94.7℃				

③ 热量衡算

(具体计算略,详见本章所列参考书。)结果按表 9-3 列出。

表 9-3　校正后的热量计算汇总表

项　目	热量/(kJ/h)	冷却水量/(kg/h)	加热蒸汽量/(kg/h)	热交换器传热面积/m^2
塔顶蒸汽冷凝至沸点				
流出液冷却至 27℃				
蒸馏釜				
来自沉降器的进料之加热,由 27℃至 94.7℃				

(2) 填料塔的设计

① 具体计算略,详见本章所列参考书。

② 填料塔设计汇总如下。

型式:规整填料塔

填料规格:250YC 拉鲁派克填料

填料高度:5.5 m

填料层上部高度:0.45 m

填料层下部高度:0.6 m

塔总高:6.55 m

塔内径:450 mm

填料材料:铜

塔壁厚度:3.5 mm

6. 修正后的物料衡算

(1) 各主要设备的物料衡算

经过塔Ⅰ、塔Ⅱ、塔Ⅲ等主要设备的计算和设计后,物料衡算也有相应的改变,必须作修正后的物料衡算,供其他设备设计时使用。现以表 9-4 为例说明。

表9-4 酯化器

输入				输出			
序号	物料名称	组成/%	数量/(kg/h)	序号	物料名称	组成/%	数量/(kg/h)
来自醋酸泵P-1				去加料泵P-3			
1	醋酸			1	醋酸乙酯		
来自乙醇泵P-2				2	水		
2	乙醇			3	乙醇		
①	其中C_2H_5OH			4	醋酸		
②	H_2O			5	硫酸		
来自硫酸泵T-3							
3	硫酸						
	合计				合计		

(2) 原料消耗综合见表9-5

表9-5 原料消耗综合表

序号	物料名称	成分	单位	每吨产品(工业品)消耗量		每小时消耗量(工业品)	每昼夜消耗量(工业品)	每年消耗量(工业品)	备注
				100%	工业品				
1	醋酸	100%	吨						
2	乙醇	95%	吨						
3	浓硫酸	93%	吨						
4	原料水	—	吨						

(3) 能量消耗综合见表9-6

表9-6 能量消耗综合表

序号	名称	单位	每吨产品(工业品)消耗量	每小时消耗量	每昼夜消耗量	每年消耗量	备注
1	冷却水(15℃)	吨					
2	蒸汽(10^5 Pa表压)	吨					
3	电	千瓦·时					

7. 生产工艺流程图

醋酸乙酯生产工艺流程见图9-5,设备一览见表9-7。

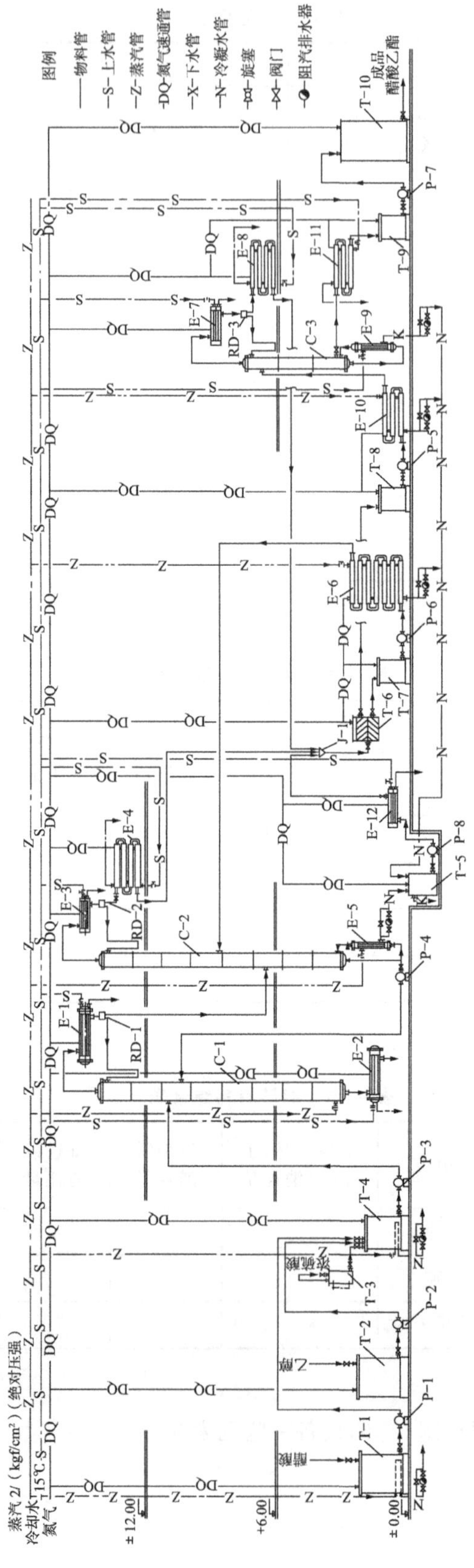

图 9-5 醋酸乙酯生产工艺流程图

表 9-7 醋酸乙酯生产设备一览表

序号	流程号	名称	规格	数量	材料	备注
1	T-1	醋酸储槽	V=6 280 L	2	铜	
2	T-2	乙酯储槽	V=6 280 L	2	钢	
3	T-3	硫酸储槽	V=280 L	2	钢	
4	T-4	酯化器	V=3 850 L	2	铜	
5	T-5	冷凝水储槽	V=1 360 L	1	铜	
6	T-6	沉降器	V=1 360 L	1	铜	附搅拌器和
7	T-7	水层中间储槽	V=1 360 L	1	铜	回流冷凝器
8	T-8	酯层中间储槽	V=1 360 L	1	铜	
9	T-9	成品中间储槽	V=1 130 L	1	铜	
10	T-10	成品储槽	V=9 420 L	2	铜	
11	C-1	精馏塔Ⅰ	ϕ1 000×11 000	1	铜	
12	C-2	精馏塔Ⅱ	ϕ700×11 000	1	铜	
13	C-3	精馏塔Ⅲ	ϕ600×4 500	1	铜	
14	E-1	冷凝器	F=32 m^2	1	铜,钢	
15	E-2	冷却器	F=20 m^2	1	不锈钢,钢	
16	E-3	冷凝器	F=12 m^2	1	铜,钢	
17	E-4	冷却器	F=2.2 m^2	1	铜,钢	
18	E-5	蒸馏釜	F=6 m^2	1	铜,钢	
19	E-6	进料加热器	F=5.5 m^2	1	铜,钢	
20	E-7	冷凝器	F=10 m^2	1	铜,钢	
21	E-8	冷却器	F=2.2 m^2	1	铜,钢	
22	E-9	蒸馏釜	F=6 m^2	1	铜,钢	
23	E-10	进料加热器	F=1.6 m^2	1	铜,钢	
24	E-11	成品冷凝水冷却器	F=2.1 m^2	1	不锈钢,钢	
25	E-12	冷凝水冷却器	F=10 m^2	1	铜,钢	
26	P-1	醋酸泵	1-4.5 电型齿轮泵 Q=3.3 m^3/h, H=324 kPa,N=1.7 kW	1	装配	
27	P-2	乙醇泵	1-4.5 电型齿轮泵 Q=3.3 m^3/h, H=324 kPa,N=1.7 kW	1	装配	
28	P-3	加料泵	1-4.5 电型齿轮泵 Q=3.3 m^3/h, H=324 kPa,N=1.7 kW	2	装配	其中一台备用
29	P-4	加料泵	1-4.5 电型齿轮泵 Q=3.3 m^3/h, H=324 kPa,N=1.7 kW	2	装配	其中一台备用
30	P-5	加料泵	1-4.5 电型齿轮泵 Q=3.3 m^3/h, H=324 kPa,N=1.7 kW	2	装配	其中一台备用

续表

序号	流程号	名称	规格	数量	材料	备注
31	P-6	加料泵	1-4.5 电型齿轮泵 $Q=3.3\ m^3/h$，$H=324$ kPa，$N=1.7$ kW	2	装配	其中一台备用
32	P-7	成品泵	1-4.5 电型齿轮泵 $Q=3.3\ m^3/h$，$H=324$ kPa，$N=1.7$ kW	2	装配	其中一台备用
33	P-8	冷凝水泵	1-4.5 电型齿轮泵 $Q=3.3\ m^3/h$，$H=324$ kPa，$N=1.7$ kW	2	装配	其中一台备用
34	RD-1	回流分布器		1	铜	
35	RD-2	回流分布器		1	铜	
36	RD-3	回流分布器		1	铜	
37	J-1	喷射混合器		1	铜	

思考题

1. 简述我国科技成果转化率低的原因。
2. 选题的基本原则是什么？
3. 对于所有可逆反应，是否都可采用反应精馏技术来提高平衡转化率？原因是什么？
4. 反应精馏塔中，乙醇和醋酸加料位置的确定根据什么原则？为什么催化剂硫酸要与醋酸而不是乙醇一同加入？
5. 如以产品醋酸乙酯的收率为实验指标，实验中应采集和测定哪些数据？请设计一个实验原始数据记录表。
6. 工艺流程选择应遵循什么原则？
7. 物料衡算和热量衡算的计算公式有哪些？
8. 常用的化工设备有哪些？它们的主要设计方法是什么？

第10章　毕业实践环节

10.1　毕业实习

10.1.1　毕业实习的目的

毕业实习是本科专业重要实践性环节。毕业实习是在学生完成教学计划所规定的全部课程之后，于毕业设计开始之前进行。其目的如下。

(1) 通过下厂实习，使学生巩固、验证和深化已学到的理论知识，为毕业设计(论文)积累资料，并增加对工程背景的感性认识。

(2) 使学生了解某种化工产品的生产工艺的全过程，正确理解和掌握工艺原理和方法，学会从生产实践中找出与设计相关的控制点及检测方法，收集生产实际状况下的数据。

(3) 通过实习培养学生从生产实践中发现问题，并学会综合分析生产中出现的各种现象、事故等，为搞好毕业设计(论文)工作打下基础。

(4) 了解本课题国内外发展动态与水平，收集和检索、阅读、翻译有关图书资料。

(5) 培养学生深入实际，学会调查研究的方法，提高学生的工程意识和素质。

10.1.2　毕业实习的内容与要求

10.1.2.1　毕业实习的内容

根据毕业设计的要求，毕业实习的内容如下。

(1) 了解某种产品的生产工艺流程、设备装置、控制点及检测手段；了解生产的特点及生产的组织管理与技术管理；了解原材料、中间产品及产品销售情况以及产品服务对象对产品的各项指标的要求。

(2) 了解生产该产品在工艺与设备方面的设计原则及方法；了解主要设备的结构、型号、规格、材质、加工特点及要求，以及使用、安装的注意事项等；了解实际运转状况和原设计的指导思想与原则的吻合情况，探索可行的设计思路与改进方法。

(3) 了解实习工厂的总图及各车间的设备布置图(包括平、立面图)和管道布置图；了解操作通道、检修通道及附设装置等。

(4) 了解工厂的防火、防爆等以及安全生产所必需的安全、卫生措施；了解供电、供水、排水、供气以及三废处理等情况。

(5) 收集国内外同类产品的有关图纸、设计资料及现场的生产实测数据，并分析其可信度；收集与设计任务有关的地区的水文、气象、交通运输、动力供应等数据和资料。

(6) 对工程研究类课题，应注意了解实验方案设计、可行的实验手段和方法，以及实验用的仪器、设备的规格型号等。

10.1.2.2 毕业实习的要求

实习(调研)之前要做好充分的准备，写出实习(调研)提纲，安排好实习(调研)计划。

学生在下厂实习期间要虚心向工程技术人员和工人师傅学习，认真仔细地观察生产中发生的变化；要多思多想，多问几个为什么；要多跑、多看、多动手记录各种现象和相关的数据。

实习期间每天要做内容详实的实习笔记，以便在设计时查阅。

10.1.3 毕业实习纪律和安全注意事项

为了保证实习的顺利进行，学生必须严格遵守下列规定：

(1) 必须严格遵守实习单位的各项制度，不得无故缺席、迟到、早退，有事必须向指导教师请假；

(2) 不许随意动用工厂的设备、阀门、仪表、安全装置等，不许吸烟，实习期间必须穿工作服，戴安全帽(按厂里规定)；

(3) 按实习岗位实习，不得串岗，如有事需离开实习岗位时，必须向指导教师或实习班长(组长)请假。

10.1.4 毕业实习报告

学生实习结束后，要认真全面地进行实习(调研)总结，并写出符合要求的实习(调研)报告，内容包括：

(1) 实习(调研)的目的、意义；

(2) 实习所在厂(或单位)生产状况，包括生产规模、产品质量及销售情况，对实习厂进行综合性的技术经济分析；

(3) 绘出实习厂的生产工艺流程图，并注明控制点的位置，列出各主要控制点的控制参数，以及原材料、产品的质量分析数据；

(4) 在实习期间生产中所发生的事故及其处理方法，应尽可能地用所学知识和理论加以分析，并阐明实习人自己的意见和观点；

(5) 实习(调研)的收获与体会。

10.1.5 毕业实习的考核

指导教师根据学生的实习(调研)笔记和实习(调研)报告，参考平时遵守纪律的情况，对学生进行实习(调研)考核(或以质疑形式)，以百分制(或五级记分)评定成绩。

10.1.6 以表面精饰专业方向为例

对于即将进入毕业论文环节的应用化学(表面精饰)专业方向的学生来说，可能他将来要在研究所、实验室从事化学一般规律的探索或新技术、新产品的开发，也有可能到工厂、企业从事生产的管理和操作，因此，深入认识了解化工产品、表面精饰工艺的过程，甚至产品市场，就显得十分重要了。表面精饰工艺生产的毕业实习就是他们重要的一课。

对于大学四年级学生，经过将近四年的系统学习，已经掌握了扎实的理论知识。如何将书本知识实实在在地和产品联系起来，还必须对表面精饰工业生产、生产工艺、工程设计进行全面的理解，这对于专业知识的准确理解和深入掌握是十分有益的。

自从我国现代化发展的步伐逐步加快，表面精饰生产的科研、教育和生产管理的技术队伍正在迅速地成长起来。然而各国在高科技领域的发展上，竞争还是很激烈的。我们必须要有紧迫感和危机感，随着家电产品、IT 产品和 PC 机产品的日新月异，对产品的表面精饰提出了更高的要求，必须大力加快表面精饰技术的发展。但同时也由于受产品功能的多样化和环境保护方面的严格要求，表面精饰生产正面临着前所未有的挑战。

争夺高新技术的优势，使我国的表面精饰生产在世界新科技发展中占有一定的地位。这是我国国民经济的发展和提高科学技术水平的要求，更是企业增强产品的竞争力，提高经济效益的长远战略意义所在。

表面精饰生产是一个技术密集型的行业。技术密集表现在知识应用性很强，在零件的前处理、产品精饰和工艺的分析控制等各个环节，必须根据实际情况应用相关知识综合性地、灵活地制定措施，以施行设计和操作。

技术密集另外还表现为信息密集。产品的精饰通常是根据具体应用对象而设计的，一旦有新的要求提出，旧的要求就要发生变化，就必须重新设计或改进，做到随变化而即时更新。

此外对新的技术大量的基础研究工作，也在预示不断地有新的用途出现。

表面精饰对人才的需求是多方面的，它既要有技术专业人才，又要有懂技术会管理善经营的复合型人才，既要有化学、化学工程和相关应用技术的人才，又要有一批能工巧匠。因此，应用型人才不是普通意义的操作者，而是高规格一专多能的应用型人才，应当是具有通专结合的复合型和开拓精神的创造型人才。具有在专业领域内多方面的技能，具有运用专业知识和专门技能去解决生产中的重大问题的能力，在实验、工艺、开发等方面具有很强的创新能力，要有运用知识的能力。当前加快人才培养，尤其是具有实际动手能力，能把理论知识与生产现场实际境况相结合的应用型人才的培养，是当务之急。

另一方面，我们培养的人才，还必须跟得上科技日新月异的发展，在生产上很多知识是先有了应用，再上升到理论进入课堂的。通过毕业实习进一步消化、吸收所学过的知识，做到融会贯通，对于培养学生系统全面地看问题，开阔视野，做好毕业论文以及将来的就业是非常必须和十分重要的。

10.1.6.1 毕业实习的目的

通过毕业实习，使学生进一步了解电镀工艺、涂装工艺的分类和特点；进一步了解电解液的组成以及各成分的作用；进一步了解电镀工艺、涂装工艺生产的各个环节及相互间的联系；了解电镀车间、涂装车间的基本布局及其常用设备；了解产品质量的检验和控制；了解企业对新产品的研发、对新技术的需求等情况。

10.1.6.2 毕业实习的内容和要求

(1) 毕业实习的内容　包括通过讲课、参观、调查、观看音像资料、到实习基地劳动，使表面精饰方向的学生进一步了解电镀工艺、涂装工艺的概念，为毕业设计(论文)做好准备。

(2) 毕业实习的要求　实习时间在毕业论文开始之前，实习形式根据条件采用讲课、参观、调查、观看音像资料、到实习基地劳动等互相结合的形式，使教学在多层次、多方位上进行，保证实践环节的教学质量。在前期准备的课堂教学中，除上述各小结的内容以外，还必须进行一定的工厂安全知识教育和端正学生现场实习态度的前期教育，以保证毕业实习的顺利进行。在毕业实习过程中，学生必须做好实习日志。在参观和实习基地劳动时，认真记录，积极提问，并在现场画好流程草图。实习报告的要求：某工厂境况介绍，安全生产介绍，某产品的性能、用途、生产工艺的情况介绍，设备和流程简介，流程图。此外每个同学还应根据自己的实习情况在实习报告中附上毕业实习体会。

10.1.6.3　考核方法

毕业实习的考核评分，可采取平时考勤、实习报告、交流体会相结合的方法。各部分的分数比例可根据具体情况设定，以百分制(或五级计分)评定成绩。

10.2　毕业设计(论文)的目的、意义

毕业设计(论文)时间贯穿第四学年，并且要求尽量多地(一般不少于三分之一，“卓越计划”专业要求全部)在企业的校外实习基地(或工程训练中心)完成。学生在校外实习基地(或工程训练中心)期间，学习企业的先进技术和先进企业文化，深入开展工程实践活动，结合企业生产实际“真刀真枪”做毕业设计(论文)，参与企业技术创新和工程研究开发，培养学生的敬业精神和职业道德。根据企业生产的技术改造及其相关的研究开发需要，由学校和企业双方共同选定设计题目，然后由学生针对具体项目进行设计，以设计报告形式提交；根据预先设置的毕业设计报告评分细则，由双导师评分，然后由企业导师担任答辩委员会主席进行 PPT 报告答辩，最终确定毕业设计成绩。

毕业设计(论文)是高等工业学校各专业教学计划的重要组成部分，是学生在毕业前进行的全面的综合训练，是培养学生综合素质和解决工程实际问题能力的一个重要的实践性教学环节。

(1) 通过毕业设计(论文)的训练，使学生进一步巩固加深所学的基础理论、基本技能和专业知识，使之系统化、综合化。

(2) 在毕业设计(论文)中着重培养学生独立工作、独立思考并运用已学的知识解决实际工程技术问题的能力，结合课题的需要更应注意培养学生独立的获取新知识的能力。

(3) 通过毕业设计(论文)加强对学生计算、绘图、实验方法、数据处理、编辑设计文件、使用规范化手册等最基本的工作实践能力的培养。

(4) 通过毕业设计(论文)的训练，使学生树立起具有符合国情和生产实际的正确的设计思想和观点；树立起严谨、负责、实事求是、刻苦钻研、勇于探索并具有创新意识及与他人合作的工作作风。

工程设计是工程师工作实践中最富创造性的内容。设计能力不同于理论分析能力、表达能力和动手能力，它是一种如何将思维形式的知识转化为客观上尚未存在而可以实现的

物质实体的创造能力，即不仅是认识客观、表现客观而且是创造客观的能力。因此设计能力的培养对工科学生尤为重要。

毕业论文是对学生从事科学研究的基本训练，是在教师指导下，通过毕业论文的教学过程，培养学生探求未知、探求真理的科学精神，以及优良的科学品质与科学素养，培养学生开展科学研究的方法；使学生了解本学科的发展动态和最新科学技术；检验学生综合运用基础理论、基本知识和基本技能，解决科学与技术领域有关问题的能力，以及科研基本训练的实际效果。

毕业设计（论文）是人才培养过程中的一个重要环节，是整个教学过程的总结。一般在四年制本科教学计划中毕业设计（论文）约占16～20周，其所占的学时在本科教学中没有哪一门课或哪个教学环节能与其相提并论。若毕业设计（论文）不通过则不能毕业，如仅此一门课程（或环节）不及格，可允许学生在一年内补做，并通过答辩后，可补发毕业证书，但不发学位证书。

10.3　毕业设计(论文)的内容与要求

10.3.1　毕业设计的内容与要求

化工生产具有连续化、自动化程度高，且生产过程具有易燃、易爆、易腐蚀、能耗大、对环境有污染等特点。因此在学生进行毕业设计时要充分注意这些问题，使毕业设计既能达到教学的基本训练的目的，又能使学生对工程实际问题有初步的认识和了解。为此对学生的毕业设计提出如下基本要求。

(1) 掌握化工生产过程设计的基本要求及主要内容；掌握设计原则，了解工厂与车间布置内容、厂址选择的方法和应遵循的原则。

(2) 论证设计方案，确定设计流程及方法，掌握化工过程的物料衡算、热量衡算，以及主要工艺设备（反应器、分离设备、换热器等）的计算原则和方法。

(3) 基本掌握过程和设备的物料参数（如温度、压力、流量等）控制指标的确定方法和控制方案。

(4) 掌握绘制物料流程图、带控制点工艺流程图和主要设备图的要求和标准。

(5) 初步掌握投资与成本估算、价格估算和经济评价的基本内容和主要方法。了解经济分析与评价在设计决策中的意义。

(6) 对水、电、汽等公用工程有所了解，并能使所设计的工程项目与公用工程相互匹配。

(7) 提出所设计的工程项目对环境保护、安全措施的要求，并能与有关部门（或专业）共同商讨解决办法和实施方案。

(8) 初步掌握撰写设计说明书、项目建议书和可行性研究报告的基本内容和要求。

10.3.2　毕业论文的内容与要求

通过毕业论文，培养学生综合运用所学知识，分析和解决实际问题的能力，使学生获得专业人才培养所需的综合训练，达到具有在本专业进行科学研究的初步能力。毕业论文的内容与要求如下。

(1) 了解研究课题的意义，开题的理由和依据。

(2) 掌握文献查阅方法，撰写文献综述。

(3) 比较、分析各种研究方法、技术路线，确定毕业论文的主要工作内容。

(4) 掌握与论文有关的基本理论，包括热力学和动力学分析，反应机理，主、副反应方程式主要工艺过程的基本原理、原料及产品的性质和特点。

(5) 选定实验装置、设备、仪表、测试分析方法，进行实验程序设计。

(6) 掌握实验数据的处理方法和结果的分析。

(7) 提出技术经济指标、三废处理办法和实验的安全技术。

(8) 撰写毕业论文。

10.4 毕业设计(论文)工作的组织领导

企业与学校共同成立"毕业设计(论文)工作领导小组"。"毕业设计(论文)工作领导小组"是由企业与学校双方领导组成的领导机构。领导小组对校外实习基地(或工程训练中心)的毕业设计(论文)管理工作进行宏观指导与调控；负责研究审定相关政策措施和实施办法，协调相关部门，解决工作中出现的重大问题；指导校外实习基地(或工程训练中心)毕业设计(论文)过程实施，监督经费的投入和使用情况，调配人力资源和教学资源。

校外实习基地(或工程训练中心)为学生毕业设计(论文)提供必要的实习场所、实习器材和原材料试剂等；提供劳动防护及防寒、防暑个人用品等，满足学生在企业实习期间完成毕业设计(论文)的基本要求。

学校、学院(系)、教研室三级领导均应重视和加强对毕业设计(论文)工作的管理、指导、检查、考核和总结。

10.4.1 学院级的组织领导

学校所属的各相关学院(系)邀请基地企业专家参与学院与企业共建的毕业设计(论文)专业指导委员会，其中企业专家人数不少于50%。专业指导委员会负责毕业设计(论文)工作，其任务如下。

(1) 根据各专业培养目标和教学基本要求，对各类专业学生毕业设计(论文)的数量(论文或设计说明书的字数、图纸量、中外文资料阅读和翻译量等)、质量(难度)及进度要求做明确的、实事求是的规定。

(2) 组织有关教研室根据学校的统一部署，拟定本学院(系)毕业设计(论文)工作的计划和实施措施。

(3) 组织、落实本学院(系)的毕业设计(论文)工作，包括：

① 审核毕业设计(论文)题目，负责组织学生的选题工作；

② 确定指导教师，对于在企业完成毕业设计（论文）的学生实施双导师制，由企业中的业务水平高、责任心强的高级工程技术和管理人员与学校具有工程实践经验的导师联合指导，以企业为主，学校为辅；

③ 检查学生毕业设计（论文）的进度和质量，组织校内外专家对毕业设计（论文）进行评阅；

④ 批准建立本院（系）毕业设计（论文）答辩委员会或答辩小组，其中企业专家人数不少于50%；

⑤ 负责本学院（系）学生毕业设计（论文）经费管理；

⑥ 负责本学院（系）学生毕业设计（论文）成绩管理。

（4）研究解决存在的问题。

（5）积累毕业设计（论文）资料。

（6）重视和加强对学生进行思想政治教育工作，妥善处理好毕业分配与教学工作的矛盾，努力减少和消除由于毕业分配对毕业设计（论文）的冲击和不利影响。

10.4.2 系(教研室)级的组织领导

系（教研室）作为直接组织与指导学生进行毕业设计（论文）的基层单位，其主要任务如下：

（1）选定题目并组织教师对选题进行论证；

（2）提出指导教师名单，对于在企业完成毕业设计（论文）的学生实施双导师制联合指导，以企业为主，学校为辅；

（3）检查、督促教师加强对学生的考勤与指导；

（4）把握毕业设计（论文）工作的进度和质量；

（5）组织毕业设计（论文）的评阅、答辩和成绩评定；

（6）收集编写毕业设计（论文）参考资料；

（7）组织编写毕业设计（论文）任务书；

（8）收集整理保存评选毕业设计（论文）工作有关资料、优秀毕业设计（论文）及总结工作。

10.5 毕业设计(论文)的选题

选题是关系毕业设计（论文）工作质量，也是保证教学基本要求能否落实的重要环节。选题的原则如下：

（1）符合专业培养目标，满足教学基本要求；

（2）选题能够使学生综合运用所学知识，获得比较全面的训练，少数学生可对某些专题进行比较深入的研究；

（3）提倡选择结合社会及生产实际的课题（或参与教师的科研），要逐步提高设计型题目和“真题真做”题目的比例，特别提倡结合企业生产实际“真刀真枪”做毕业设计（论文）；

(4) 选题的分量和难度要适当,在保证达到教学基本要求的前提下,因材施教,既要使大多数学生能够在规定时间内完成规定的设计(论文)题目,又能使少数学习优秀的学生得到更好的培养和锻炼。

原则上每生一题。对于由几名学生共同完成的课题,必须明确规定每名学生应独立完成的任务,使每名学生都受到较全面的训练。

课题应具备任务明确、要求具体、难度适当等特点。

选题结果报经院(系)认定,教务处备案。题目一经确定,不得任意变动。必须改变题目内容的,需报经院(系)批准,教务处备案。

10.6 毕业设计(论文)的指导

10.6.1 毕业设计(论文)任务书

教师应提前做好毕业设计(论文)的准备工作,组织编写好具有统一格式的毕业设计(论文)任务书。任务书是学生和教师共同从事毕业设计(论文)工作的依据,应由教研室主任、系主任审定后作为正式任务书,在学生进入毕业设计(论文)前一周内发给学生。

指导教师应根据毕业设计(论文)教学大纲和课题性质、任务、要求等,编写出内容详实,要求具体、明确,能起到指导作用的任务书。

任务书是指导学生进行毕业设计(论文)的辅助教材和指导性资料。

任务书应包含以下几方面内容:

(1) 毕业设计(论文)的目的和作用;

(2) 毕业设计(论文)的任务与要求;

(3) 毕业设计(论文)的进程与安排。

任务书应根据课题对学生应完成的文献检索与翻译外文资料,设计的技术路线,经济分析或实验研究分析,完成工程设计所必需的设计图纸或实验数据,撰写设计说明书或论文等有明确的要求。

任务书中还应提出对学生综合运用所学的基础理论、基本知识和基本技能的要求。通过毕业设计(论文)使学生学会掌握工程设计和科学研究的基本方法,树立正确的设计思想和实事求是的工作作风以及工程技术的全局观点、经济观点、环保意识等。

任务书中,应给学生提供撰写毕业设计说明书或论文的规范化的内容要求,以及毕业设计(论文)各阶段的大致时间安排。

10.6.2 毕业设计(论文)过程指导

应安排教学水平较高,并有一定实际经验的教师担任毕业设计(论文)的指导工作,注意聘请理论水平高、实际经验丰富、热心教育工作的有关单位、部门的专家参加毕业设计(论文)的指导工作。特别要聘请企业高级职称以上的技术人员和高级管理人员担任学校兼职教师，参加毕业设计(论文)的指导工作。

首次独立承担毕业设计(论文)指导工作的教师应认真做好预做及相关资料等的准备。毕业设计(论文)所涉及重要部分由教研室讨论，指导过程中由经验丰富的教师协助。

毕业设计(论文)应在教师指导下由学生独立完成。指导教师应采取启发引导和介绍参考资料等方式对学生做实质性的指导，不能包办代替或放任自流。指导教师要做好教书育人工作。

指导教师应随时掌握学生毕业设计(论文)的进度和质量，注意考查学生掌握知识和实际工作的能力，以及学生的工作态度、出勤、纪律等，认真填写学生考勤表，作为毕业设计(论文)结束时评定成绩的参考依据。

毕业设计指导教师与学生的比例一般不超过 1∶6，毕业论文指导教师与学生的比例一般不超过 1∶4。

指导教师面对学生的指导、检查和答疑的时间，每周不少于 2 次，每次对每名学生的指导不少于 2 学时。

10.7 毕业设计(论文)工作的期中检查

为达到"培养、提高和检查学生综合运用所学的基础理论、基本技能和专业知识，分析问题和解决实际问题能力"的目的，了解学生与指导教师在毕业设计(论文)中任务完成情况，包括进度、质量及在毕业设计(论文)中出现的问题，教务处应组织各院(系)及有关部门对毕业设计(论文)进行期中检查。

10.7.1 期中检查的时间安排与调查形式

毕业设计(论文)工作期中检查的时间安排与调查形式如下：

(1) 因毕业设计(论文)工作一般为 16 周，检查工作安排在每学年第二学期的第 9、第 10 两周，调查表在第 7 周下发至各教研室系进行调查，第 9 周以前将调查表返回系里，第 12 周返回教务处。

(2) 检查的形式以调查表为主，走访抽查为辅。表格分为两种，一种由教师填写，另一种由学生填写。指导教师应要求学生认真填写的同时，更要以身作则认真填写。各教研室负责将调查表收集交至院(系)办，院(系)办将调查表交教务处。

10.7.2 检查结果统计、分析

学院(系)分别将教师填写的表格、学生填写的表格各项进行统计，以学院(系)为单位，以百分比的形式反映各项目的"好"、"较好"、"一般"、"差"所占的百分数；将指导教师填表与学生填表所表现的检查内容作显著性差异统计分析，有显著性差异的系(教研室)，由教务处组织力量进行现场抽查，得出结论，予以解决。

10.7.3 检查结果反馈

将全校按学院(系)为单位分别汇总,制成毕业设计(论文)期中检查结果汇总表,印发各系(教研室)及有关部门;存在的问题汇总并交有关领导及部门予以解决。

10.7.4 组织工作

毕业设计(论文)工作期中检查的组织工作如下:

(1) 毕业设计(论文)中期检查表由教务处印发[或在毕业设计(论文)教学管理系统中填写];

(2) 学院(系)教学秘书负责将中期检查表下发各系(教研室),并按时收集交回教务处;

(3) 教务处负责统计分析、汇总、分析研究,并将信息反馈给学院(系)后,再反馈给各系(教研室)。

10.8 毕业设计(论文)的评阅

学生在完成毕业设计(论文)撰写后除指导教师进行审阅外,还应聘请同行专家(或教师)对毕业设计(论文)进行评审。重点是审查学生掌握基础理论、基本技能和专业知识等综合应用情况,同时还应审查毕业设计(论文)的文字表达、绘图质量、计算与结果的分析等方面毕业生所达到的水平情况,特别是应考查学生完成课题过程中创造性工作能力及表现。评阅人要根据学生和指导教师所提供的材料写出评审意见并给出成绩。

指导教师要对学生进行全面考核,并给出评语。指导教师考核的主要内容有:

(1) 学生是否较好地掌握了课题所涉及的基础理论、基本技能和专业知识;

(2) 学生是否具有从事设计、研究工作或担负专门技术工作的初步能力;

(3) 学生是否按指导书或任务书所提出的要求内容及时间,独立完成了毕业设计(论文)各环节所规定的任务;

(4) 毕业设计(论文)完成的质量和在完成过程中所表现的创造性工作情况;

(5) 答辩情况及独立工作、独立思考、组织管理能力、文字及口头表达能力和与他人合作交往能力等情况;

(6) 学习态度,毕业设计(论文)中所表现出来的工作、学习纪律情况。

10.9 毕业设计(论文)的答辩

毕业设计(论文)完成后要在规定的时间内组织答辩,以检查学生是否达到毕业设计(论文)的基本要求和目的。

学院(系)可根据不同情况采取不同的方式组织答辩工作。

毕业设计(论文)答辩由各学院(系)答辩委员会或答辩小组负责。

学院(系)答辩委员会或答辩小组应由讲师以上(或相当职称的科技人员,企事业单位的有关人员),有较丰富的实际经验和教学水平与科研水平较高的人员担任,一般不能少于3~5人。学院(系)答辩委员会或答辩小组应有企业专家参加,人数不少于50%。

各学院(系)答辩委员会或答辩小组负责主持和组织答辩工作,解决答辩过程中出现的有关问题,评定学生毕业答辩的成绩并写出评语,完成毕业答辩工作的总结报告。

在毕业答辩之前,指导教师要对学生的毕业设计(论文)(含图纸)进行认真审查和评阅,并至少将一份学生的毕业设计(论文)交答辩小组成员审阅,在答辩前1~2天内返还学生,让学生认真准备,写出答辩提纲。要求教师指导学生熟悉答辩过程中应知应会的内容,提高表达能力。

学院(系)、各系(教研室)在答辩前应制订统一的答辩程序和关于答辩场地、人员、纪律等方面规定。

10.10 毕业设计(论文)成绩的评定

(1) 各系(教研室)根据指导教师对学生的评价,毕业设计(论文)评阅教师的成绩,结合答辩小组给学生的答辩成绩,参考毕业设计(论文)评分标准,初步确定学生的成绩。

(2) 学院(系)根据各系(教研室)上报材料,组织教研室主任协调平衡学生成绩。每个自然班成绩优秀学生的比例一般控制在10%左右,最多不得超过15%。

(3) 毕业设计(论文)答辩结束时,答辩委员会给每个学生写出评语并评定成绩。

(4) 最终成绩必须根据毕业设计(论文)实际质量,答辩委员会(小组)本着实事求是的原则评定。

(5) 学生的毕业成绩单应注明毕业设计(论文)题目,评分按优、良、中、及格和不及格五级评分。

(6) 毕业设计(论文)的成绩最后由各学院(系)向学生公布。

毕业设计(论文)的成绩评分标准如下。

优秀:凡同时符合以下条件者,给予优秀成绩。

(1) 根据毕业设计(论文)任务书的要求,按计划完成了毕业设计(论文),符合题目要求,并能正确运用所学知识分析和解决实际问题。对方案的制订、设计、实验或计算都正确,无原则性错误,在某些方面表现出有独立见解和创造性。

(2) 在设计(论文)中,能结合题目查阅和利用有关中外文资料(外文文献译文内容正确),在实验和上机操作过程中基本技术表现突出。

(3) 设计(论文)图纸齐全,制图符合规定,图纸质量好,文字工整,说明书语句通顺,能全面而有重点地说明问题。

(4) 答辩时,表现出对自己的工作掌握得比较深透,对所提主要问题的回答正确。

良好:凡同时符合以下条件者,给予良好成绩。

(1) 按计划完成了毕业设计(论文)任务书所规定的任务,能综合运用所学知识解决主要问题，对主要方案的制订、实验、设计或计算比较正确，但研究的深度和广度不够，在个别次要问题上有错误。

(2) 在设计(论文)中，能结合题目查阅有关中外文资料(译文内容正确)。在实验和上机操作过程中表现出较强的基本技能。

(3) 设计(论文)图纸齐全，制图符合规定，图面质量较好，文字工整，说明书语句通顺，对主要问题的分析基本正确，次要问题上有局部错误。

(4) 答辩时，表现出能掌握自己所从事的工作，对所提主要问题无原则性错误。

中等：符合下列条件，给予中等成绩。

(1) 完成了毕业设计(论文)任务书指定的基本内容，符合基本教学要求，对主要方案的制订、设计、实验或计算及结果分析基本正确。

(2) 在设计(论文)中，能结合题目查阅有关中外文资料(译文内容正确)，在实验和上机操作过程中表现出一定的基本技能。

(3) 设计(论文)文字工整，语句通顺，图面清楚，但对主要问题理解不深，基本内容论述不当，或有错误。

(4) 答辩时，表明对从事的工作内容尚能掌握，但理解不深，回答问题时表现出对基本知识掌握不牢固，在回答一些基本问题上没有重大错误。

及格：符合下列条件，给予及格成绩。

(1) 基本完成毕业设计(论文)任务书给定的内容，对主要方案的制订、设计、实验及结果分析无原则性错误，但有个别较大的错误。

(2) 译文内容和语法在非主要问题上有错误，实验和上机操作的基本技能有些欠缺。

(3) 设计(论文)文字工整，但语句欠通顺，图面质量一般。

(4) 答辩时，表现出初步掌握了自己所从事的工作内容，但理解浮浅，有一些原则性错误。

不及格：凡有下列条件之一者，不能参加答辩或给予不及格成绩。

(1) 不能如期完成毕业设计(论文)任务书规定的最低教学要求。

(2) 在设计(论文)中，反映出对设计、实验或计算及结果的分析有重大原则性错误，设计(论文)语句不通，图纸不全，图面质量差，不能满足毕业设计(论文)最基本的教学要求。

(3) 外文翻译能力、实验能力、上机操作能力明显欠缺。

(4) 答辩时，反映出对自己进行的设计(论文)中最基本的内容基本上不掌握，对有关设计中的基本知识、基本概念模糊不清，没达到毕业设计(论文)教学的最基本要求。

(5) 设计(论文)被确认为抄袭或弄虚作假。

10.11 毕业设计(论文)的总结与评估

10.11.1 毕业设计(论文)的总结

为了客观地实事求是地反映毕业生在知识、能力(技能)等方面的情况，改进教学工作，提高教学质量并为规范化教学管理，不断总结新经验，在完成每届毕业设计(论文)之后各系

(专业教研室)应认真做好总结。重点从以下几方面进行总结:

(1) 本届毕业设计(论文)工作概况。

(2) 与往届相比,作了哪些改革的尝试?具体作法与效果如何?

(3) 本届毕业设计(论文)是否达到教学要求?在巩固学生的基础理论、专业知识,加强基本技能训练和计算机能力培养等方面效果如何?

(4) 在选题上有何改进?如何解决从本专业的培养目标出发,既满足教学的基本要求又尽可能结合生产、科研实际这个问题?设计与科研课题的比例是多少?

(5) 怎样注意发挥学生的主动性与积极性,保护和支持学生的探索精神和创新意识?

(6) 从毕业设计(论文)反映出本科教育教学质量如何?学生的基础理论、专业知识、工程实践能力、外语水平、计算机应用能力及独立工作能力如何?存在哪些薄弱环节?对毕业设计(论文)和教学改革工作有何建议?

(7) 本届毕业设计(论文)水平如何评价?有哪些突出成果?

10.11.2 毕业设计(论文)质量评估

开展毕业设计(论文)质量评估,是促进和提高本科毕业生质量,使其达到教学基本要求的重要手段和措施。学院(系)应在适当的时候进行毕业设计(论文)质量的自评,并在可能的条件下参加校级组织的评估工作。

10.12 毕业设计(论文)教学管理系统

随着本科教学改革的日益推进,高校对如何提高教学质量都制订了一些很好的制度和措施,并根据自身实际提出了比较完善的质量管理体系。但毕业设计(论文)工作本身是一项非常复杂的系统工程,涉及面广(教学一线、管理、督导、后勤等),人员众多(毕业生、指导教师、教学管理人员等),战线较长(一般8个月,有的长达1年),文本材料量大(选题、任务书、开题报告、译文、学生的设计或论文等,以及管理过程中相关的统计表、安排表等)。因此,仅靠一些管理文件、目标管理体系是不能很好解决这些问题的,必须采取科学高效的管理手段,才能节省时间、减少浪费、提高效率,促进教育教学质量的提高。

随着现代教育技术的深化和发展,网络和计算机已逐渐进入我们日常的管理工作中,成为我们工作中不可或缺的重要工具。毕业设计(论文)教学管理系统是学校教学管理系统的一部分,以实现对毕业设计(论文)全面的过程管理和质量监控。毕业设计(论文)教学管理系统主要有以下功能:

(1) 毕业设计(论文)的课题可以由拟定指导毕业设计(论文)的教师提出,也允许学生提出;

(2) 题目提交后必须由专业或方向负责人审查是否满足培养目标要求,再由学院负责人审定,合格后方可作为正式选题公布;

(3) 老师和学生必须实行双向选择,经双向选择未被选上的学生由系(专业教研室)负责人协调解决；

(4) 老师可以跨专业(方向)指导学生；

(5) 领导或校、院督导能随时检查、监督毕业设计(论文)进度；

(6) 答辩的组织、安排由自动分组和人工调整相结合；

(7) 与教学相关的其他数据库(教师库、学生库、教室库、成绩库等)实现共享互用；

(8) 毕业设计(论文)的质量评价标准和考核办法；

(9) 要设立相关的辅助功能，如帮助文档(关键步骤提供视频操作)下载、即时通知收发、管理文件查看等；

(10) 各种报表要能根据用户需要进行统计。

以上海应用技术学院毕业设计(论文)教学管理系统为例，介绍系统的使用。

10.12.1 毕业设计(论文)教学管理系统操作界面

毕业设计(论文)教学管理系统的用户登录界面和操作界面分别见图 10-1 和图 10-2。

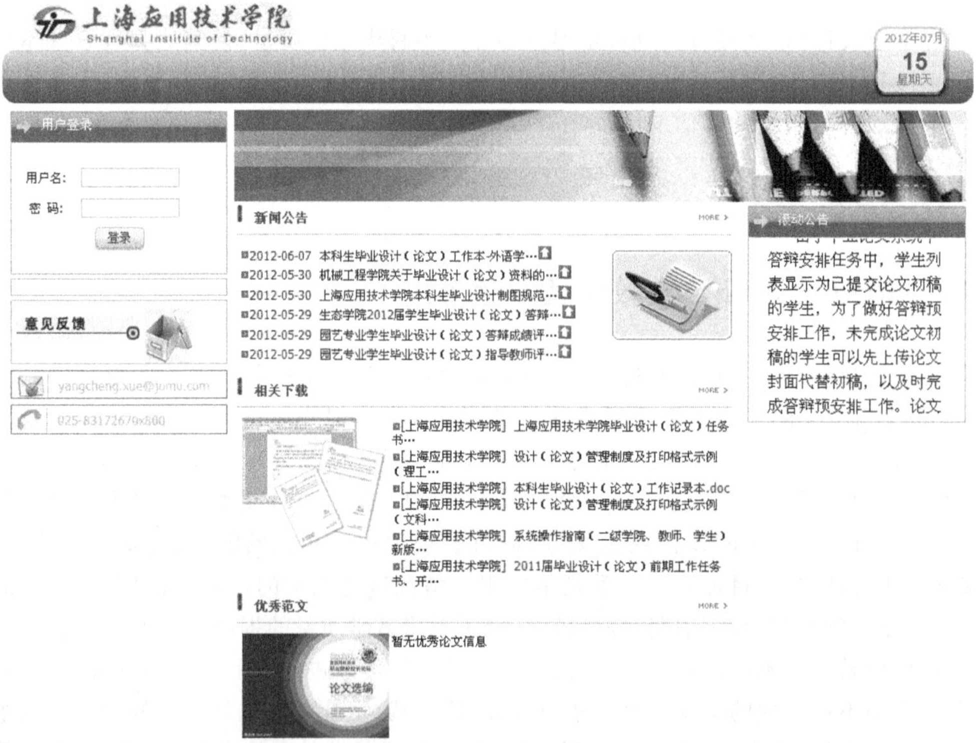

图 10-1　毕业设计(论文)教学管理系统用户登录界面

图 10－2　毕业设计(论文)教学管理系统用户操作界面

系统中的图标 是查看的意思, 是修改或者审核的意思, 是删除的意思, 表示设置例外。这些是系统最常用的几个图标。

10.12.2　毕业设计(论文)教学管理系统操作指南

毕业设计(论文)教学管理系统操作指南包括三个部分:二级学院操作指南、指导教师操作指南和学生操作指南。

系统总体流程如图 10－3 所示,其中“＊”表示由学校(或二级学院)操作。

10.12.2.1　毕业设计(论文)教学管理系统二级学院操作指南

系统登录账号:二级学院管理员的工号,输入密码××××××后进入。二级学院操作如下。

(1) 毕业设计批次设定　例如:2012 届春季设定为 2012 届春季,2012 届秋季设定为 2012 届秋季。

(2) 教研室管理　设置系(教研室)。

(3) 新闻管理　学院发布有关毕业设计(论文)的相关信息。

(4) 人员管理　导入参加本届毕业设计(论文)学生名单。

(5) 毕业设计(论文)时间管理　有两个下拉式菜单:时间设定和查看日程。时间设定为设置毕业设计(论文)各过程的起始时间和结束时间。例如,上报课题、审核课题、课题双向选择、添加任务书、上传开题报告、审核开题报告、提交论文、指导教师审核论文(资格审查)、评阅老师评阅论文、毕业答辩、毕业设计成绩公布等过程的起止时间。例如,设定上报课题时间操作如下。

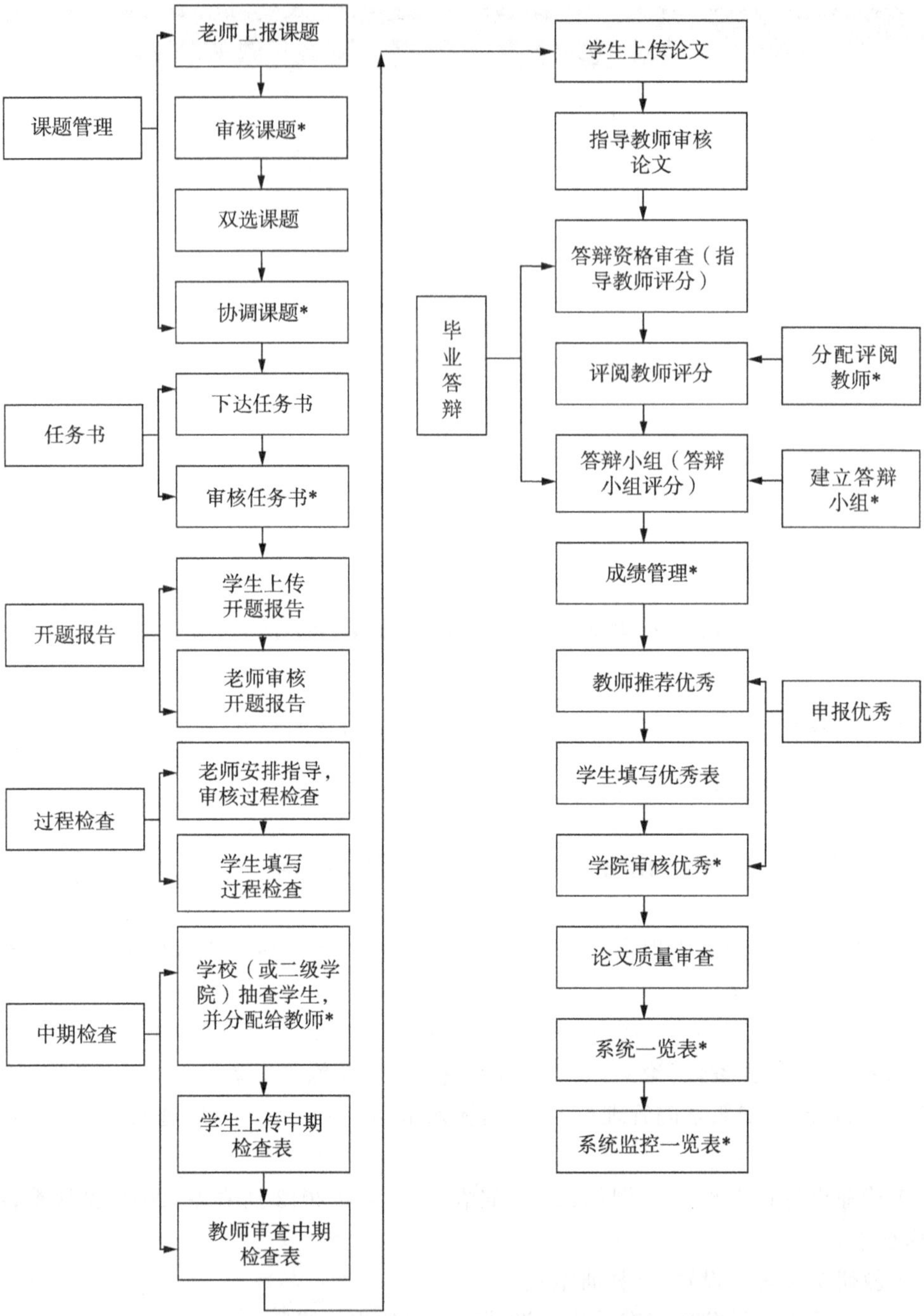

图 10－3　毕业设计(论文)教学管理系统流程图

对于毕设时间点击添加，可以设置学院的时间。

阶段事件	起始时间	结束时间	时间作用范围	是否例外	操作
上报课题	2010-10-01	2010-10-27	材料科学与工程学院	无	

对于所有的事件请参考系统设置的时间开始，从查看毕设日程开始。对应有各个事件的时间。

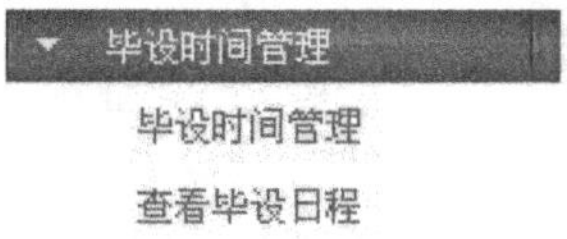

阶段事件	起始时间	结束时间	时间作用范围
上报课题	2010-09-01	2010-10-31	上海应用技术学院
审核课题	2010-09-01	2010-09-30	上海应用技术学院
课题双向选择	2010-09-01	2010-09-30	上海应用技术学院
添加任务书	2010-09-01	2010-09-30	上海应用技术学院

所有事件，请参照结构流程图依次执行。

(6) 选题　组织教师上报课题，审批后学生选课题，教师再选择，学院发布，完成选题工作。

(7) 审核任务书　任务书根据模板(其中课题情况表中的部分内容自动在任务书中生成)保存并填报完全后，由系(教研室)主任审核后，上传任务书。

(8) 中期检查　设立学院中期检查组，靠右边按钮，导入检查教师及抽查学生，并进行分配。

(9) 成绩评阅　在毕业成绩评分选项列表下进入评分选项管理，点击 添加 选择相应专业，设置各项分数，保存后在操作列表中点击 添加 则可添加各项成绩评定的子项目，完成后保存。

(10) 分配评阅教师　由系(教研室)负责人在毕业答辩列表中，点击分配评阅教师，选择后分配，完成评阅教师分配。

(11) 答辩小组管理　由系(教研室)负责人在答辩小组管理名称列表下，点击 添加 设定小组名称，选择专业，添加答辩成员名单，分配答辩任务后保存。

10.12.2.2　毕业设计(论文)教学管理系统指导教师操作指南

系统登录账号：教师的工号，输入密码××××××后进入。

系统总体流程(图10－3)中指导教师操作的部分：上报课题、双向选择课题、下达任务书、审核开题报告、教师指导安排(过程检查)、教师审核中期检查表(学生自检表)、指导教师审核论文、指导教师评阅设计(论文)、评阅教师评阅设计(论文)、推荐优秀论文等。

(1) 毕业设计批次(例如，2012届秋季或2012届春季)。

(2) 对于所有的事件请参考系统设置的时间开始，从查看毕设日程开始。对应有各个事件的时间。

(3) 指导教师要上报课题，填写课题情况信息表。在有效时间内，点击添加按钮 添加，进入添加页面。填写上报课题的内容。上报的课题如下界面：

序号	课题名称	题型	科研项目	结合实际	自拟	专业	课题状态	操作
1	人文课题	设计			自拟	社会工作	通过	
2	普通课题	设计	国家科研	校外协作		金属成型	通过	
3	123123	设计			自拟	冶金工程	未审核	
4	英语课题	设计			自拟	英语	通过	

(4) 选题程序　教师上报课题，各学院毕业设计(论文)领导小组审批后学生才能选课题，教师再选择，由学院发布，完成选题工作。

(5) 下达任务书　任务书根据模板(其中课题情况表中的部分内容自动在任务书中生成，但不完全，需修订)保存并填报完全后，由教研室主任审核，上传任务书。

(6) 过程指导记录　毕业设计(论文)指导现可用系统，流程如下：教师点击**“过程检查”**进入，第一次教师需先安排时间、地点及指导方面的要求内容等，系统会自动记录第几次(学校要求每周见面指导两次)，学生同样进入自己的系统在此**“过程检查”**填写汇报、总结和提问等，系统能每次记录下来，最后汇总成一个表格，要打印保存。指导学生完成“上海应用技术学院毕业设计(论文)记录本”(主页可下载)。

(7) 中期检查　督促学生进行中期总结，审核学生中期检查自检表，并评价毕业设计(论文)中期进展情况。

(8) 毕业设计(论文)　按时间节点要求学生上传论文，对论文提出修改意见，系统可保留修改意见。

(9) 成绩评阅　在毕业答辩列表中选择答辩资格审查，选择操作下对自己指导的学生进行评阅。在分配为评阅教师时，可以在毕业答辩列表下的评阅论文选择操作下对分配的学生进行评阅，也能作为答辩小组成员在毕业答辩列表下的填写答辩意见选择操作下填写，注意各项操作后都需保存。

(10) 其他所有事件，请参照结构流程图依次执行。

10.12.2.3　毕业设计(论文)教学管理系统学生操作指南

系统登录账号：学生的学号，密码为××××××，修改密码点击个人资料进入。

学生系统中要求操作内容：①学生选择课题；②填写过程检查内容(阶段总结，咨询问题等)；③提交开题报告等按阶段要求的各种文件。

(1) 毕业设计批次(例如，2012 届秋季或 2012 届春季)。

(2) 对于所有的事件请参考系统设置的时间开始，从查看毕设日程开始。对应有各个事件的时间，并应按相应的时间节点完成各阶段工作任务。

(3) 选择课题　根据自己的专业特长选择较适合自己的毕业设计(论文)课题。

(4) 根据任务书完成相应的工作要求。

(5) 中期检查　按通知完成中期检查自检表，并上传。

(6) 毕业设计(论文)及其他成果的递交　毕业设计(论文)从初稿开始就可上传，注意毕业设计(论文)上传时间。随时根据教师的意见进行修改，在上传的时间内上传论文将覆盖前论文。

(7) 指导记录　学生进入自己的系统后在此“过程检查”及时填写汇报、总结和咨询问题等，以便教师能及时指导和交流(学校规定每周见面指导至少两次)。系统能每次记录下来，最后汇总成一个表格，要打印保存。完成上海应用技术学院毕业设计(论文)记录本(主页可下载)。

思考题

1. 毕业实习的目的、意义和要求是否明确?

2. 要完成毕业实习的任务,你有什么困难和疑问?

3. 毕业实习报告应收集哪些资料? 试列出设计资料收集提纲。

4. 你准备用哪些方法去获得你所需要的资料和数据?

5. 结合你在企业中的实习,谈谈你对现代化工企业的认识和体会。

6. 通过到企业深入调查和实习,谈谈你对在课堂中学的理论知识与实际应用中的耦合与脱节之处。

7. 通过对企业生产流程的调查了解,谈谈化工企业是如何加强产品质量控制的?

8. 利用热力学和动力学基本理论,分析企业主要工艺过程的基本原理、原料及产品的性质和特点。

9. 通过到企业深入调查和实习,谈谈现代化工企业的绿色化工技术和环境保护方法。

10. 通过对企业文化的了解,谈谈现代化工企业的安全生产技术。

参考文献

[1] 匡跃平．现代化工企业管理．北京:中国石化出版社,2003.

[2] 刘小珍．化工实习．北京:化学工业出版社,2008.

[3] 黄岳元,保宇．化工环境保护与安全技术概论．北京:高等教育出版社,2007.

[4] 徐国财,邢宏龙．化工安全导论．北京:化学工业出版社,2010.

[5] 朱宝轩,刘向东．化工安全技术基础．北京:化学工业出版社,2004.

[6] 尹先清.化学化工专业实习.北京,石油工业出版社,2009.

[7] 陈敏恒,丛德滋,方国南,等.化工原理(上,下).2版.北京:化学工业出版社,2000.

[8] 夏清,陈常贵．化工原理．天津:天津大学出版社,2005.

[9] 王志魁．化工原理．4版．北京:化学工业出版社,2011.

[10] 赵刚．化工仿真实训指导.2版．北京:化学工业出版社,2010.

[11] 周涛．化工原理．北京:科学出版社,2010.

[12] 金玲．现代工程制图．2版.上海:华东理工大学出版社,2008.

[13] 钱自强,林大钧,蔡祥兴．大学工程制图．上海:华东理工大学出版社,2005.

[14] 何铭新,郎宝敏,陈星铭．建筑工程制图．4版.北京:高等教育出版社,2008.

[15] 陆德民．石油化工自动控制设计手册．北京:化学工业出版社,2011.

[16] 玉置明善,等．化工装置工程手册．北京:兵器工业出版社,1991.

[17] 米镇涛．化学工艺学．2版.北京:化学工业出版社,2006.

[18] 宁方尧,周志萍．食糖制造工:加热蒸发．北京:中国轻工业出版社,2009.

[19] 张桂军,薛雪,薛叙明．化工计算．北京:化学工业出版社,2011.

[20] 谢克昌,房鼎业．甲醇工艺学．北京:化学工业出版社,2010.

[21] 黄仲九,房鼎业．化学工艺学．2版．北京:高等教育出版社,2008.

[22] 郑穹．化工过程开发与工艺设计基础．武汉:武汉大学出版社,2000.

[23] 陈声宗．化工设计.2版.北京:化学工业出版社,2011.

[24] 娄爱娟,吴志泉,吴叙美．化工设计．上海:华东理工大学出版社,2002.

[25] 王静康．化工设计．北京:化学工业出版社,1995.

[26] 李丽娟．化工实验及开发技术.北京:化学工业出版社,2002.

[27] 黄英,王艳丽．化工过程开发与设计．北京:化学工业出版社,2008.

[28] 白守礼．高等学校毕业设计(论文)指导手册——化工卷(修订版)．北京:高等教育出版社,2007.

[29] 国家教委高等教育司,北京市教育委员会．高等学校毕业设计(论文)指导手册——化工卷．北京:高等教育出版社,1999.

内容提要

本书共分为10章，主要内容包括：化工生产及企业概况、化工实习安全教育、企业实习(含认识实习、生产实习和毕业实习等)、化工单元操作、化工仿真实习、化学工艺测绘、查定与优化、化工仿真工厂实习、化工过程开发以及毕业实践环节等。本书涵盖了四年工程实践教学全部内容，每章都编入适量的思考题。

本书可作为本科院校化学工程与工艺、制药工程、应用化学、环境工程、轻化工程、材料科学与工程、食品科学与工程及其相关专业学生的工程实践教材，也可供从事化工、轻工、制药、环保等有关部门的工程技术人员参考。